NX를 활용한 3D-CAD

김도석 · 윤여권 지음

머리말

PREFACE

현대 사회는 제품의 life cycle이 매우 짧아지는 추세입니다. 제품의 품질과 성능을 고려하여 설계하여야 하며 또한, 환경적인 차원에서 자원의 재활용까지도 고려하여 설계 단계에서 반영하여야 합니다. 설계, 생산, 판매 심지어 A/S까지 모두 고려하여 생산이 가능하도록 해주는 3D CAD 시스템은 더할 나위 없는 좋은 tool이라 할 수 있을 것입니다. NX는 3D CAD/CAM/CAE 기법을 통합한 솔루션이며, 동시 공학(Concurrent Engineering)적 설계 기법 적용을 가능하도록 해주는 소프트웨어입니다. 기술은 누구나 갖고 있지만 이를 얼마나 빨리 새로운 아이디어로 상품화하여 시장에 출시하느냐에 기업의 성패가 달려있다고 말할 수 있습니다. 제품개발에 필요한 과정에서 얼마나 시행착오를 줄일 수 있느냐가 관건이 되었습니다. NX는 산업체에서 생산하려는 제품을 외관 디자인을 포함한 설계 개념에서부터 제품 생산에 이르기까지 전 과정에 걸쳐서 제작, 수정, 관리할 수 있도록 해주는 CAD/CAM/CAE 통합 소프트웨어입니다.

"NX를 활용한 3D-CAD"는 처음 사용하는 초보자에서부터 초급 단계를 이미 학습하고 더 많은 것을 배우기를 원하는 분들, 또한 설계자가 활용을 할 수 있도록 구성한 책입니다. 이 책을 통하여 NX의 기능 습득이 쉽도록 따라하기식 그림들로 구성하였으며, 단계별로 내용을 습득할 수 있도록 구성하였습니다. 이 책을 통하여 독자분들께서 초보단계를 충분히 빠른 시간 안에 극복할 수 있도록 다양한 예제들로 구성하였습니다.

아무쪼록 본 교재가 3D-CAD를 공부하는 모든 이들에게 작으나마 도움이 되기를 간절히 바라며, 좋은 책을 만들기 위해 끊임없이 노력하는 ㈜북스힐 관계자 여러분께 깊은 감사를 전합니다.

2020년 8월 저자

차 례

CONTENT

CHAPTER 01

CAD (Computer Aided Design)

1.1 CAD의 정의

일반적으로 CAD라는 용어는 Computer Aided Design의 약자로서, 제품을 생산하기 위한 일련의 과정으로 제작도를 작성하기 위한 제도(Drafting)와 제품형상의 수정과 편집 등을 효과적으로 처리하기 위하여 설계(Design)과정에 컴퓨터를 이용하는 것을 말한다. 컴퓨터가 발달하기 이전 단계에서 제품의 설계제도는 제도대와 제도지를 비롯한 각종 제도용구를 사용한 손작업에 의해 제작도가 완성되었다.

1980년대 들어 개인용 컴퓨터가 급속히 확산·발전되면서 제작도의 작성에 컴퓨터의 활용이 증가되기 시작하였으며, 현재에는 설계 제품의 동적 시뮬레이션, 강도와 기능을 해석하는 과정에 컴퓨터를 활용하는 적극적인 단계에 이르렀다.

이러한 CAD의 발전단계는 다음과 같이 요약할 수 있다.

(1) 컴퓨터를 이용한 제도(Drafting)

제도지에 자와 연필을 이용하여 수작업으로 제작도를 작성해왔던 것을 대신하여 컴퓨터에 설치된 도면작성용 소프트웨어를 활용하여 모니터에 키보드와 마우스 등을 사용하여 제작도를 작성하는 도형적인 작업단계로서, 도면을 파일로 보관하여 도면관리의 편리성과 Data Base 축적에 많은 도움을 가져왔으며, 제작도면의 수정·편집에 획기적인 계기를 마련하였다.

(2) 컴퓨터를 이용한 설계(Design)

설계자의 의도에 따라 구체적으로 제품의 형상과 치수를 3차원으로 표현할 수 있으며, 재료의 선정이나 여러 가지 설계계산을 수행할 수 있는 설계적인 작업단계로서, 제품의 기하학적 형상을 표현하는 방식에 따라 다음과 같이 구분할 수 있다.

① 와이어프레임 모델링(Wire-frame modeling)

점(vertex)과 점 사이를 연결하는 선에 의해 형상의 특징을 표현하는 방식으로서, 주로 점과 곡선에 대한 정보만을 나타낼 수 있다. 물체 뒷면의 선이나 내부의 숨은선을 표현할 수 있으나, 설계나 재료선정 등의 자료로 활용하는 데에는 어려움이 있다.

② 곡면 모델링(Surface modeling)

물체의 외면을 둘러싸는 곡면에 대한 정보를 이용하여 기하학적 형상을 표현하는 방법으로서, 물체 형상을 나타내는 곡면에 대한 좌표 정보를 가지고 있다. 이러한 곡면 형상에 대한 좌표정보를 이용하여 NC(Numerical Control)가공에 유용하게 적용할 수 있는 장점이 있다.

③ 솔리드 모델링(Solid modeling)

제품의 형체를 실물에 가장 가까운 형태로 표현할 수 있으며, 물체 내외부의 입체적인 형상표현은 물론 체적, 무게, 관성모멘트 등의 물리적인 정보를 포함하고 있으므로 설계계산이나 공학적인 해석이 필요한 경우에 매우 유용한 방법이다.

또한 솔리드 모델링을 통해 모델링된 부품들의 3차원 조립형상에 대한 시뮬레이션을 통해 간섭확인, 공차해석 등을 할 수 있으며, CAM/CAE 등의 후공정에서 공구의 이동궤적이나 물체의 특성치 해석에 유용한 정보자료로 활용할 수 있다.

(3) 컴퓨터를 이용한 공학적 분석(Engineering)

설계할 제품의 재질, 체적, 무게, 관성모멘트 등의 입체정보를 활용하여 응력, 강도 및 구조 및 성능예측 등의 설계해석을 통해 설계제품의 안전성, 정확성, 효율성 등을 검증하고 확보하기 위한 단계이다. 이와 같은 CAE를 활용함으로써 설계오류를 사전에 검토함으로써 시작품의 제작을 용이하게 하며, 여러 가지 대체방안을 시뮬레이션을 통하여 비교,

검토, 수정, 보완할 수 있는 계기가 마련된다.

1.2 Siemens NX 소프트웨어

NX 또는 UG는 고급 하이엔드 CAD/CAM/CAE 소프트웨어 Package의 하나로, 원래 Unigraphics에서 개발되었으나 2007년 이후 "Siemens PLM Software"가 개발하고 있다.

PLM(Product Life Cycle Management)은 제품 수명 주기 관리로 제품 설계도로부터 최종 제품 생산에 이르는 전체 과정을 일관적으로 관리해 제품 부가가치를 높이고 원가를 줄이는 생산 프로세스이다. 현대 사회는 제품의 life cycle이 매우 짧아지는 추세입니다. 제품의 품질과 성능을 고려하여 설계하여야 하며 또한, 환경적인 차원에서 자원의 재활용까지도 고려하여 설계 단계에서 반영하여야 한다. 따라서, 설계에서 판매, 심지어 A/S까지 모두 고려하여 생산이 가능하도록 해주는 3D CAD 시스템은 더할 나위 없는 좋은 tool이라 할 수 있을 것이다. Siemens NX 소프트웨어는 3D CAD/CAM/CAE 기법을 통합한 tool이며, 동시 공학(Concurrent Engineering)적 설계 기법 적용을 가능하도록 해주는 소프트웨어이다. 기술은 누구나 갖고 있지만 이를 얼마나 빨리 새로운 아이디어로 상품화하여 시장에 출시하느냐에 기업의 성패가 달려있다고 말할 수 있다. 제품개발에 필요한 과정에서 얼마나 시행착오를 줄일 수 있느냐가 관건이 되었다. NX 소프트웨어는 산업체에서 생산하려는 제품을 외관 디자인을 포함한 설계 개념에서부터 제품 생산에 이르기까지 전 과정에 걸쳐서 제작, 수정, 관리할 수 있도록 해주는 CAD/CAM/CAE 통합 소프트웨어이다.

(1) Feature 기반

Feature 기반이란 기계부품이나 일반적인 3차원 물체가 가질 수 있는 몇 가지 특징적인 형상들을 말하며 이는 제품을 설계하는 설계자에게도 직관적인 설계를 가능하게 한다. Feature를 기반으로 모델링을 수행하게 될 경우 설계자는 입체를 설계할 때에 각 feature의 주요 치수와 위치를 파라미터로 입력하게 된다. 이러한 feature 기반 모델링의 장점은 완성된 설계의 데이터에 내부적으로 그 입체를 구성하는 feature에 대한 정보가 정확하게 입력되어 있는 것에 있다.

NX 소프트웨어는 부품 모델링 과정에서 제공되는 feature는 Hole, Edge Blend,

Chamfer, Shell 등이 있다. Feature 기반의 모델링에서의 단점은 그것이 사용되는 사용 분야나 사용자에 따라 feature의 종류가 제각기 다르다는 점이다. NX 소프트웨어에서는 사용자의 용도에 맞는 feature를 임의로 정의하여 저장하고, 필요시에 사용자가 지정할 수 있는 feature를 제공하고 있다.

(2) 완전 연관 구조(Full associative structure)

NX 소프트웨어는 Part, Assembly, Drawing, Manufacturing, Inspection 등으로 구성되어 있는 데 만약 설계자가 Part에서 설계를 하고 어느 시점에서 설계 변경을 가할 때 수정된 내용이 다른 모듈 즉 Assembly, Drawing 등에도 전이가 되어 있어야만 Assembly, Drawing을 수정하는 추가 작업이 없어지게 된다. NX 소프트웨어에서는 이러한 설계 변경이 동시에 여러 모듈에도 자동적으로 적용되게 하는 기능을 제공하고 있다.

설계자가 기존의 형상 정보 이외에 설계상의 특정 요구사항(거리, 체적, 면적, 무게중심, 관성모멘트 등)을 feature로 정의할 수 있어 이러한 요구사항에 최적화된 제품설계가 가능하게 된다.

제품설계에 이러한 적극적인 "설계 의도"를 반영할 수 있는 기능으로 아무리 어려운 설계상의 문제라 하더라도 시간 낭비, 반복 수정작업, 분석가 또는 전문가의 지원 없이 문제 해결을 가능하게 한다.

(3) Assembly와 Applications

설계자는 Part가 조립되는 것과 동시에 손쉽게 조립 유형을 적용함으로써 조립체가 어떻게 작동할 것인지 평가해 볼 수 있다. "디자인 의도"를 assembly와 관련 subassembly에 구축, 전달함으로써 완벽하게 연결된 assembly를 생성하여 최적의 디자인을 표현할 수 있다.

설계 데이터에 대한 완벽한 Associativity를 구현함으로써 디자인에 가해진 변경사항이 tooling과 NC 데이터를 포함한 모든 제조 공정에 자동적으로 반영된다.

Import한 형상 데이터(IGES, STL, STEP 등)의 수정작업과 관련된 번거로운 작업을 쉽고 빠르게 작업할 수 있도록 해준다.

Sheet Metal(판금) 기능을 제공함은 물론 Advanced Simulation(해석), Motion Simulation (운동 분석) 등의 기능을 제공하여 엔지니어가 설계한 데이터의 정적 특성과 동적 특성을 해석하여 최적화된 설계방안을 제시할 수 있도록 해준다.

CHAPTER
02

NX의 시작과 구성

2.1 NX의 시작

NX 소프트웨어의 Version에 관계없이 사용할 수 있도록 Version 표시를 생략하고 해당 기능에 충실한 설명을 진행한다.

(1) NX 실행

NX를 실행하려면 바로가기 아이콘이나 프로그램 리스트에 "Siemens NX Version"를 선택하면 시작 초기화면이 나타난다.

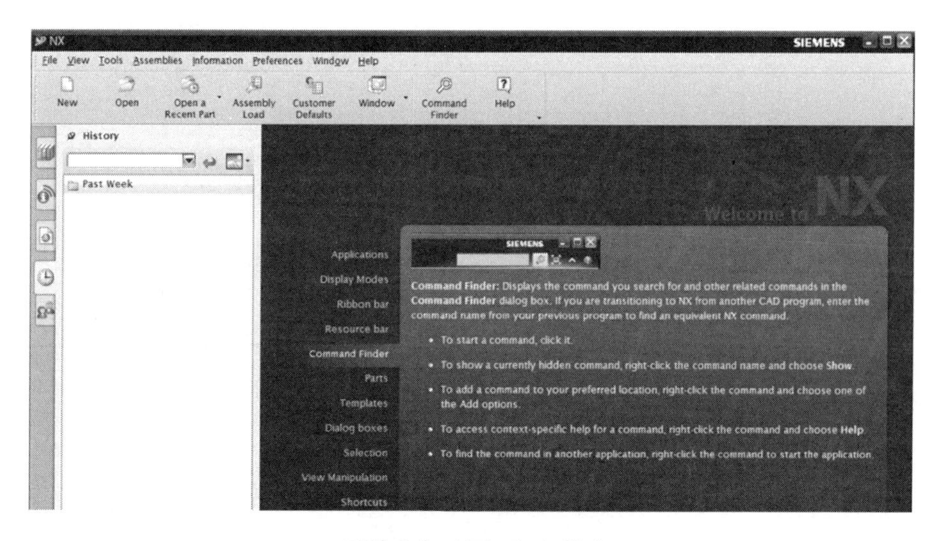

그림 2.1 시작 초기 화면

(2) 새로 만들기(New)를 선택 시 메뉴

그림 2.2와 같이 Model, Drawing, Simulation, Manufacturing 등의 탭이 나타난다. 여기서 사용할 응용프로그램을 선택하여 작업을 시작하게 된다.

- Model : 3차원 모델링 파트 파일을 생성할 때 사용하며 Model, Assembly 등의 작업을 할 수 있다.
- Drafting : 사용자가 정의하는 템플릿에서 2차원 도면을 작도할 때 사용한다.
- Simulation : Nastran 등을 이용하여 해석을 수행할 때 사용한다.
- Manufacturing : 모델링한 파트에 대한 CAM 설정을 하고, CNC 가공하기 위한 NC 프로그램 data를 생성할 수 있다.
- Inspection : 제품이 설계한 의도대로 적합하게 가공되었지 검사하기 위한 측정에 관한 설정을 수행할 수 있다.

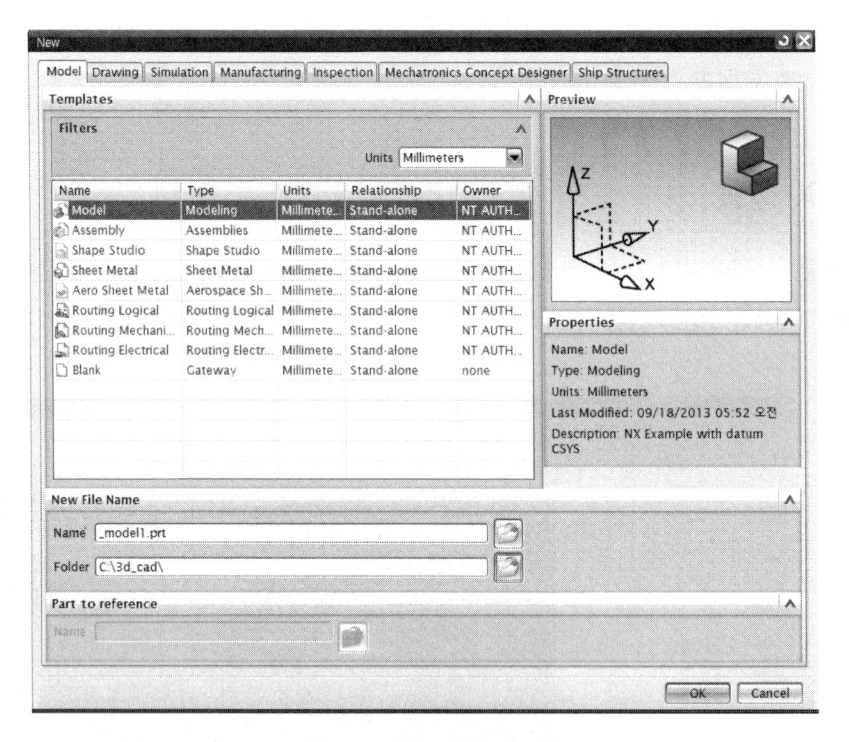

Name	Type	Units	Relationship	Owner
Model	Modeling	Millimete...	Stand-alone	NT AUTH...
Assembly	Assemblies	Millimete...	Stand-alone	NT AUTH...
Shape Studio	Shape Studio	Millimete...	Stand-alone	NT AUTH...
Sheet Metal	Sheet Metal	Millimete...	Stand-alone	NT AUTH...
Aero Sheet Metal	Aerospace Sh...	Millimete...	Stand-alone	NT AUTH...
Routing Logical	Routing Logical	Millimete...	Stand-alone	NT AUTH...
Routing Mechani...	Routing Mech...	Millimete...	Stand-alone	NT AUTH...
Routing Electrical	Routing Electr...	Millimete...	Stand-alone	NT AUTH...
Blank	Gateway	Millimete...	Stand-alone	none

그림 2.2 새로 만들기 메뉴

TIP

좌측상단 아이콘영역에서 새로 만들기(New), 열기(Open), 최근파트열기(Open a Recent Part)는 다음과 같은 유형을 선택할 수 있다.

① New : 새로운 작업을 시작한다.
② Open : 저장된 파일을 불러들인다.
③ Open a Recent part : 최근에 작업한 파트파일을 다시 불러들인다.

2.2 NX의 화면 메뉴 구성

(1) 풀다운(Pull Down)메뉴

사용하는 응용 프로그램에 따라 풀다운 메뉴는 다르며, 메뉴를 선택하면 하위메뉴를 선택할 수 있다.

File Home Assemblies Curve Surface Analysis View Render Tools

그림 2.3 풀다운 메뉴

■ File(파일)

새로운 파일을 생성하여 모델링작업을 시작하거나, 기존의 파일을 열어서 수정 및 편집을 할 수 있도록 파일을 관리하는 기능을 제공한다.

① New(새로 만들기) : 새로운 파일을 생성하는 기능이다.
② Open(열기) : 기존의 파일을 여는 기능은 물론이며 파일형식을 바꾸면 Data Import 기능으로 다른 형식의 파일도 열 수 있다.
③ Close(닫기) : 열려 있는 파일을 선택적으로 닫거나 모두 닫는다.
④ Save(저장) : 작업 파트와 변경된 파일을 저정한다.
⑤ Save Work Part Only(작업파트만 저장) : 현재 작업 중인 파트 파일을 저장한다.
⑥ Save As(다른 이름으로 저장) : Display 되어 있는 파일을 다른 이름으로 저장하며, 다른 파일형식으로 바꾸어 저장 할 수도 있다.
⑦ Save All(모두 저장) : 열려 있는 모든 수정된 파일을 저장한다.
⑧ Save Bookmark(책갈피 저장) : Assembly Navigator 필터를 정의한 *.bkm 파일을 저장한다.

⑨ Options(옵션) : 파일의 저장 옵션이나 로드 옵션 등을 설정한다.

ⓐ Assembly Load Option(어셈블리 로드 옵션) : NX5가 파트 파일을 로드하는 방식과 위치를 정의한다.

ⓑ Save Option(저장 옵션) : 파트 파일을 저장할 때 수행 할 작업을 정의한다.

⑩ Print(프린트) : 현재 작업창에 나타난 영역을 단순 출력한다.

⑪ Plot(플로트) : 다양한 설정 값을 조절하여 출력한다.

⑫ Send to Package File(패키지 파일 보내기) : PCF 패키지 파일로 보낸다.

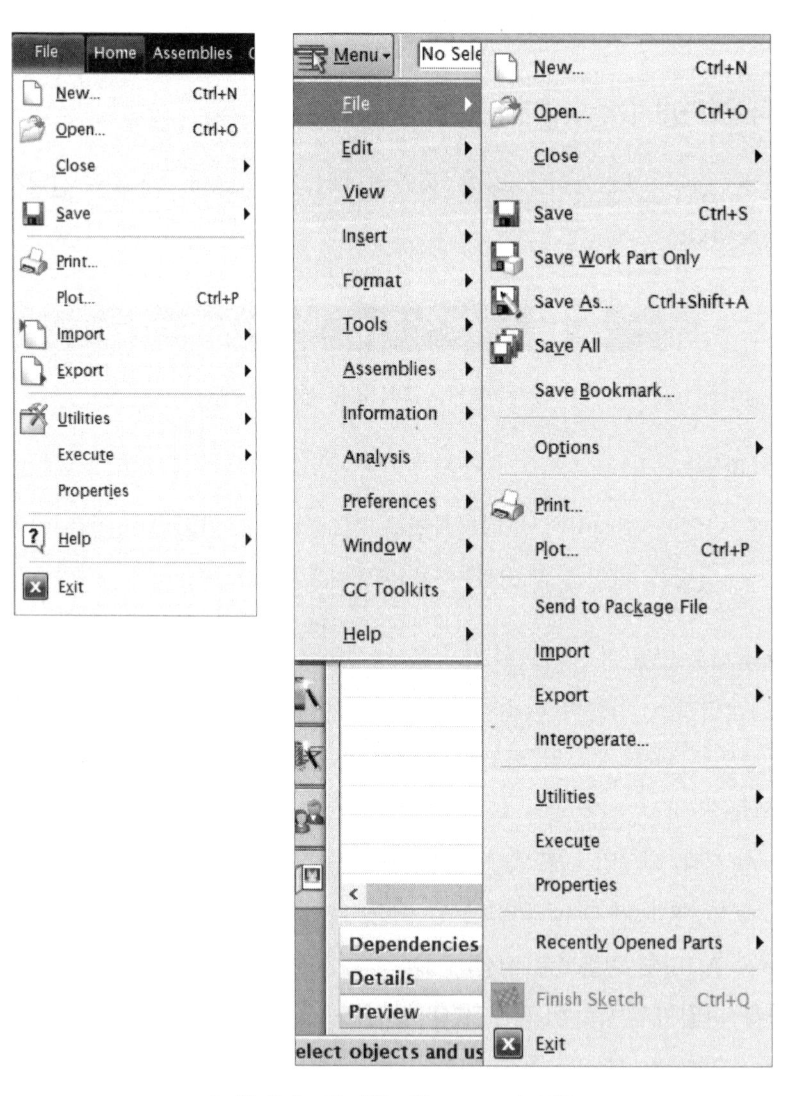

그림 2.4 풀다운 메뉴 : File(파일)

⑬ Import(가져오기) : IGES, STEP, DXF 등의 다른 형식의 파일을 Import 한다.

⑭ Export(내보내기) : NX에서 만든 대상을 IGES, STEP, DXF 등의 다른 파일형식으로 Export 한다.

⑮ Utilities(유틸리티) : 현재 열려있는 피처들의 정보를 설정한다.

ⓐ Customer Defaults(사용자 기본 값) : 사이트, 그룹, 사용자 수준에서 명령과 다이얼로그의 초기 설정과 매개변수를 제어한다.

ⓑ Part Cleanup(파트 클린업) : 파트에서 불필요한 객체를 삭제하거나 지운다.

⑯ Properties(특성) : 현재 열려있는 파일의 특성 또는 정보를 보여준다.

⑰ Recently Opened Parts(최근 열린 파트) : 최근에 작업했던 파일을 보여주며, 선택하면 열린다.

⑱ Exit(종료) : 작업을 종료한다.

▪ Edit(편집)

이미 작성된 각종 Entity를 수정할 수 있는 기능을 제공한다. 각종 응용 프로그램에 따라 메뉴가 바뀔 수도 있으며 아래의 명령들은 Modeling 응용프로그램을 실행했을 때 사용할 수 있는 명령어이다.

① Undo list(실행취소 리스트) : 작업과정의 실행 내역을 보여 주며 취소한다.

② Redo(다시 실행) : 앞에서 실행한 작업을 다시 실행한다.

③ Cut(잘라내기) : 객체단위로 잘라낸다.

④ Copy(복사) : 객체단위로 복제한다.

⑤ Copy Display(화면표시 복사) : 작업창의 내용의 벡터 영상을 복사한다.

⑥ Paste(붙여넣기) : 객체나 작업단위로 붙여 넣는다.

⑦ Paste Special(선택하여 붙여넣기) : 객체를 붙여넣기 할 때 레이어와 좌표계 위치를 새롭게 설정하는 작업이 가능하다.

⑧ Delete(삭제) : 객체단위로 선택한 대상물 삭제한다.

⑨ Selection(선택) : 다른 작업을 적용하게 전에 적용대상물을 선택한다.

⑩ Object Display(객체화면 표시) : 선택한 대상물의 색상, 글필 등을 재정의 할 수 있다.

⑪ Show and Hide(표시 및 숨기기) : 선택한 대상물을 숨기거나 숨겨진 요소를 보이게 할 수 있다.

⑫ Move Object(객체 변환) : 선택한 대상물의 이동, 복사, 회전, scale 등을 할 수 있다.

⑬ Properties(특성) : 객체단위나 작업단위로 대상물을 선택하여 관련된 특성(Name..)을 확인하고 필요시 특성 값의 편집이 가능하다.

⑭ Curve(곡선) : 피처 작업 중 곡선의 편집모드로 전환한다.

⑮ Feature(피처) : Feature에서 작업한 대상물을 수정, 편집한다.

TIP

질량 설정과 확인 방법

그림 2.5와 같이 "Edit >> Feature >> Solid Density"를 클릭하면 질량을 설정할 수 있는 창이 활성화된다. 설계에 적용할 재질이 철인 경우 철의 비중은 "7.85"이다. Body 항목에서 작업된 형상을 선택한 후에 Density(밀도) 설정 항목에서 Solid Density 설정 값으로 철의 비중인 "7.85"를 입력하고, Units 설정으로 "Grams - Centimeters"를 선택하면 질량 설정이 완료된다.

설계된 형상의 질량을 확인하는 방법은 "File >> Properties >> Weight"를 클릭하면 설정되어 있는 질량을 kg 단위로 확인 가능하다.

그림 2.5 Assign Solid Density

■ View(뷰)

현재 작업 View에서 Object의 Display 상태를 관리하는 기능이다.

① Operation(오퍼레이션) : 화면을 줌, 회전 등을 조절하여 화면을 Redisplay하는 등의 기능을 한다.

② Section(단면) : 파트의 단면 등을 나타낼 때 사용하는 기능이다.

③ Visualization(시각화) : Light, Materials, Texture 등을 정의하여 대상물에 효과를 주거나 이미지 파일을(TIF) 작업 창에 띄워 작업할 수 있다.

④ Camera(카메라) : 디스플레이된 화면을 캡처할 수 있다.

⑤ Layout(레이아웃) : 작업 View를 여러 개로 정의 할 수 있다.

⑥ Show Resource Bar(리소스바 표시) : 체크(선택)하여 Resource Bar를 보이게 설정한다.

⑦ Minimize Ribbon(리본 최소화) : 화면 상단의 Ribbon Bar를 안보이게 설정한다.

⑧ Full Screen(전체화면) : 그래픽 화면을 최대 크기로 표시하는데 사용한다.

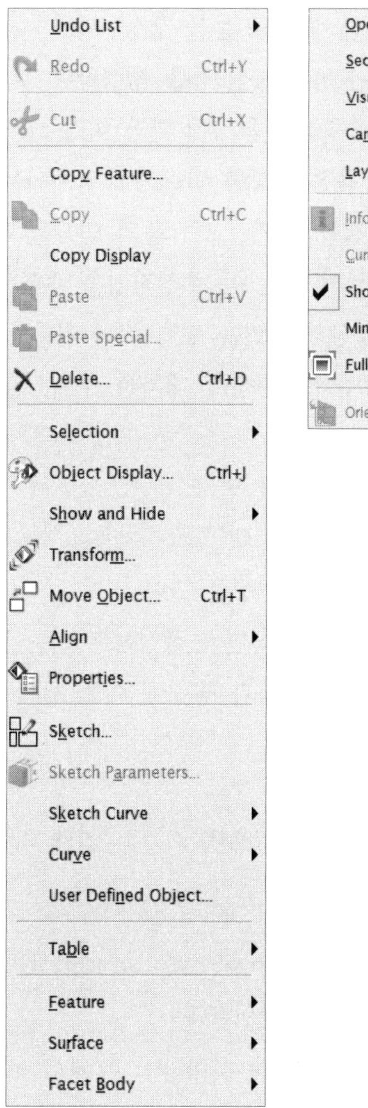

그림 2.6 풀다운 메뉴 : Edit(편집), View(뷰)

■ Insert(삽입)

① Sketch(스케치) : 스케치 모드로 전환한다.

② Sketch in Task Environment(작업 환경 스케치) : 작업 환경에서의 스케치 모드로 전환한다.

③ Sketch Curve(스케치 커브) : 선, 원호, 원, 다각형 등의 스케치 커브를 생성한다.

④ Sketch Constraint(스케치 구속) : 스케치 치수, 구속 조건, 대칭 등을 설정해 준다.
⑤ Datum/Point(데이텀/점) : 데이텀 평면, 데이텀 축, 데이텀 CSYS, 점을 생성한다.
⑥ Curve(곡선) : 선, 원호, 원, 나선, 텍스트 등을 생성한다.
⑦ Derived Curve(유도된 커브) : 옵셋, 교차선 등을 생성한다.
⑧ Design Feature(특징형상 설계) : 형상의 특징에 따라 여러 가지 특징형상을 생성한다.
⑨ Associative Copy(연관 복사) : 특징 형상에 연관하여 복사하는 기능을 수행한다.
⑩ Combine(결합) : 형상들 간에 결합, 빼기, 교차 등의 연산을 수행한다.
⑪ Trim(트리밍) : 특징 형상을 자르기 하는 등 수정작업을 수행한다.
⑫ Offset/Scale(옵셋/배율) : 특징형상의 표면을 평행복사하거나, 크기배율을 조절한다.
⑬ Detail Feature(상세 특징 형상) : 특징형상에 대하여 구배, 필렛, 모따기 등의 상세 형상을 수정할 수 있다.
⑭ Surface(곡면) : 곡면을 생성하는 기능을 한다.
⑮ Mesh Surface(메시 곡면) : 메시 곡면을 생성하는 기능을 한다.
⑯ Sweep(스윕) : 스윕 곡면을 생성하는 기능을 한다.
⑰ Flange Surface(플렌지 곡면) : 플렌지 곡면을 생성하는 기능을 한다.
⑱ Synchronous Modeling(동기 모델링) : 면과 필렛에 대한 동기 모델링을 할 수 있다.

■ Format(형식)

Layer 속성을 정의 할 수 있는 기능을 제공하며 각 대상물에 이름이나 패턴 등을 정의 할 수 있다.

① Layer Settings(레이어 설정) : 작업 레이어, 보이는 레이어, 보이지 않는 레이어를 설정하고 레이어의 카테고리 이름을 정의한다.
② Layer Visible in View(뷰에서 볼 수 있는 레이어) : 뷰에서 보이는 레이어와 보이지 않는 레이어를 설정한다.
③ Layer Category(레이어 카테고리) : 레이어의 명명된 그룹을 생성한다.
④ Move to layer(레이어로 이동) : 선택한 대상을 다른 Layer로 이동시킨다.
⑤ Copy to layer(레이어로 복사) : 선택한 대상을 다른 Layer로 복사한다.
⑥ WCS(표준 좌표계) : 작업활 평면을 지정하고 좌표계의 위치나 방향을 바꿀 수 있는 명령이며 여러 가지 방법에 의하여 좌표계를 만들 수 있다. 좌표계를 저장하여 사용할 수 도 있다.

⑦ Reference Sets(참조 세트) : 각 컴포넌트에서 로드하는 데이터 양과 어셈블리 콘텍스트에서 볼 수 있는 데이터 양을 제어하는 환경설정을 생성하고 설정한다.

⑧ Part Module(파트 모듈) : 파트를 새로운 모듈로 만들어주거나 파트끼리 연결된 모듈로 만들어준다.

⑨ Group(그룹) : 여러 개의 대상물을 모을 수 있다. 그리고 하나의 단위로 정의 한다. 여러 개의 Feature를 하나의 그룹으로 묶어 관리 한다. 그룹이 지워질 경우 그룹에 속해 있던 Feature 또한 지워진다.

■ Tools(공구)

① Expression(수식) : 수식을 생성하고 수정한다.

② Spreadsheet(스프레드시트) : 스프레드시트로 모델 데이터를 전송한다.

③ Materials (재료) : 재료를 정의하고 객체에 적용한다.

④ Update(업데이트) : 모델의 수정 후 Date를 Update 시킨다.

⑤ Journal(저널) : 대화형 NX 세션을 저널파일로 저장, 재생, 편집을 한다.

⑥ Customize(사용자 정의) : 메뉴, 도구모음, 아이콘 크기 등을 사용자가 설정한다.

■ Assembly(어셈블리)

한 모델을 여러 User가 동시에 부분 작업을 하였을 경우 각 부품들을 조립하는 기능이다. Assembly 응용프로그램을 실행시켜야 사용할 수 있다.

① Context Control(콘텍스트 제어) : Assembly된 여러 개의 부품에서 하나의 부품을 제어하는 기능을 한다.

② Component(컴포넌트) : 컴포넌트의 추가, 생성, 복사, 패턴 등의 기능을 한다.

③ Component Position(컴포넌트 위치) : 컴포넌트의 자유도 위치를 보여주는 기능을 한다.

④ Arrangements(배치, 배열) : 컴포넌트 배치를 편집할 수 있도록 한다.

⑤ Navigator Order(네비게이터 순서) : 컴포넌트, 파트의 순서를 편집할 수 있도록 한다.

⑥ Exploded Views(분해 뷰) : 컴포넌트 분해도를 작성하는 기능을 한다.

⑦ Sequence(순서) : 컴포넌트의 조립, 분해 순서를 조정하는 기능을 한다.

⑧ Cloning(복사) : 복사된 어셈블리를 생성하고, 기존의 어셈블리의 편집을 가능하게 한다.

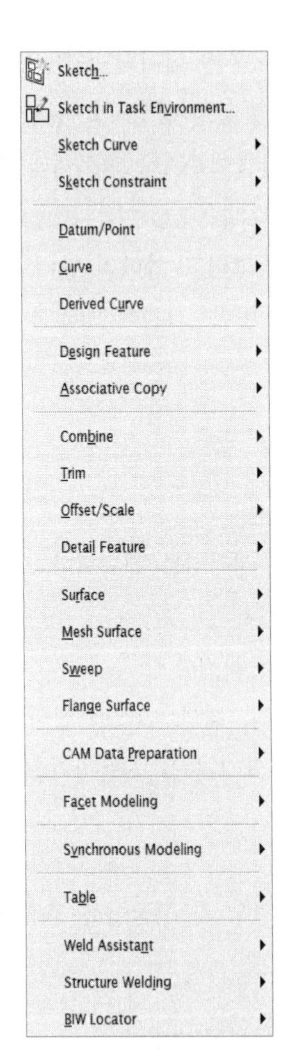

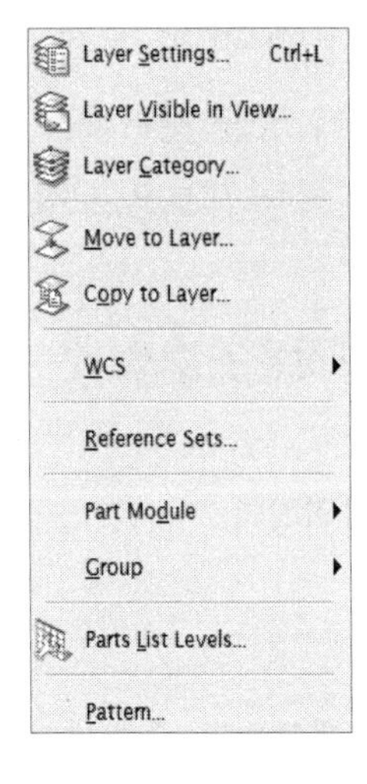

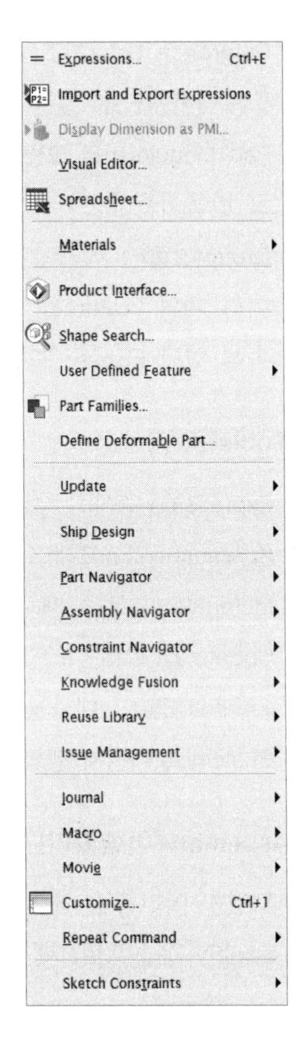

그림 2.7 풀다운 메뉴 : Edit(편집), View(뷰), Tool(공구)

■ Information(정보)

선택하는 대상물에 대한 정보를 제공한다.

① Object(객체) : 객체를 선택하면 객체에 대한 정보를 나열한다.

② Point(점) : 점을 클릭하면 점에 대한 정보를 나열한다.

③ Spline(스플라인) : 스플라인에 대한 정보를 나열한다.

④ B-Surface(B-곡면) : 경계 곡면에 대한 정보를 나열한다.

⑤ Browser(브라우저) : Feature 사이의 관계를 나타내준다.

⑥ PMI(Purchasing Managers' Index, 구매 관리자 지수) : PMI에 관한 다양한 정보를 제

공한다.

⑦ Expression(수식) : 수식에 관한 다양한 정보를 제공한다.

⑧ Part(파트) : 파트에 관한 히스토리 등에 관한 다양한 정보를 제공한다.

⑨ Assembly(어셈블리) : 어셈블리한 구성요소의 목록 등 다양한 정보를 제공한다.

⑩ Other(기타) : 파트의 레이어 목록 등에 관한 기타 정보를 제공한다.

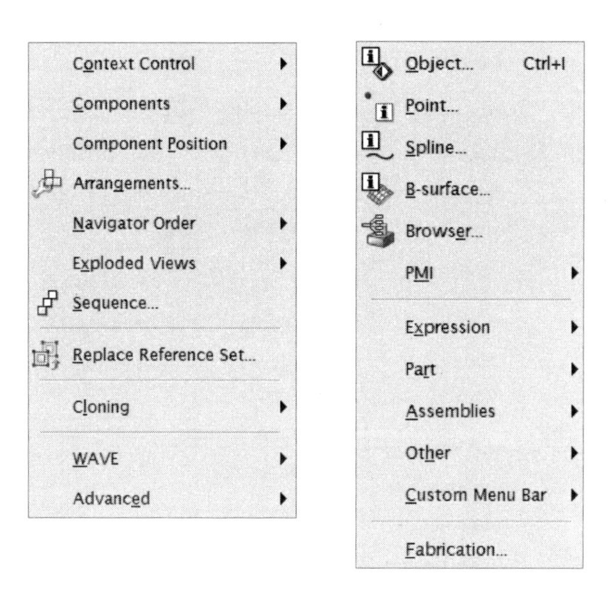

그림 2.8 풀다운 메뉴 : Assembly(어셈블리), Information(정보)

■ Analysis(해석)

선택하는 대상물에 대하여 측정하고, 분석한 Data를 보여주는 기능을 제공한다.

① Measure Distance(거리 측정) : 선택한 요소의 거리를 측정한 결과를 나타낸다.

② Measure Angle(각도 측정) : 선택한 요소의 각도를 측정한 결과를 나타낸다.

③ Minimum Radius(최소반경) : 선택한 특징 형상에서 최소 반지름을 나타낸다.

④ Local Radius(국부 반경) : 선택한 커브,, 모서리 등의 반지름을 나타낸다.

⑤ Geometry Properties(지오메트리 특성) : 선택한 바디에 대한 직선, 모서리, 면에 대한 기하학적 정보를 계산하여 보여준다.

⑥ Measure Bodies(바디 측정) : 선택한 솔리드 바디의 질량, 체적, 관성 모멘트 등에 대한 정보를 계산하여 나타낸다.

⑦ Examine Geometry(형상 조사) : 선택한 바디를 이루는 점, 선, 모서리, 곡면 등의 연관성에 대한 기하학적 정보를 나타낸다.

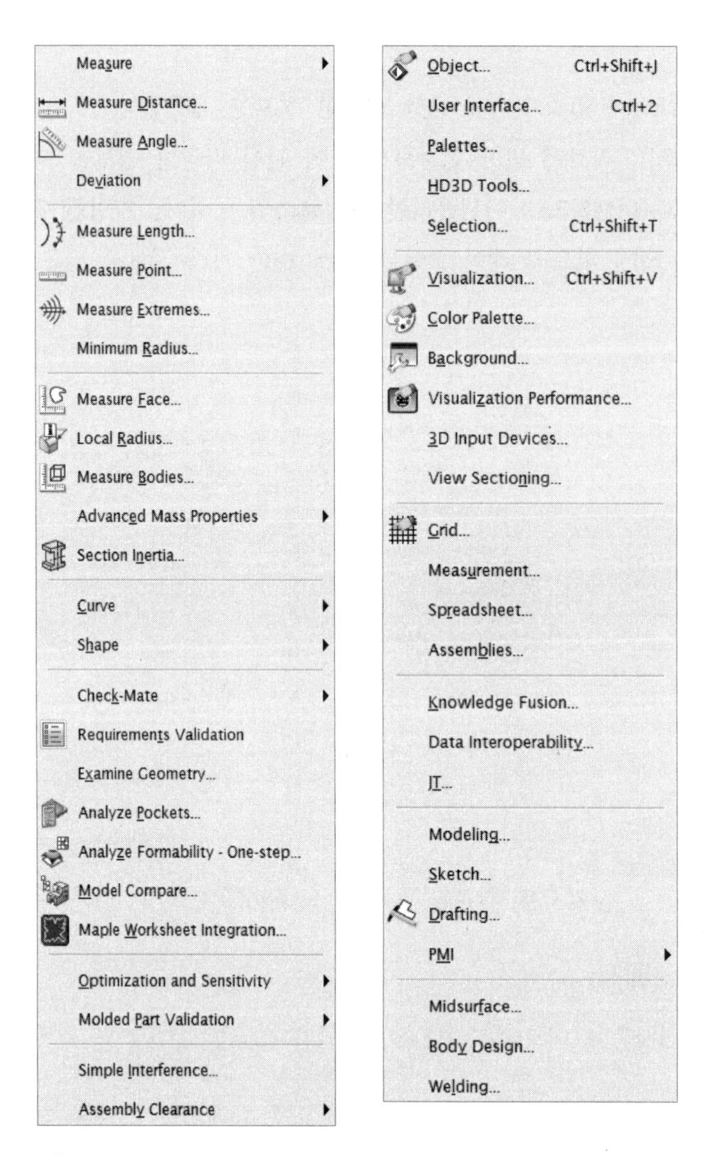

그림 2.9 풀다운 메뉴 : Analysis(해석), Preferences(환경 설정)

■ Preferences (환경설정)

작업환경을 설정하는 기능이다. Drafting에서는 기본설정 외에도 미리 정의한 대상물을 편집할 수 있다.

① Object(객체) : 객체의 레이어, 색상이나 음영 등을 설정한다.

② User Interface(사용자 인터페이스) : 다양한 사용자 인터페이스 환경을 제공한다.

③ Palettes(팔레트) : 팔레트 설정을 다양하게 할 수 있다.

④ Selection(선택) : 마우스 선택창의 크기, 화면음영 등 다양한 설정을 제공한다.

⑤ Visualization(시각화) : 작업 대상물에 대한 시각화 환경을 설정할 수 있다.

⑥ Visualization Performance(시각화 성능) : 시각화하는 성능을 설정한다.

⑦ 3D Input Device(3D 입력장치) : 3D 입력장치를 설정한다.

⑧ Assemblies(어셈블리) : 어셈블리 사용 환경을 설정한다.

⑨ Sketch(스케치) : 스케치 객체의 표시와 스케치도구의 사용 환경에 대한 설정을 한다.

⑩ PMI : PMI를 설정한다.

Ribbon Bar 메뉴와 Classic Toolbars 메뉴 변경 방법

"File >> Preferences >> User Interface"를 클릭하면 "Layout" 항목에서 "Ribbon Bar"와 "Classic Toolbars"를 선택할 수 있다.

그림 2.10 User Interface 변경 방법

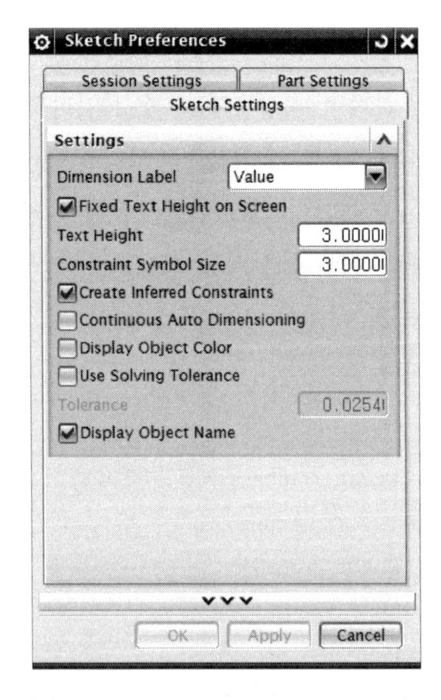

그림 2.11 Sketch Preferences 변경 방법

TIP

Continuous Auto Dimensioning 설정 끄는 방법

그림 2.11과 같이 "File >> Preferences >> Sketch"를 클릭하면 활성화되는 Sketch Preferences 설정 창에서 "Continuous Auto Dimensioning" 항목의 체크를 풀어서 꺼준다.

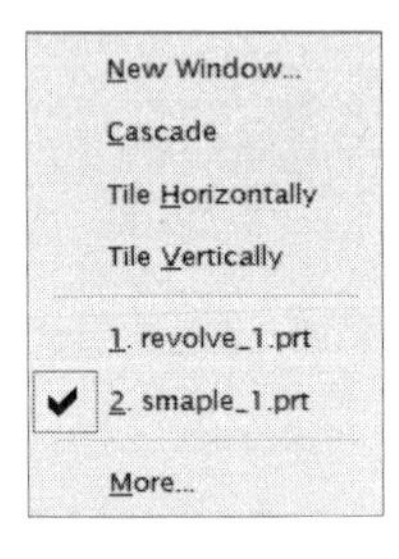

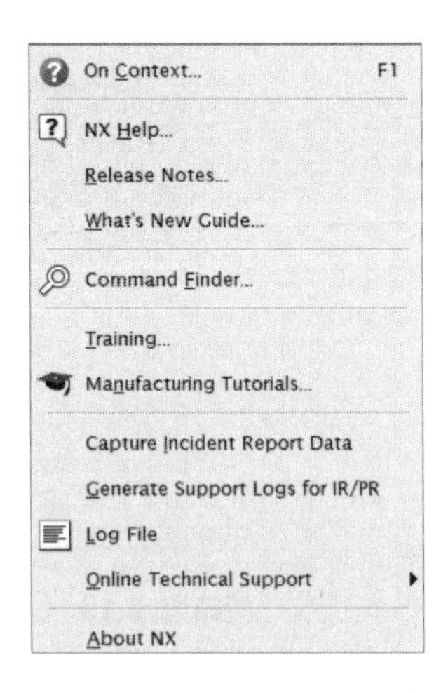

그림 2.12 풀다운 메뉴 : Window(윈도우), Help(도움말)

■ Window(윈도우)

Open 되어있는 파일을 선택적으로 사용할 수 있다.

① New Window(새 윈도우)

② Cascade(캐스케이드)

③ Tile Horizontally(가로 바둑판식 배열)

④ Tile Vertically(세로 바둑판식 배열)

■ Help(도움말)

다음과 같은 다양한 도움말 및 자료를 제공한다.

① On Context(설명보기)

② NX Help(NX 도움)

③ Release Notes(릴리즈 노트)

④ What's New Guide(새로운 내용)

⑤ Command Finder(명령어 찾기)

⑥ Training(교육)

⑦ Manufacturing Tutorials(제조 사용지침서)

⑧ Capture Incident Report Data(IR 데이터 캡쳐)

⑨ Generate Support Logs for IR/PR(IR/PR용 지원 로그 생성)

⑩ Log File(NX 로그 파일)

⑪ Online Technical Support(온라인 기술 지원)

⑫ About NX(NX 정보)

(2) 화면 메뉴

■ Selection Filter/Entire Assembly

선택 필터에서는 사용자가 작업할 객체를 선택하기 쉽게 하는 기능을 제공한다.

그림 2.13 선택 필터

■ Ribbon Bar

NX 응용 프로그램을 편리하게 사용할 수 있도록 풀다운 메뉴의 기능들을 Ribbon Bar 형태로 만들었다. Tool(도구)의 Customize(사용자 정의)에서 아이콘을 추가하거나 제거할 수 있으며, 아이콘 크기도 Option에서 변경할 수 있다.

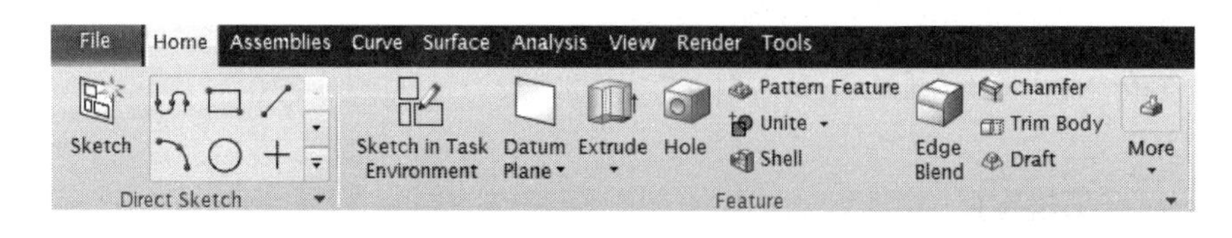

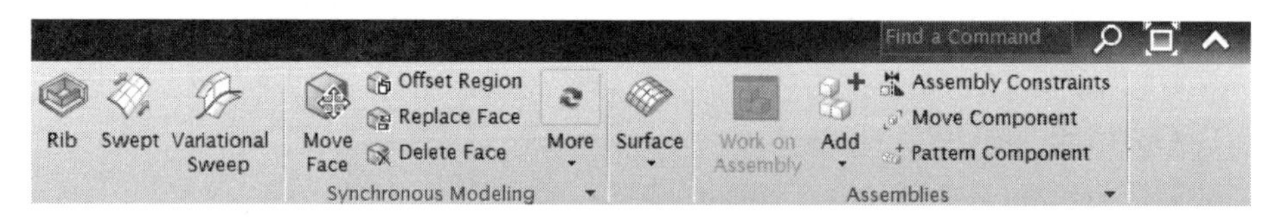

그림 2.14 Ribbon Bar

■ 데이텀 좌표계(CSYS)

데이텀 좌표계는 3개의 데이텀 평면(XY평면, YZ평면, XZ평면)과 3개의 데이텀 축(X축, Y축, Z축), 1개의 원점(Origin Point)로 이루어져 있으며, 스케치 평면이나 기준면, 기준축, 원점으로 사용한다. 특징 형상을 생성할 때 유용하게 이용된다.

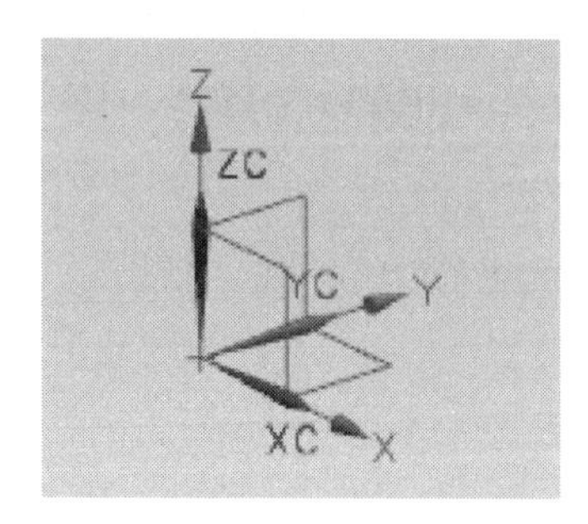

그림 2.15 Datum Coordinate System

■ 작업 좌표계(Work Coordinate System, WCS)

모델링 작업의 기준이 되는 작업 좌표계로서, 축을 선택하여 화면을 회전하여 특징형상을 볼 수 있다. 풀다운 메뉴의 Format에서 WCS를 변경할 수 있다.

그림 2.16 Work Coordinate System

■ Pop-up Icon

화면이나 객체에서 마우스 오른쪽 버튼을 길게 누르면 나타나는 창으로서, 화면에서 눌렀을 경우에는 화면표시 제어 아이콘이 나타나며, 객체에서 눌렀을 경우에는 객체 수정 작업에 관한 아이콘이 나타난다.

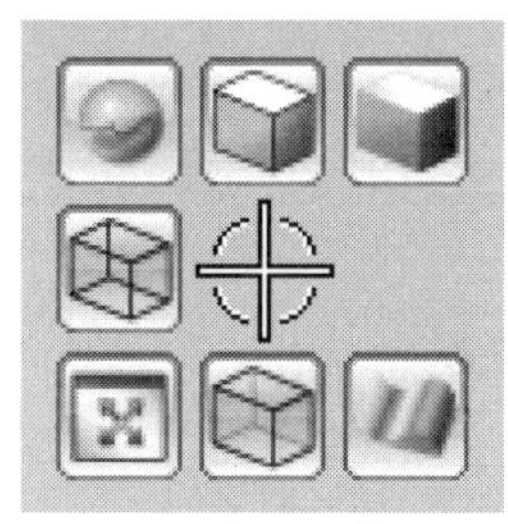

(a) 화면에서 눌렀을 경우

(b) 객체에서 눌렀을 경우

그림 2.17 Pop-up Icon

■ Radial Pop-Up

Ctrl+Shift 키를 누른 상태에서 마우스 왼쪽, 가운데, 오른쪽 버튼을 순서대로 누르면 다음 그림과 같은 팝업 창이 나타난다. 여기서 아이콘을 선택하면 쉽고 빠르게 해당 기능을 실행할 수 있다.

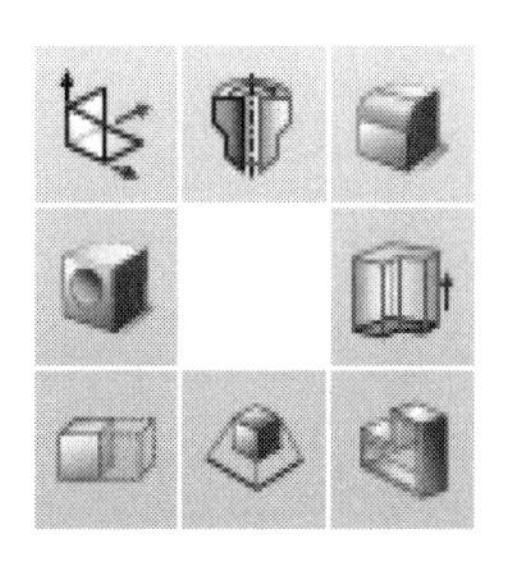
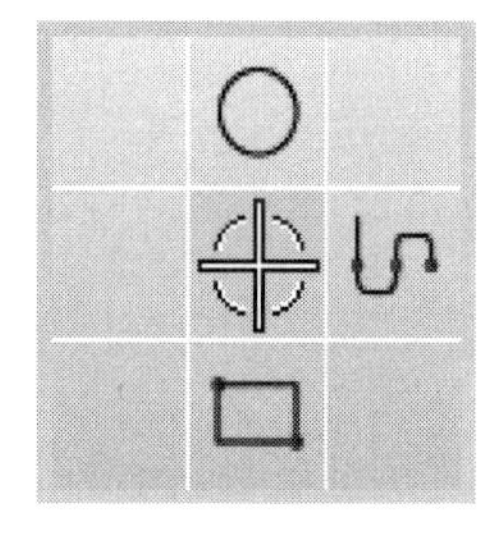
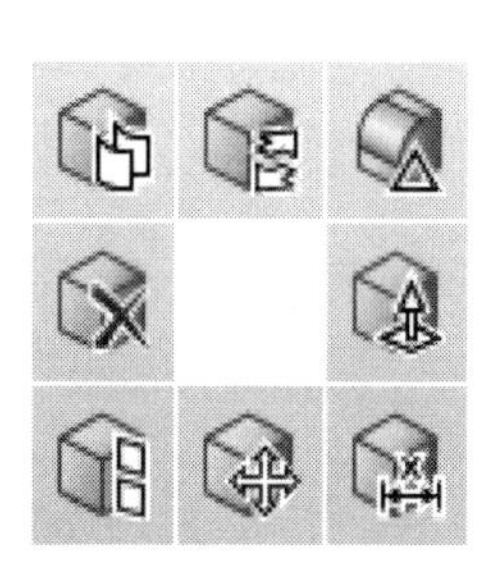

그림 2.18 Radial Pop-up

■ Resource Bar

어셈블리 탐색기, 구속조건 탐색기, 파트 탐색기 등 작업 편의성을 위한 기능을 제공하며, 히스토리는 작업시간 시간 순서에 의해 정렬된다.

- 어셈블리 탐색기 : 조립된 부품의 상태를 트리구조로 나타낸다.
- 구속조건 탐색기 : 조립 부품의 구속조건을 트리구조로 나타낸다.
- 파트 탐색기 : 작업내용을 순서대로 나열하거나 종속관계로 표시한다.
- 라이브러리 재사용 : 자주 사용하는 객체를 라이브러리로 만들어서 재사용 가능하다.
- HD3D 도구 : 시각적 도구를 사용하여 객체를 윈도우에서 바로 시각화할 수 있고, 제품의 유효성 검사를 할 수 있다.
- Internet Explorer : 웹 주소를 입력하여 온라인 작업을 수행할 수 있다.
- 히스토리 : 이전에 작업했던 파일을 불러올 수 있다.
- 시스템 재료 : 객체에 대한 재질감을 부여할 수 있다.
- Process Studio : NX를 활용한 해석 마법사에 관한 내용을 수행한다.
- 제조마법사 : Manufacturing 마법사를 수행한다.
- 역할 : 사용자 수준에 적합한 도구 환경을 설정할 수 있다.
- 시스템 장면 : 시각적 장면을 설정할 수 있다.

■ Pop-Up Menu

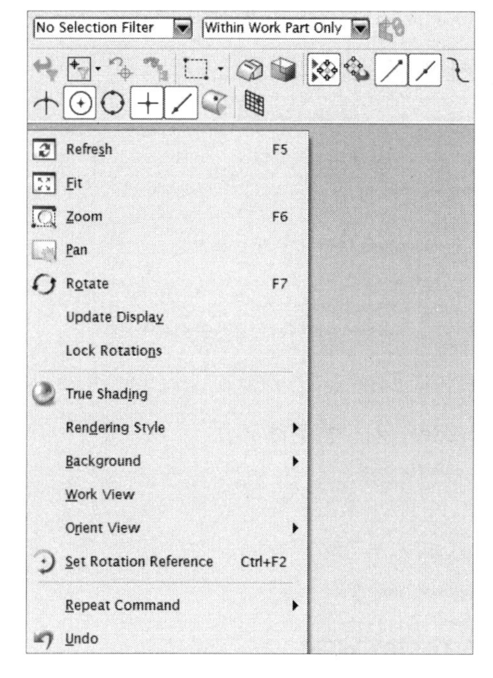

(a) 화면에서 눌렀을 경우

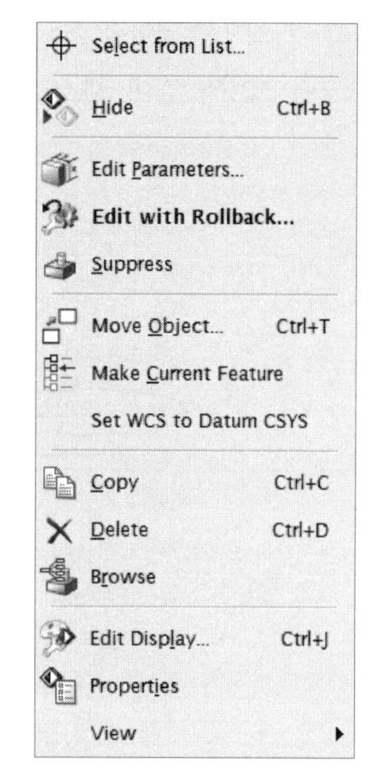

(b) 객체에서 눌렀을 경우

그림 2.19 Pop-up 메뉴

2.3 사용자 환경 설정

사용자가 원하는 환경으로 설정하는 방법을 알아보자.

■ Customer Defaults(사용자 기본값)

풀다운 메뉴에서 File의 Utilities 에서 사용자 환경을 설정할 수 있다. 사용자가 설정한 사용 환경을 유지하기 위해서는 사용자 기본값을 설정해야 한다.

■ Customize(사용자 정의)

풀다운 메뉴에서 Tool의 Customize에서 도구모음 보기, 명령, 옵션, 레이아웃, 역할 등에 대한 사용자 정의를 설정할 수 있다.

■ 프로그램 언어 변경

그림 2.20과 같이 "제어판 >> 시스템 >> 시스템 정보" 창에서 "고급 시스템 설정"을 클릭하면 그림 2.21과 같이 시스템 속성 창이 활성화된다.

그림 2.20 시스템 정보

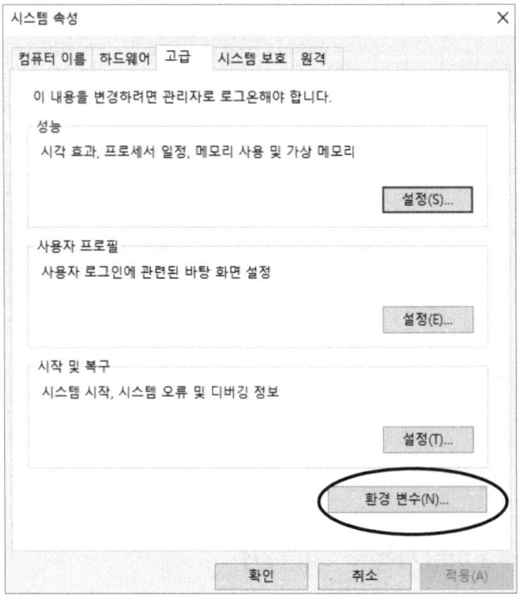

그림 2.21 시스템 속성

환경변수를 클릭하면 "시스템 변수(S)" 항목에서 "UGII_LANG"을 선택하고 편집을 선택해서 변수 값에 사용할 언어를 english 또는 korean을 입력하여 사용언어를 선택할 수 있다.

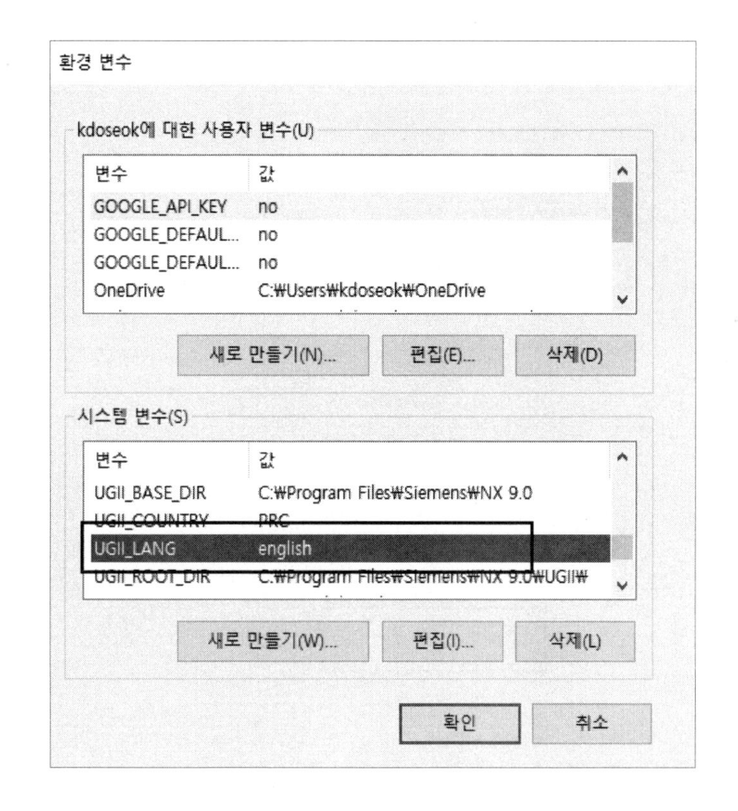

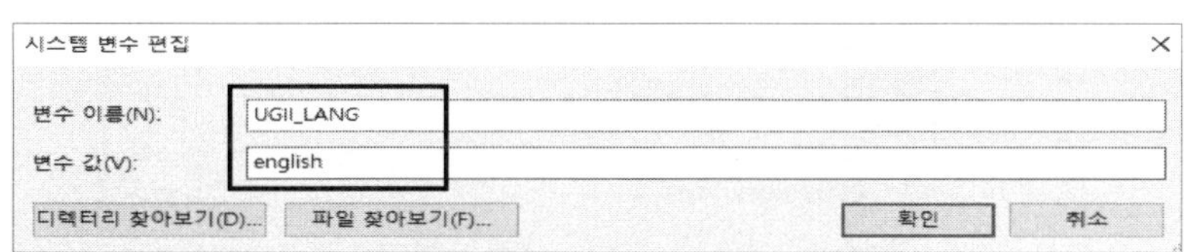

그림 2.22 UGII_LANG 변수 값 설정

■ NX의 Gear, Spring 생성 Toolbar 추가

바탕화면에서 마우스 오른쪽 버튼을 눌러 "개인 설정(R)"을 선택한 후 "홈 >> 시스템 >> 정보 >> 시스템 정보 >> 고급시스템 >> 환경변수"를 클릭하면 환경변수 설정 창이 활성화된다. 시스템 변수(S) 항목에서 그림 2.23과 같이 "새로 만들기"를 클릭해서 "변수 이름 : UGII_COUNTRY", 변수 값 "PRC"를 입력하고 확인한다.

설정이 완료되면 "확인"을 클릭한 후 NX를 재실행하면 그림 2.24와 같이 Toolbar에 "GC Toolkits"가 추가된 것을 확인할 수 있다. 이 기능을 사용하면 Gear Modeling, Spring Design의 생성에 필요한 다양한 기능들을 활용할 수 있다.

환경 변수

kdoseok에 대한 사용자 변수(U)

변수	값
GOOGLE_API_KEY	no
GOOGLE_DEFAUL...	no
GOOGLE_DEFAUL...	no
OneDrive	C:₩Users₩kdoseok₩OneDrive

새로 만들기(N)... 편집(E)... 삭제(D)

시스템 변수(S)

변수	값
UGII_BASE_DIR	C:₩Program Files₩Siemens₩NX 9.0
UGII_COUNTRY	PRC
UGII_LANG	english
UGII_ROOT_DIR	C:₩Program Files₩Siemens₩NX 9.0₩UGII₩

새로 만들기(W)... 편집(I)... 삭제(L)

확인 취소

새 시스템 변수

변수 이름(N): UGII_COUNTRY

변수 값(V): PRC

디렉터리 찾아보기(D)... 파일 찾아보기(F)... 확인 취소

그림 2.23 한글 저장 폴더 사용 변수 값 설정

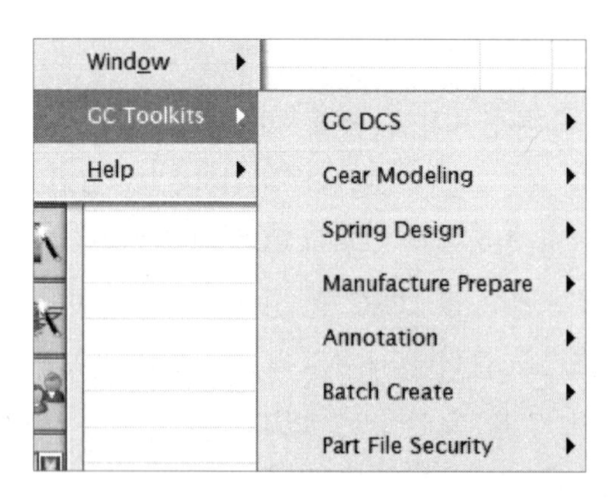

그림 2.24 GC Toolkits 활성화

■ Snap Pont(스냅 점)

객체를 생성하거나 편집할 때 사용할 점 추정 방법이다. 모델링, 스케치, Shape Studio, Dynamic WCS에서 활성화시켜 사용할 수 있다.

- 스냅 점 활성 : 객체위치를 점으로 스냅 할 수 있도록 하도록 활성화 한다.
- 끝점 : 객체의 양단의 끝을 점으로 선택한다.
- 중간점 : 객체의 가운데를 점으로 선택한다.
- 제어점 : 객체의 양쪽 끝단과 중간점을 선택한다.
- 교차점 : 두 객체의 교차점을 찾아 선택한다.
- 중심점 : 원, 호, 타원과 같은 객체의 중심을 점으로 찾아 선택한다.
- 사분점 : 원, 호, 타원과 같은 객체의 사분점을 점으로 찾아 선택한다.
- 기존점 : 이미 객체에 존재하는 점을 찾아 선택한다.
- 곡선위의 점 : 곡선 객체상의 임의 점을 선택한다.
- 곡면위의 점 : 곡면 객체상의 임의 점을 찾아 선택한다.

■ 마우스 사용법

(1) 마우스 왼쪽 버튼(MB1) : 객체를 선택할 때 사용한다.

(2) 마우스 중간 버튼(MB2) : Enter 기능 또는 누른 상태에서 마우스를 움직여서 객체를 회전시킬 수 있다.

(3) 마우스 오른쪽 버튼(MB3) : 화면상에서 짧게 누르면 Pop-Up메뉴,
화면상에서 길게 누르면 디스플레이 변경
객체위에서 길게 누르면 객체편집

(4) Ctrl+MB2, MB1+MB2 : Zoom In-Out 기능

(5) Shift+MB2, MB2+MB3 : Pan 기능

CHAPTER 03

Sketched Feature를 이용한 형상모델링

3.1 Sketched Feature 생성하기 : Extrude(돌출)

이 장에서는 단일 단면을 스케치하여 모델링을 하는 방법인 Extrude 형상을 생성하는 방법에 대하여 알아보도록 하자. 먼저 Sketched Feature를 생성하는 작업 순서를 보면 크게 3단계로 나눌 수 있다. 스케치 작업을 수행 할 평면에 대한 정의 단계, 형상의 단면 모양을 스케치하는 단계, 스케치된 단면에 정확한 설계 치수를 주는 단계로 구성된다.

(1) Modeling 작업 1

첫 번째 part로 "model_1.prt"를 만들어보자. 그림 3.1과 같이 "New 아이콘( )"을 클릭하면 그림 3.2와 같은 창이 나타난다. Model을 선택하고 작업파일을 저장할 폴더와 이름을 지정하고 OK 한다.

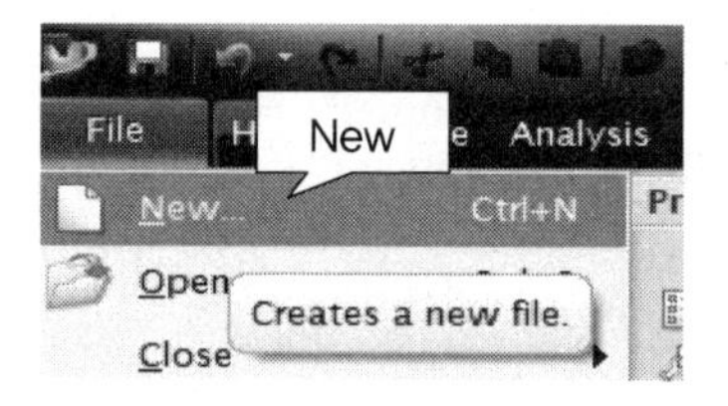

그림 3.1 파일 새로 만들기 : New 아이콘

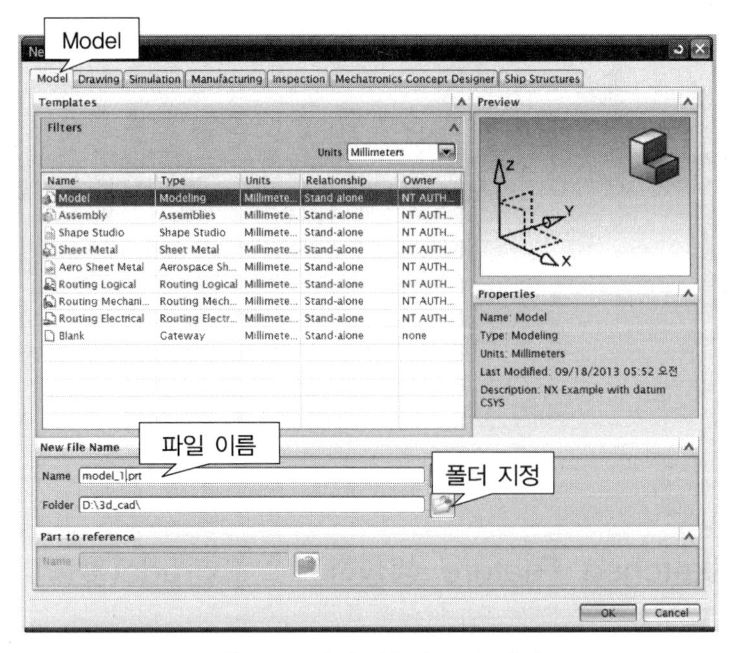

그림 3.2 파일 이름과 폴더 지정

❶ 그림 3.3과 같이 "Sketch in Task Environment" 아이콘을 클릭하면 "Create Sketch" 설정 창이 활성화 되면서 스케치할 평면을 설정하는 상태가 된다. 화면 중심의 Main Graphic Window에서 XZ 평면을 마우스로 선택한 후 확인(OK) 버튼을 클릭하면 스케치 할 수 있는 2D 상태로 넘어간다.

그림 3.3 Sketch in Task Environment

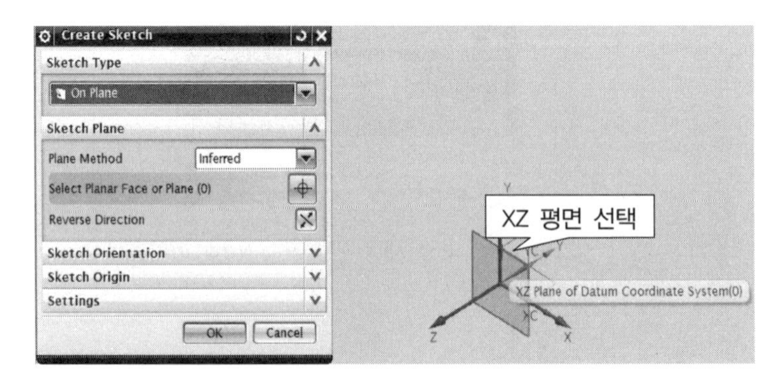

그림 3.4 스케치 설정 : XZ 평면

❷ "Profile" 아이콘을 클릭하여 그림 3.6과 같이 스케치한다.

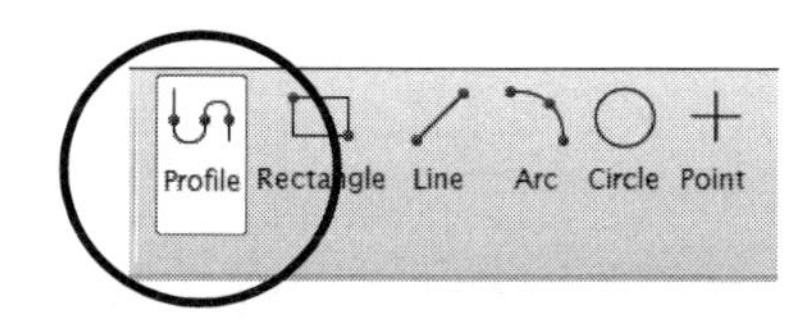

그림 3.5 Profile 아이콘 이용하여 스케치하기

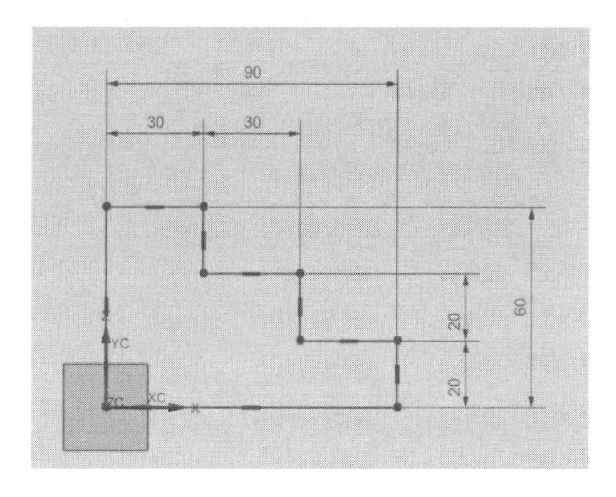

그림 3.6 스케치 단면

스케치가 완료되면 Finish(🏁) 아이콘을 클릭하여 Modeling 환경으로 돌아간다.

❸ 왼쪽 화면의 Part Navigator 창에서 스케치 항목을 선택한 후 Extrude(돌출) 아이콘을 선택하면 그림 3.8과 같이 Extrude 설정창이 활성화된다.

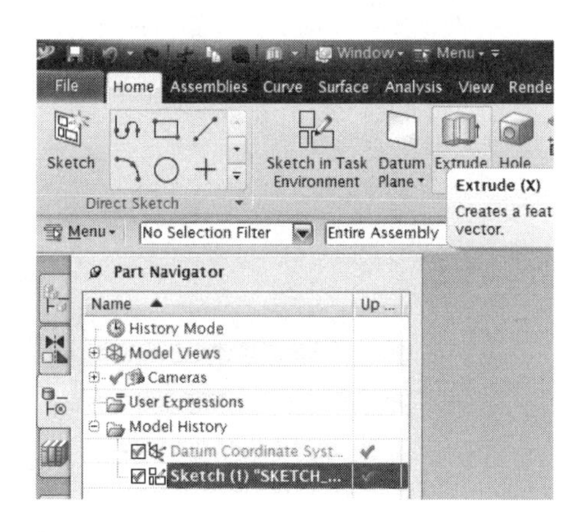

그림 3.7 Sketch 선택 후 Extrude 아이콘 클릭

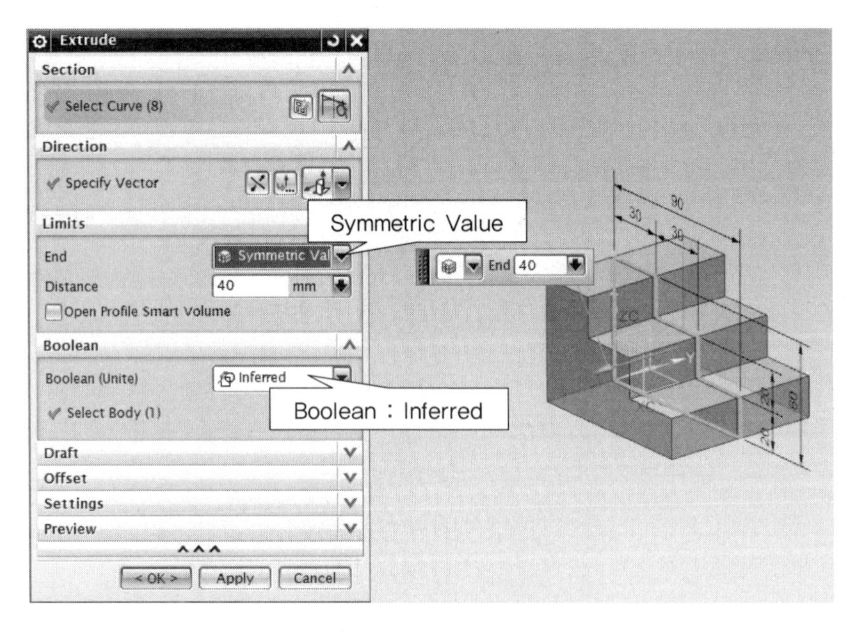

그림 3.8 Extrude 설정

❹ Symmetric Value(대칭 값) 항목을 선택한 후 Distance 입력 값으로 "40"을 입력한다. UG NX 소프트웨어는 대칭 값을 입력할 때 한 방향 값을 입력한다. 따라서, 전체 돌출 값은 "80"이 된다.

❺ 맨 처음 생성한 형상이기 때문에 Boolean 설정 값은 Default 값인 "Inferred" 그대로 둔 후 [OK] 클릭한다. Extrude 완료된 형상은 그림 3.9와 같다.

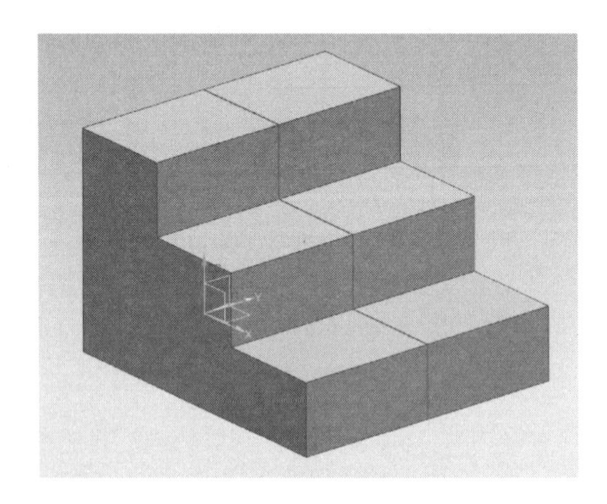

그림 3.9 Extrude 완료 형상

❻ 다음 형상으로 구멍 형상을 추가하기 위해 “Sketch in Task Environment” 아이콘을 클릭한 후 스케치 평면으로 돌출된 형상의 윗면을 선택한 후 확인(OK) 버튼을 클릭하면 스케치 할 수 있는 2D 상태로 넘어간다.

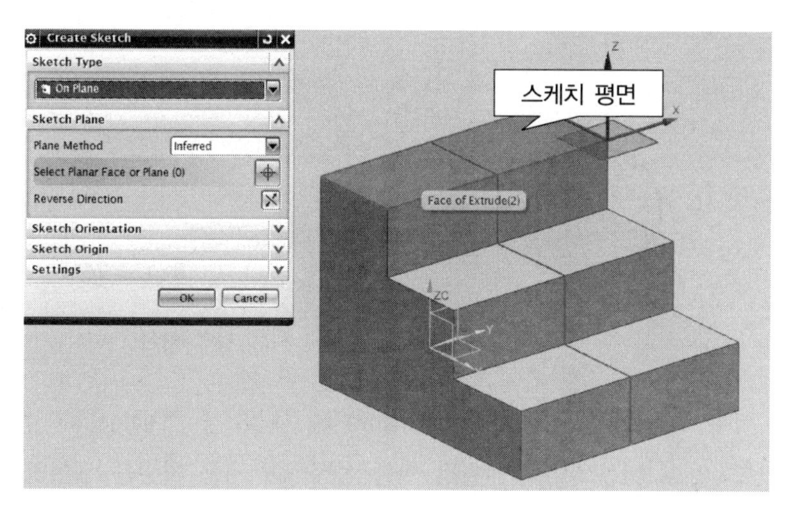

그림 3.10 스케치 평면 설정

❼ Sketch 환경에서 Circle 아이콘을 클릭한 후 그림 3.12와 같이 스케치한다. 먼저 마우스 왼쪽 버튼으로 원의 중심을 선택한 후 마우스를 드래그한 후 왼쪽 버튼을 클릭하여 원을 스케치한다.

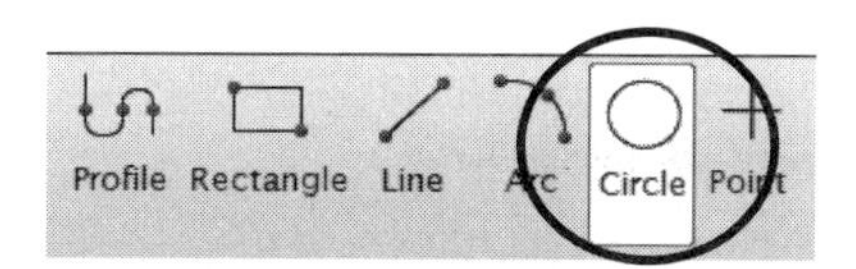

그림 3.11 Circle(원) 아이콘

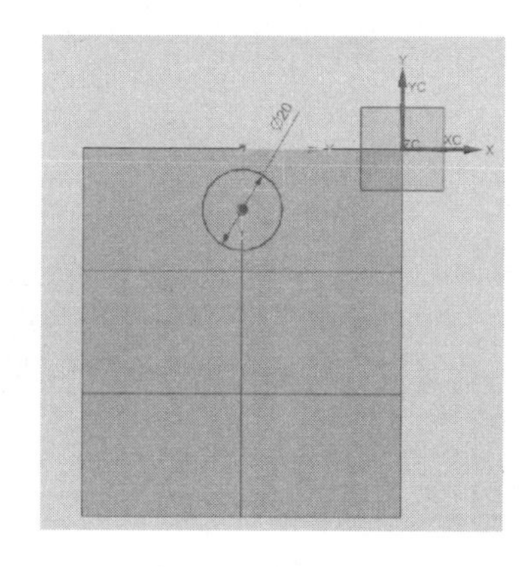

그림 3.12 스케치 단면

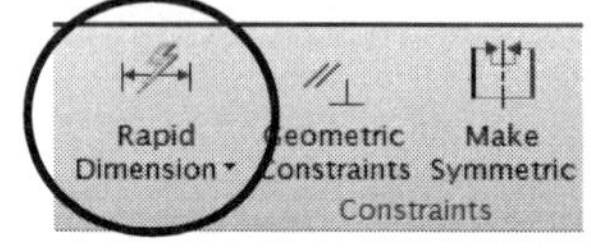

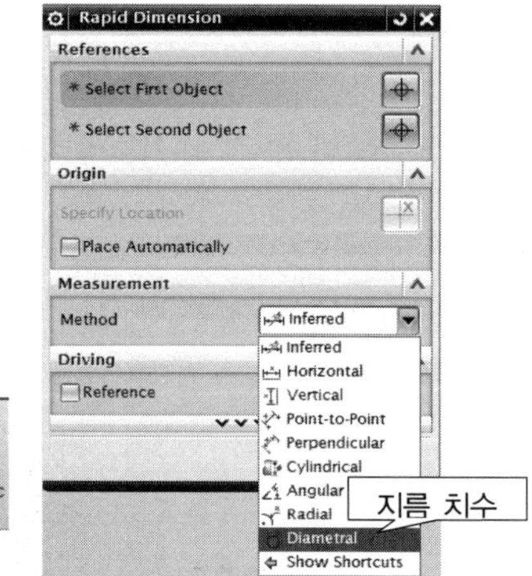

그림 3.13 스케치 지름 치수 설정

치수 설정 아이콘(Rapid Dimension)을 클릭한 후 “Diametral” 항목을 선택한다. 마우스 왼쪽 버튼으로 스케치된 원을 선택하여 지름 치수를 부여한다. 부여된 치수를 더블 클릭하여 설계 치수인 “20”을 입력한 후 Finish(🏁) 아이콘을 클릭하여 Modeling 환경으로 돌아간다.

❽ 왼쪽 화면의 Part Navigator 창에서 방금 스케치한 항목을 선택한 후 Extrude(돌출) 아이콘을 선택하면 그림 3.14와 같이 Extrude 설정창이 활성화된다. 돌출 형상은 항상 스케치한 면의 + 방향(바깥 방향)으로 향한다.

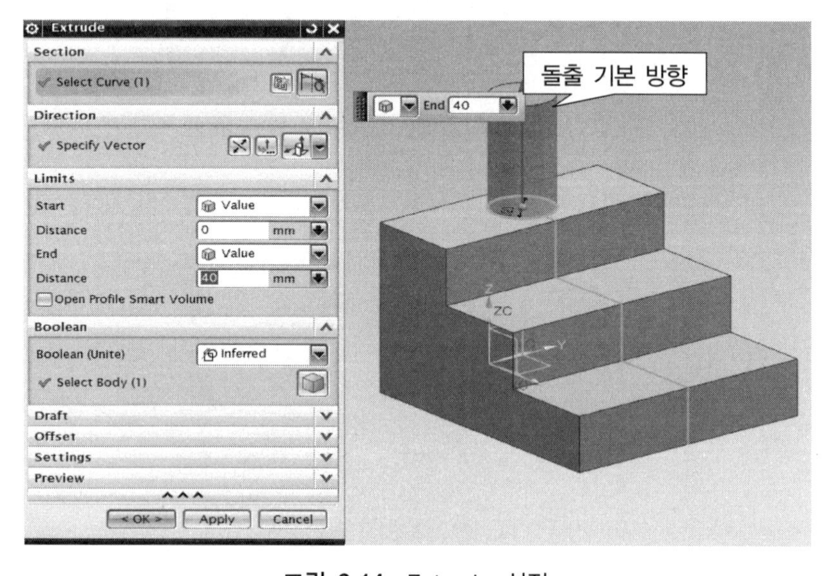

그림 3.14 Extrude 설정

그림 3.15와 같이 방향은 "Reverse Direction" 선택, 깊이 값으로 "Through All" 선택, Boolean 설정으로 "Subtract" 선택한다. 설정이 완료된 후 확인(OK) 버튼을 클릭하면 그림 3.16과 같이 완료된 형상을 확인할 수 있다.

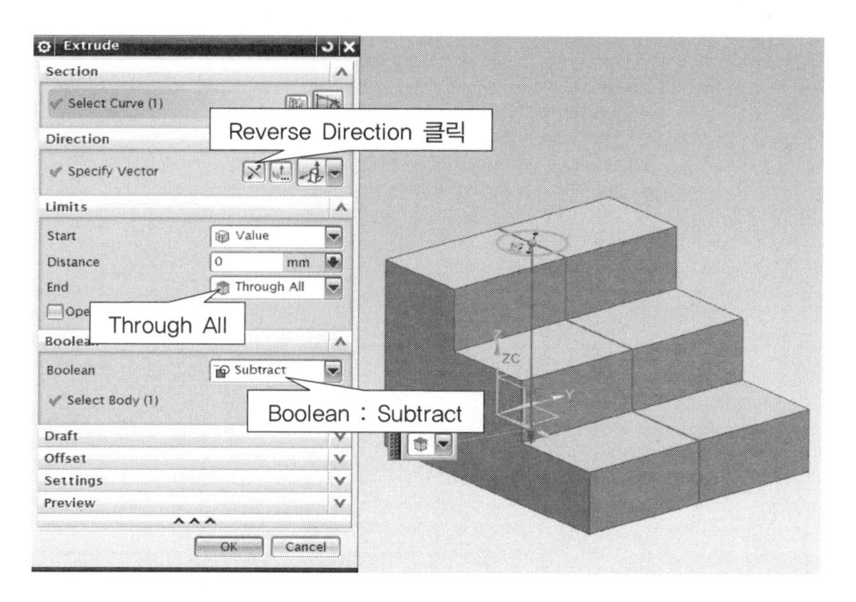

그림 3.15 Extrude 설정

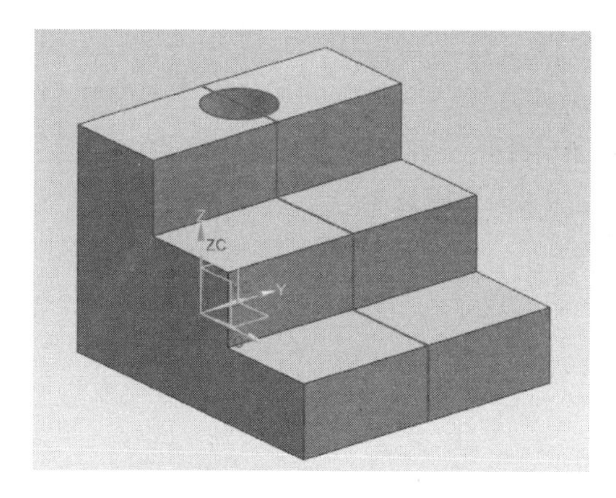

그림 3.16 Extrude 컷 완료 형상

(2) Modeling 작업 2

두 번째 part로 "model_2.prt"를 만들어보자. "New 아이콘( )"을 클릭한 후 Model을 선택하고 작업파일을 저장할 폴더와 이름을 지정하고 OK 한다.

❶ “Sketch in Task Environment” 아이콘을 클릭하면 “Create Sketch” 설정 창이 활성화 되면서 스케치할 평면을 설정하는 상태가 된다. 화면 중심의 Main Graphic Window에서 XZ 평면을 마우스로 선택한 후 확인(OK) 버튼을 클릭하면 스케치 할 수 있는 2D 상태로 넘어간다.

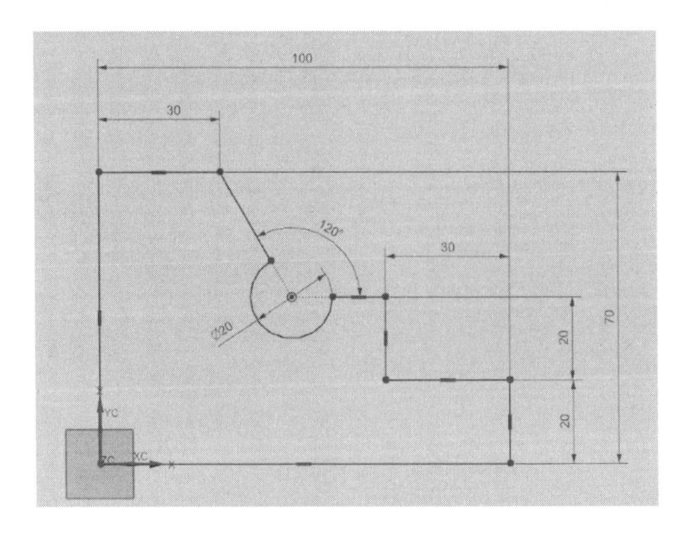

그림 3.17 스케치 단면

❷ 그림 3.17과 같이 스케치하기 위하여 먼저 “Line” 아이콘을 클릭하여 그림 3.18과 같이 선 하나를 스케치한다. 치수 아이콘을 클릭하여 선분의 길이 치수를 부여한다. 처음 치수를 부여하면 스케치된 크기의 치수를 자동으로 부여하는데 이를 수정하여 설계 치수인 “70”을 입력한다.

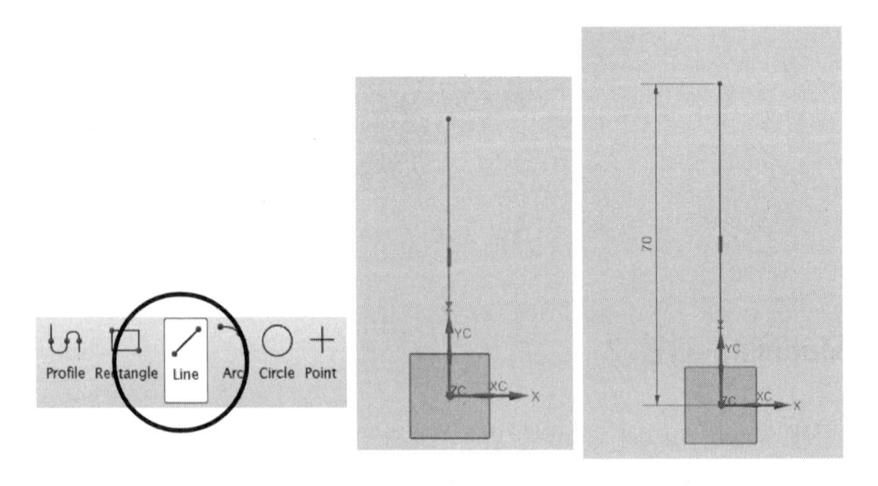

그림 3.18 Line 스케치

❸ 선 하나의 치수를 먼저 변경하는 이유는 나머지 스케치 형상들의 치수가 첫 번째 선분의 크기에 맞추어 스케치되기 때문에 화면 스케일이 맞지 않아서 생기는 불편함을 줄일 수 있기 때문이다. 그림 3.19와 같이 Profile 아이콘을 이용하여 나머지 부분을 임의로 이어서 그린다.

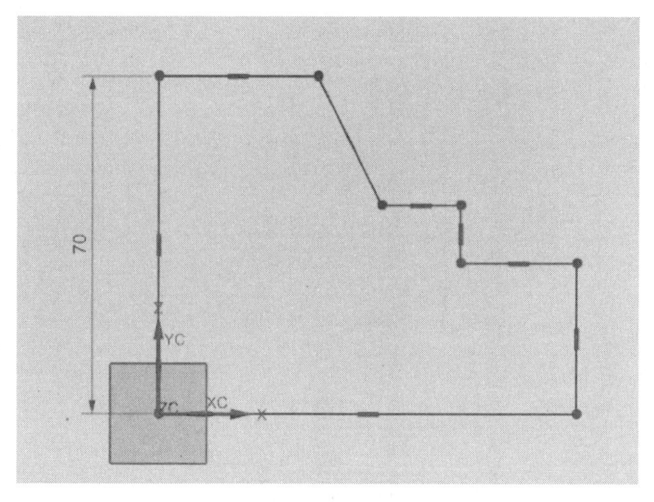

그림 3.19 스케치

❹ 스케치된 형상에 그림 3.20과 같이 치수 설정 아이콘을 이용하여 설계 치수를 부여한다. 선분 치수들은 선분을 선택 한 후 드래그하여 치수 위치를 클릭하면 치수가 설정된다. 각도(Angle) 치수는 마우스 왼쪽 버튼으로 사선(ⓐ)과 직선(ⓑ)을 선택한 후 드래그하여 배치할 위치(ⓒ)를 선택하면 각도 치수가 부여된다.

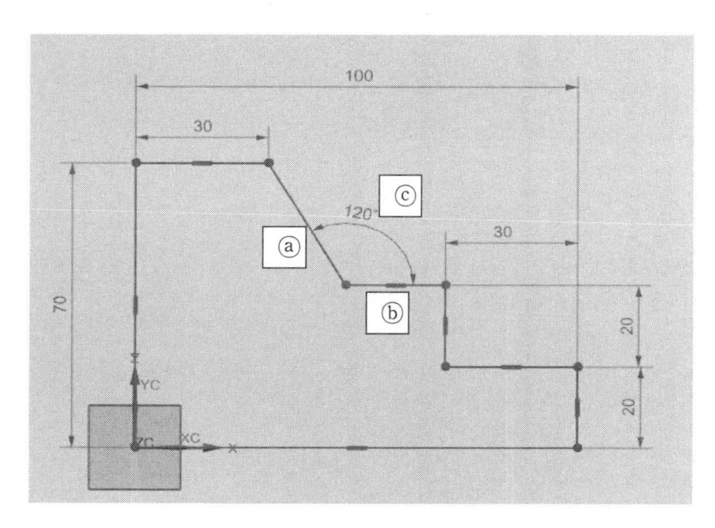

그림 3.20 설계 치수 부여

이어서 Circle 아이콘을 선택하여 가운데 원을 스케치한 후 설계 치수 “20”을 부여한다.

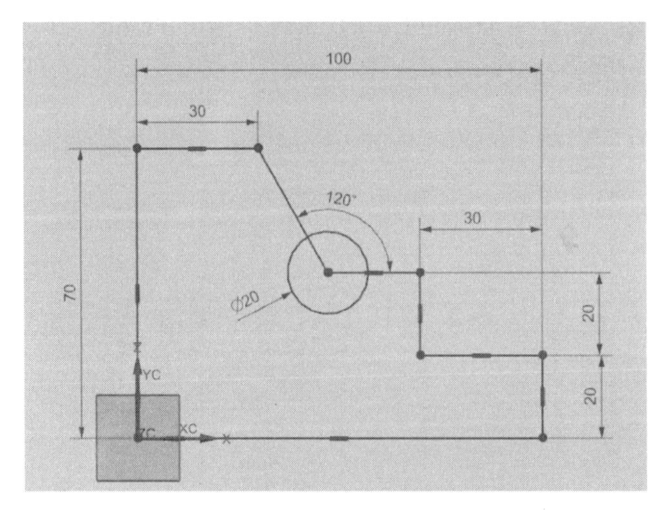

그림 3.21 원 스케치

그림 3.22와 같이 Quick Trim 아이콘을 선택한 후 120° 각도를 이루는 선들과 원이 만나는 부분의 불필요한 부분을 하나씩 선택하여 삭제한다.

그림 3.22 Quick Trim 아이콘

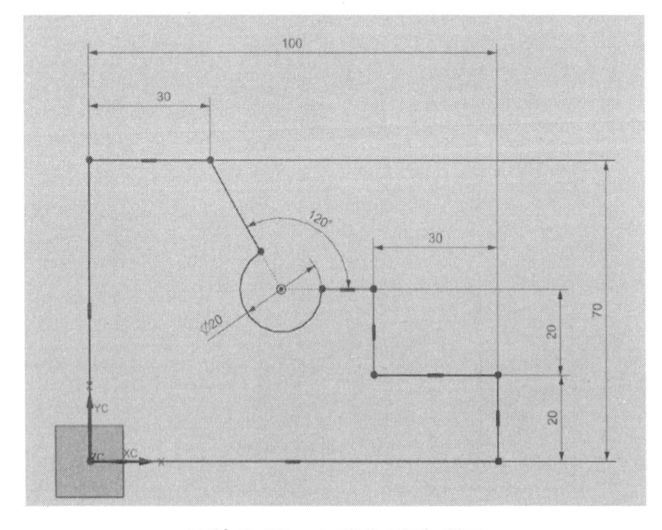

그림 3.23 스케치 단면 완료

스케치가 완료되면 Finish() 아이콘을 클릭하여 Modeling 환경으로 돌아간다.

❺ 왼쪽 화면의 Part Navigator 창에서 스케치 항목을 선택한 후 Extrude(돌출) 아이콘을 선택하면 그림 3.24와 같이 Extrude 설정창이 활성화된다.

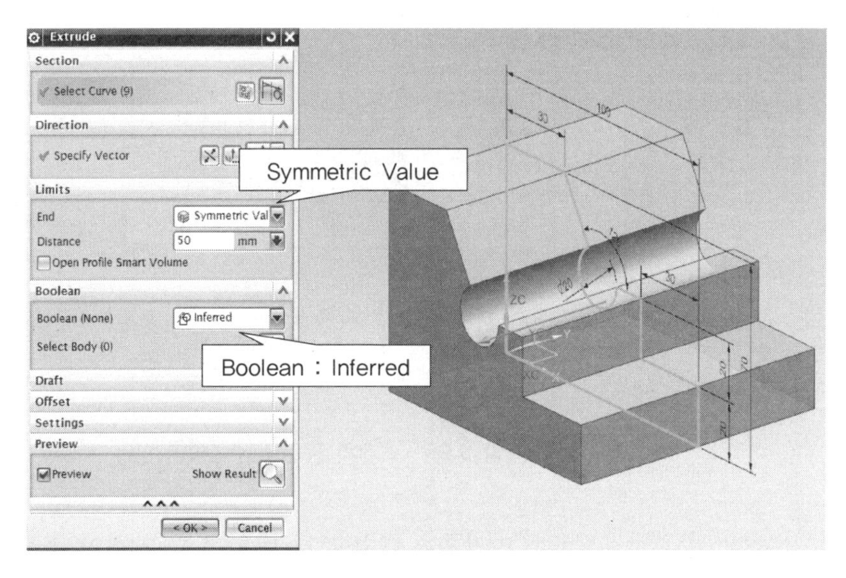

그림 3.24 Extrude 설정

Symmetric Value(대칭 값) 항목을 선택한 후 Distance 입력 값으로 "50"을 입력한다. 맨 처음 생성한 형상이기 때문에 Boolean 설정 값은 Default 값인 "Inferred" 그대로 둔 후 확인(OK)을 클릭한다. Extrude 완료된 형상은 그림 3.25와 같다.

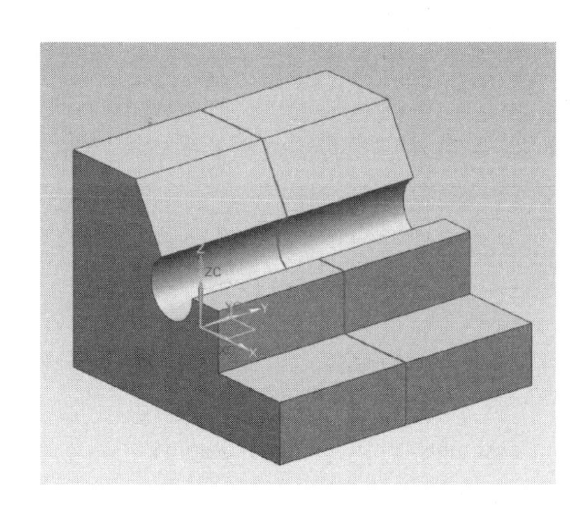

그림 3.25 Extrude 완료 형상

⑥ "Sketch in Task Environment" 아이콘을 클릭한 후 스케치 평면으로 XY 평면을 마우스로 선택한 후 확인(OK) 버튼을 클릭하면 스케치 할 수 있는 2D 상태로 넘어간다.

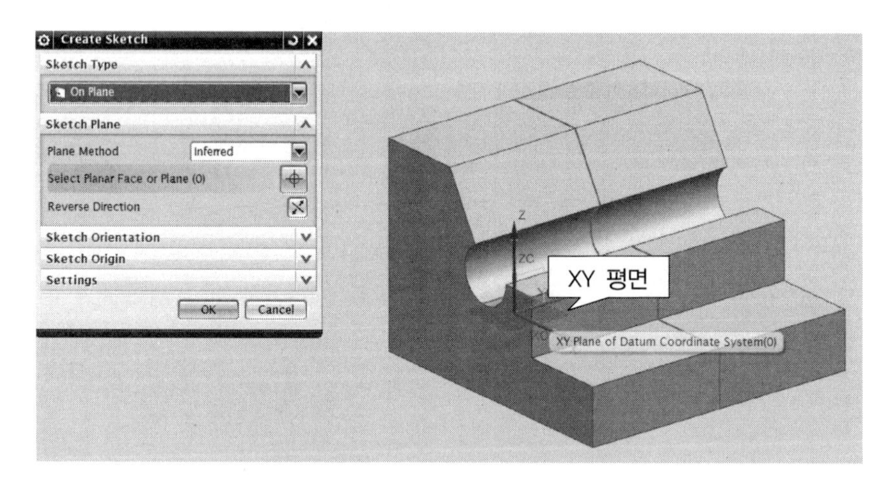

그림 3.26 스케치 평면 : XY 평면

Sketch 환경에서 Circle 아이콘을 클릭한 후 그림 3.27과 같이 스케치한다. 먼저 마우스 왼쪽 버튼으로 원의 중심을 선택한 후 마우스를 드래그한 후 왼쪽 버튼을 클릭하여 원 하나를 스케치한다. 나머지 원들도 같은 방법으로 스케치한다. 치수 설정 아이콘을 이용하여 설계 치수를 부여한다.

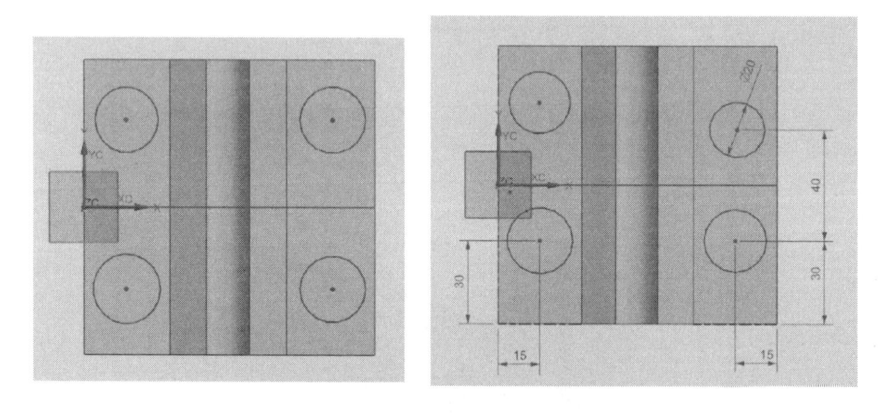

그림 3.27 원 스케치와 일부 치수 기입

Geometric Constraints 기능 중 Equal Radius 기능을 이용하여 나머지 원의 지름 치수를 같게 만들어준다.

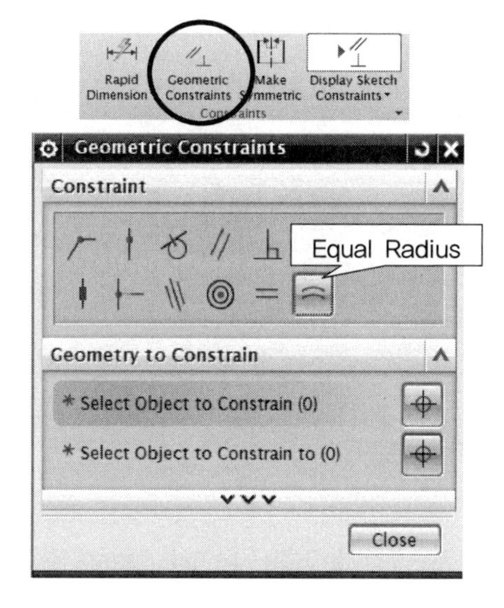

그림 3.28 Equal Radius 설정

Equal Radius 조건을 선택한 후 마우스 왼쪽 버튼으로 치수가 설정되어 있는 원의 "ϕ20"을 선택하면 그림 3.29와 같이 객체 1개가 선택된 것을 확인할 수 있다. 이 상태에서 다음 선택 항목을 클릭하거나 또는 마우스 가운데 휠 버튼을 클릭하면 두 번째 항목을 선택하는 상태로 넘어간다. 이 상태에서 Equal Radius 설정을 원하는 스케치된 원을 마우스 왼쪽 버튼으로 선택하면 두 객체의 치수가 같아진다. 나머지 두 개의 스케치된 원에 대해서도 같은 방법으로 하나씩 차례대로 Equal Radius 설정을 적용하면 그림 3.30과 같이 원의 치수들이 같아진다.

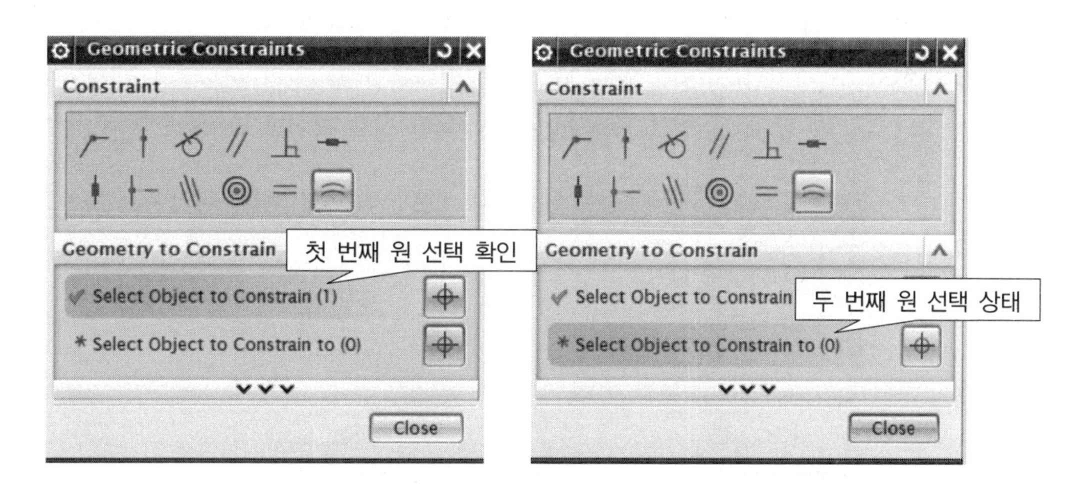

그림 3.29 Equal Radius 설정 : 첫 번째 원 선택

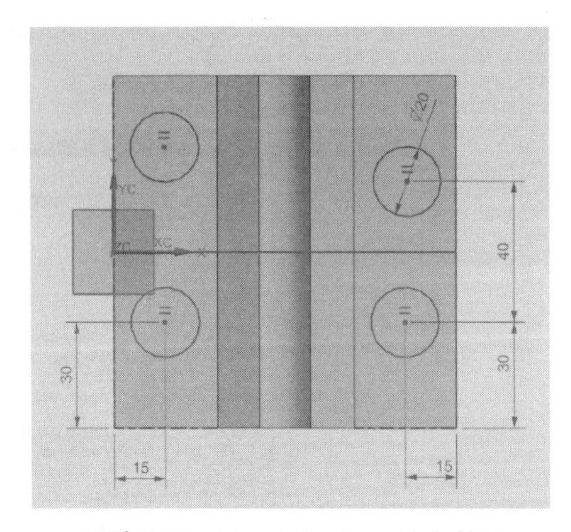

그림 3.30 Equal Radius 설정 완료

Make Symmetric 기능을 이용하여 대칭 형상 치수를 만들어준다. 그림 3.31과 같이 Make Symmetric 아이콘을 선택한다.

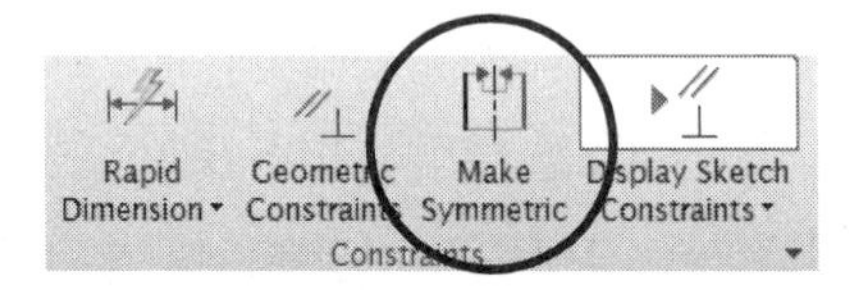

그림 3.31 Make Symmetric 아이콘

활성화된 창에서 첫 번째 원의 중심점을 마우스 왼쪽 버튼으로 선택하면 그림 3.32와 같이 두 번째 객체를 선택하는 상태로 넘어간다. 두 번째 원의 중심을 선택하면 두 원의 중심점의 대칭이 될 기준 중심선을 선택하는 상태로 넘어간다. 이 상태에서 두 중심점 사이에 있는 XC 축을 선택하면 두 원의 중심점은 대칭이 된다. 그림 3.33과 같이 두 원의 중심점이 대칭이 된 것을 확인할 수 있다.

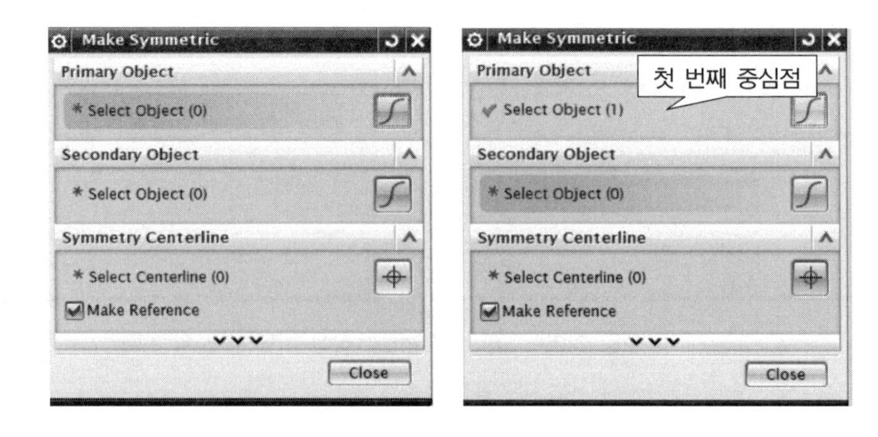

그림 3.32 Make Symmetric 설정

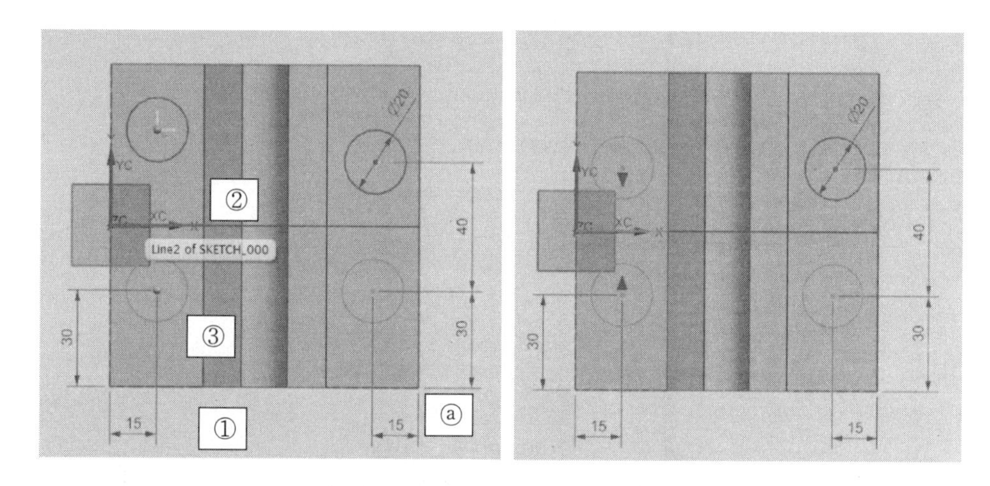

그림 3.33 Make Symmetric 설정 완료

앞의 작업에 이어서 Make Symmetric 아이콘이 활성화되어 있는 상태이면 마지막으로 선택한 중심선이 이미 선택으로 되어 있어서 두 원의 중심점만 차례대로 선택해주어서 중심점을 대칭으로 만들어 준다.

기존에 이미 "40"치수가 들어가 있어서 그림 3.34와 같이 중심점 사이의 치수와 충돌이 발생한다. 충돌이 발생하는 치수는 마우스 왼쪽 버튼으로 선택한 후 Delete 키를 눌러서 지워주면 된다.

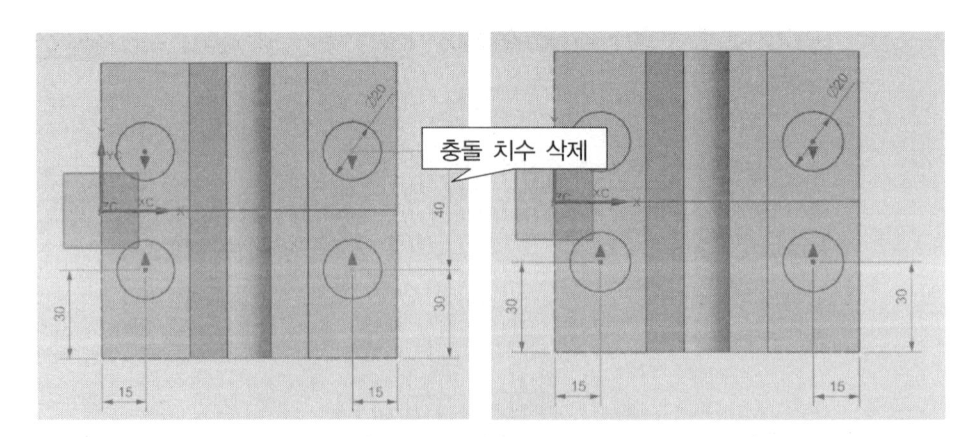

그림 3.34 스케치 완료

스케치가 완료되면 Finish( ) 아이콘을 클릭하여 Modeling 환경으로 돌아간다.

❼ 왼쪽 화면의 Part Navigator 창에서 스케치 항목을 선택한 후 Extrude(돌출) 아이콘을 선택하면 그림 3.35와 같이 Extrude 설정창이 활성화된다.

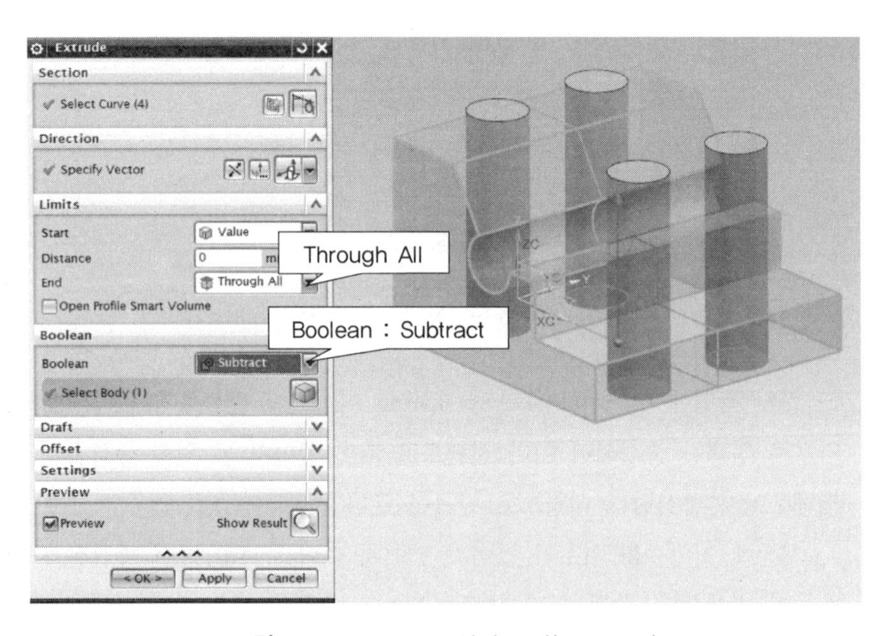

그림 3.35 Extrude 설정 : 컷(Subtract)

Direction 설정은 XY 평면에 스케치하였기 때문에 설정값 그대로 두고, 한계(Limits) 설정은 0부터 “Through All”, Boolean 설정 값은 “Subtract”로 설정한 후 확인(OK)을 클릭한다. Extrude 완료된 형상은 그림 3.36과 같다.

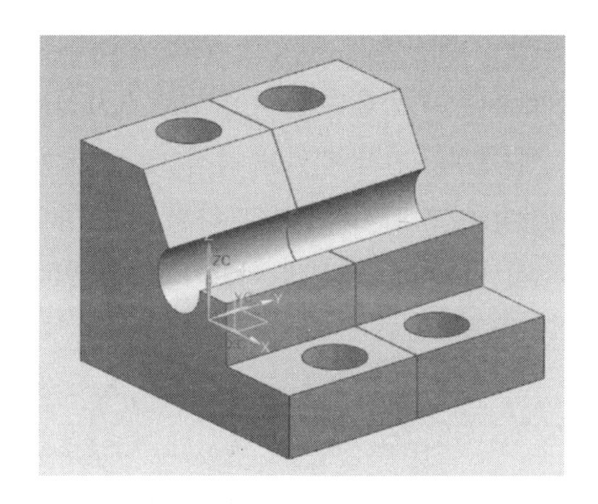

그림 3.36 Extrude 완료

(3) Modeling 작업 3

세 번째 part로 "model_3.prt"를 만들어보자. "New 아이콘( )"을 클릭한 후 Model을 선택하고 작업파일을 저장할 폴더와 이름을 지정하고 OK 한다.

❶ "Sketch in Task Environment" 아이콘을 클릭하면 "Create Sketch" 설정 창이 활성화 되면서 스케치할 평면을 설정하는 상태가 된다. 화면 중심의 Main Graphic Window에서 XZ 평면을 마우스로 선택한 후 확인(OK) 버튼을 클릭하면 스케치 할 수 있는 2D 상태로 넘어간다.

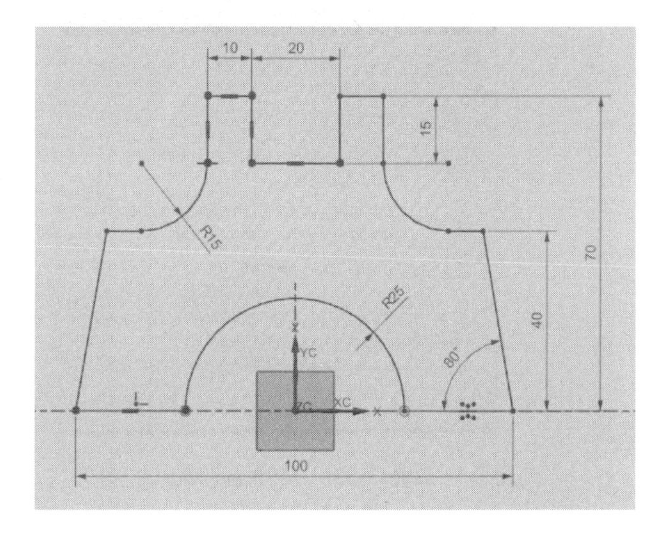

그림 3.37 스케치 단면

❷ 그림 3.37과 같이 스케치하기 위하여 먼저 “Arc” 아이콘을 클릭하여 “Arc by Center and Endpoints” 기능을 이용하여 그림 3.38과 같이 원점을 중심으로 하는 아크 하나를 스케치한다. 먼저 원점을 중심으로 선택한 후 마우스를 드래그하여 9시 방방에 클릭하여 아크의 시작점으로 하고 역시 마우스를 시계 방향으로 돌리면서 드래그하여 3시 방향에 클릭하면 아크가 스케치된다.

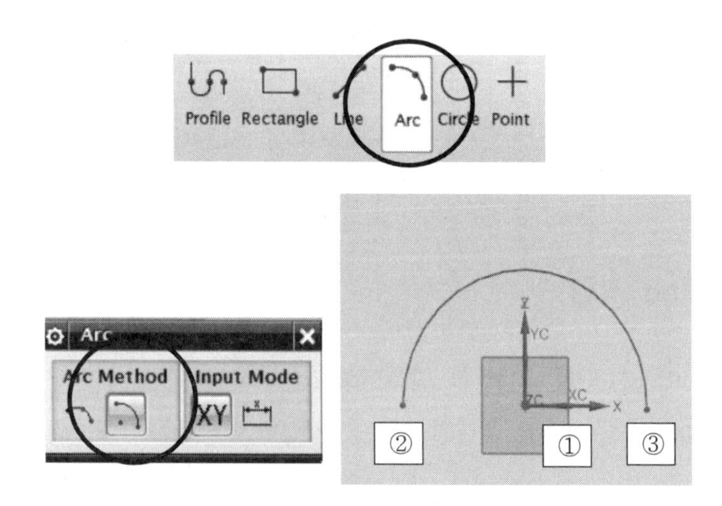

그림 3.38 Arc 아이콘을 이용한 스케치

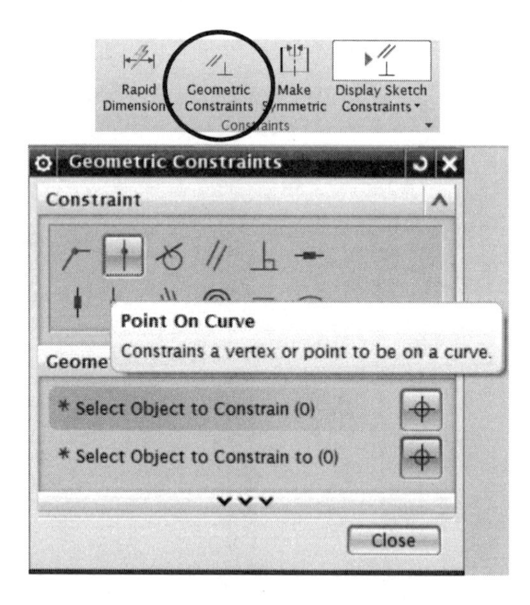

그림 3.39 Point on Curve 설정

그림 3.39와 같이 Point on Curve 구속 조건을 이용하여 아크의 양 끝단을 XC

수평 축 상에 일치시킨다. 먼저 마우스 왼쪽 버튼으로 아크의 왼쪽 끝 점을 선택한 후 마우스 가운데 "휠" 버튼을 클릭하면 두 번째 선택 상태로 넘어간다. 가운데 부분의 XC 축을 선택하면 그림 3.40과 같이 아크의 왼쪽 끝점이 XC 축 상에 정렬된다.

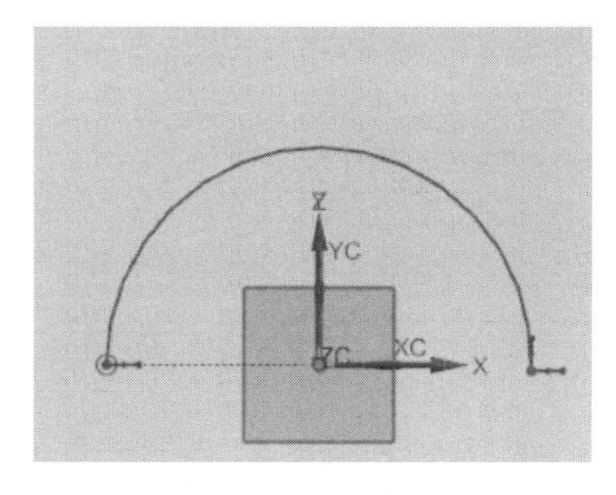

그림 3.40 Point on Curve 구속 설정

같은 방법으로 한 번 더 Point on Curve 구속 조건을 이용하여 오른쪽 아크의 끝 점을 선택한 후 "휠" 버튼을 클릭하면 두 번째 선택 상태로 넘어간다. 가운데 부분의 XC 축을 선택하면 그림 3.41과 같이 아크의 오른쪽 끝점이 XC 축 상에 정렬된다.

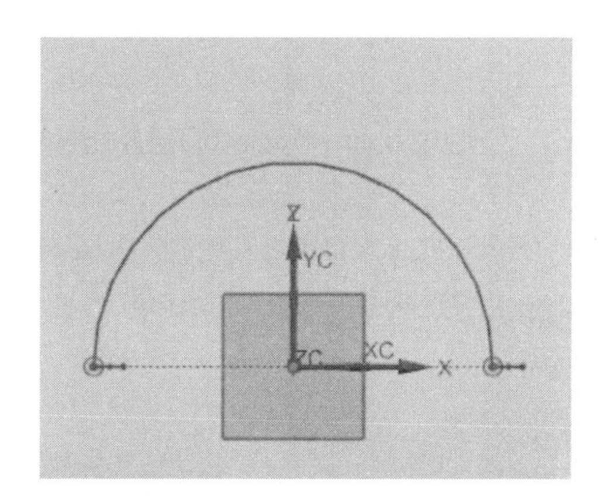

그림 3.41 Point on Curve 구속 설정

치수 아이콘을 클릭하여 아크의 반지름 치수를 부여한다. 처음 치수를 부여하면 스케치된 크기의 치수를 자동으로 부여하는데 이를 수정하여 설계 치수인 반지름 "25"를 입력한다.

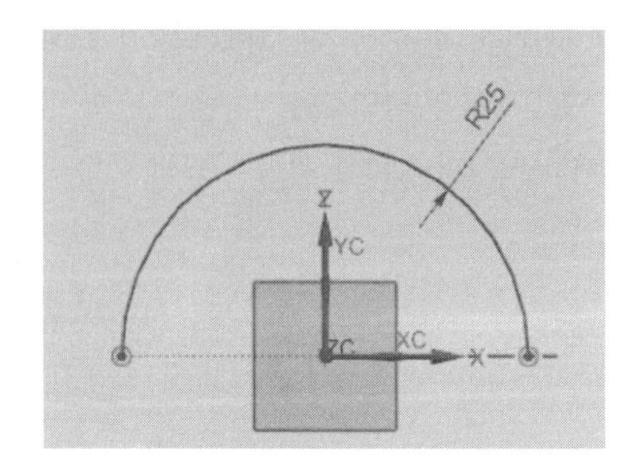

그림 3.42 아크 반지름 치수 부여

Profile 아이콘을 이용하여 그림 3.43과 같이 왼쪽 부분만 스케치한다.

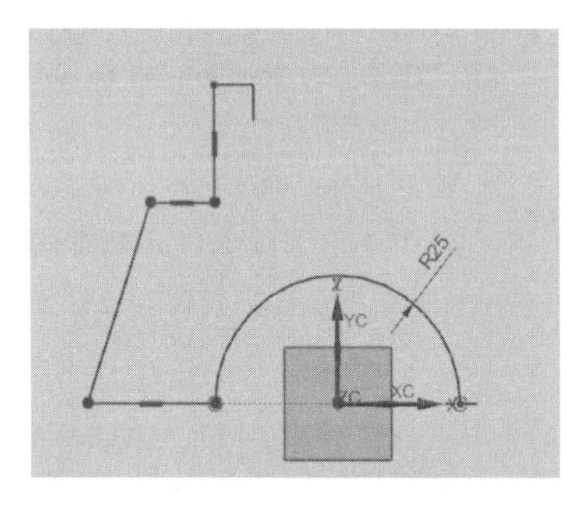

그림 3.43 Profile 아이콘을 이용한 스케치

반대편 대칭 형상을 Mirror Curve 아이콘을 이용하여 복사한다. 그림 3.44와 같이 아이콘이 가려져 있으므로 버튼을 클릭하면 감춰져 있는 아이콘들이 나타난다. 나타난 Mirror Curve 아이콘을 클릭한다.

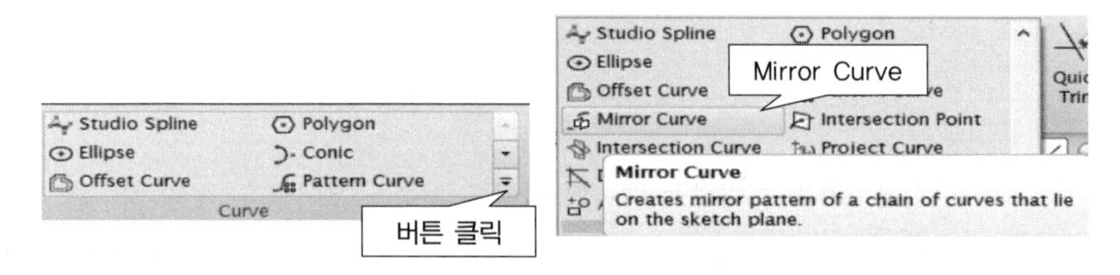

그림 3.44 Mirror Curve 아이콘

그림 3.45와 같이 스케치된 왼쪽 부분을 선택하기 위하여 마우스 왼쪽 버튼으로 ① 번 부분을 클릭한 후 버튼을 누른 채로 드래그하여 ②번 부분까지 끌고 간 후 클릭한다.

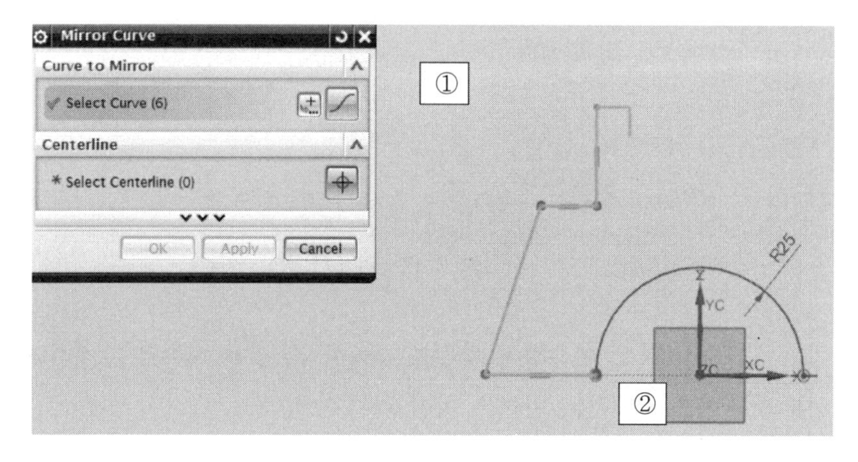

그림 3.45 대칭 복사될 객체 선택

대칭 복사될 객체 선택이 끝나면 마우스 "휠" 버튼이나 중심선 선택 항목을 클릭한 후 화면 가운데 YC 축을 선택하여 복사한 후 OK 버튼을 클릭한다.

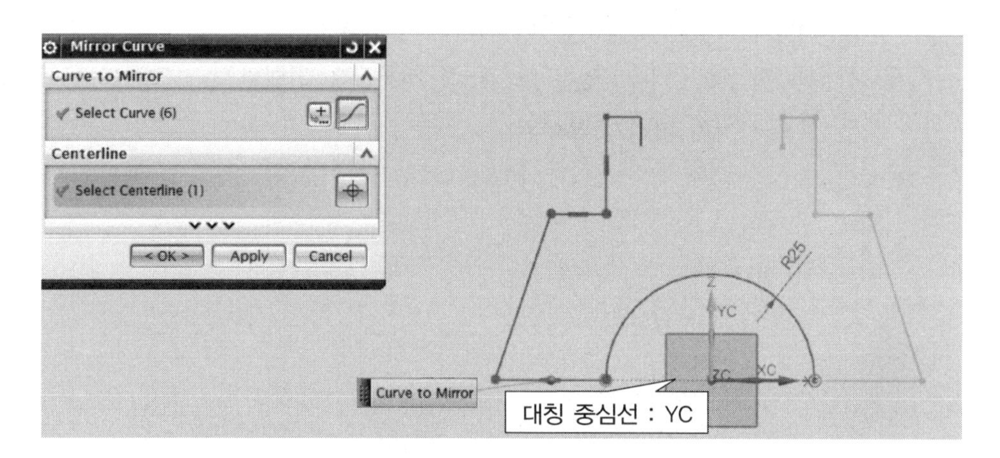

그림 3.46 대칭 복사 완료

Line 아이콘을 이용하여 가운데 선을 이어 준다(선분의 반을 스케치한 후 대칭 복사하지 않는 이유는 하나의 직선으로 스케치되어야 3D 형상으로 만들어 주었을 때 3차원 형상 면에 이어붙인 선이 표시되지 않는다).

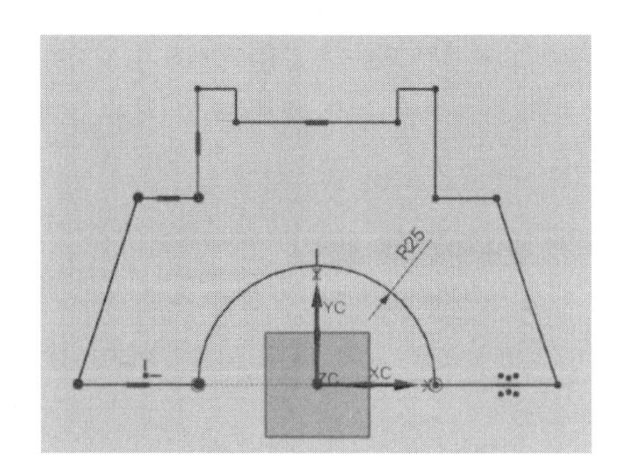

그림 3.47 스케치 형상 완료

치수 설정 아이콘을 이용하여 치수를 부여한 후 설계 치수로 수정한다.
선분의 길이를 설정하는 방법은 여러 가지가 있다.

ⓐ 선분을 선택 한 후 드래그하여 클릭하면 선분의 길이가 부여된다.
ⓑ 선분의 양 끝점을 선택한 후 드래그하여 클릭하면 양 끝점 사이의 거리가 부여된다.
ⓒ 한 쪽 끝점과 기준이 되는 반대편 끝점이 위치한 선분을 선택한 후 드래그하여 클릭하면 한 점과 선분 사이의 거리가 부여된다.
ⓓ 선분과 직각을 이루고 있는 양 끝 쪽 선분들을 선택한 후 드래그하여 클릭하면 두 선분 사이의 거리가 부여된다.

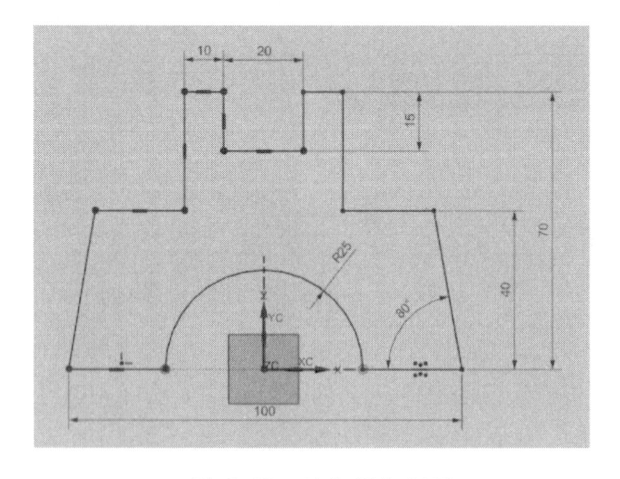

그림 3.48 설계 치수 부여

Fillet 아이콘을 이용하여 둥글게 라운드된 스케치 부분을 완성한다. 그림 3.49와 같이 Fillet 아이콘을 클릭한 후 Trim Mode를 선택한다. 반지름 입력 값으로는 설계 값인 "15"를 입력한다. Fillet을 수행할 스케치된 부분의 두 선분을 차례대로 선택하면 된다.

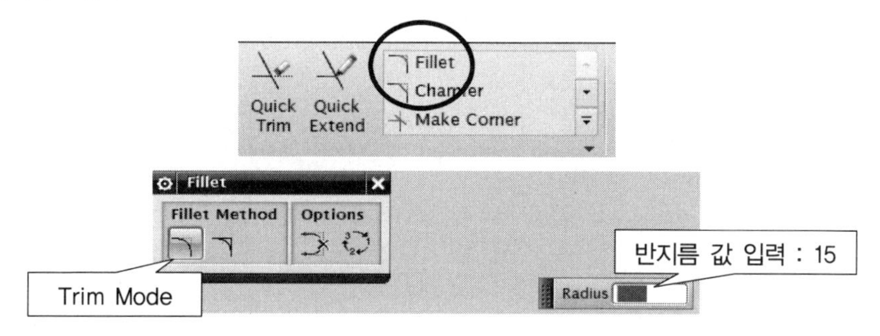

그림 3.49 Fillet : Trim Mode

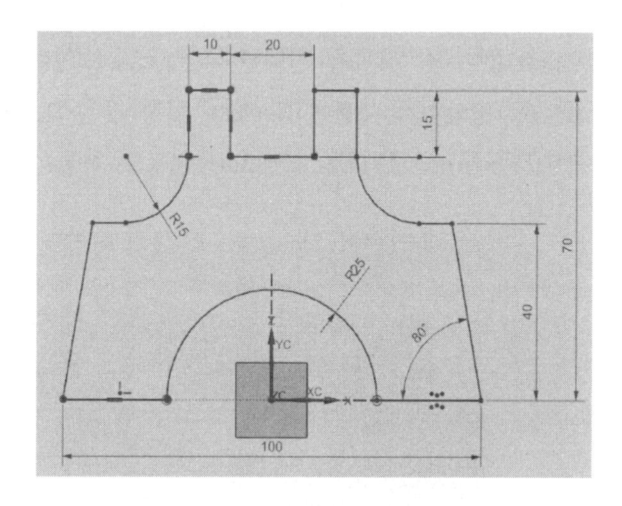

그림 3.50 스케치 완료

스케치가 완료되면 Finish(🏁) 아이콘을 클릭하여 Modeling 환경으로 돌아간다.

❸ 왼쪽 화면의 Part Navigator 창에서 스케치 항목을 선택한 후 Extrude(돌출) 아이콘을 선택하면 그림 3.51과 같이 Extrude 설정창이 활성화된다.

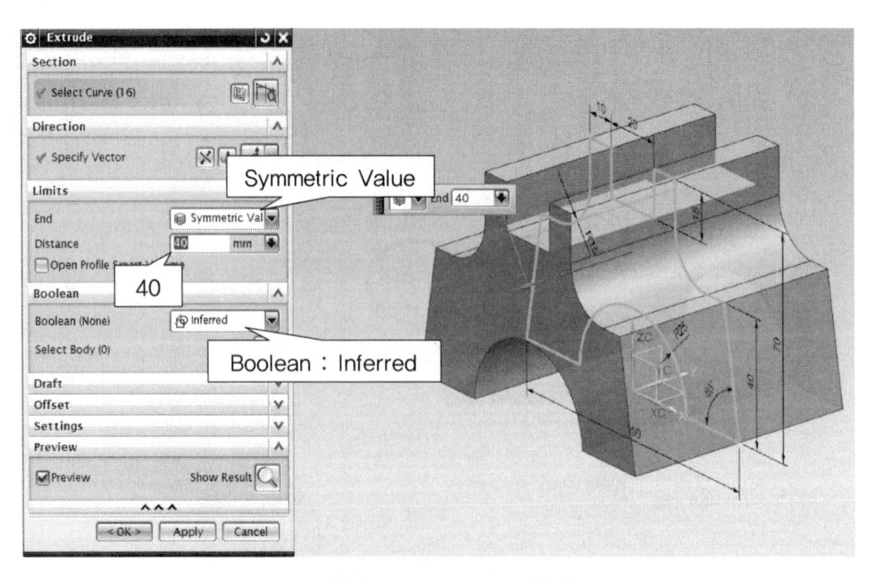

그림 3.51 Extrude 설정

Symmetric Value(대칭 값) 항목을 선택한 후 Distance 입력값으로 "40"을 입력한다. 맨 처음 생성한 형상이기 때문에 Boolean 설정 값은 Default 값인 "Inferred" 그대로 둔 후 확인(OK)을 클릭한다. Extrude 완료된 형상은 그림 3.52와 같다.

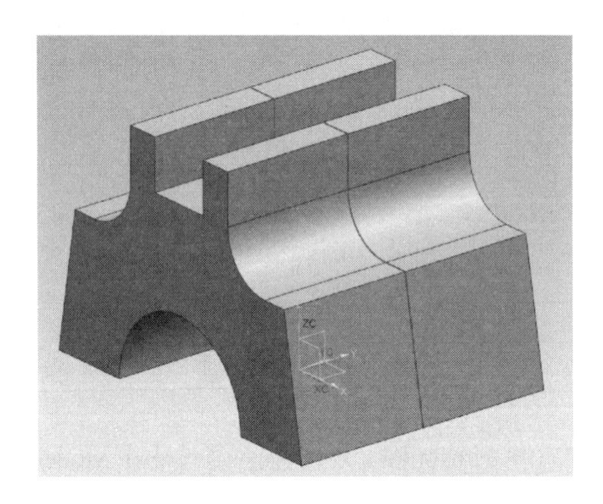

그림 3.52 Extrude 완료

(4) Modeling 작업 4

네 번째 part로 "model_4.prt"를 만들어보자. "New 아이콘( )"을 클릭한 후 Model을 선택하고 작업파일을 저장할 폴더와 이름을 지정하고 OK한다.

❶ "Sketch in Task Environment" 아이콘을 클릭하면 "Create Sketch" 설정 창이 활성화 되면서 스케치할 평면을 설정하는 상태가 된다. 화면 중심의 Main Graphic Window에서 XZ 평면을 마우스로 선택한 후 확인(OK) 버튼을 클릭하면 스케치 할 수 있는 2D 상태로 넘어간다.

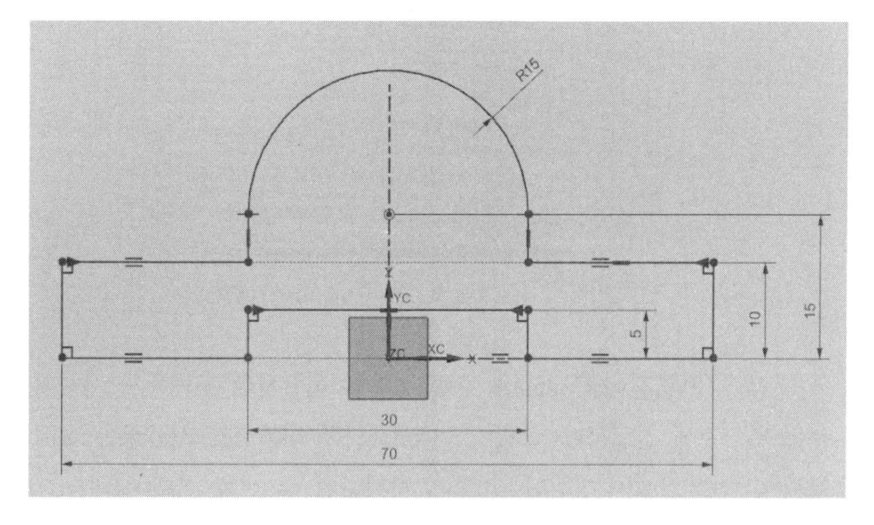

그림 3.53 스케치 단면

❷ 그림 3.53과 같이 스케치하기 위하여 먼저 "Rectangle" 아이콘을 클릭하여 "By 2 Points" 기능을 이용하여 그림 3.54와 같이 ①번 위치를 클릭 한 후 드래그하고 ②번 위치를 클릭하여 사각형을 스케치한다.

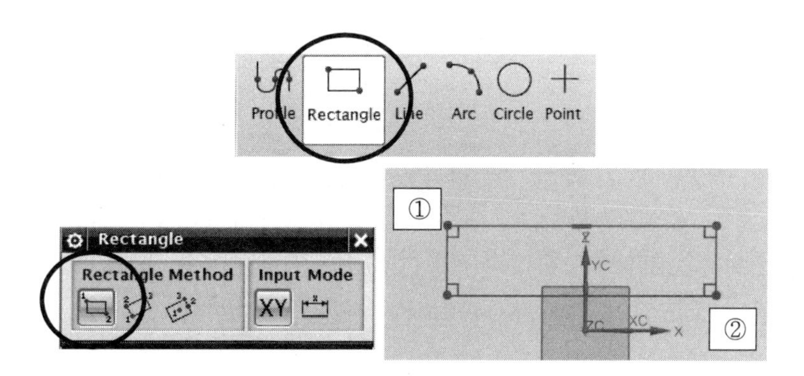

그림 3.54 Rectangle 아이콘을 이용한 사각형 스케치

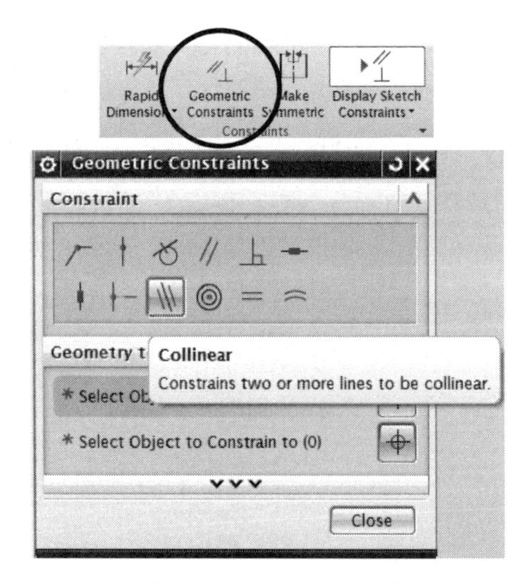

그림 3.55 Collinear 설정

그림 3.55와 같이 Collinear 구속 조건을 이용하여 스케치된 사각형의 아래쪽 선분을 XC 축에 일치시킨다. 먼저 마우스 왼쪽 버튼으로 사각형의 아래쪽 선분을 선택한 후 마우스 가운데 "휠" 버튼을 클릭하면 두 번째 선택 상태로 넘어간다. 가운데 부분의 XC 축을 선택하면 그림 3.56과 같이 사각형의 아래쪽이 XC 축 상에 정렬된다.

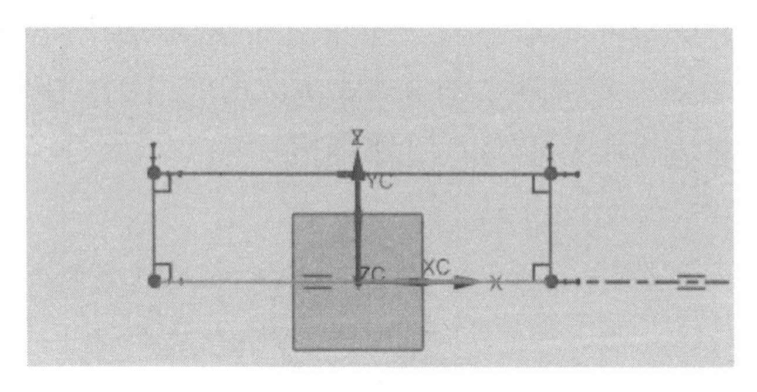

그림 3.56 Collinear 구속 설정

Make Symmetric 기능을 이용하여 사각형의 좌우를 대칭 형상으로 만들어준다. 그림 3.57과 같이 Make Symmetric 아이콘을 선택한다.

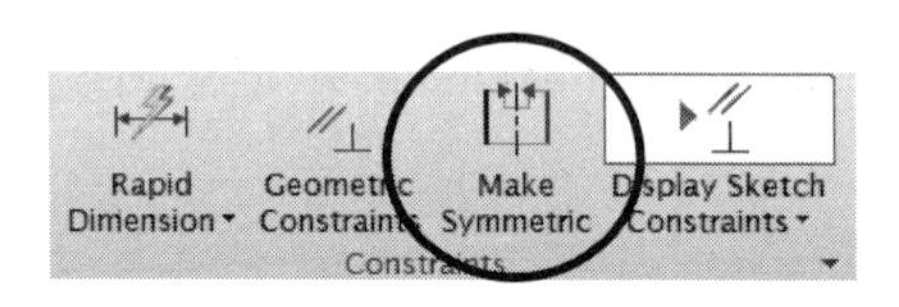

그림 3.57 Make Symmetric 아이콘

활성화된 창에서 마우스 왼쪽 버튼으로 ① 부분의 끝점을 선택하면 두 번째 객체를 선택하는 상태로 넘어간다. 두 번째 ② 부분의 끝점을 선택하면 좌우 대칭이 될 기준 중심선을 선택하는 상태로 넘어간다. 이 상태에서 두 중심점 사이에 있는 YC 축을 선택하면 사각형의 좌우는 대칭이 된다. 그림 3.59와 같이 사각형의 좌우가 대칭이 된 것을 확인할 수 있다.

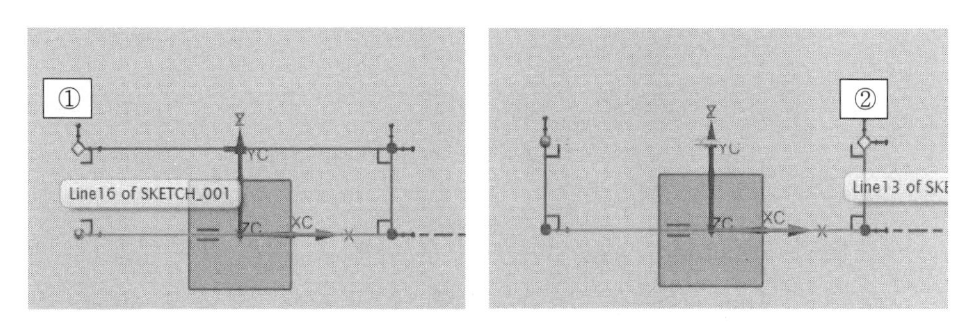

그림 3.58 Make Symmetric 설정

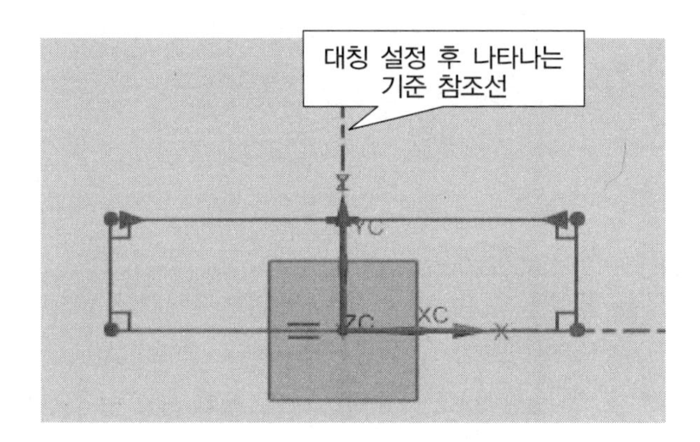

그림 3.59 Make Symmetric 설정 완료

치수 설정 아이콘을 이용하여 설계 치수를 부여한다.

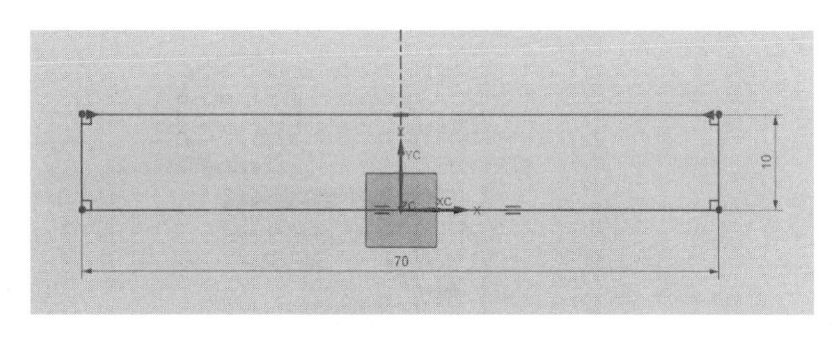

그림 3.60 치수 설정

"Rectangle" 아이콘을 클릭하여 "By 2 Points" 기능을 이용하여 그림 3.61과 같이 ①번 위치를 클릭 한 후 드래그하고 ②번 위치를 클릭하여 사각형을 스케치한다.

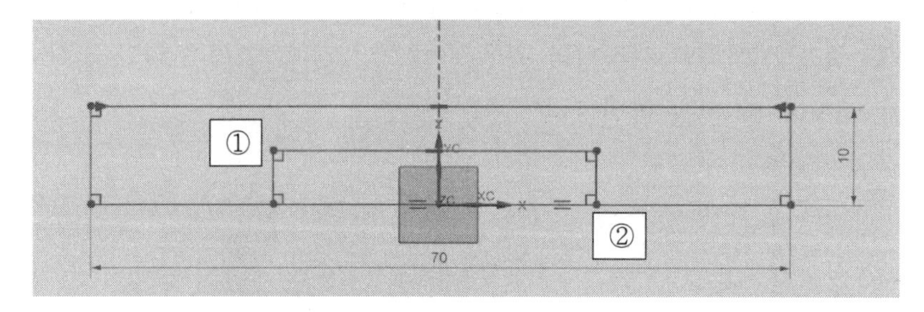

그림 3.61 사각형 추가 스케치

Make Symmetric 기능을 이용하여 두 번째 사각형을 좌우 대칭으로 만들어 준 후 Quick Trim 아이콘을 이용하여 그림 3.62와 같이 잘라낸 후 치수를 부여한다.

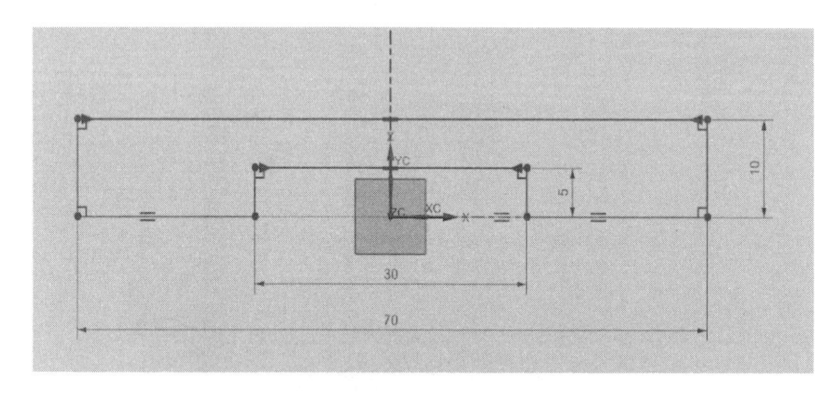

그림 3.62 사각형 추가 스케치 대칭 및 치수 설정

Circle 아이콘을 클릭한 후 "Circle by Center and Diameter" 방법을 이용하여 YC 축 위쪽에 중심점으로 마우스 왼쪽 버튼을 클릭한 후 드래그하여 원을 스케치한다.

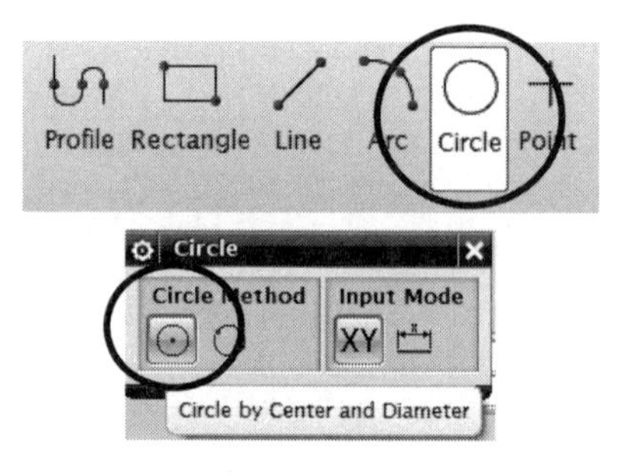

그림 3.63 Circle 아이콘

Line 아이콘을 이용하여 스케치된 원의 9시 방향과 3시 방향에 수직 접선을 각각 스케치한다. 그림 3.64와 같이 스케치된 원의 중심점을 구속 조건 "Point on Curve" 조건을 이용하여 YC 축 상에 정렬시킨다.

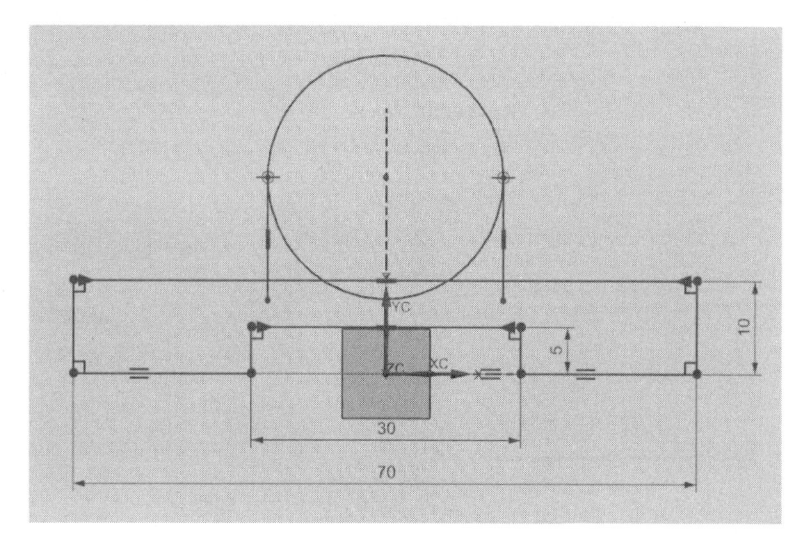

그림 3.64 Circle과 Line 스케치

Quick Trim 아이콘을 이용하여 원하는 스케치 단면이 되도록 잘라낸 후 치수 아이콘을 이용하여 설계 치수를 부여한다.

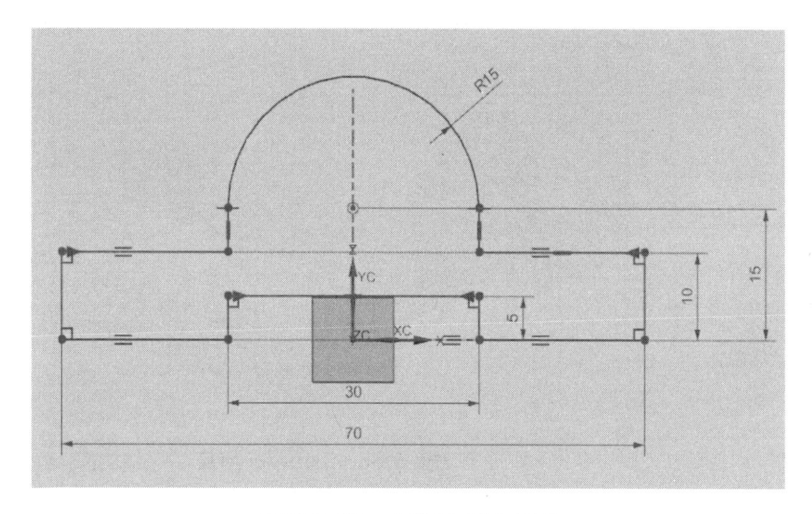

그림 3.65 스케치 단면 완료

스케치가 완료되면 Finish(🏁) 아이콘을 클릭하여 Modeling 환경으로 돌아간다.

❸ 왼쪽 화면의 Part Navigator 창에서 스케치 항목을 선택한 후 Extrude(돌출) 아이콘을 선택하면 그림 3.66과 같이 Extrude 설정창이 활성화된다.

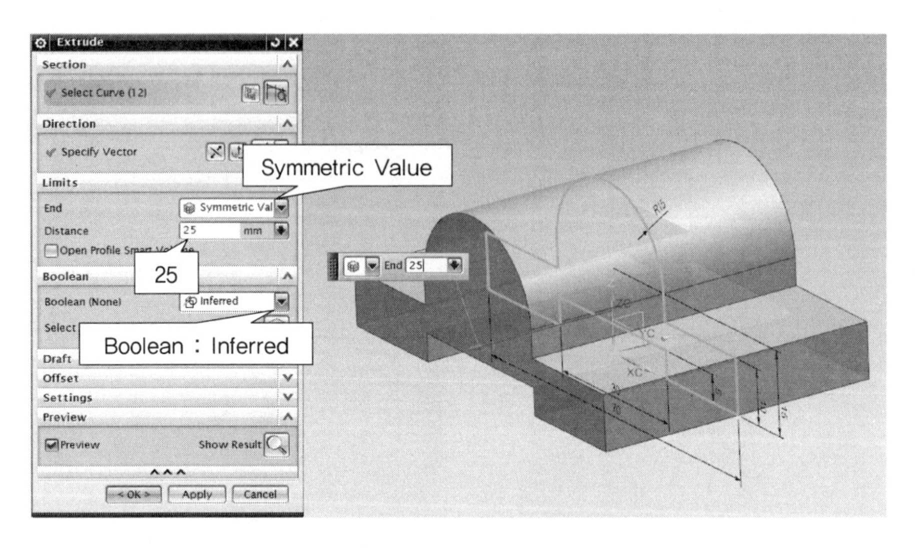

그림 3.66 Extrude 설정

Symmetric Value(대칭 값) 항목을 선택한 후 Distance 입력값으로 "25"를 입력한다. 맨 처음 생성한 형상이기 때문에 Boolean 설정 값은 Default 값인 "Inferred" 그대로 둔 후 확인(OK)을 클릭한다. Extrude 완료된 형상은 그림 3.67과 같다.

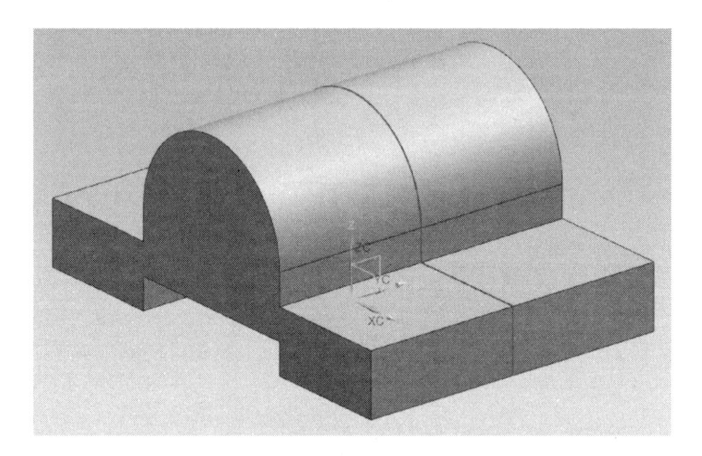

그림 3.67 Extrude 완료

❹ "Sketch in Task Environment" 아이콘을 클릭하면 "Create Sketch" 설정 창이 활성화 되면서 스케치할 평면을 설정하는 상태가 된다. 화면 중심의 Main Graphic

Window에서 그림 3.68과 같이 형상의 왼쪽 윗면을 마우스로 선택한 후 확인 (OK) 버튼을 클릭하면 스케치 할 수 있는 2D 상태로 넘어간다.

그림 3.69와 같이 Circle 아이콘을 이용하여 원을 스케치한 후 치수 설정 아이콘을 이용하여 설계 치수를 부여한다.

→ 지름 치수 하나만 설정되는 이유는 마우스 왼쪽 버튼으로 원의 중심을 선택할 때 좌우의 중심과 한 쪽 변(길이 20)의 중심 위치에 스케치하였기 때문.

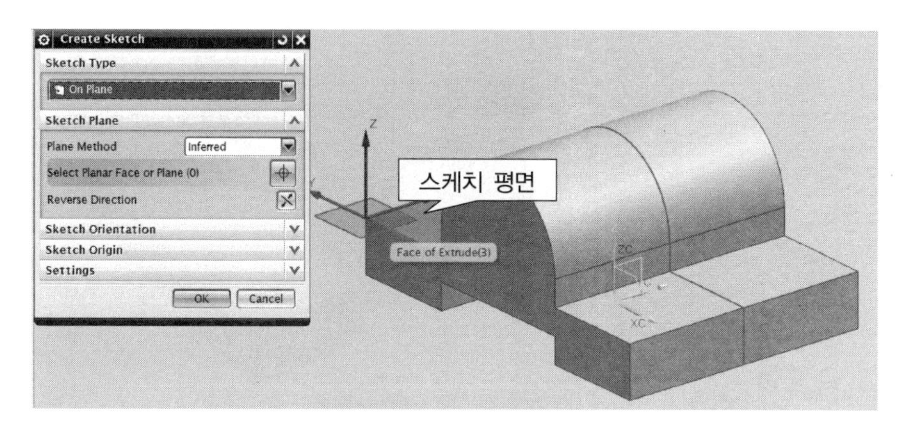

그림 3.68 스케치 평면 설정

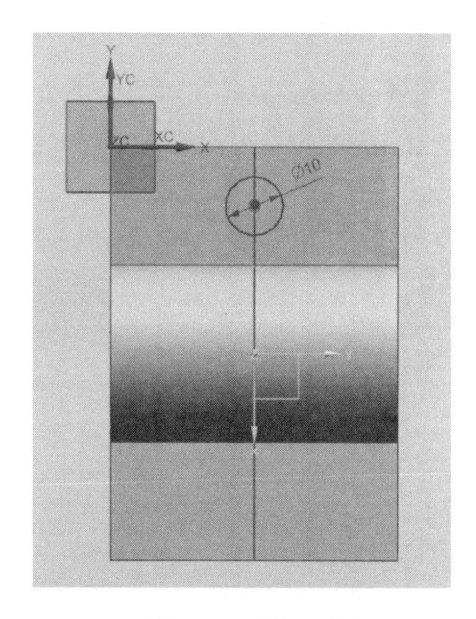

그림 3.69 원 스케치

스케치가 완료되면 Finish() 아이콘을 클릭하여 Modeling 환경으로 돌아간다.

❺ 왼쪽 화면의 Part Navigator 창에서 스케치 항목을 선택한 후 Extrude(돌출) 아이

콘을 선택하면 Extrude 설정창이 활성화된다. Direction 설정은 Reverse Direction을 선택하고, 한계(Limits) 설정은 0부터 "Through All", Boolean 설정 값은 "Subtract"로 설정한 후 확인(OK)을 클릭한다. Extrude 컷 완료된 형상은 그림 3.70과 같다.

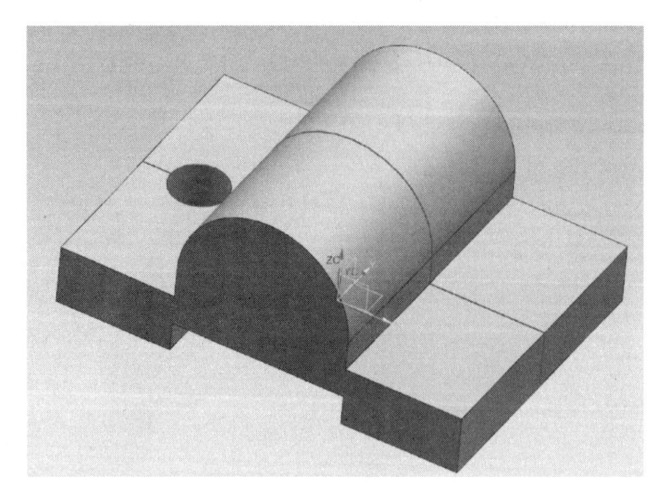

그림 3.70 Extrude 컷 완료

⑥ 반대편 구멍은 "Mirror Feature(대칭 복사)" 기능을 활용하여 작업한다. 왼쪽 화면의 Part Navigator 창에서 바로 앞에서 작업한 Extrude(돌출 컷) 형상을 선택한 후 그림 3.71과 같이 "Mirror Feature" 아이콘을 클릭하면 그림 3.72와 같이 설정창이 활성화된다.

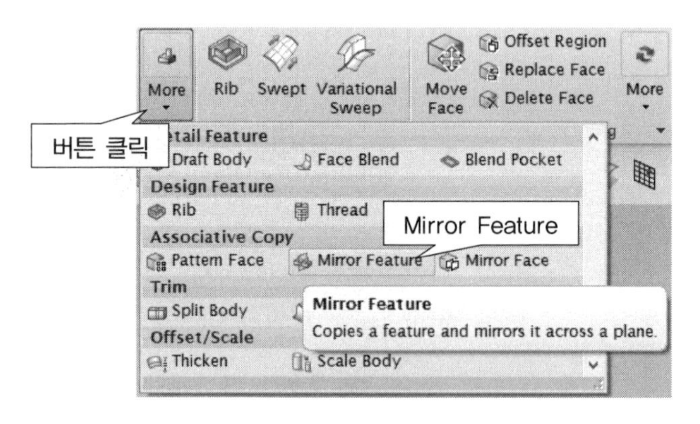

그림 3.71 Mirror Feature

그림 3.72 Mirror Feature 설정

Mirror Plane 항목을 선택하거나 마우스 휠 버튼을 클릭하면 대칭 평면을 선택할 수 있는 상태가 된다. Main Graphic Window 한 가운데 형상에 있는 YZ 평면을 마우스로 선택한 후 확인(OK)을 클릭하면 대칭 복사가 완료된다.

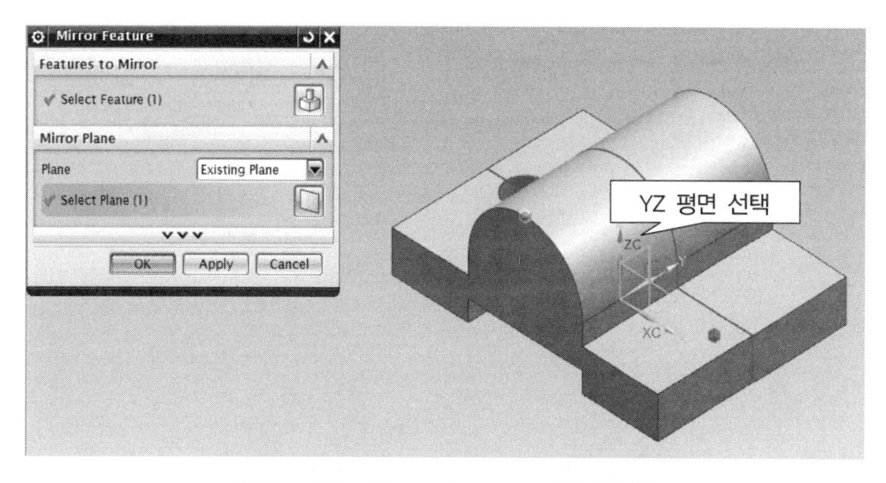

그림 3.73 Mirror Feature : 평면 선택

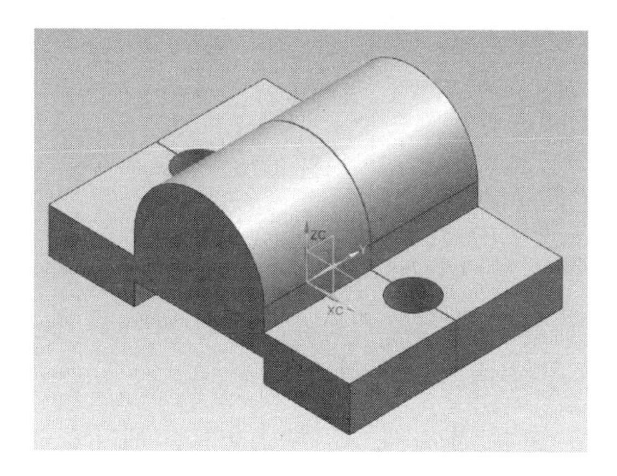

그림 3.74 Mirror Feature 완료

❼ "Sketch in Task Environment" 아이콘을 클릭하면 "Create Sketch" 설정 창이 활성화 되면서 스케치할 평면을 설정하는 상태가 된다. 화면 중심의 Main Graphic Window에서 그림 3.75와 같이 형상의 앞쪽 면을 마우스로 선택한 후 확인(OK) 버튼을 클릭하면 스케치 할 수 있는 2D 상태로 넘어간다.

Circle 아이콘을 이용하여 원을 스케치한다. 그림 3.76과 같이 Concentric(동심원) 구속 조건을 이용하기 위하여 형상 바깥에 스케치한다.

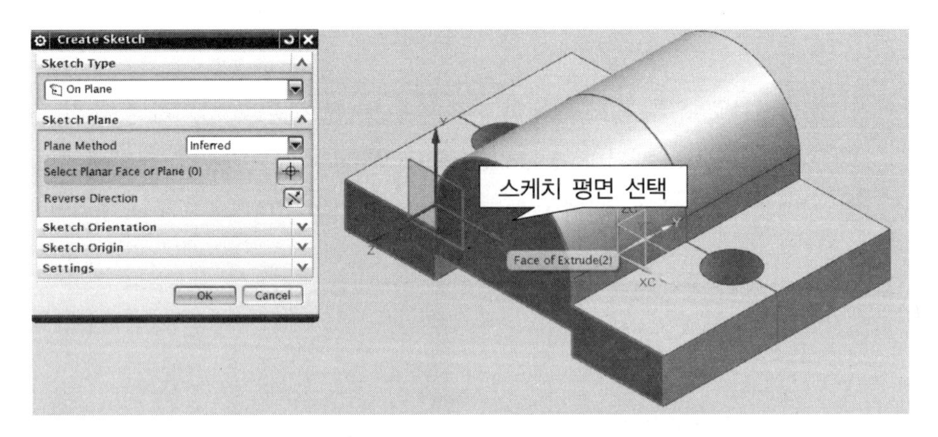

그림 3.75 스케치 평면 설정

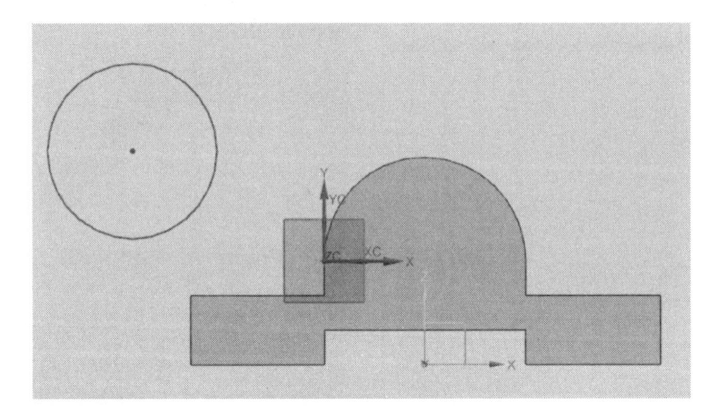

그림 3.76 원 스케치

그림 3.77과 같이 "Concentric" 조건을 선택한 후 마우스 왼쪽 버튼으로 스케치한 원의 테두리를 선택한다. 선택이 끝나면 마우스 가운데 "휠" 버튼을 클릭하여 두 번째 원을 선택하는 상태로 넘어간다. 마우스 왼쪽 버튼으로 모델링된 원형 형상의 테두리를 선택하면 스케치한 원이 동심원 위치로 이동한다.

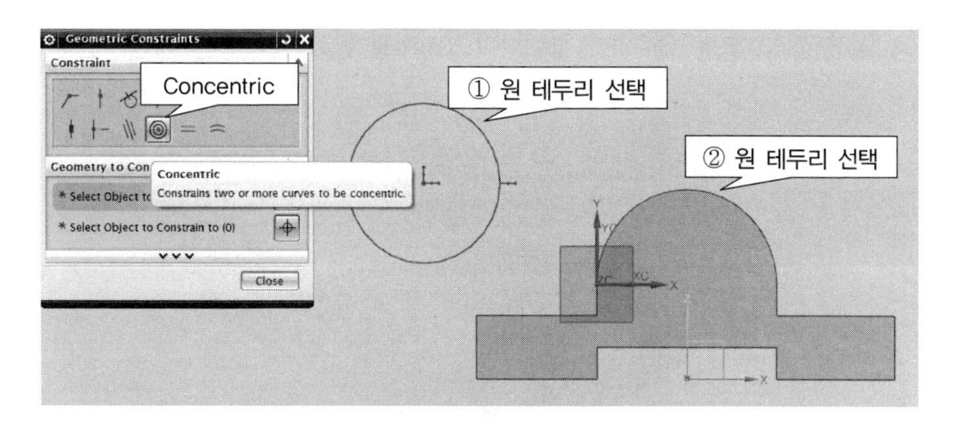

그림 3.77 Concentric 구속 설정

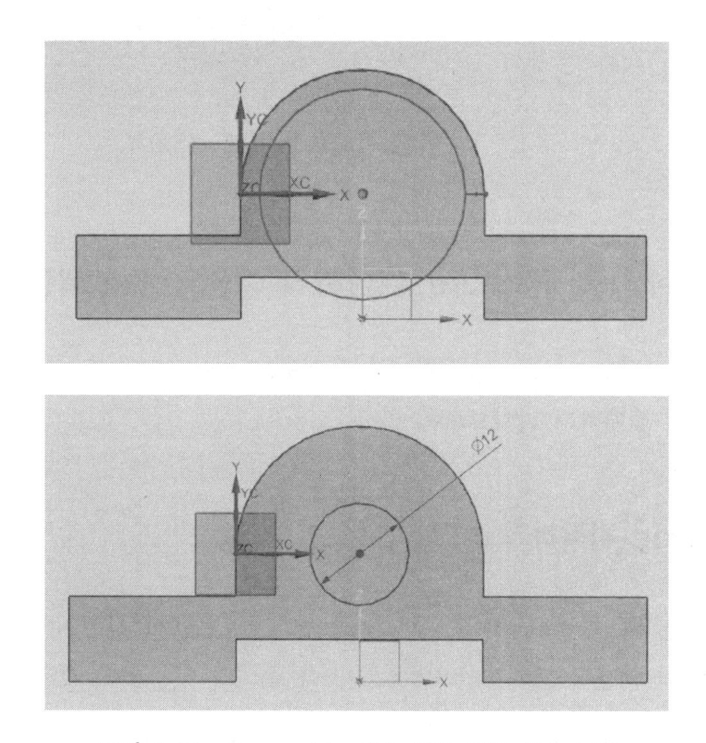

그림 3.78 Concentric 구속 완료 지름 치수 부여

치수 설정 아이콘을 이용하여 지름 "12" 설계 치수를 부여한다.

스케치가 완료되면 Finish( ) 아이콘을 클릭하여 Modeling 환경으로 돌아간다.

❽ 왼쪽 화면의 Part Navigator 창에서 스케치 항목을 선택한 후 Extrude(돌출) 아이콘을 선택하면 Extrude 설정창이 활성화된다. Direction 설정은 Reverse Direction을 선택하고, 한계(Limits) 설정은 "0"부터 "Through All", Boolean 설정 값은 "Subtract"로

설정한 후 확인(OK)을 클릭한다. Extrude 완료된 형상은 그림 3.79와 같다.

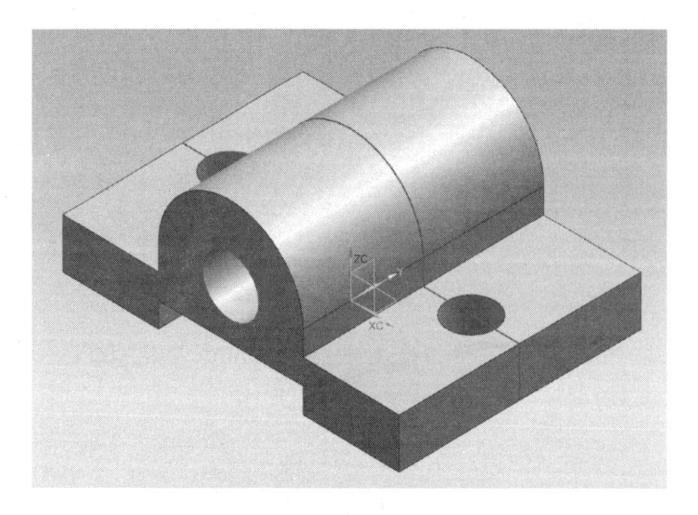

그림 3.79 Extrude 컷 완료

3.2 Sketched Feature 생성하기 : Revolve(회전)

이 장에서는 단일 단면을 스케치하여 모델링을 하는 방법 중 하나인 Revolve 형상을 생성하는 방법에 대하여 알아보도록 하자.

(1) Modeling 시작하기 1

Revolve 형상을 적용한 part로 "revolve_1.prt"를 만들어보자. "New 아이콘( )"을 클릭한 후 Model을 선택하고 작업파일을 저장할 폴더와 이름을 지정하고 OK 한다.

❶ "Sketch in Task Environment" 아이콘을 클릭하면 "Create Sketch" 설정 창이 활성화 되면서 스케치할 평면을 설정하는 상태가 된다. 화면 중심의 Main Graphic Window에서 YZ 평면을 마우스로 선택한 후 확인(OK) 버튼을 클릭하면 스케치 할 수 있는 2D 상태로 넘어간다.

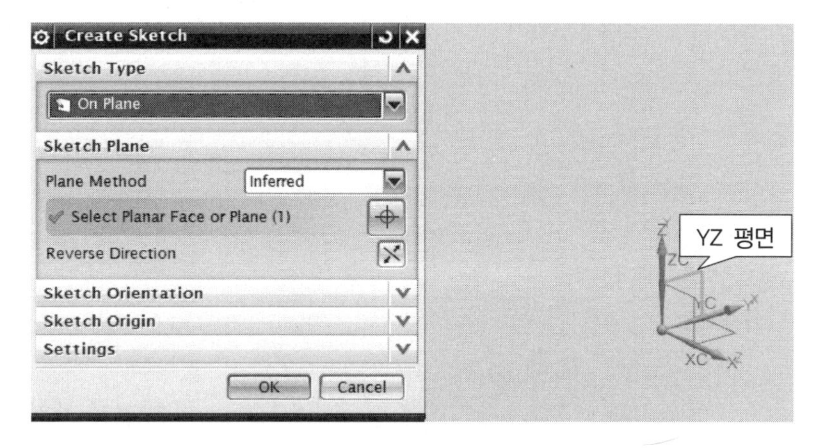

그림 3.80 스케치 평면 설정

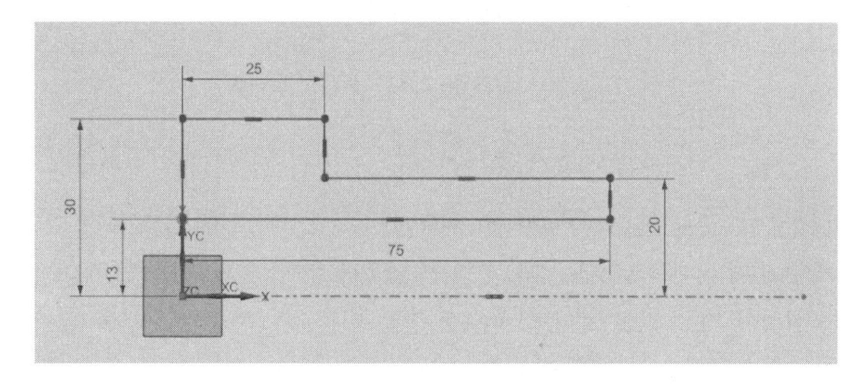

그림 3.81 스케치 단면

❷ Revolve 형상을 만들기 위하여 스케치할 때에는 항상 제일 먼저 회전축으로 사용될 중심선을 스케치한다. 먼저 “Line” 아이콘을 클릭하여 한 가운데 원점을 선택한 후 수평으로 드래그하여 오른쪽 한 점을 선택하여 스케치한다. 선을 스케치하는 상태에 놓여 있으므로 “Line” 아이콘을 한 번 더 클릭하거나 마우스 “휠” 버튼을 클릭하면 마우스로 선택할 수 있는 상태가 된다. 그림 3.82와 같이 스케치된 선을 마우스 왼쪽 버튼으로 선택한 후 잠시 기다리면 설정 창이 활성화되는데 이 중에서 “Convert to Reference” 항목을 선택하면 스케치된 실선이 중심선(centerline)으로 변경된다.

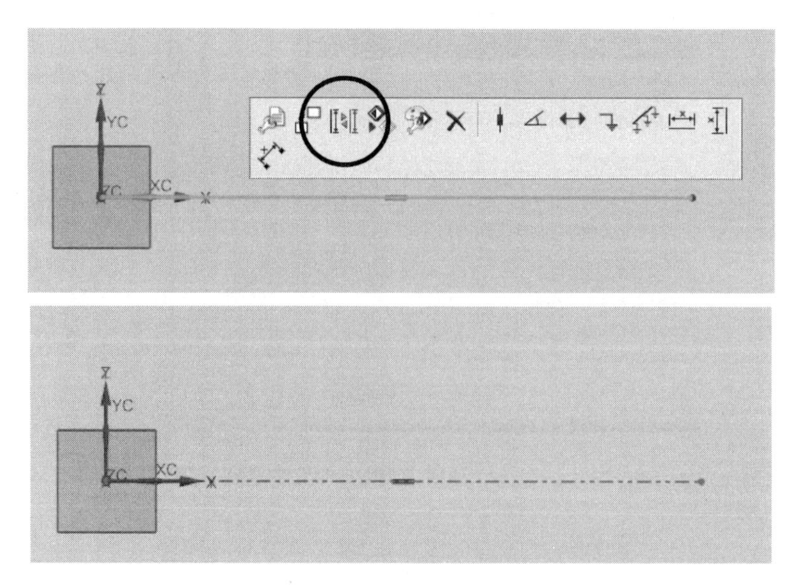

그림 3.82 중심선 스케치

"Line" 아이콘을 이용하여 그림 3.83과 같이 선 하나를 스케치한 후 구속 설정 아이콘을 클릭 한 후 "Point on curve" 조건을 이용하여 수평선의 왼쪽 끝점을 YC 축에 정렬시킨다. 치수 설정 아이콘을 이용하여 설계 치수를 부여한다. 스케치된 중심선이 너무 길어 보이면 마우스 왼쪽 버튼으로 중심선 오른쪽 끝점을 선택한 후 드래그하여 길이를 적절하게 조절한다.

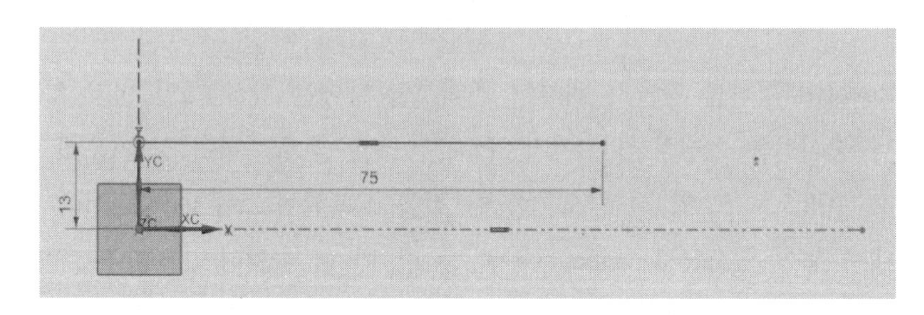

그림 3.83 선 하나 스케치

"Profile" 아이콘을 이용하여 그림 3.81의 주어진 스케치 단면과 비슷하게 스케치한다. 치수 설정 아이콘을 이용하여 설계 치수를 부여한다. 치수 설정이 모두 끝나면 화면 아래쪽에 스케치 구속 상태를 알려주는 메시지를 확인한다. 그림 3.84와 같이 "Sketch needs 1 constraints"라는 메시지가 나타나는 것을 확인할 수 있다. 이 메시지의 의미는 치수가 1개 설정이 되어 있지 않음을 알려주는 것이다. 설계에 필요한 치수는 모두 설정하였는데도 1개가 모자란다는 것은 맨 처음 스케치한 중심선의 길이가 설정되어 있지 않아서이다. 중심선은 기하학적 형상에는 무관한 참조선(Reference Line)이므로 치수가 필요하지 않다. 만약 모든 치수가 설정되어 있으면 "Sketch isn fully constrained"라고 메시지가 나타난다. 이 메시지를 통하여 미설정 치수의 개수를 알 수 있다.

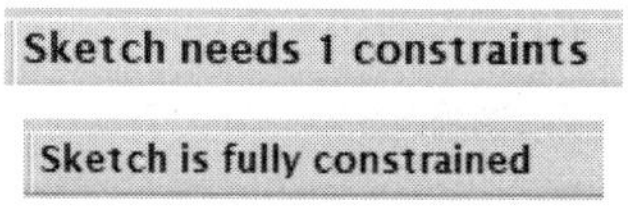

Sketch needs 1 constraints

Sketch is fully constrained

그림 3.84 스케치 구속 설정 상태 메시지 표시

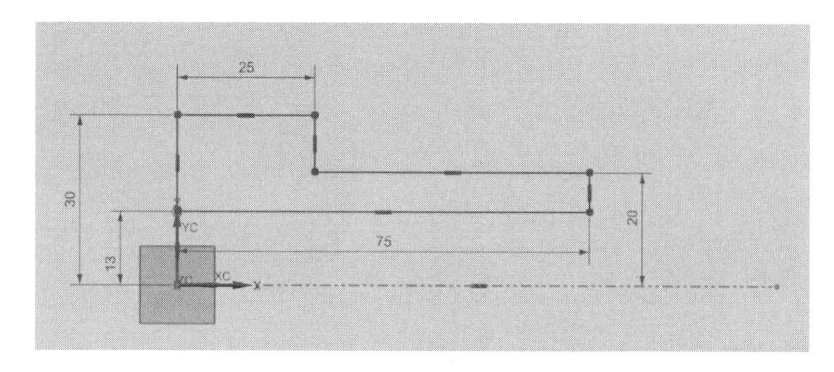

그림 3.85 스케치 완료

스케치가 완료되면 Finish(🏁) 아이콘을 클릭하여 Modeling 환경으로 돌아간다.

❸ 왼쪽 화면의 Part Navigator 창에서 스케치 항목을 선택한 후 Extrude 아이콘 아래의 화살표를 클릭하면 Revolve 아이콘이 나타난다. Revolve 아이콘을 선택하면 그림 3.87과 같이 Revolve 설정창이 활성화된다.

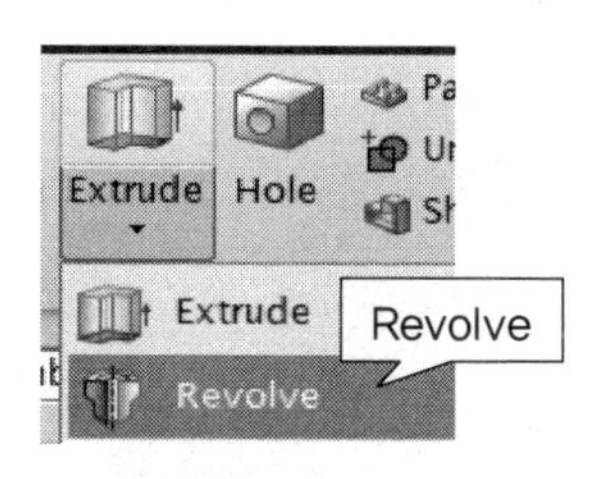

그림 3.86 Revolve 아이콘

설정 창이 활성화되면 Selection항목에는 스케치된 커브가 선택되어 있는 것을

확인할 수 있다. 두 번째 Axis 항목으로 넘어가기 위하야 마우스 왼쪽 버튼으로 “Specify Vector” 부분을 선택하면 회전의 기준 축을 선택할 수 있는 상태가 된다. 이 때 화면 가운데에서 스케치한 중심선을 선택하면 그림 3.87과 같이 기본적으로 360도 회전된 형상을 나타내준다. 중심선을 활용하는 이유는 중심선이 아닌 특정 축(이 경우에는 YC 축)을 선택하는 경우 기준 축은 벡터 개념이기 때문에 시작 점(Specify Point)을 지정해 주어야하는 번거로움을 줄여줄 수 있기 때문이다.

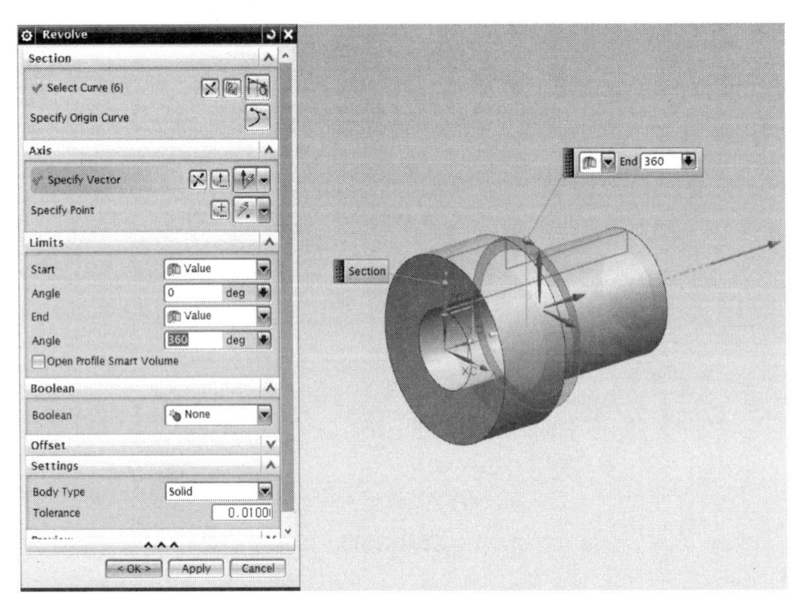

그림 3.87 Revolve 설정

첫 번째 형상이므로 Boolean 설정은 Default 값인 None으로 두고 확인(OK)을 클릭하면 Revolve 형상이 완료된다.

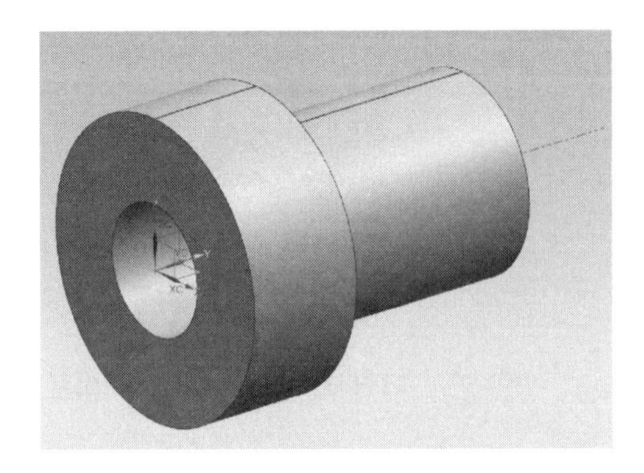

그림 3.88 Revolve 완료

❹ "Sketch in Task Environment" 아이콘을 클릭하면 "Create Sketch" 설정 창이 활성화 되면서 스케치할 평면을 설정하는 상태가 된다. 화면 중심의 Main Graphic Window에서 그림 3.89와 같이 둥근 형상의 왼쪽 납작한 면을 마우스로 선택한 후 확인(OK) 버튼을 클릭하면 스케치 할 수 있는 2D 상태로 넘어간다.

그림 3.90과 같이 Rectangle 아이콘을 이용하여 사각형을 두 개 스케치한 후 Make Symmetric 아이콘을 이용하여 YC 축을 기준으로 좌우 대칭으로 만들어준다. 치수 설정 아이콘을 이용하여 설계 치수를 부여한다.

그림 3.89 스케치 평면 설정

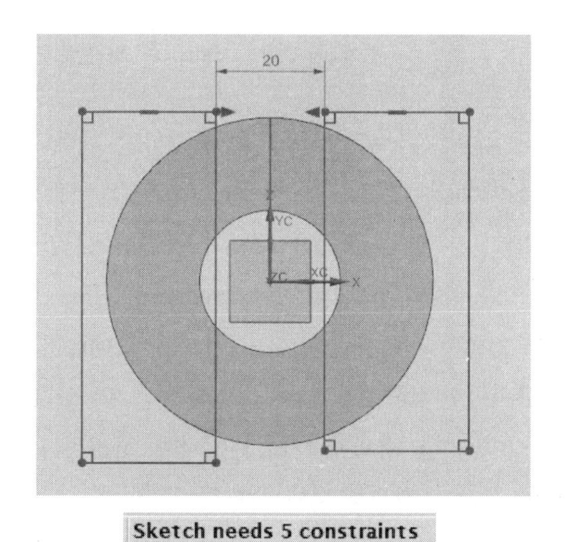

그림 3.90 사각형 스케치

잘라낼 부분이 포함되도록 스케치를 하면 되기 때문에 “Sketch needs 5 constraints” 메시지를 통해서 알 수 있듯이 치수가 5 개나 부족하지만 정확한 설계 형상을 만들어주는 데는 문제가 되지 않으므로 Finish( ) 아이콘을 클릭하여 스케치를 완료한다.

⑤ 왼쪽 화면의 Part Navigator 창에서 스케치 항목을 선택한 후 Extrude 아이콘을 선택하면 Extrude 설정창이 활성화된다. Direction 설정은 Reverse Direction을 선택하고, 한계(Limits) 설정은 “0”부터 “10”까지, Boolean 설정 값은 “Subtract”로 설정한 후 확인(OK)을 클릭한다. Extrude 컷 완료된 형상은 그림 3.91과 같다.

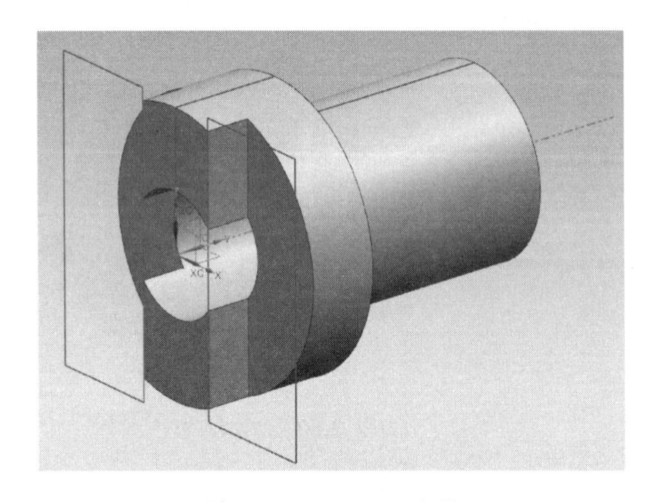

그림 3.91 Extrude 컷 완료

그림 3.92와 같이 “View” 메뉴 탭을 클릭하면 나타나는 항목 중 “Hide”를 선택한다. “Class Selection” 설정 창에서 마우스 왼쪽 버튼으로 앞에서 스케치한 사각형 부분을 선택한 후 인(OK)을 클릭하면 화면에서만 사라진다.

같은 기능으로 화면 왼쪽 Part Navigator에서 Hide 설정할 스케치 항목을 선택한 후 마우스 오른쪽 버튼을 클릭하면 바로가기 메뉴가 나타난다. 나타난 메뉴 중에서 Hide 메뉴를 선택하여도 같은 결과를 얻을 수 있다.

반대로 사라지게 한 객체를 다시 나타나게 하려면 Hide 반대 기능인 Show 항목을 이용하면 사라진 객체를 나타나게 할 수 있다.

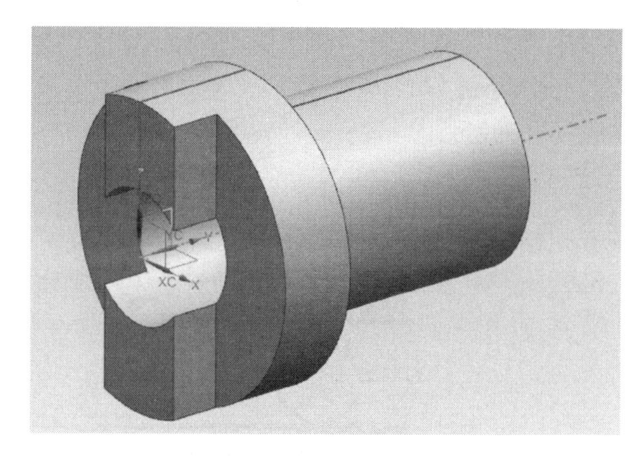

그림 3.92 Hide 설정

(2) Modeling 시작하기 2

Revolve 형상을 적용한 part로 "revolve_2.prt"를 만들어보자. "New 아이콘( )"을 클릭한 후 Model을 선택하고 작업파일을 저장할 폴더와 이름을 지정하고 OK 한다.

❶ "Sketch in Task Environment" 아이콘을 클릭하면 "Create Sketch" 설정 창이 활성화 되면서 스케치할 평면을 설정하는 상태가 된다. 화면 중심의 Main Graphic Window에서 XZ 평면을 마우스로 선택한 후 확인(OK) 버튼을 클릭하면 스케치 할 수 있는 2D 상태로 넘어간다.

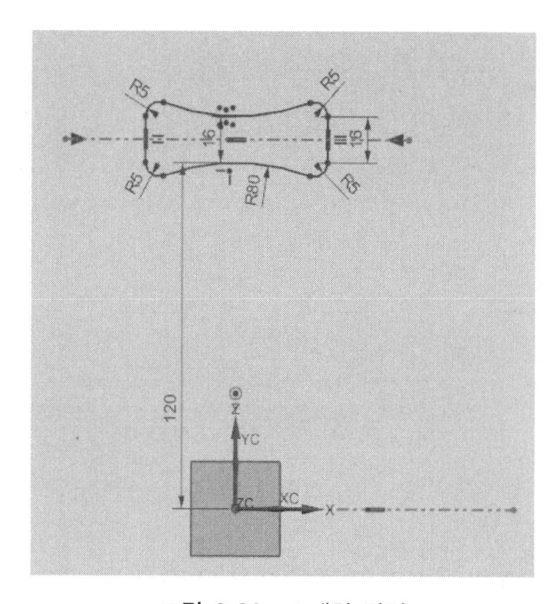

그림 3.93 스케치 단면

❷ Revolve 형상을 만들기 위하여 스케치할 때에는 항상 제일 먼저 회전축으로 사용될 중심선을 스케치한다. 원점에서 XC 축 오른쪽으로 중심선을 스케치한다.

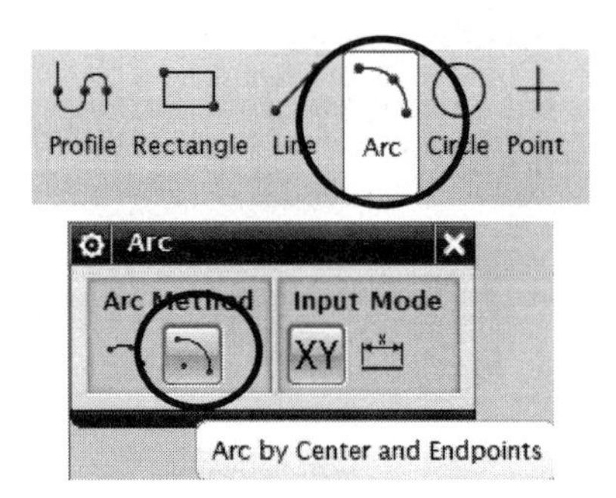

그림 3.94 Arc 아이콘

그림 3.94와 같이 Arc 아이콘을 클릭한 후 “Arc by Center and Endpoints” 방법을 이용하여 YC 축 위쪽에 중심점으로 마우스 왼쪽 버튼을 클릭(①)한 후 드래그하여 시계 기준 10시 방향을 선택(②)한 후 다시 드래그하여 2시 방향을 선택(③)하여 Arc를 스케치한다.

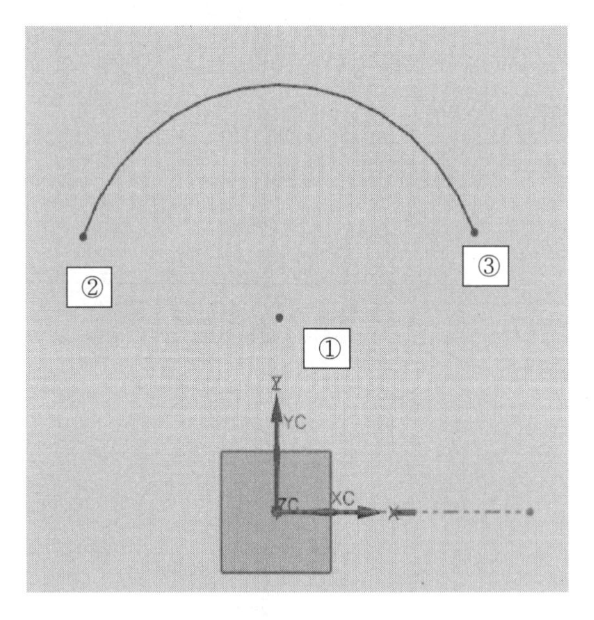

그림 3.95 Arc 스케치

스케치된 Arc의 중심점을 구속 조건 “Point on Curve” 조건을 이용하여 YC 축

상에 정렬시킨다. 그런 다음 Make Symmetric 아이콘을 이용하여 YC 축을 기준으로 Arc를 좌우 대칭으로 만들어준다. 그림 3.96은 구속 조건 설정과 치수 설정 아이콘을 이용하여 설계 치수를 부여한 결과이다.

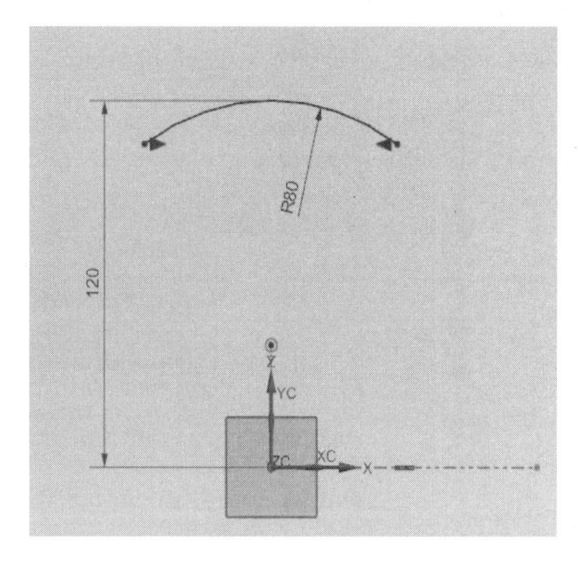

그림 3.96 Arc 스케치

스케치 치수에서 "120" 치수 부분을 설정할 경우에는 주의가 필요하다. 치수 설정 아이콘에서 "Inferred" 상태에서 Arc의 능선 위치(12시 부분)에 마우스 포인터를

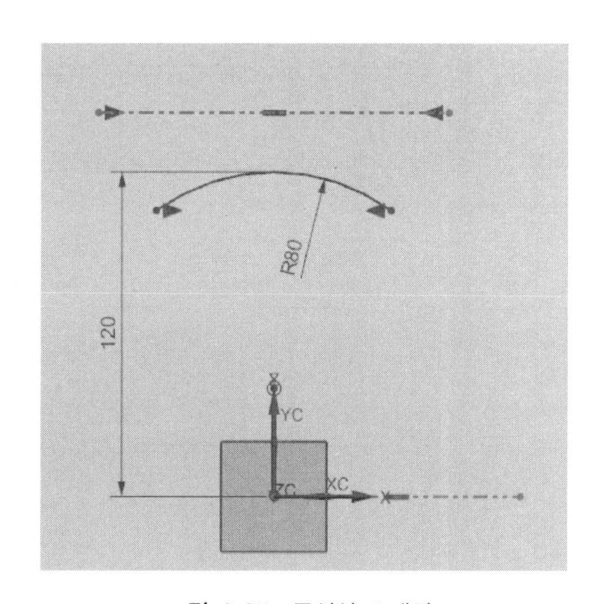

그림 3.97 중심선 스케치

가져가면 점이 활성화되는데 중심점이 아닌 아크의 능선 부분에 생길 때 선택하고 XC 축이나 원점을 선택하여 둘 사이의 치수를 설정하여야 한다.

그림 3.97과 같이 Arc 위쪽에 중심선을 추가로 스케치한다. 스케치된 중심선 양 끝점을 좌우 대칭으로 만들어준다.

Mirror Curve 아이콘을 이용하여 두 번째 중심선을 기준으로 Arc를 대칭 복사한다. 그림 3.98과 같이 아이콘이 가려져 있으므로 버튼을 클릭하면 감춰져 있는 아이콘들이 나타난다. 나타난 Mirror Curve 아이콘을 클릭한다.

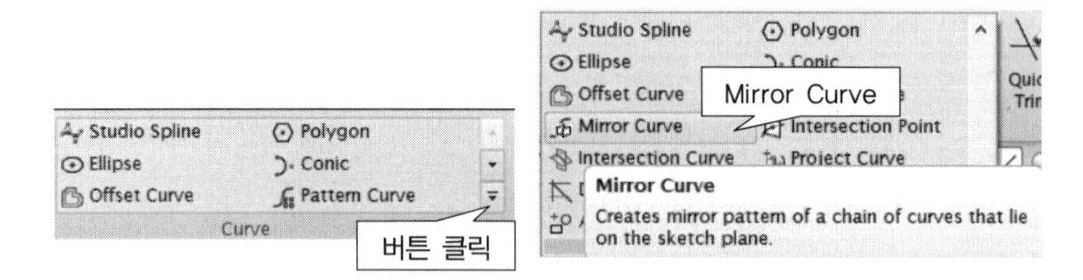

그림 3.98 Mirror Curve 아이콘

대칭 복사될 객체인 Arc 선택이 끝나면 마우스 "휠" 버튼이나 중심선 선택 항목을 클릭한 후 두 번째 중심선을 선택하여 복사한 후 OK 버튼을 클릭한다.

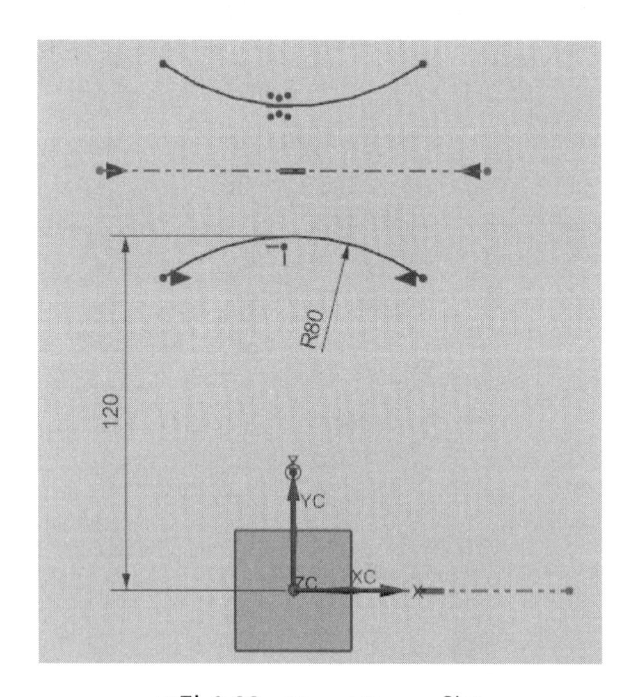

그림 3.99 Mirror Curve 완료

그림 3.100과 같이 아크의 양 끝 쪽에 수직선을 스케치한다.

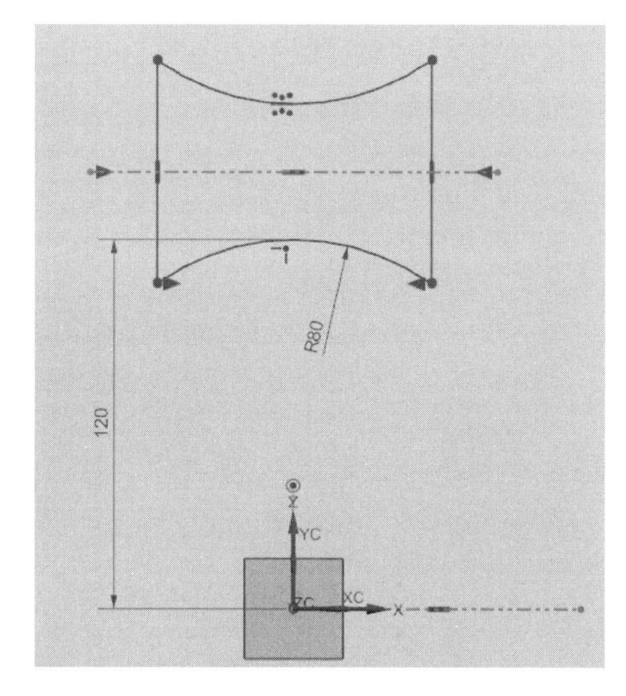

그림 3.100 Line 스케치

Fillet 아이콘을 이용하여 둥글게 라운드된 스케치 부분을 완성한다. 그림 3.101과 같이 Fillet 아이콘을 클릭한 후 Trim Mode를 선택한다. 반지름 입력 값으로는 설계 값인 “5”를 입력한다. Fillet을 수행할 스케치된 두 부분을 차례대로 선택하면 된다.

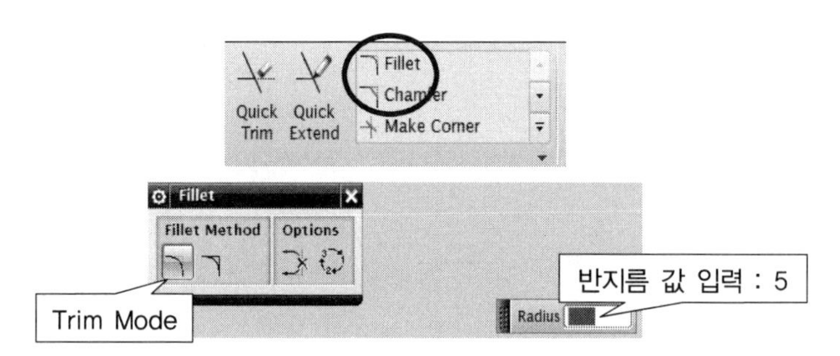

그림 3.101 Fillet : Trim Mode

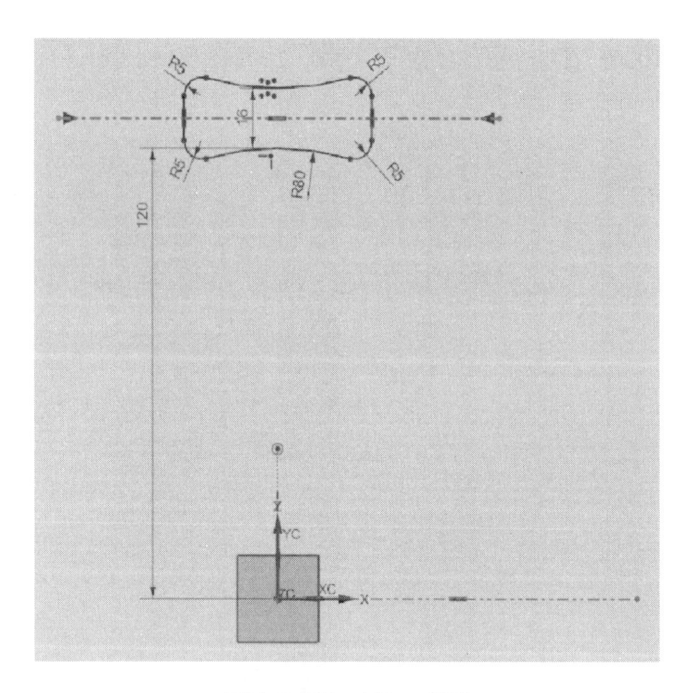

그림 3.102 Fillet 완료

치수 설정 아이콘을 이용하여 나머지 설계 치수들을 부여한다.

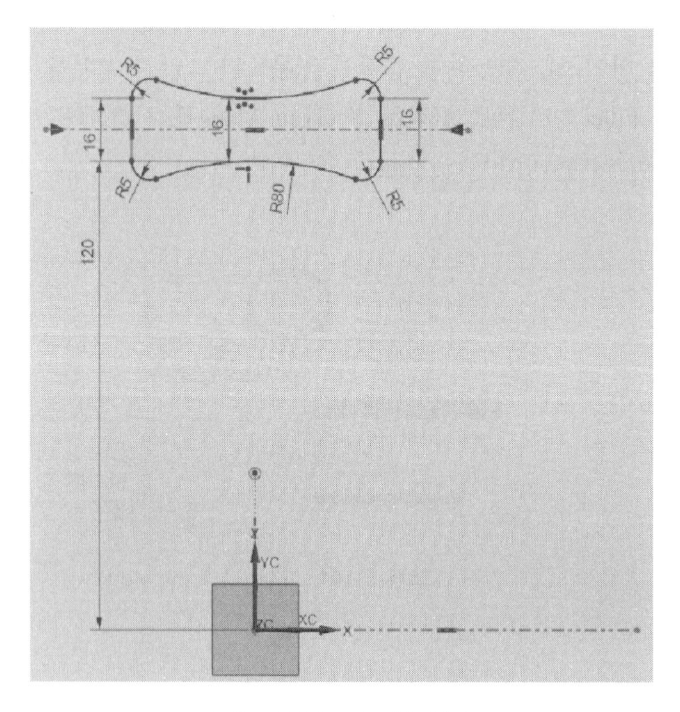

그림 3.103 스케치 완료

스케치가 완료되면 Finish(🏁) 아이콘을 클릭하여 Modeling 환경으로 돌아간다.

❸ 왼쪽 화면의 Part Navigator 창에서 스케치 항목을 선택한 후 Extrude 아이콘 아래의 화살표를 클릭하면 Revolve 아이콘이 나타난다. Revolve 아이콘을 선택하면 그림 3.104와 같이 Revolve 설정창이 활성화된다.

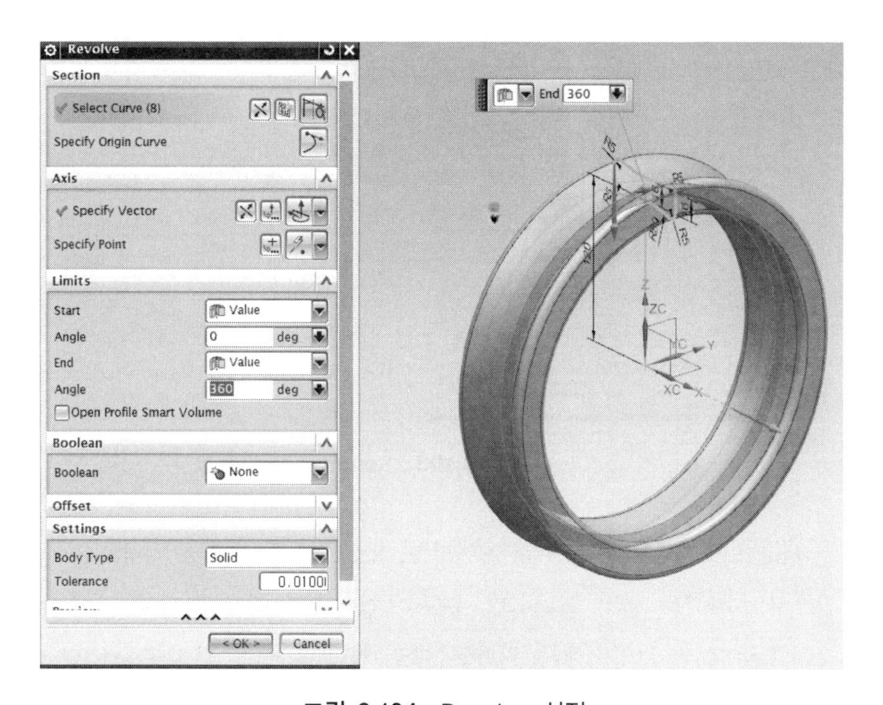

그림 3.104 Revolve 설정

설정 창이 활성화되면 Selection항목에는 스케치된 커브가 선택되어 있는 것을 확인할 수 있다. 두 번째 Axis 항목으로 넘어가기 위하야 마우스 왼쪽 버튼으로 "Specify Vector" 부분을 선택하면 회전의 기준 축을 선택할 수 있는 상태가 된다. 이 때 맨 처음으로 스케치한 중심선을 선택하면 그림 3.104와 같이 기본적으로 360도 회전된 형상을 나타내준다.

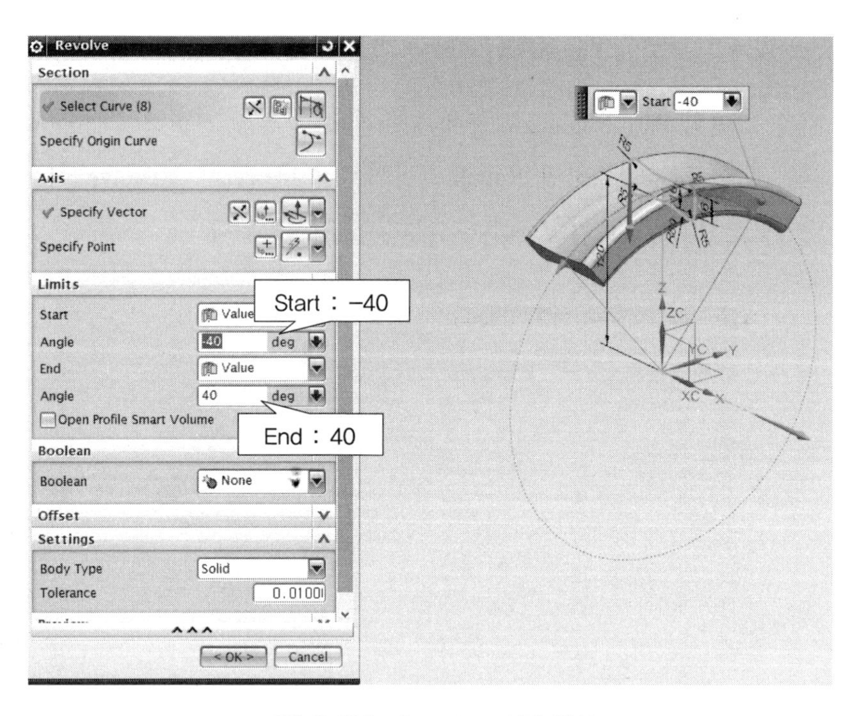

그림 3.105 Revolve 설정 완료

End 입력 값으로 "40"을 입력하고, Start 입력 값으로 "−40"을 입력한다. Start 값으로 "−40"을 먼저 입력하면 충돌이 일어나기 때문에 입력 값이 Reset 된다. 따라서 End 값부터 입력해야 원하는 대로 입력이 된다.

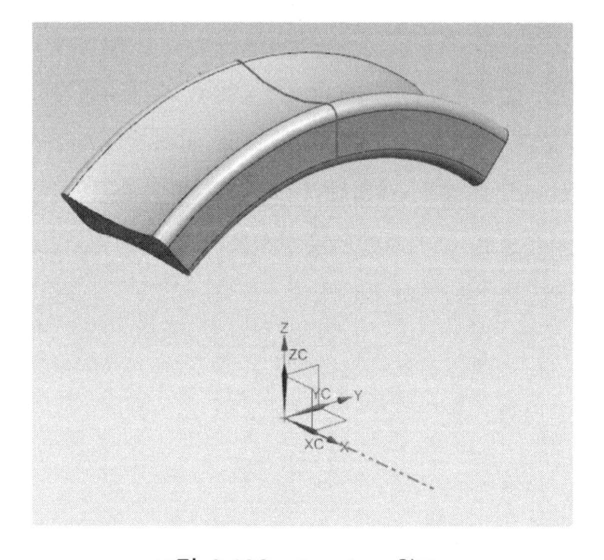

그림 3.106 Revolve 완료

❹ "Sketch in Task Environment" 아이콘을 클릭하면 "Create Sketch" 설정 창이 활성화 되면서 스케치할 평면을 설정하는 상태가 된다. 화면 중심의 Main Graphic Window에서 그림 3.107과 같이 Arc 형상의 오른쪽 납작한 면을 마우스로 선택한 후 확인(OK) 버튼을 클릭하면 스케치 할 수 있는 2D 상태로 넘어간다.

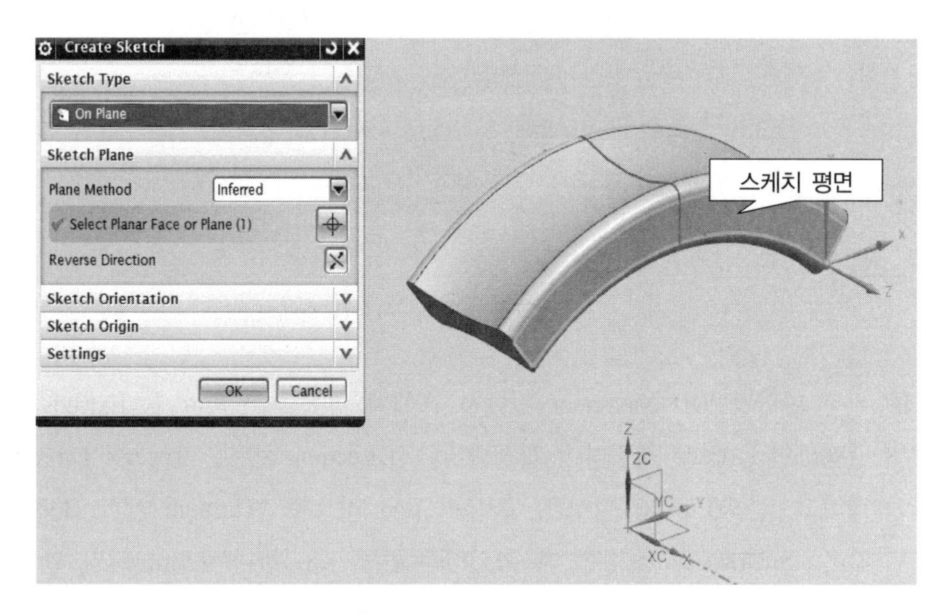

그림 3.107 스케치 평면 설정

그림 3.108과 같이 Rectangle 아이콘을 이용하여 사각형을 한 개 스케치한 후 Mirror Curve 아이콘을 이용하여 수직 Z 축을 기준으로 대칭 복서한다. 치수 설정 아이콘을 이용하여 설계 치수를 부여한다.

잘라낼 부분이 포함되도록 스케치를 하면 되기 때문에 "Sketch needs 3 constraints" 메시지를 통해서 알 수 있듯이 치수가 3 개나 부족하지만 정확한 설계 형상을 만들어주는 데는 문제가 되지 않으므로 Finish( ) 아이콘을 클릭하여 스케치를 완료한다.

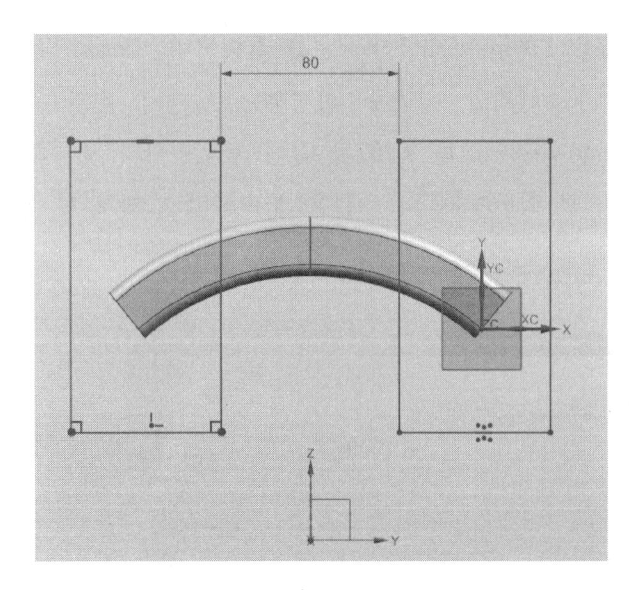

그림 3.108 사각형 스케치

❺ 왼쪽 화면의 Part Navigator 창에서 스케치 항목을 선택한 후 Extrude 아이콘을 선택하면 Extrude 설정창이 활성화된다. Direction 설정은 Reverse Direction을 선택하고, 한계(Limits) 설정은 "0"부터 End 값으로 "Through All", Boolean 설정값은 "Subtract"로 설정한 후 확인(OK)을 클릭한다. Extrude 컷 완료된 형상은 그림 3.109와 같다.

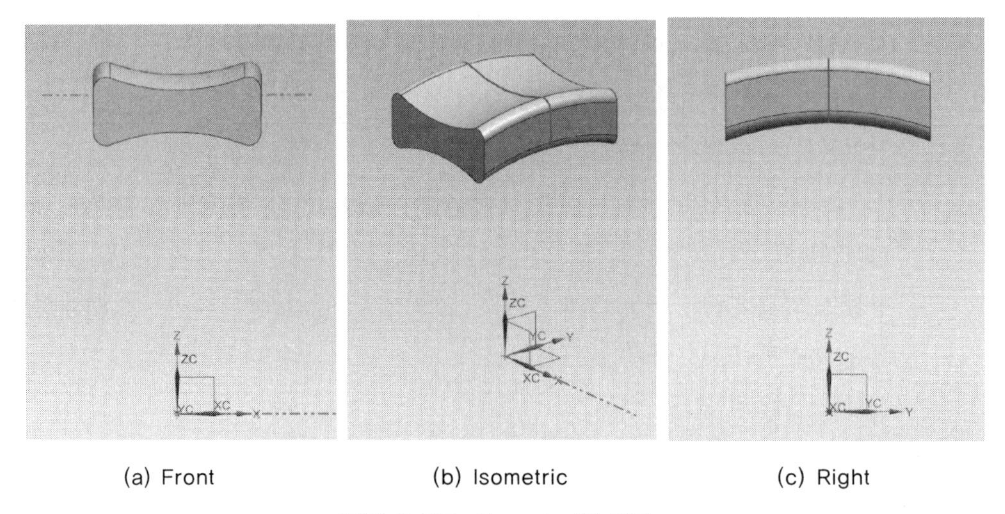

(a) Front (b) Isometric (c) Right

그림 3.109 Extrude 컷 완료

CHAPTER 04

Hole Feature를 이용한 형상모델링

Hole 기능을 이용하여 미리 정의된 원형 형상을 배치하여 구멍 형상을 생성하는 방법을 알아보도록 하자. UG NX 소프트웨어는 다양한 구멍 형상들에 대하여 Library를 제공한다.

4.1 단순 구멍(Simple Hole) Feature 생성하기

첫 번째 part로 "hole_1.prt"를 만들어보자. "New 아이콘( )"을 클릭하면 나타나는 설정 창에서 Model을 선택하고 작업파일을 저장할 폴더와 이름을 지정하고 OK 한다.

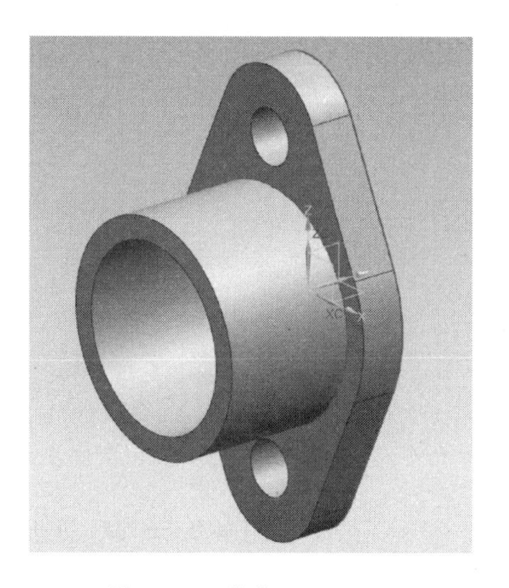

그림 4.1 모델링 : hole_1.prt

❶ "Sketch in Task Environment" 아이콘을 클릭하면 "Create Sketch" 설정 창이 활

성화 되면서 스케치할 평면을 설정하는 상태가 된다. 화면 중심의 Main Graphic Window에서 XZ 평면을 마우스로 선택한 후 확인(OK) 버튼을 클릭하면 스케치 할 수 있는 2D 상태로 넘어간다.

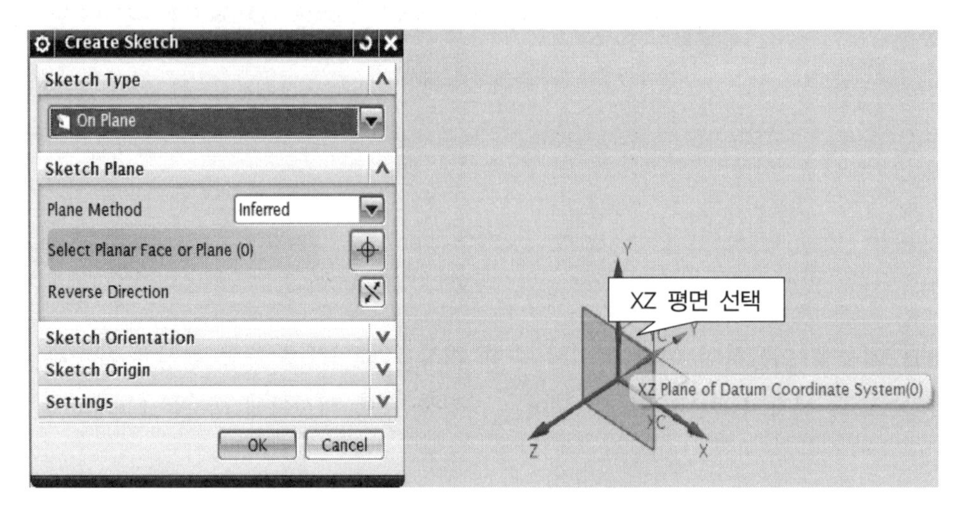

그림 4.2 스케치 설정 : XZ 평면

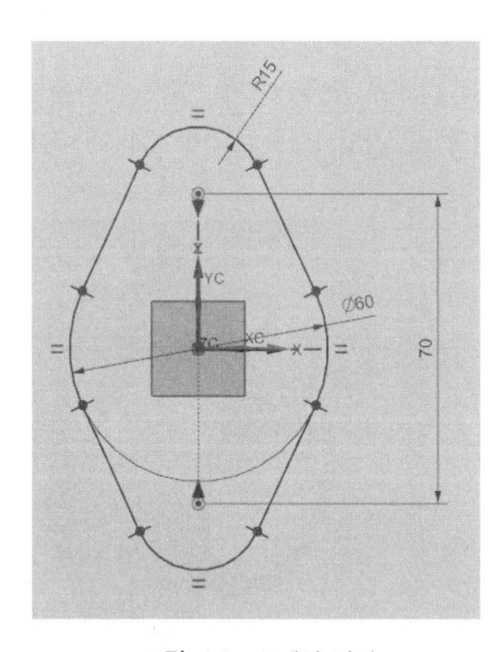

그림 4.3 스케치 단면

❷ 그림 4.3과 같이 스케치하기 위하여 먼저 "Circle" 아이콘을 클릭하여 원점에 Circle 하나를 스케치하고 치수 설정 아이콘을 이용하여 지름 치수로 "60"을 부여한다.

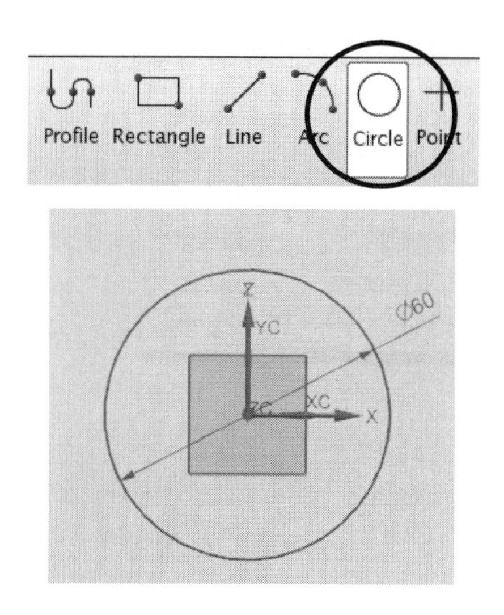

그림 4.4 Circle 아이콘 이용하여 스케치

Circle 아이콘을 이용하여 반지름 "15"인 원을 가운데 원의 위쪽에 스케치한다. 구족 조건 중 Point on Curve 조건을 이용하여 원의 중심을 YC 축에 정렬시킨다.

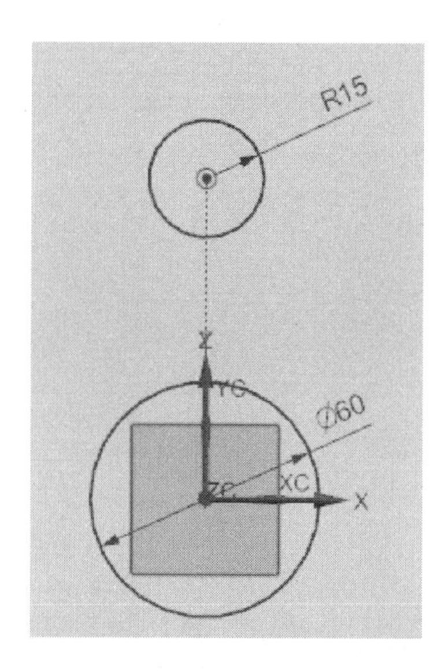

그림 4.5 Circle 아이콘 이용하여 추가 원 스케치

Mirror Curve 아이콘을 이용하여 반지름 "15" 원을 XC 축을 기준으로 대칭 복사한다.

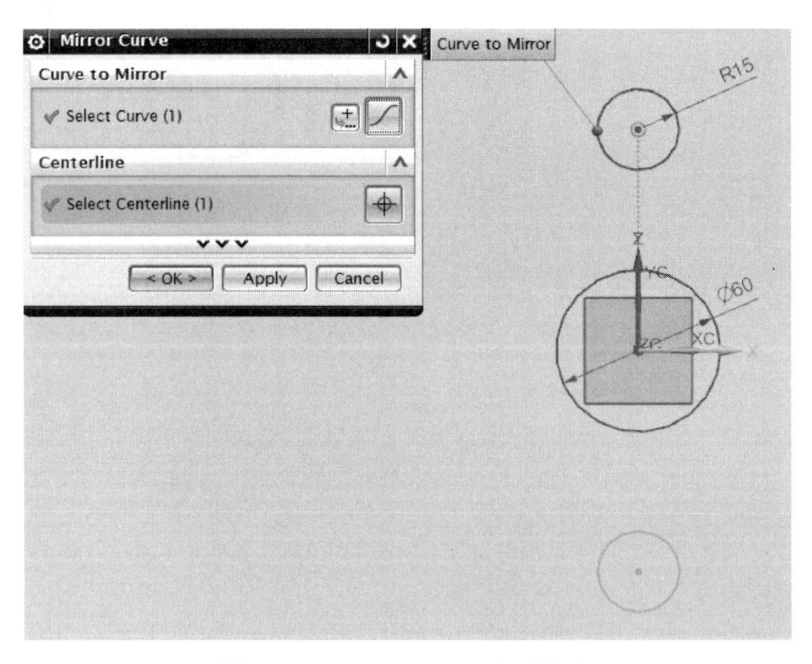

그림 4.6 Mirror Curve : 원 대칭 복사

Line 아이콘을 이용하여 두 원에 접하는 접선을 스케치한다. 먼저 마우스 포인터를 작은 원 둘레로 이동시켜서 원 둘레를 선택한 후 다시 마우스 포인터를 큰 원 둘레로 이동시켜서 원 둘레로 가져가면 접선의 위치를 나타내주는데 이 때 선택하면 접선이 스케치된다. 같은 방법으로 나머지 접선들도 스케치한다.

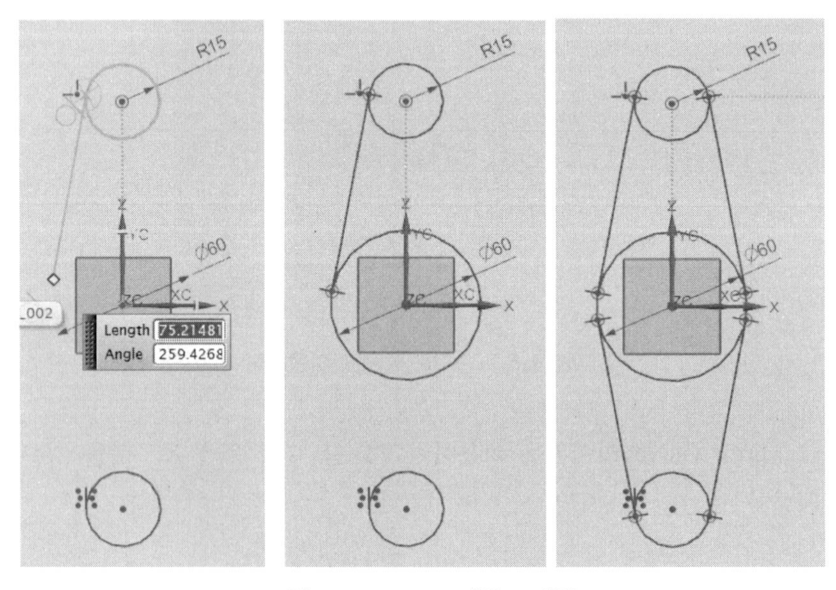

그림 4.7 Line : 접선 스케치

Quick Trim 아이콘을 이용하여 원하는 스케치만 남기고 잘라낸다. 치수 설정 아이콘을 이용하여 나머지 설계 치수를 부여한다.

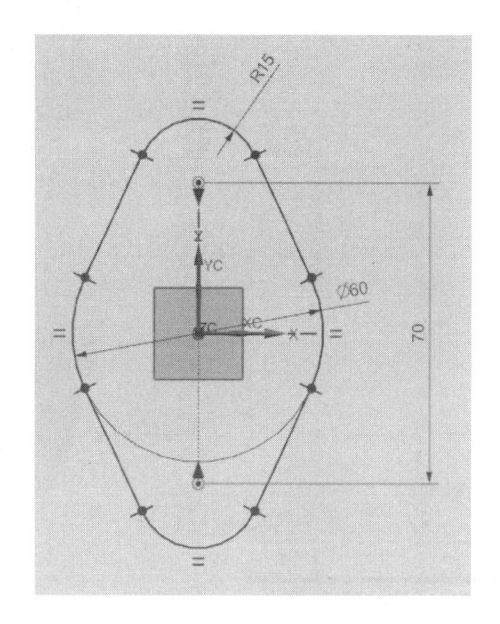

그림 4.8 스케치 완료

스케치가 완료되면 Finish(🏁) 아이콘을 클릭하여 Modeling 환경으로 돌아간다.

❸ 왼쪽 화면의 Part Navigator 창에서 스케치 항목을 선택한 후 Extrude(돌출) 아이콘을 선택하면 그림 4.9와 같이 Extrude 설정창이 활성화된다. 돌출 방향은 Default 그대로 두고 Start 설정 값 “0”에서 End 설정 값 “10”으로 설정한다. Boolean 설정은 첫 번째로 만드는 형상이므로 “Inferred” 값 그대로 둔다.

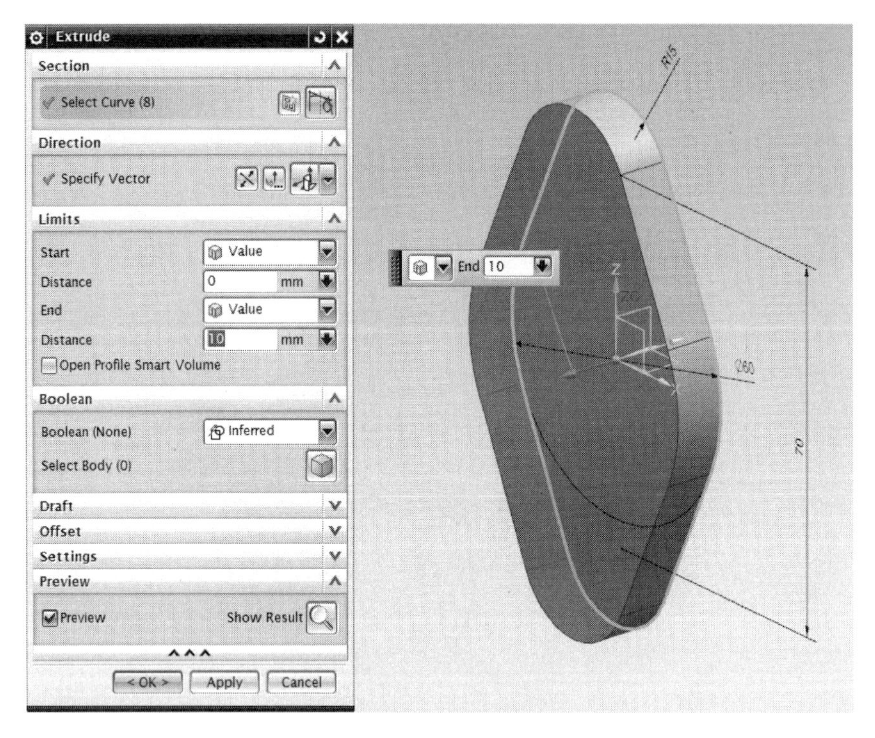

그림 4.9 Extrude 설정

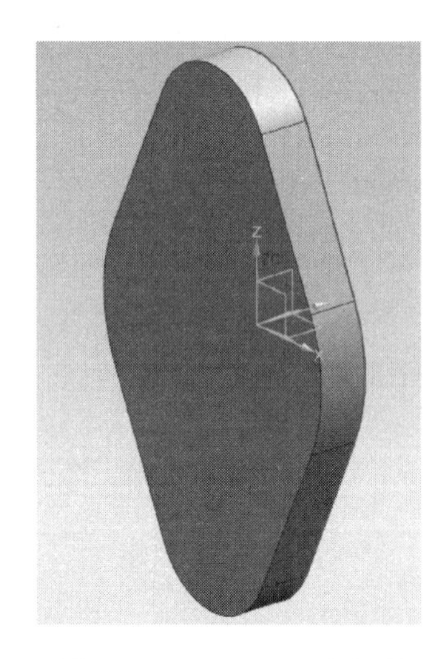

그림 4.10 Extrude 설정 완료

❹ "Sketch in Task Environment" 아이콘을 클릭하면 "Create Sketch" 설정 창이 활성화 되면서 스케치할 평면을 설정하는 상태가 된다. 화면 중심의 Main Graphic Window에서 그림 4.11과 같이 앞쪽으로 보이는 납작한 면을 마우스로 선택한 후 확인(OK) 버튼을 클릭하면 스케치 할 수 있는 2D 상태로 넘어간다.

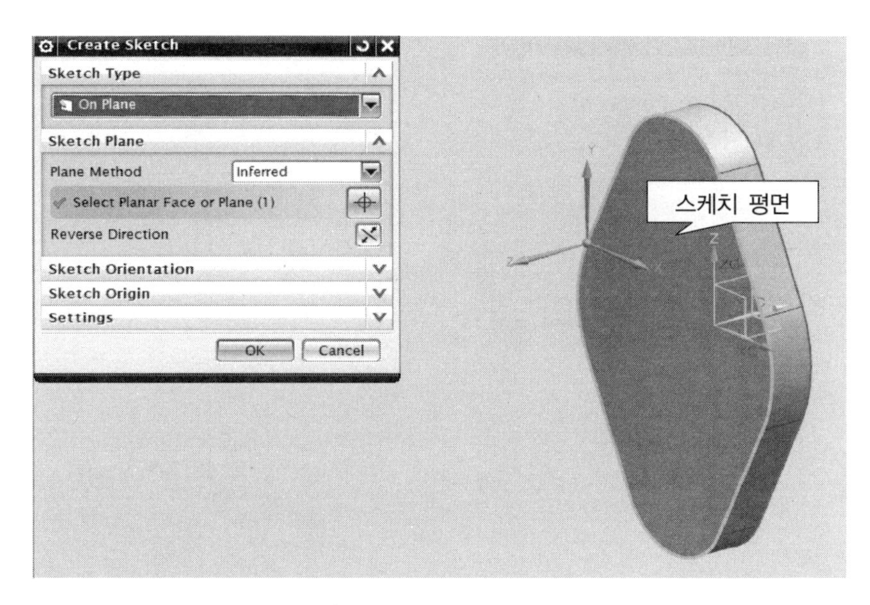

그림 4.11 스케치 평면 설정

Circle 아이콘을 이용하여 원을 스케치한다. 그림 4.12와 같이 Concentric(동심원) 구속 조건을 이용하기 위하여 형상 바깥에 스케치한다.

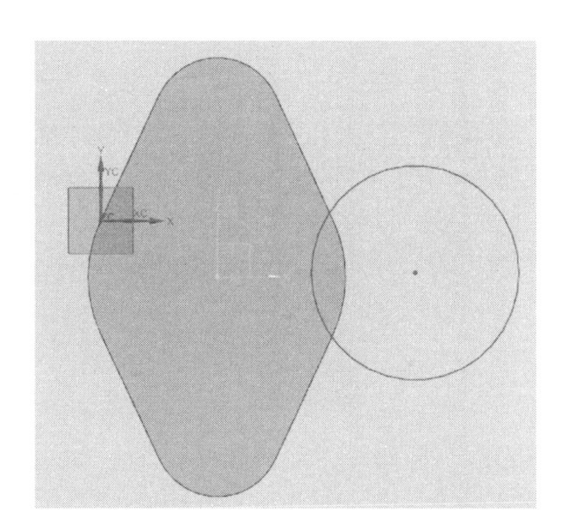

그림 4.12 원 스케치

그림 4.13과 같이 "Concentric" 조건을 선택한 후 마우스 왼쪽 버튼으로 스케치한 원의 테두리를 선택한다. 선택이 끝나면 마우스 가운데 "휠" 버튼을 클릭하여 두 번째 원을 선택하는 상태로 넘어간다. 마우스 왼쪽 버튼으로 모델링된 원형 형상의 테두리를 선택하면 스케치한 원이 동심원 위치로 이동한다.

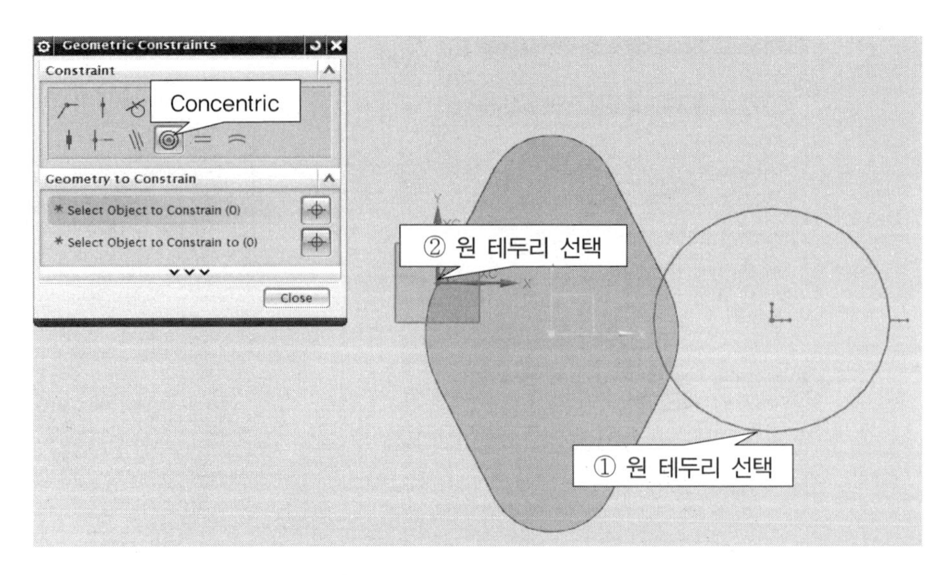

그림 4.13 Concentric 구속 설정

치수 설정 아이콘을 이용하여 지름 "50" 치수를 부여한다. Finish(🏁) 아이콘을 클릭하여 스케치를 완료한다.

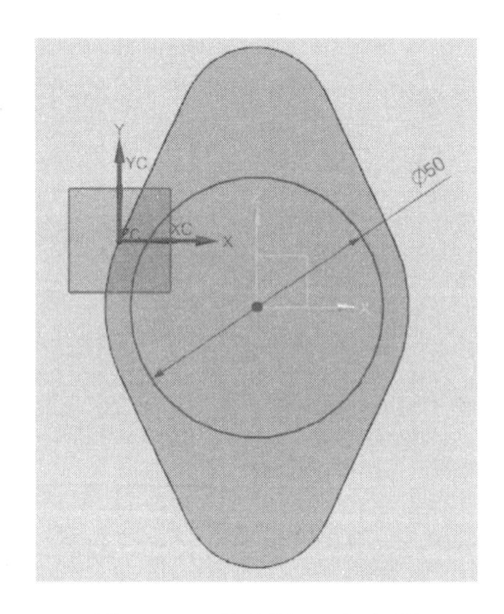

그림 4.14 동심원 스케치 완료

❺ 왼쪽 화면의 Part Navigator 창에서 방금 스케치한 항목을 선택한 후 Extrude(돌출) 아이콘을 선택하면 그림 4.15와 같이 Extrude 설정창이 활성화된다. 돌출 형상은 항상 스케치한 면의 + 방향(바깥 방향)으로 향한다.

한계(Limits) 설정은 "0"부터 "30"까지, Boolean 설정 값은 "Unite"로 설정한 후

확인(OK)을 클릭한다. Extrude Unite 완료된 형상은 그림 4.16과 같다.

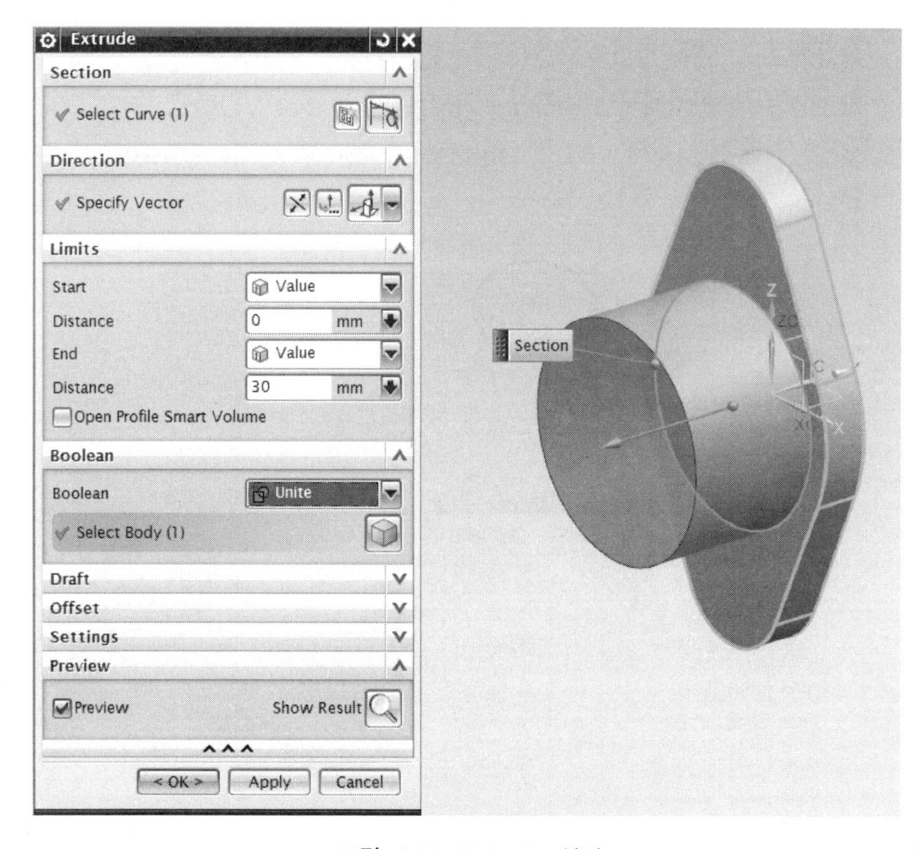

그림 4.15 Extrude 설정

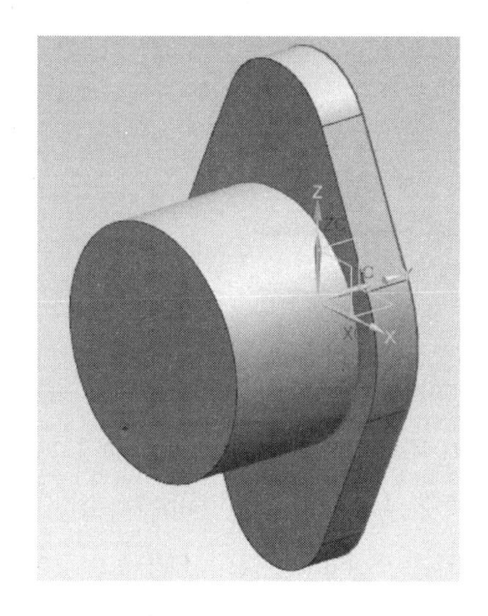

그림 4.16 Extrude Unite 완료

❻ Hole(구멍) 형상을 추가하기 위해 그림 4.17과 같이 “Hole” 아이콘을 클릭한다. 그림 4.18과 같이 Hole 설정 창에서 Position 설정은 구멍이 배치될 평면의 위치를 설정하는 것이다. 평면을 선택하게 되면 구멍의 중심점을 스케치하는 상태로 넘어가게 되는데 여기에서는 자동으로 동심원의 중심점이 선택될 수 있도록 둥근 형상의 원 둘레 모서리에 마우스 포인터를 가져간 후 클릭하면 자동으로 중심점이 선택된다.

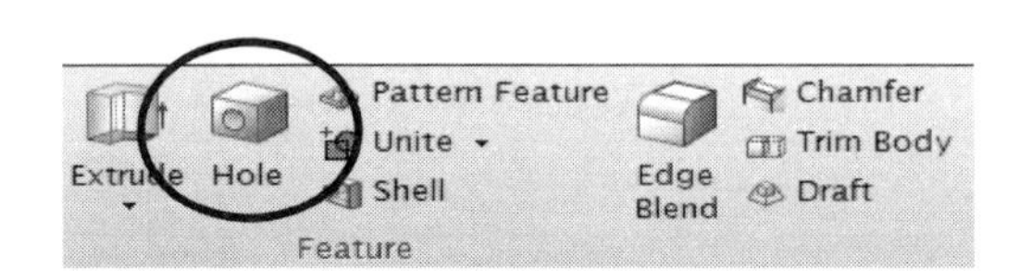

그림 4.17 Hole 형상 설정

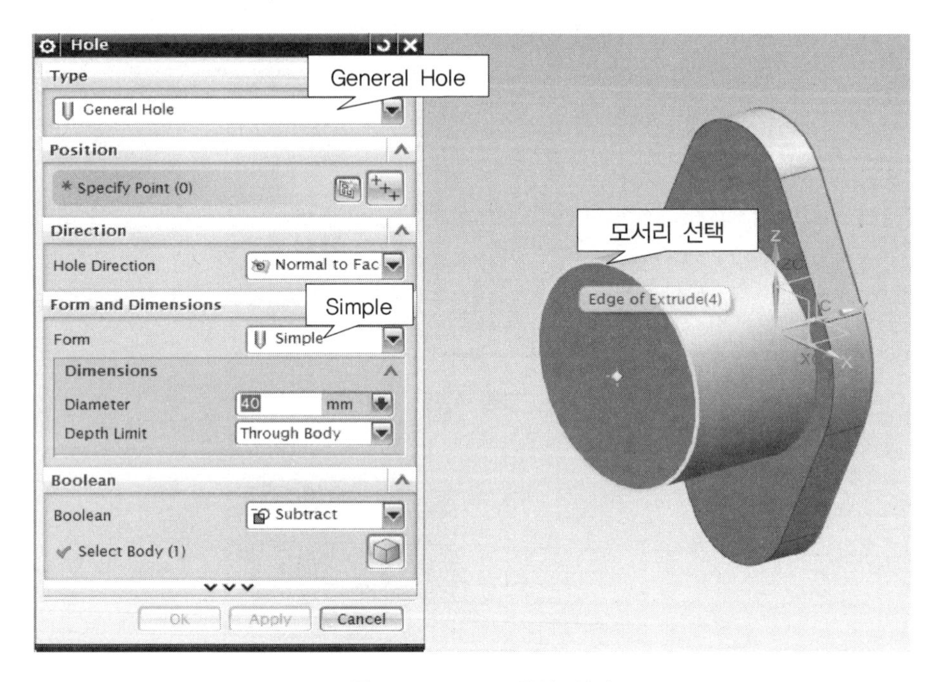

그림 4.18 Hole 형상 설정

General Hole과 Simple로 설정한다. 이 설정은 일반적인 Straight Hole(직선 구멍) 설정이다. Diameter(직경) 설정은 “40”, Depth Limit 설정은 “Through Body”를 선택한다. Boolean 설정은 Default 값이 Subtract이다. Hole 형상은 잘라내기 형상을 만들어주는 기능이므로 Subtract 값이 Default 값이다. 설정이 완료된 후 확인(OK) 버튼을 클릭하면 그림 4.19와 같이 Hole 형상이 완료된다.

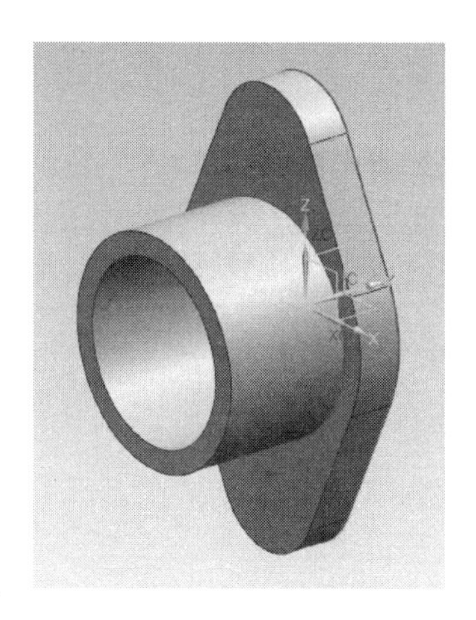

그림 4.19 Hole 형상 완료

❼ Hole 아이콘을 클릭한 후 Position 설정 상태에서 그림 4.20과 같이 배치 평면을 선택한다.

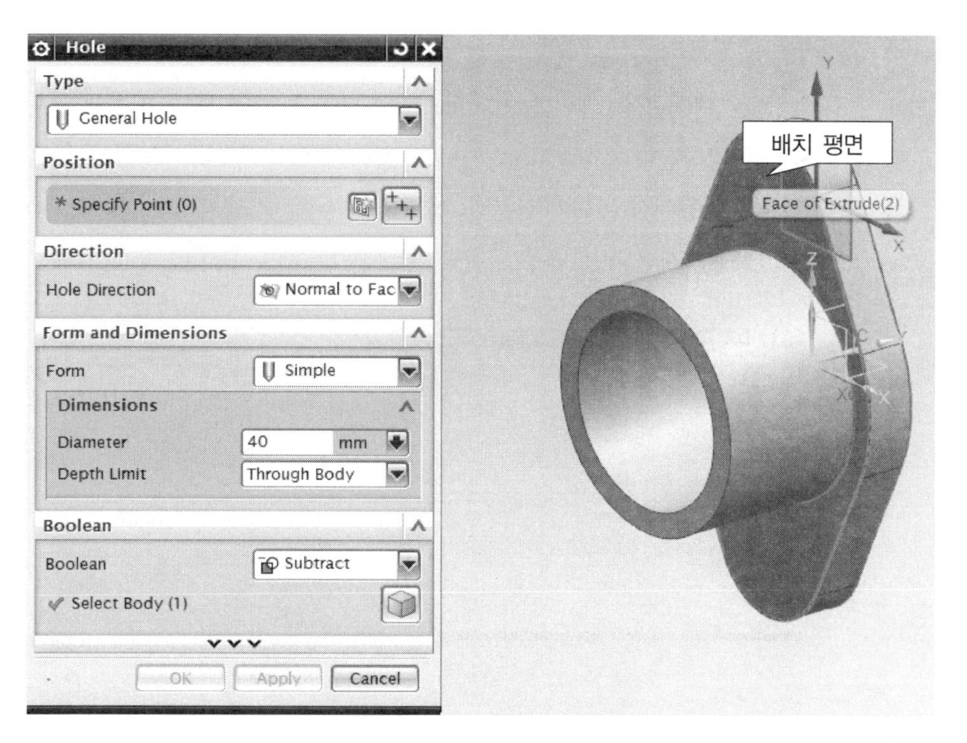

그림 4.20 Hole 배치 평면

그림 4.21과 같이 Sketch Point 상태에서 녹색의 중심점이 스케치되어 있는 것을 확인할 수 있다. Hole 형상을 만들 때 점은 기본적으로 하나의 점만 스케치한

다. 배치 평면을 선택할 때 클릭한 위치에 자동으로 점이 생성된다.

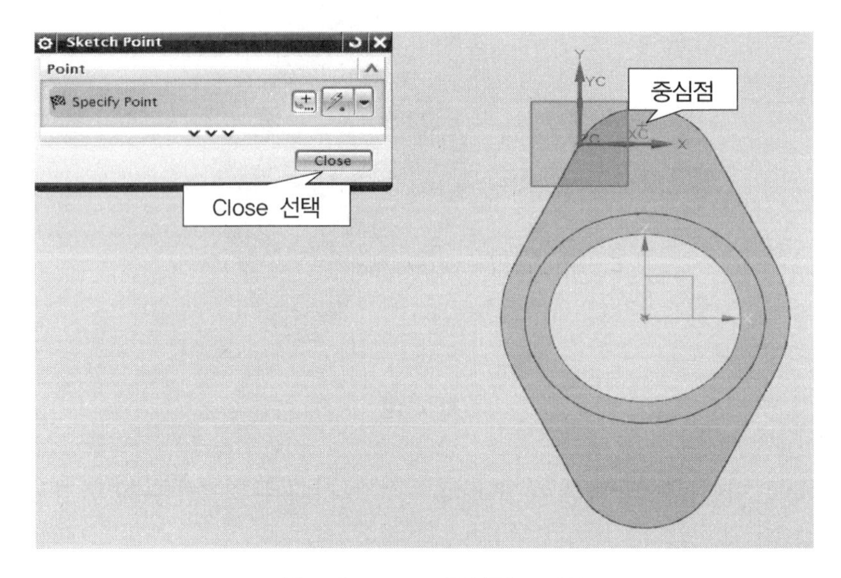

그림 4.21 Hole 중심점 스케치

구속 조건 아이콘을 클릭하여 Coincident 기능을 이용하여 배치된 중심점을 설계 위치에 일치시킨다. Coincident 기능은 떨어져 있는 두 끝점들을 이어줄 때 사용하는 유용한 기능이다. 특히 선분과 선분을 이어서 스케치 하여야 하는데 떨어져 스케치하였을 때 사용하면 매우 유용하다.

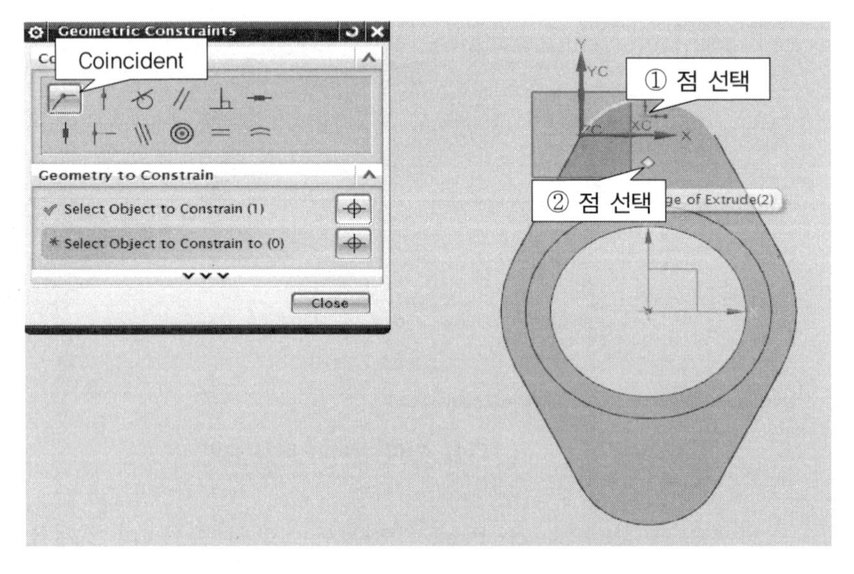

그림 4.22 중심점 배치 : Coincident 기능 활용

버튼을 클릭한 후 Finish(🏁) 아이콘을 클릭하여 Hole 설정 창으로 돌아간다.

General Hole과 Simple로 설정하고, Diameter(직경) 설정은 "12", Depth Limit 설정은 "Through Body"를 선택한다. Boolean 설정은 Default 값이 Subtract이다. 설정이 완료된 후 확인() 버튼을 클릭하면 그림 4.23과 같이 Hole 형상이 완료된다.

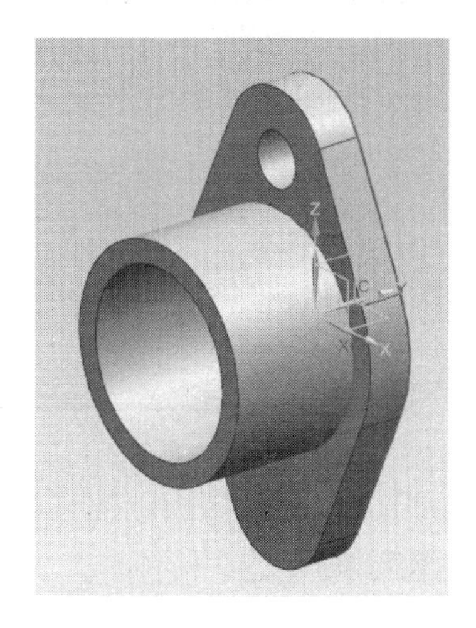

그림 4.23 Hole 형상 완료

⑧ 아래쪽 구멍은 "Mirror Feature(대칭 복사)" 기능을 활용하여 작업한다. 왼쪽 화면의 Part Navigator 창에서 바로 앞에서 작업한 Simple Hole 형상을 선택한 후 그림 4.24와 같이 "Mirror Feature" 아이콘을 클릭하면 그림 4.25와 같이 설정창이 활성화된다.

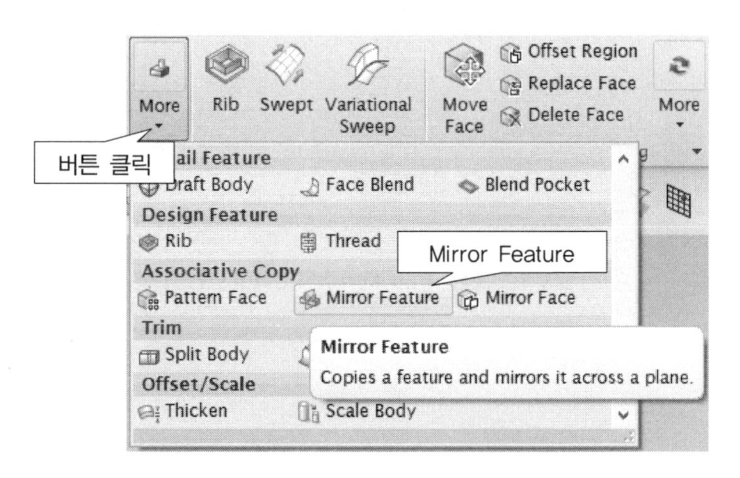

그림 4.24 Mirror Feature

Mirror Plane 항목을 선택하거나 마우스 휠 버튼을 클릭하면 대칭 평면을 선택할 수 있는 상태가 된다. Main Graphic Window 한 가운데 형상에 있는 XY 평면을 마우스로 선택한 후 확인(OK)을 클릭하면 대칭 복사가 완료된다.

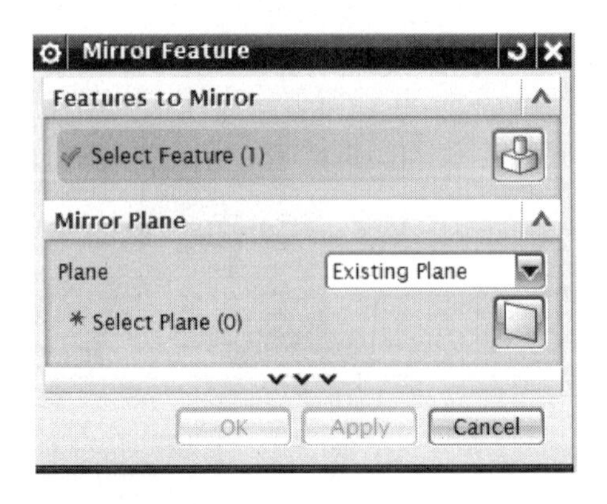

그림 4.25 Mirror Feature 설정

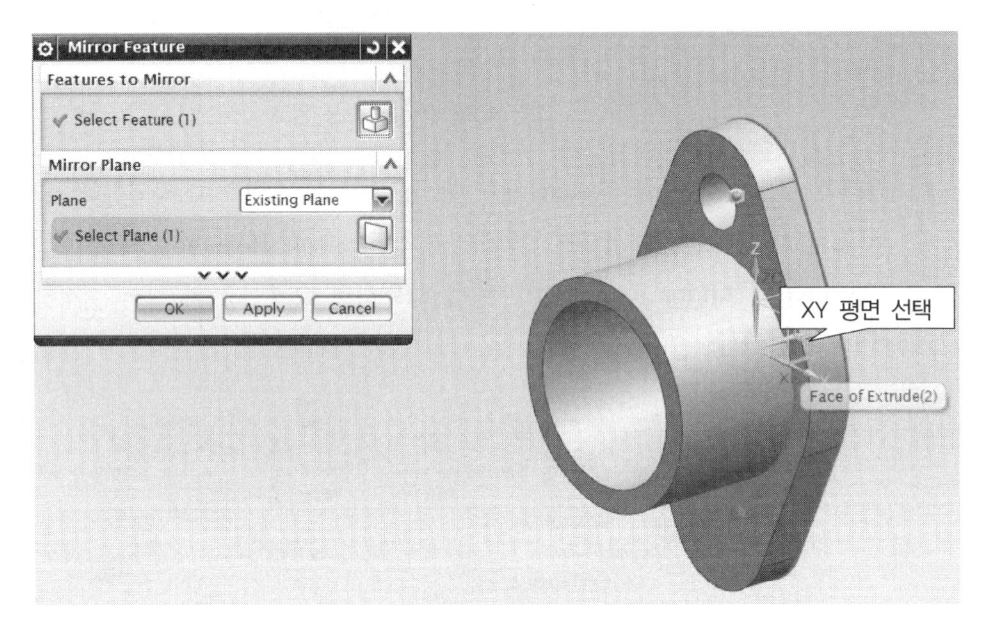

그림 4.26 Mirror Feature : 평면 선택

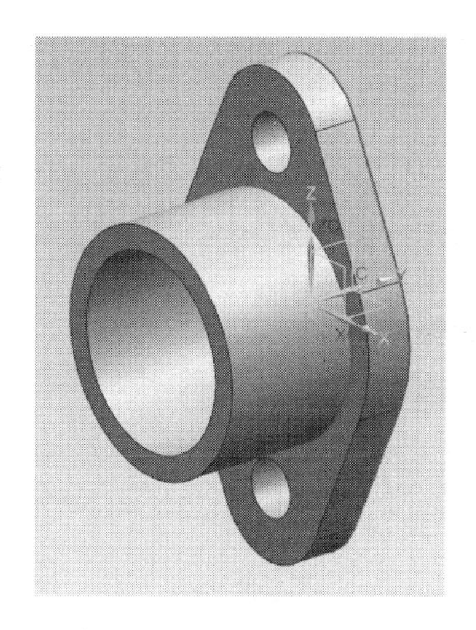

그림 4.27 Mirror Feature 완료

4.2 나사 구멍(Threaded Hole) Feature 생성하기

Drill Jig에 사용될 부품 중에서 본체에 해당하는 부품인 "body_1.prt"를 만들어보자. Assembly(조립) 기능을 다룰 때 필요한 Part이므로 작업이 완료되면 파일을 저장한다. "New 아이콘( )"을 클릭하면 나타나는 설정 창에서 Model을 선택하고 작업파일을 저장할 폴더와 이름을 지정하고 확인(OK)한다.

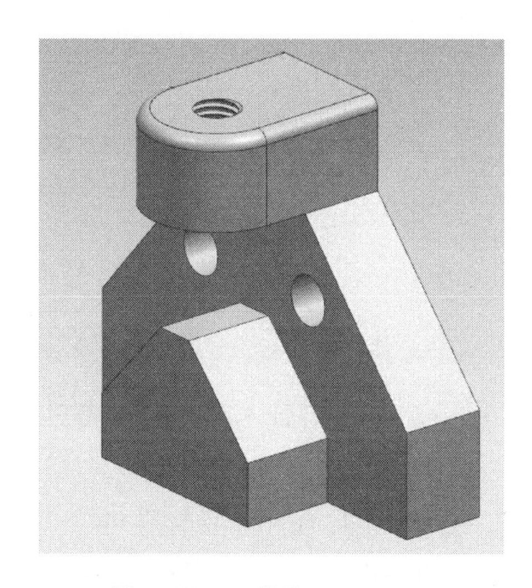

그림 4.28 모델링 : body_1.prt

❶ "Sketch in Task Environment" 아이콘을 클릭하면 "Create Sketch" 설정 창이 활성화 되면서 스케치할 평면을 설정하는 상태가 된다. 화면 중심의 Main Graphic Window에서 XZ 평면을 마우스로 선택한 후 확인(OK) 버튼을 클릭하면 스케치 할 수 있는 2D 상태로 넘어간다.

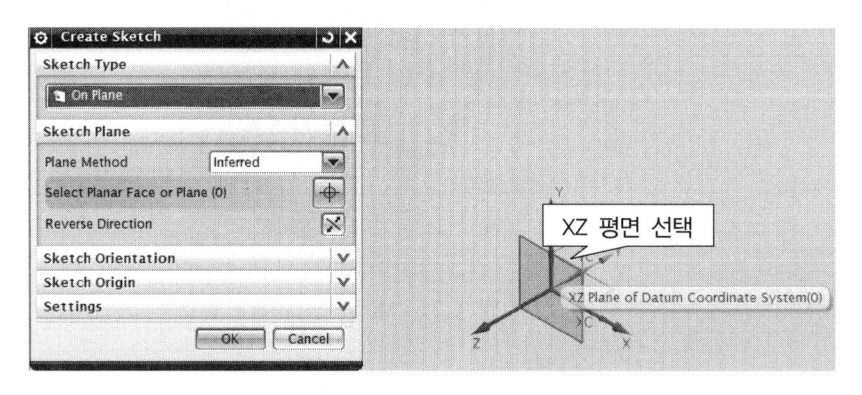

그림 4.29 스케치 설정 : XZ 평면

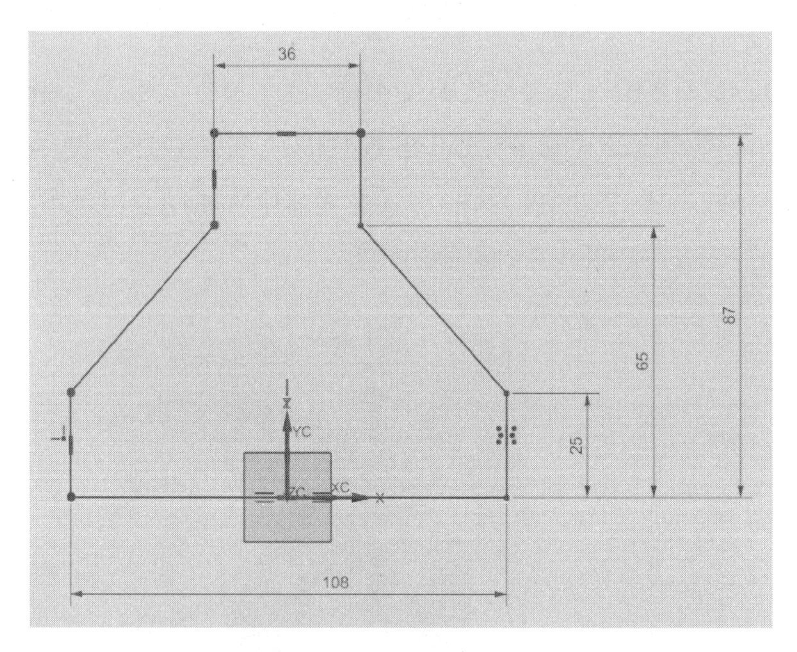

그림 4.30 스케치 단면

❷ 그림 4.30과 같이 스케치하기 위하여 먼저 "Line" 아이콘을 클릭하여 수평선 하나를 스케치한 후에 그림 4.31과 같이 Make Symmetric 기능을 이용하여 YC 축을 기준으로 좌우 대칭으로 만들어준다.

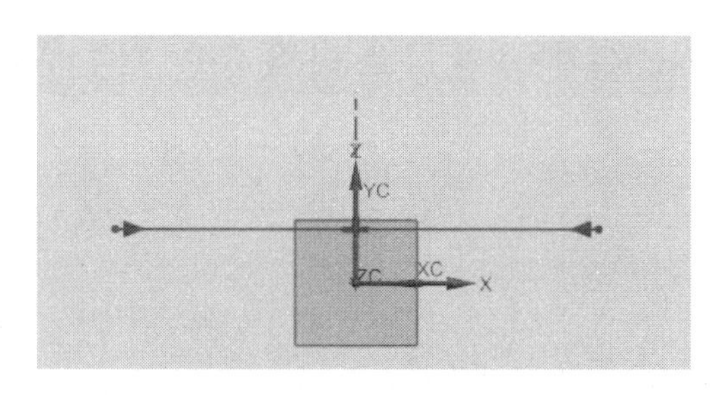

그림 4.31 좌우 대칭 선 스케치

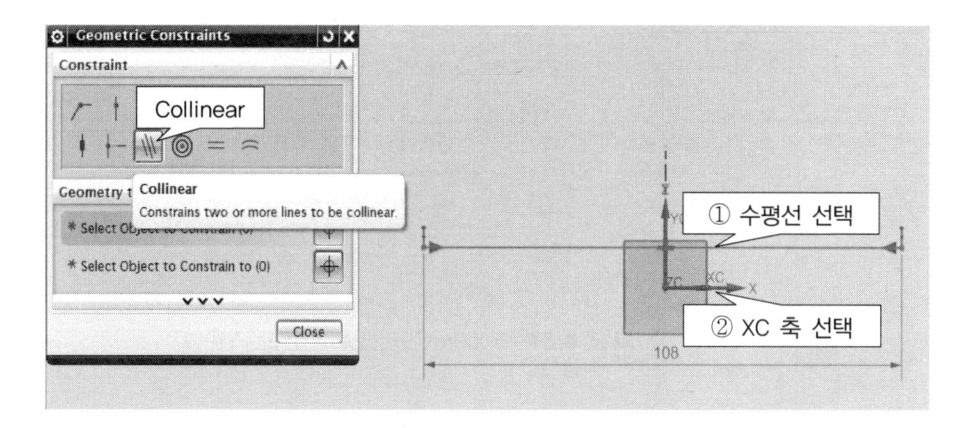

그림 4.32 Collinear 구속 설정

치수 설정 아이콘을 이용하여 길이 치수 "108"을 부여한다. 그림 4.32와 같이 구속 조건 중 Collinear 기능을 이용하여 마우스 왼쪽 버튼으로 스케치한 수평선을 선택한 후 마우스 "휠" 버튼을 클릭하거나 "Select Object to Constrain" 항목을 선택한 후 XC 축을 선택하여 두 객체를 정렬시킨다.

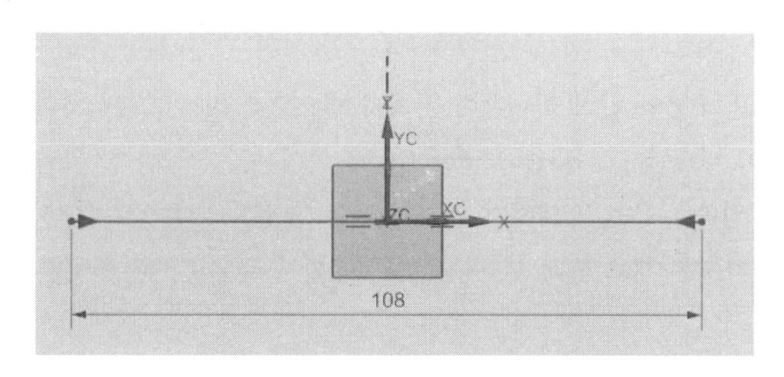

그림 4.33 Collinear 구속 설정 완료

Profile 아이콘을 이용하여 그림 4.34와 같이 왼쪽 부분만 스케치한다.

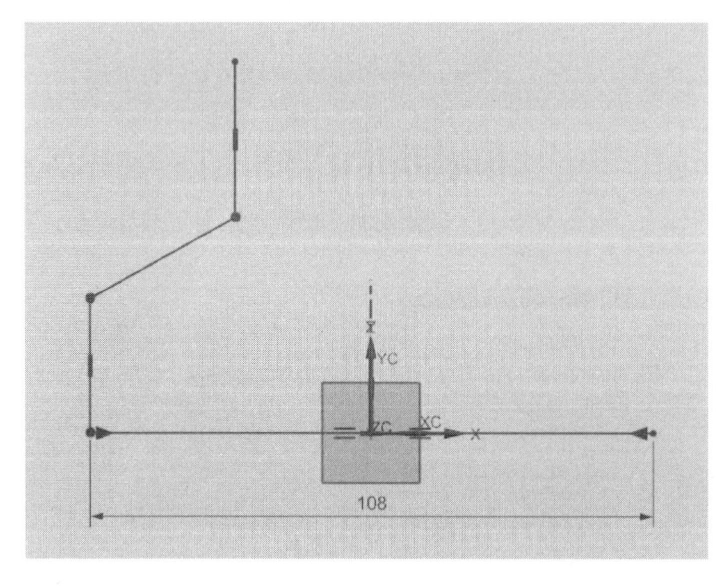

그림 4.34 Profile 아이콘을 이용한 스케치

반대편 대칭 형상을 Mirror Curve 아이콘을 이용하여 복사한다.

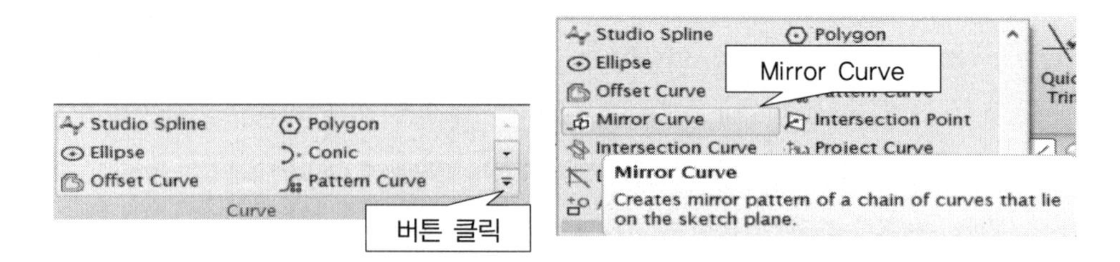

그림 4.35 Mirror Curve 아이콘

그림 4.35와 같이 아이콘이 가려져 있으므로 버튼을 클릭하면 감춰져 있는 아이콘들이 나타난다. 나타난 Mirror Curve 아이콘을 클릭한다. 그림 4.36과 같이 스케치된 왼쪽 부분을 선택하기 위하여 마우스 왼쪽 버튼으로 ①번 부분을 클릭한 후 버튼을 누른 채로 드래그하여 ②번 부분까지 끌고 간 후 클릭한다.

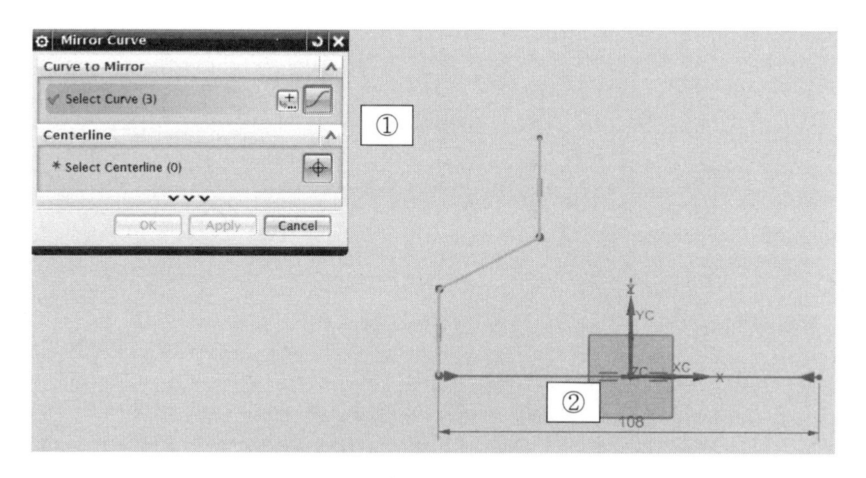

그림 4.36 대칭 복사될 객체 선택

대칭 복사될 객체 선택이 끝나면 마우스 "휠" 버튼이나 중심선 선택 항목을 클릭한 후 화면 가운데 YC 축을 선택하여 복사한 후 [OK] 버튼을 클릭한다.

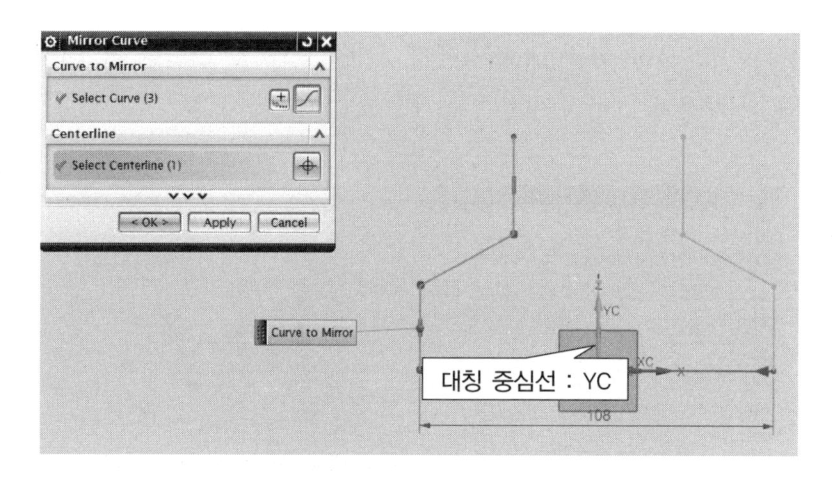

그림 4.37 대칭 복사 완료

Line 아이콘을 이용하여 가운데 선을 이어 준다(선분의 반을 스케치한 후 대칭 복사하지 않는 이유는 하나의 직선으로 스케치되어야 3D 형상으로 만들어 주었을 때 3차원 형상 면에 이어붙인 선이 표시되지 않는다).

치수 설정 아이콘을 이용하여 치수를 부여한 후 설계 치수로 수정한다. Finish (🏁) 아이콘을 클릭하여 Modeling 환경으로 돌아간다.

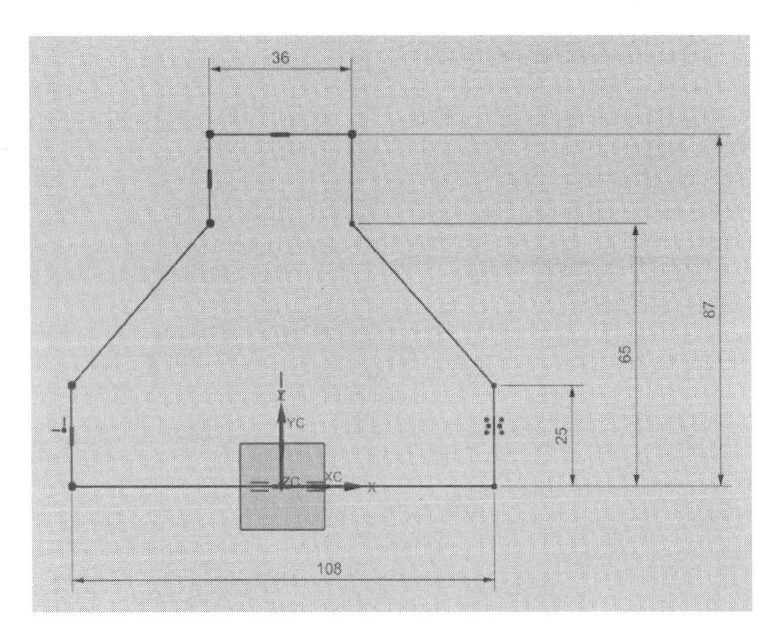

그림 4.38 스케치 형상 완료

❸ 왼쪽 화면의 Part Navigator 창에서 스케치 항목을 선택한 후 Extrude(돌출) 아이콘을 선택하면 그림 4.39와 같이 Extrude 설정창이 활성화된다.

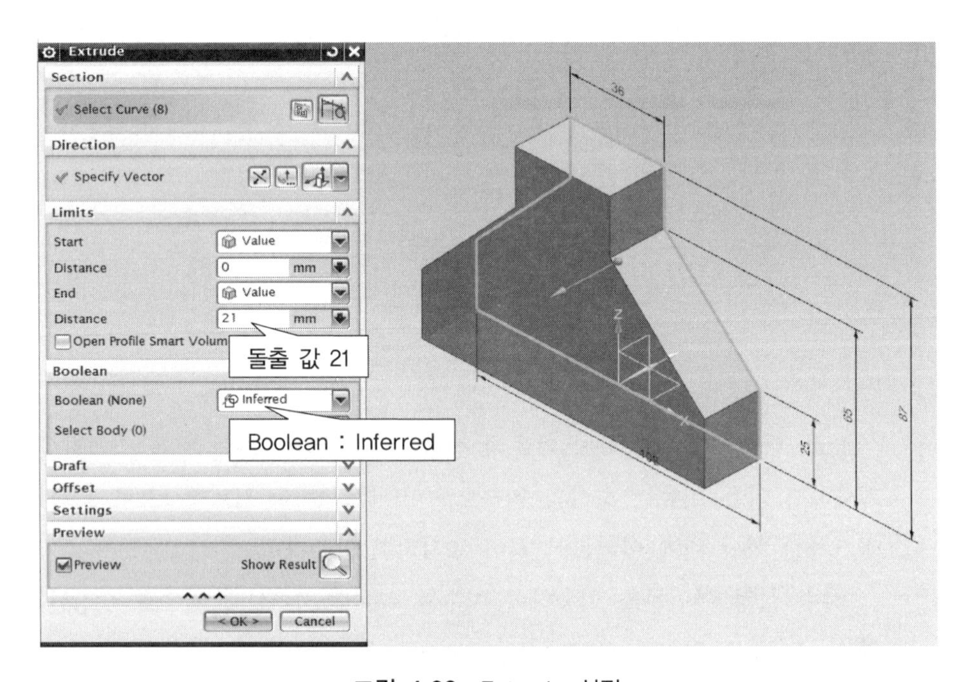

그림 4.39 Extrude 설정

Distance 입력 값으로 "21"을 입력한다. 맨 처음 생성한 형상이기 때문에 Boolean 설정 값은 Default 값인 "Inferred" 그대로 둔 후 확인(OK)을 클릭한다. Extrude 완료된 형상은 그림 4.40과 같다.

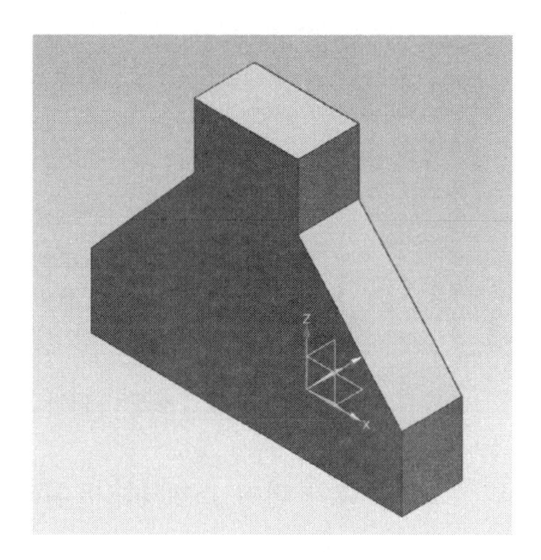

그림 4.40 Extrude 완료 형상

❹ "Sketch in Task Environment" 아이콘을 클릭한 후 스케치 평면으로 돌출된 형상의 넓은 면을 마우스로 선택한 후 확인(OK) 버튼을 클릭하면 스케치 할 수 있는 2D 상태로 넘어간다.

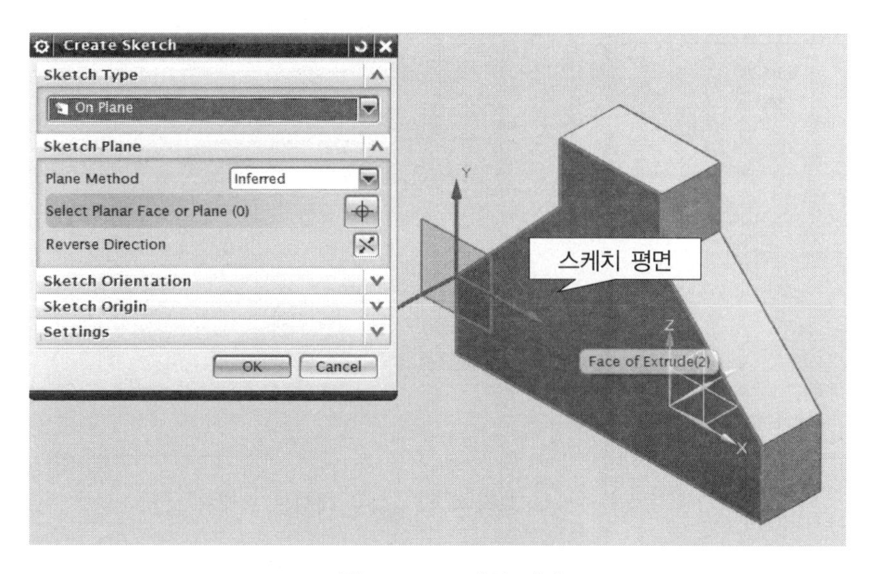

그림 4.41 스케치 평면

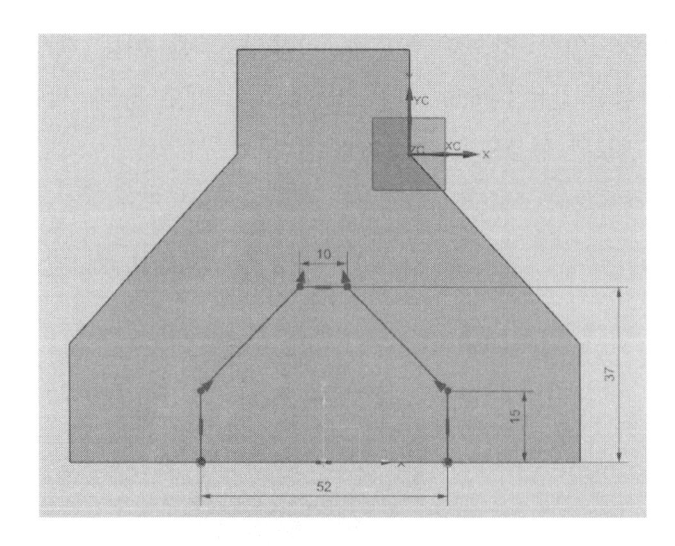

그림 4.42 스케치 단면

Sketch 환경에서 그림 4.42와 같이 스케치하기 위하여 먼저 Line 아이콘을 이용하여 그림 4.43과 같이 모델 형상의 맨 아래쪽 모서리에 정렬하여 수평선을 스케치한다. Make Symmetric 아이콘을 이용하여 스케치한 선의 좌우 끝점을 대칭으로 만들어준다. 치수 설정 아이콘을 이용하여 “52” 치수를 부여한다.

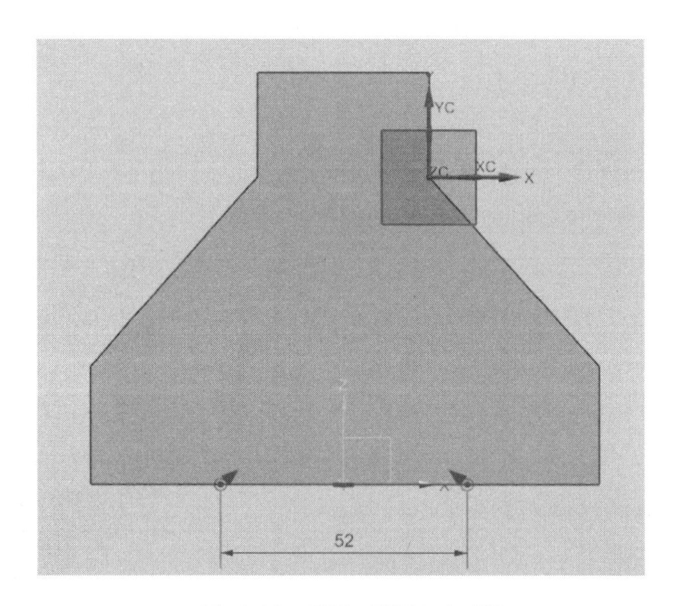

그림 4.43 좌우 대칭선 스케치

Profile 아이콘을 이용하여 나머지 부분을 스케치한다. 나머지 부분을 임의로 스케치하다 보면 그림 4.44와 같이 수직선으로 스케치가 되지 않을 때가 있다. 이런 때에는 선을 삭제하고 다시 스케치하지 않고, 그림 4.45와 같이 수직선으로 만들어 줄 선을 마우스로 선택한 후 기다리면 나타나는 항목 중에서 수직 구속 조건을 선택하면 수직선으로 만들어준다.

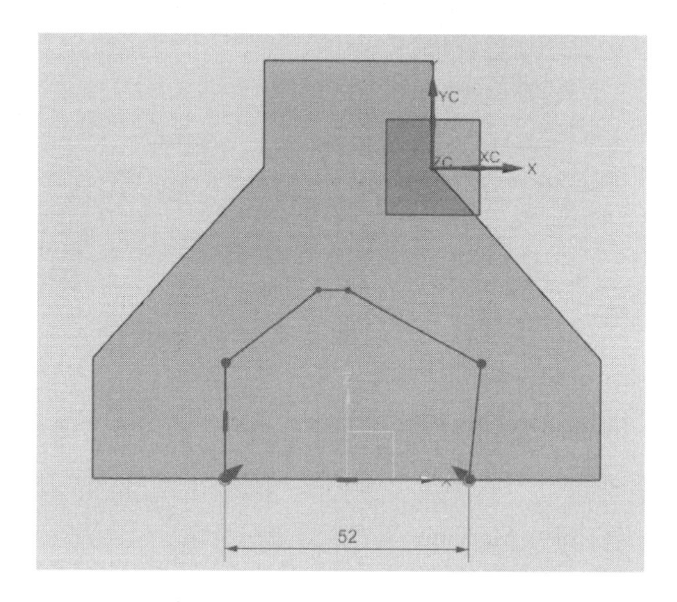

그림 4.44 Profile 아이콘 이용 스케치

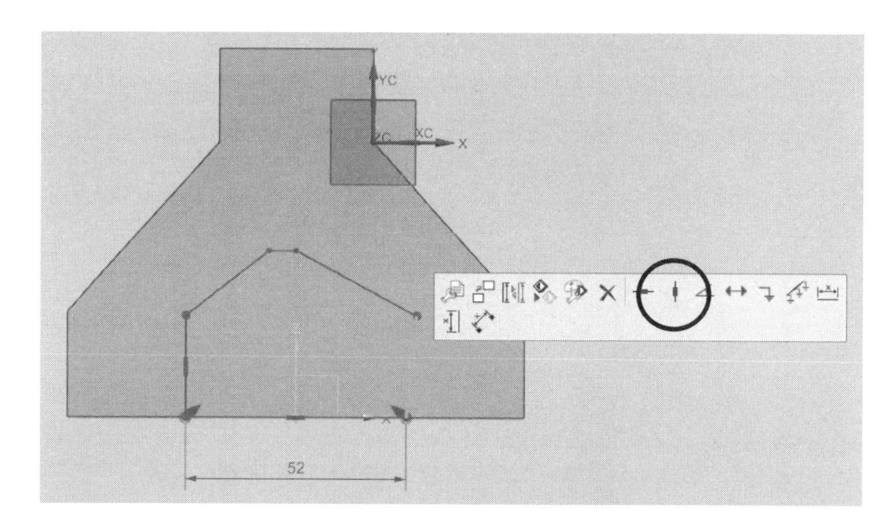

그림 4.45 수직 설정 구속 조건

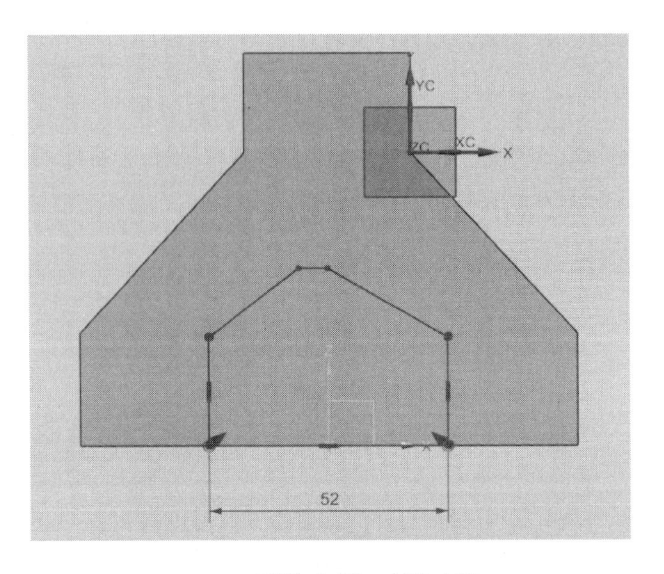

그림 4.46 수직 설정

Make Symmetric 아이콘을 이용하여 위쪽 스케치한 수평선의 좌우 끝점을 대칭으로 만들어준다. 치수 설정 아이콘을 이용하여 설계 치수를 부여한다. Finish(🏁) 아이콘을 클릭하여 Modeling 환경으로 돌아간다.

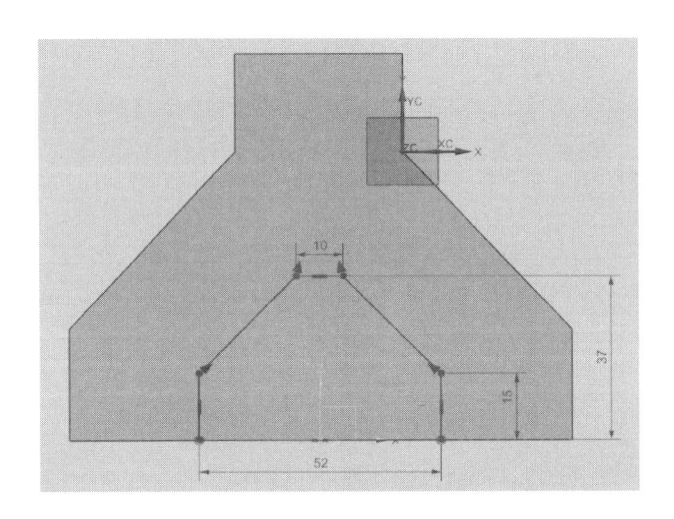

그림 4.47 스케치 단면 완료

❺ 왼쪽 화면의 Part Navigator 창에서 스케치 항목을 선택한 후 Extrude(돌출) 아이콘을 선택하면 그림 4.48과 같이 Extrude 설정창이 활성화된다.

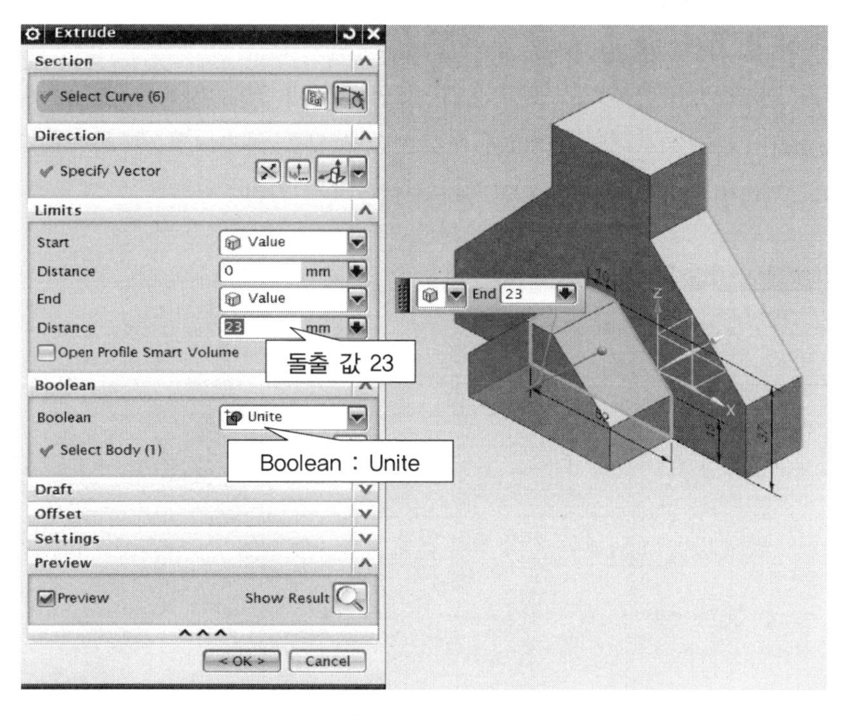

그림 4.48 Extrude 설정

Distance 입력값으로 "23"을 입력한다. Boolean 설정 값은 "Unite"로 설정한 후 확인(OK)을 클릭한다. Extrude 완료된 형상은 그림 4.49와 같다.

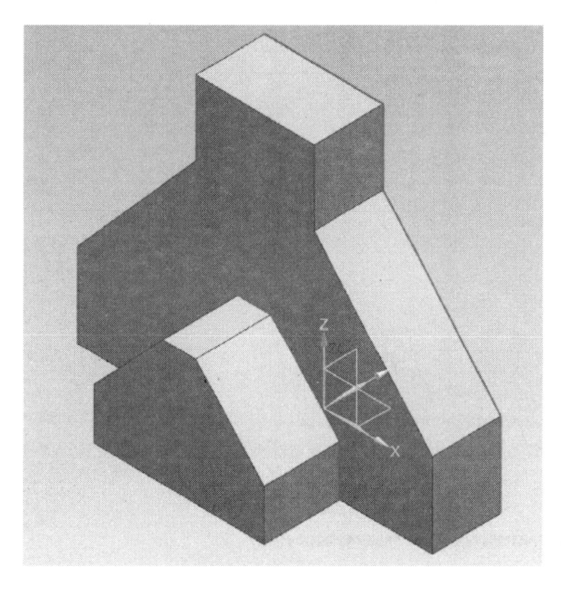

그림 4.49 Extrude 완료 형상

⑥ "Sketch in Task Environment" 아이콘을 클릭한 후 그림 4.48과 같이 스케치 평면으로 맨 윗면을 마우스로 선택한 후 그림 4.50과 같이 Sketch Orientation 설정으로 Horizontal 항목에서 Vertical 항목으로 설정을 바꾸어준 후 확인(OK) 버튼을 클릭하면 스케치 할 수 있는 2D 상태로 넘어간다.

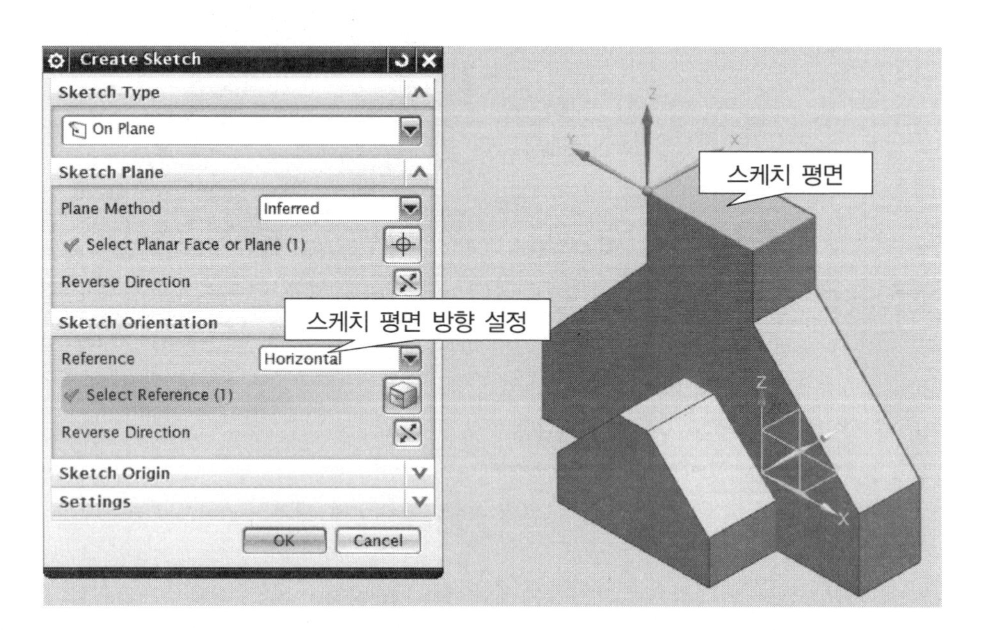

그림 4.50 스케치 평면 설정

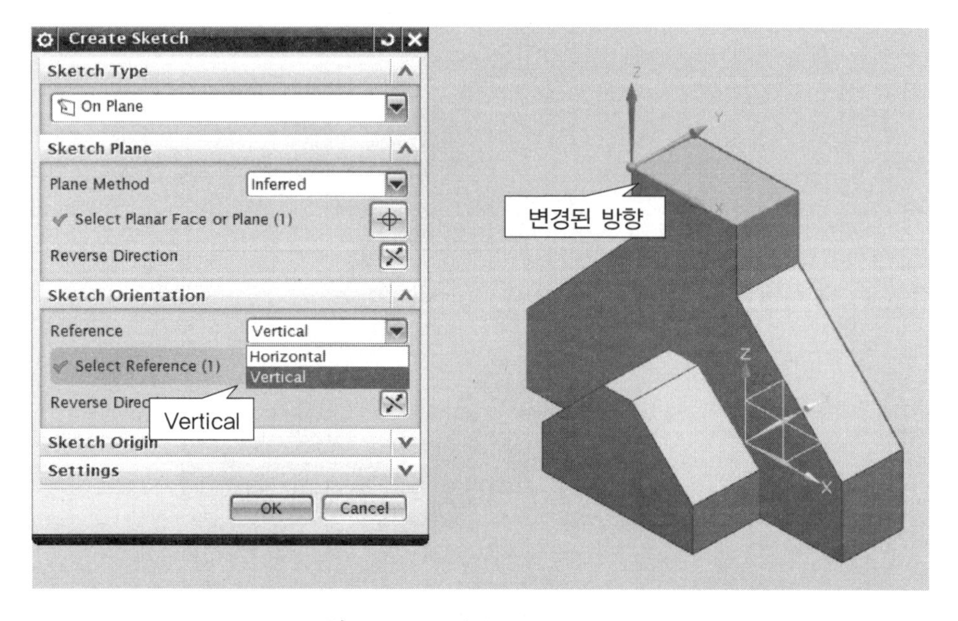

그림 4.51 스케치 평면 방향 설정

Sketch 환경에서 Arc 아이콘을 클릭한 후 Arc by Center and Endpoints 조건으로 그림 4.52와 같이 스케치한다. 먼저 마우스 왼쪽 버튼으로 원의 중심을 선택한 후 마우스를 9시 방향으로 드래그하여 왼쪽 버튼을 클릭하고, 마우스를 반시계방향으로 3시 방향으로 드래그하여 클릭하면 Arc가 스케치된다.

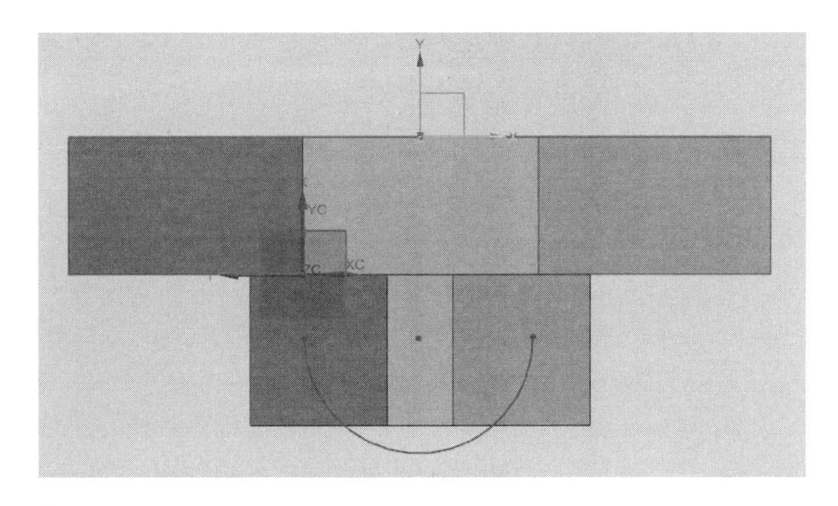

그림 4.52 Arc 스케치

구속 조건 아이콘을 클릭한 후 Point on Curve 조건을 이용하여 Arc의 중심점을 가운데 수직축에 정렬시킨다. 치수 설정 아이콘을 이용하여 반지름 "18"을 부여한다.

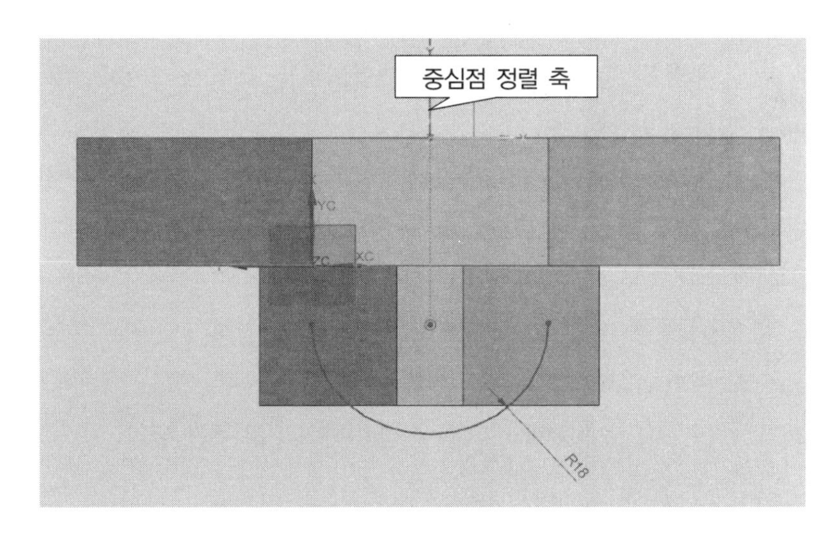

그림 4.53 Arc 구속 조건 설정 및 치수 부여

Profile 아이콘을 이용하여 그림 4.54와 같이 스케치하고, 치수 설정 아이콘을 이용하여 설계 치수를 부여한다.

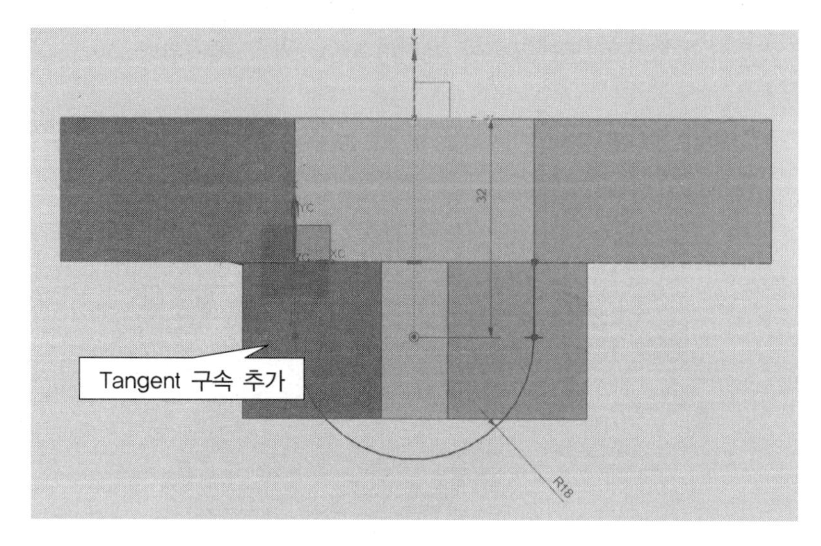

그림 4.54 Profile 이용 스케치 완료

그림 4.54에서와 같이 Arc와 직선 연결되는 두 부분 중 왼쪽 부분에는 Tangent 구속 조건이 설정되어 있지 않다. 현재 스케치는 모두 작성된 상태이나 Tangent 구속 조건을 추가하여 보도록 한다.

구속 설정 아이콘을 클릭하여 창이 활성화되면 Tangent 구속 조건을 클릭한다. Tangent 구속 조건은 두 개의 객체(예 : 직선과 직선, 직선과 Arc, 직선과 원, Arc와 Arc, 원과 원 등)를 서로 접하게 만들어주는 구속 조건이다. 여기에서는 직선과 Arc를 접하게 만들어보자.

먼저 마우스 왼쪽 버튼으로 Arc의 둘레를 선택한 후 마우스 "휠" 버튼을 클릭하거나, Select Object to Constrain to 항목을 선택하고, 마우스 왼쪽 버튼으로 직선을 선택한 후 Close를 클릭하면 그림 4.56과 같은 구속 조건 충돌 메시지 창이 뜬다. 확인(OK) 버튼을 클릭하면 그림 4.56과 같이 Tangent 구속 조건과 반지름 치수 또는 다른 조건과 충돌이 된다는 것을 알 수 있다. 여기에서 반지름 치수 "18" 선택한 후 삭제(Delete) 버튼을 클릭하여 지워주면 된다.

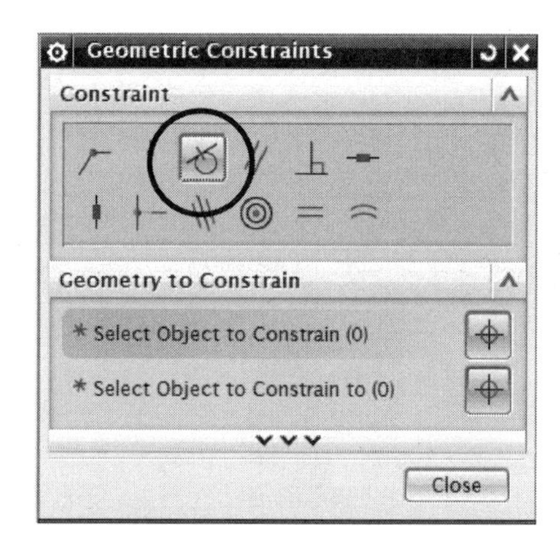

그림 4.55 구속 조건 : Tangent

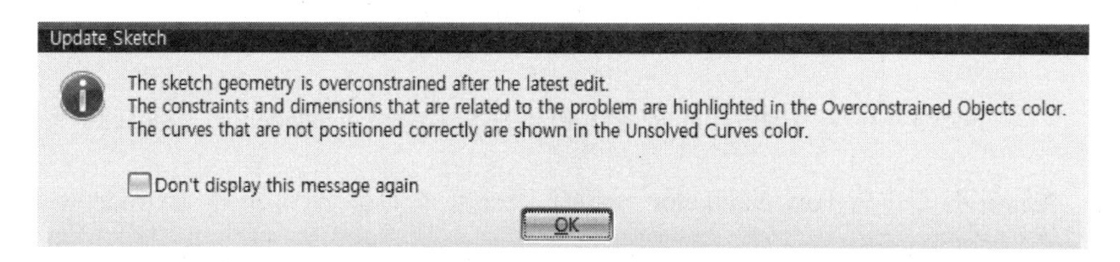

그림 4.56 구속 조건 충돌 메시지 창

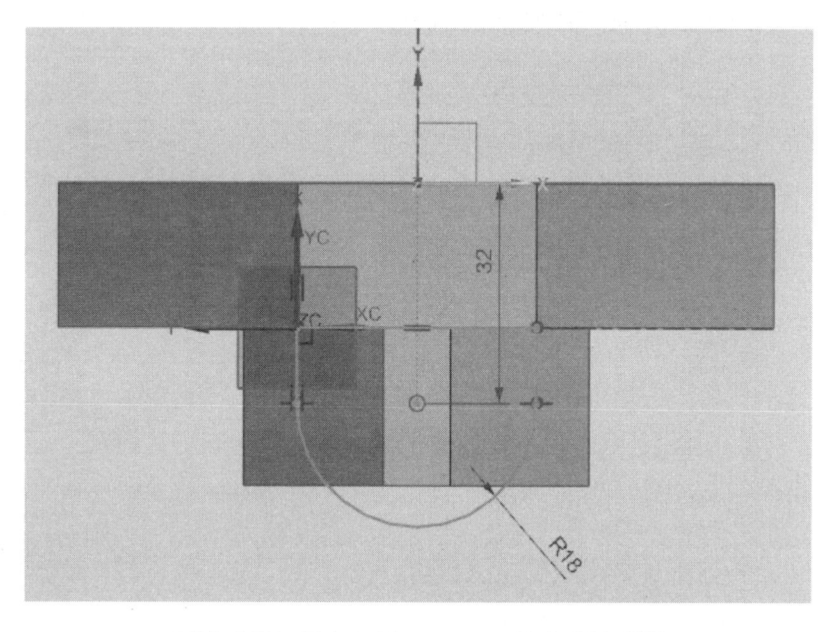

그림 4.57 구속 조건 Tangent 추가 충돌 상황

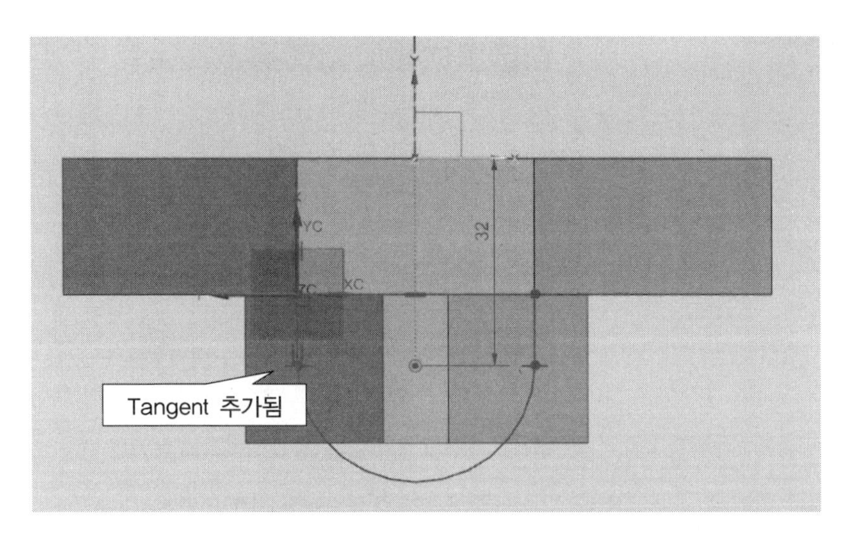

그림 4.58 스케치 완료

스케치가 완료되면 Finish(🏁) 아이콘을 클릭하여 Modeling 환경으로 돌아간다.

❼ 왼쪽 화면의 Part Navigator 창에서 스케치 항목을 선택한 후 Extrude(돌출) 아이콘을 선택하면 그림 4.59와 같이 Extrude 설정창이 활성화된다.

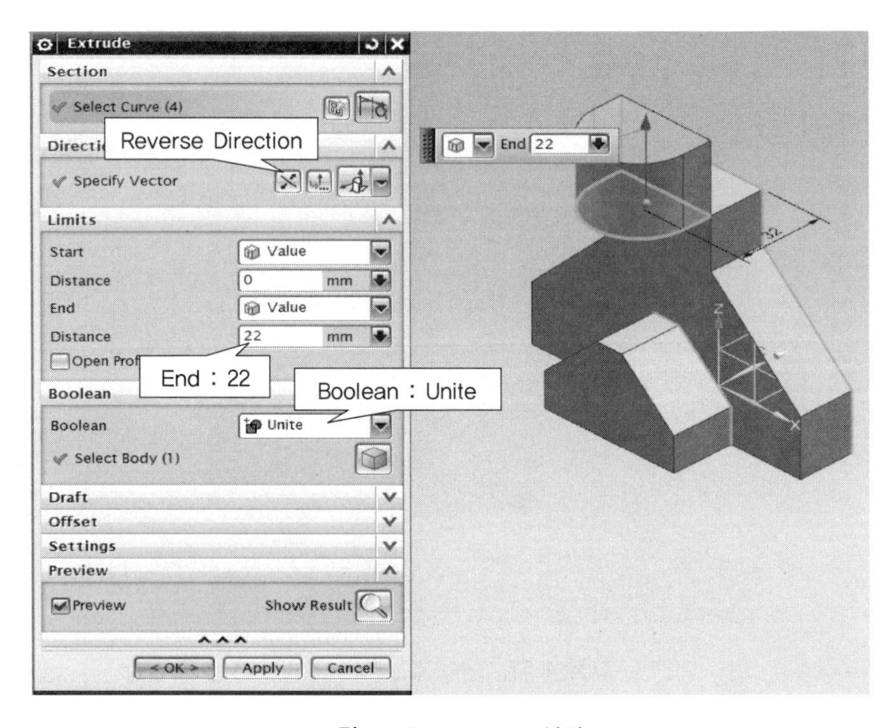

그림 4.59 Extrude 설정

Direction 설정은 Reverse Direction을 선택하고, 한계(Limits) 설정은 Start "0"부터 End "22", Boolean 설정 값은 "Unite"로 설정한 후 확인(OK)을 클릭하면 Extrude 형상이 완료된다.

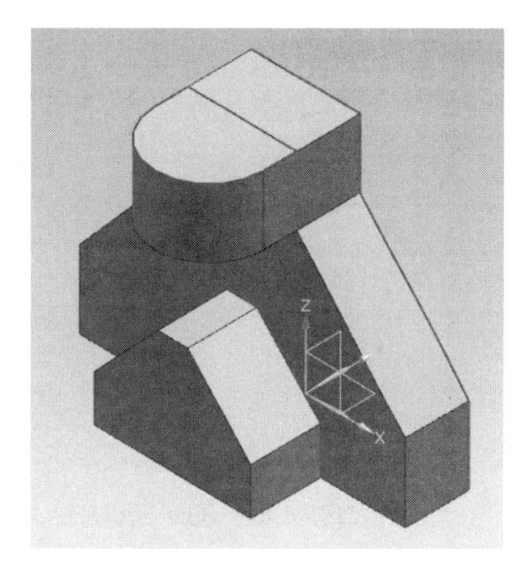

그림 4.60 Extrude 완료

❽ Hole 아이콘을 클릭한 후 Position 설정 상태에서 그림 4.61과 같이 배치 평면을 선택한다.

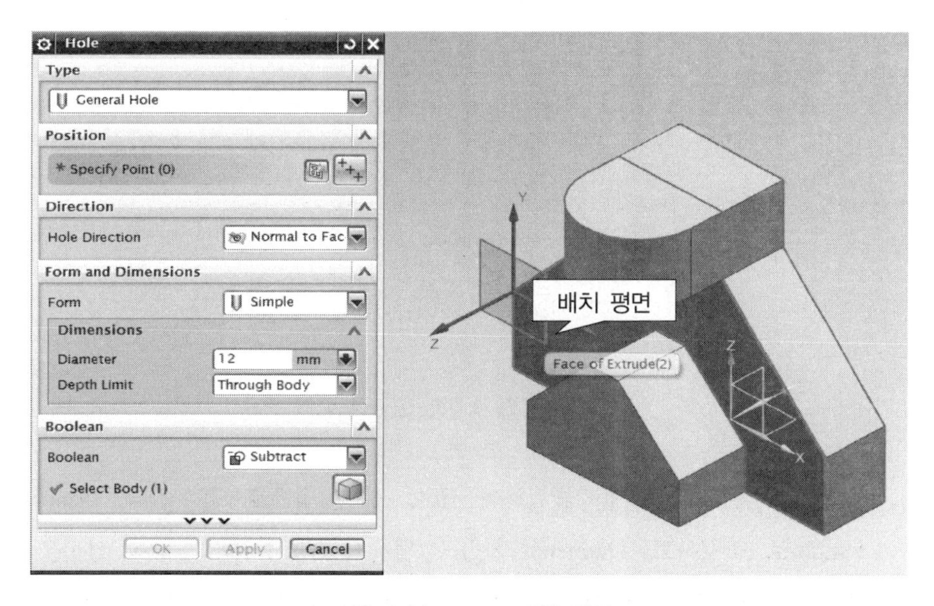

그림 4.61 Hole 배치 평면

그림 4.62와 같이 Sketch Point 상태에서 녹색의 중심점이 스케치되어 있는 것을 확인할 수 있다. Hole 형상을 만들 때 점은 기본적으로 하나의 점만 스케치한다. 배치 평면을 선택할 때 클릭한 위치에 자동으로 점이 생성된다.

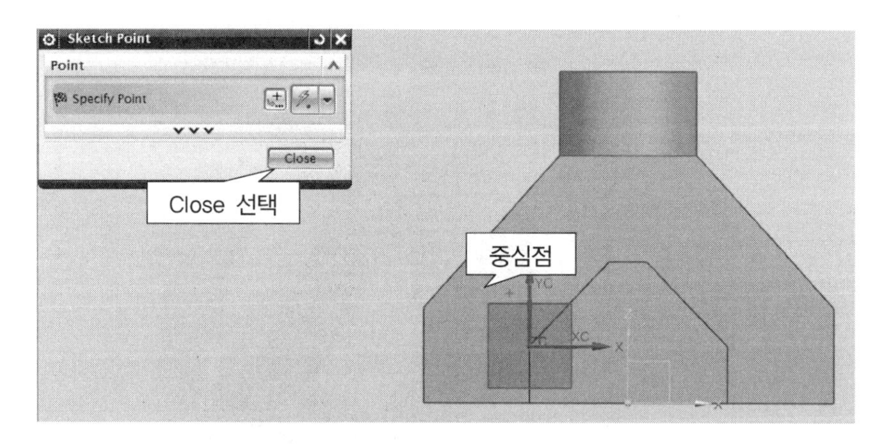

그림 4.62 Hole 중심점 스케치

치수 설정 아이콘을 이용하여 그림 4.63과 같이 설계 치수를 부여한다.

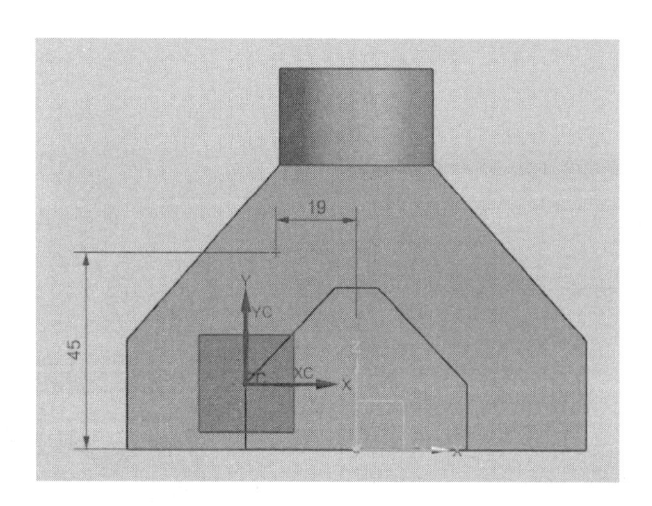

그림 4.63 중심점 배치 완료

Finish(🏁) 아이콘을 클릭하여 Hole 설정 창으로 돌아간다. General Hole과 Simple로 설정하고, Diameter(직경) 설정은 "12", Depth Limit 설정은 "Through Body"를 선택한다. Boolean 설정은 Default 값이 Subtract이다. 설정이 완료된 후 확인(OK) 버튼을 클릭하면 그림 4.65와 같이 Hole 형상이 완료된다.

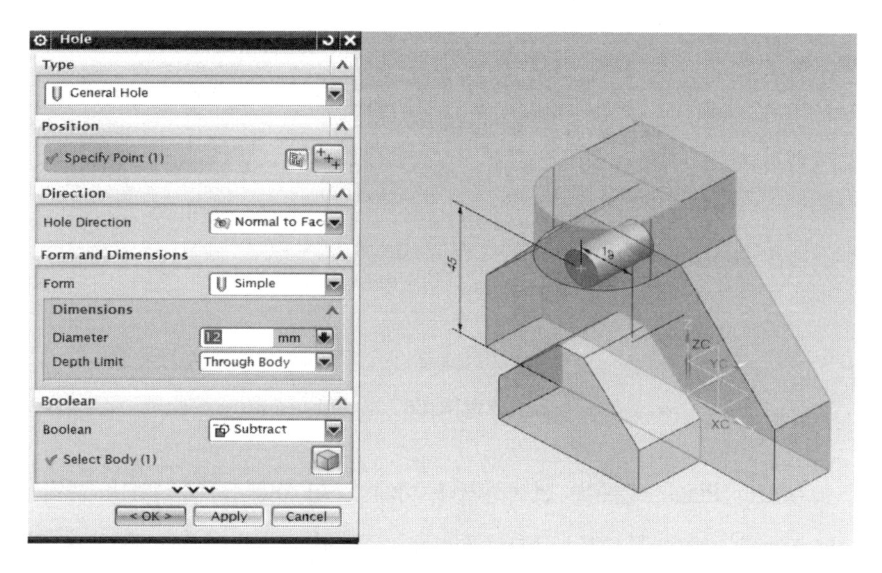

그림 4.64 Hole 형상 설정

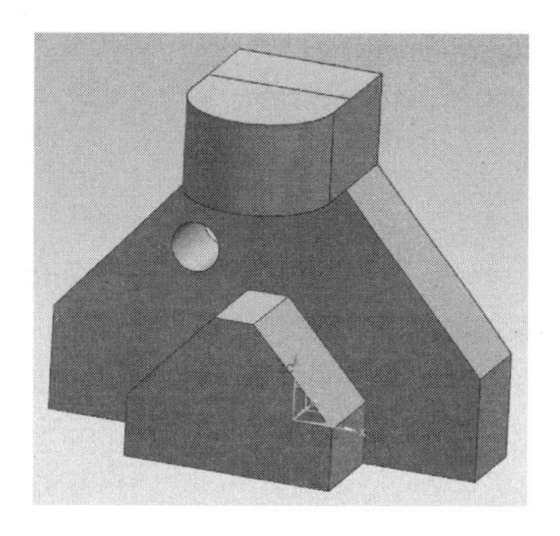

그림 4.65 Hole 형상 완료

⑨ 반대쪽 구멍은 "Mirror Feature(대칭 복사)" 기능을 활용하여 작업한다. 왼쪽 화면의 Part Navigator 창에서 바로 앞에서 작업한 Simple Hole 형상을 선택한 후 그림 4.66과 같이 "Mirror Feature" 아이콘을 클릭하면 그림 4.67과 같이 설정창이 활성화된다.

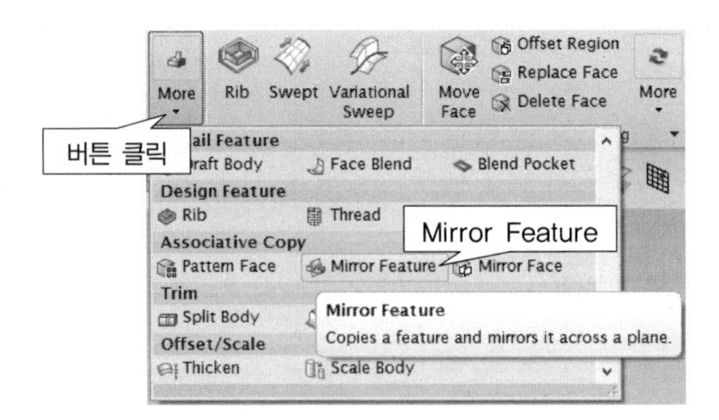

그림 4.66 Mirror Feature

Mirror Plane 항목을 선택하거나 마우스 휠 버튼을 클릭하면 대칭 평면을 선택할 수 있는 상태가 된다. Main Graphic Window 한 가운데 형상에 있는 YZ 평면을 마우스로 선택한 후 확인(OK)을 클릭하면 대칭 복사가 완료된다.

그림 4.67 Mirror Feature : 평면 선택

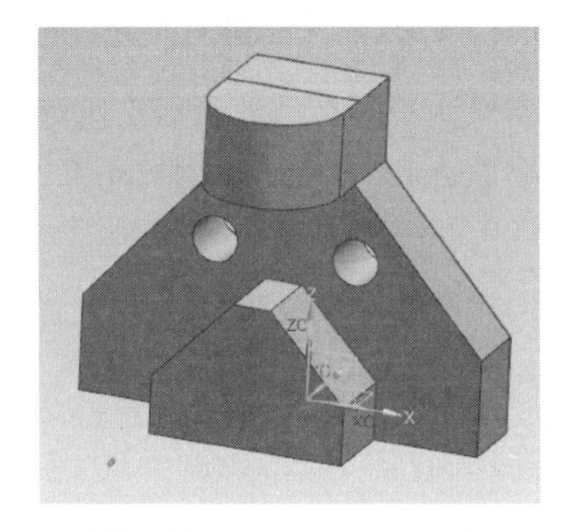

그림 4.68 Mirror Feature 완료

⑩ Hole 아이콘을 클릭한 후 그림 4.69와 같이 Type 설정에서 Threaded Hole을 선택하고 Direction은 Default 값 그대로 둔다. Form and Dimensions 설정에서 Size는 M12 × 1.75와 Depth Type은 Full을 선택한다. 기본 설정 값인 Right Handed(오른나사)가 선택되어 있는지 확인한다. Dimensions 설정에서는 Depth Limit는 Value, Depth는 “25”, Tip Angle은 “118”로 설정한다.

Depth 설정 값을 Through Body로 설정하지 않고 “25”로 설정한 이유는 아래쪽 형상에 충돌이 생기므로 관통할 수 있는 임의의 값으로 설정한 것이다.

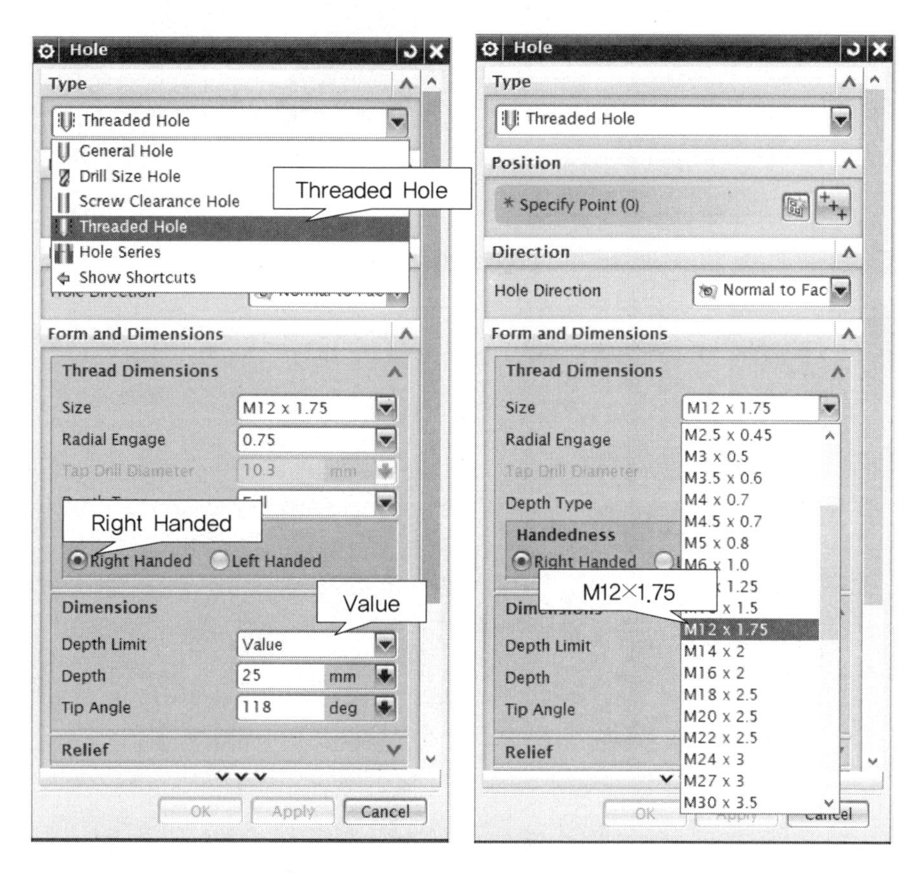

그림 4.69 Hole 설정 : Threaded Hole

Hole 배치 평면은 그림 4.70과 같이 윗면의 모서리에 마우스 포인터를 가져가면 동심원의 중심점이 활성화될 때 선택한다.

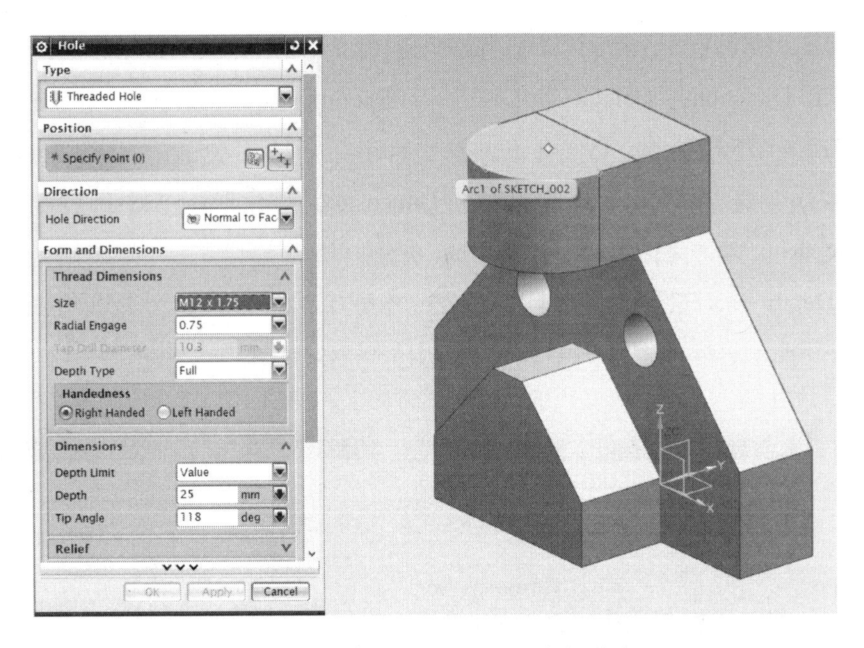

그림 4.70 Hole 중심점 배치

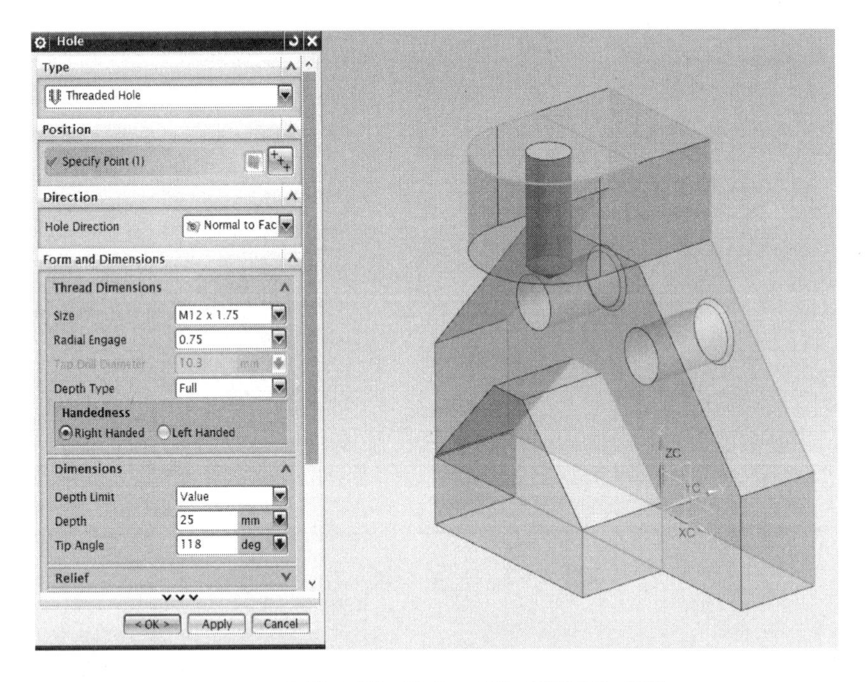

그림 4.71 Hole 설정 미리보기 상태

확인(OK)을 클릭하면 그림 4.72와 이 Threaded Hole이 완료된다. 완료된 형상을 보면 나사산이 깎여있는 모습은 보이지 않으며, 가공 시 나사 data만 제공한다.

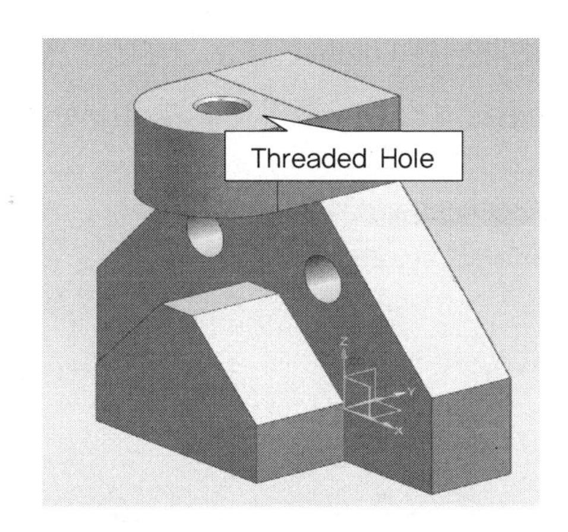

그림 4.72 Threaded Hole 완료

4.3 나사 구멍(Threaded Hole) : Design Feature 메뉴의 Thread 기능

앞에서 나사 구멍을 생성하였는데 구멍 배치 평면에 직접 Threaded Hole을 생성하는 기능이었다. 이번에는 Design Feature 메뉴의 Thread 기능으로 생성하는 방법을 알아보자.

❶ 왼쪽의 Part Navigator에서 Threaded Hole 형상을 선택한 후 마우스 오른쪽 버튼을 클릭하면 그림 4.73과 같이 메뉴가 나타난다. 여기에서 중간 부분에 있는 Delete 항목을 선택하여 삭제하거나 묶음 메뉴 항목 중 삭제(✕) 아이콘을 선택하여 삭제한다.

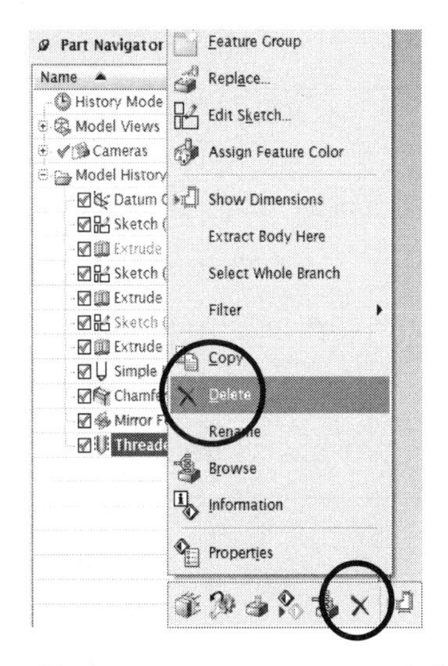

그림 4.73 Threaded Hole 삭제

❷ Hole 아이콘을 클릭한 후 Position 설정 상태에서 윗면의 모서리에 마우스 포인터를 가져가면 동심원의 중심점이 활성화될 때 선택한다.

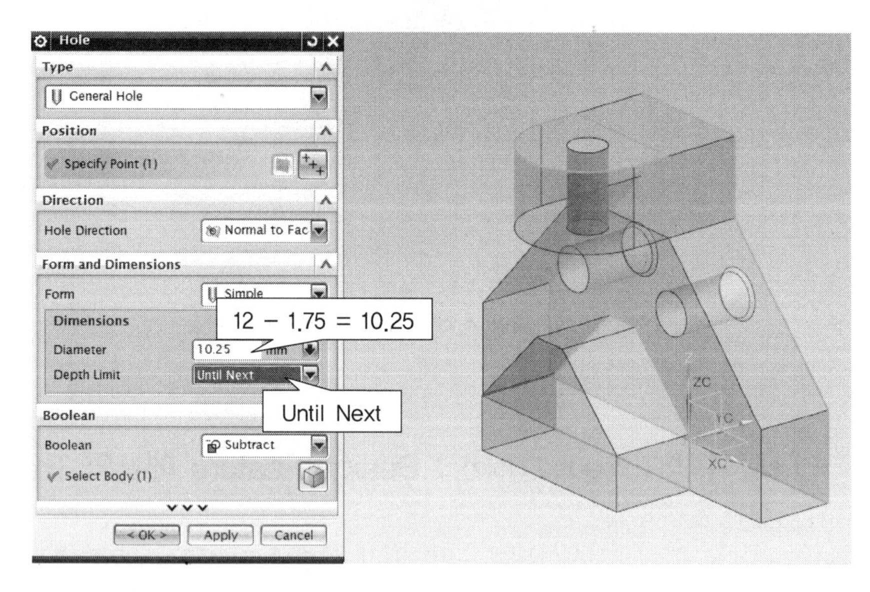

그림 4.74 Simple Hole 배치

나사 구멍을 생성하기 위해서는 먼저 Drilling 작업으로 직선 구멍을 뚫은 후 Tap 공구를 이용하여 나사 구멍을 만들어준다. Drilling 구멍의 직경은 임의의 값으로 설정하는 것이 아니라 다음의 계산법을 이용하여 설정한다.

M12 × 1.75의 경우 드릴링 직경 = 호칭경 − 피치 = 12mm − 1.75mm = 10.25mm

그림 4.74와 같이 Diameter 설정 값에 “10.25”를 입력하고, Depth Limit 설정은 “Until Next”로 설정한다. Until Next 설정은 3차원 형상에서 구멍이 생성될 때 빈 공간을 만나는 깊이 값까지를 의미한다.

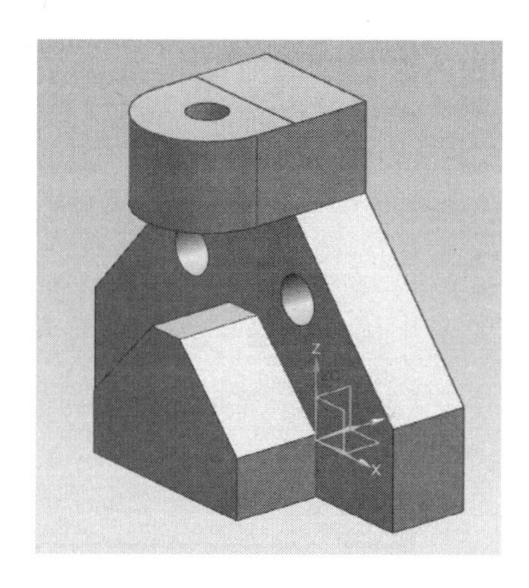

그림 4.75 Simple Hole 배치 완료

❸ 그림 4.76과 같이 Thread 버튼을 클릭하면 그림 4.77과 같이 Thread 설정 창이 활성화된다.

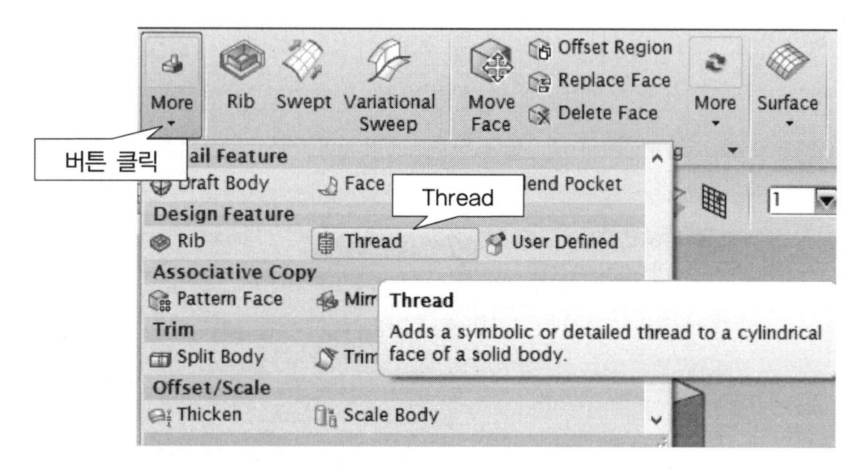

그림 4.76 Thread : Design Feature

그림 4.77과 같이 Thread 설정 창에서 Detailed 항목을 선택한다. Symbolic 항목은 형상에 직접 나사를 깎아서 표현하는 것이 아니라 나사 가공 data만 제공하도록 하는 것이다. Detailed 항목은 나사가 깎여나간 형상을 표현해준다.

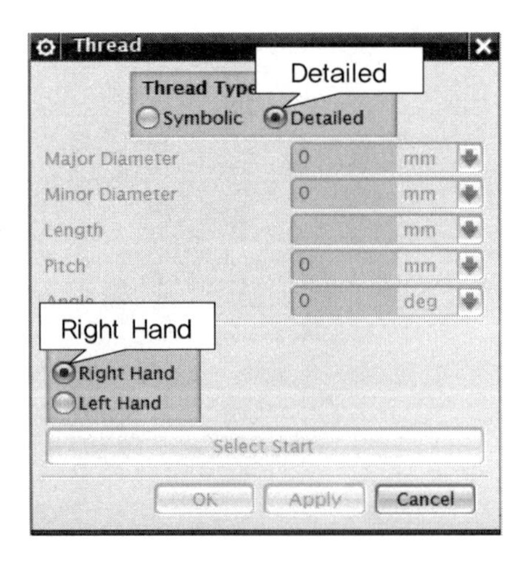

그림 4.77 Thread 설정

그림 4.78과 같이 직선 구멍이 배치되어 있는 형상의 안쪽 둥근 면을 선택하면 설정 값을 입력할 수 있도록 창이 활성화된다. Major Diameter 설정 값은 드릴링 직경에 맞는 호칭경(12mm) 값이 자동으로 설정된다. Length 설정 값은 형상의 두께인 "22"로 되어 있는데, 기본 값으로 설정을 하면 나사 깊이 마지막 부분에 불완전 나사부가 생기기 때문에 그림 4.79와 같이 "22"보다 큰 값인 "25"로 설정을 바꾸어 준다. 확인(OK)을 클릭하면 그림 4.80과 같이 Thread 형상이 완료된다.

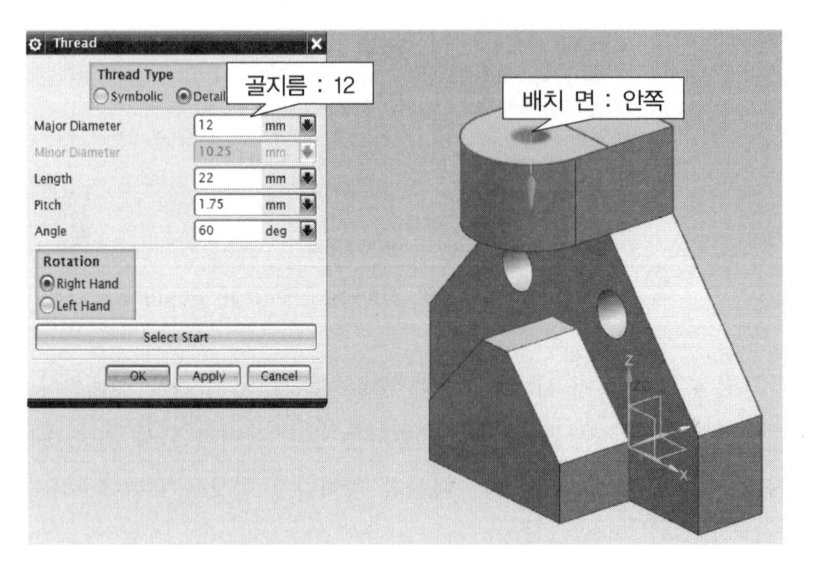

그림 4.78 Thread 설정 값 입력

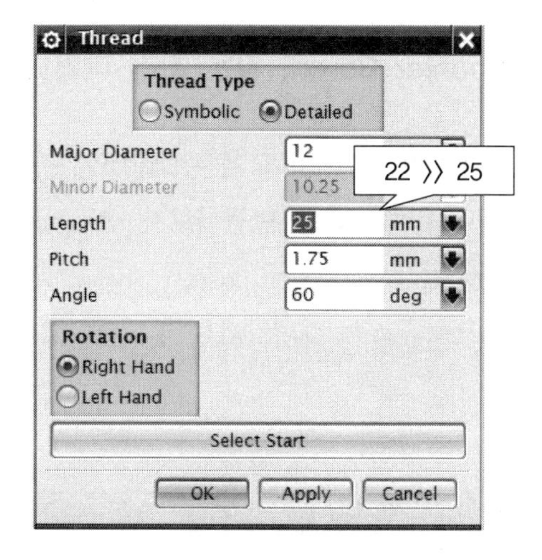

그림 4.79 Thread 설정 : Length 설정 값 변경

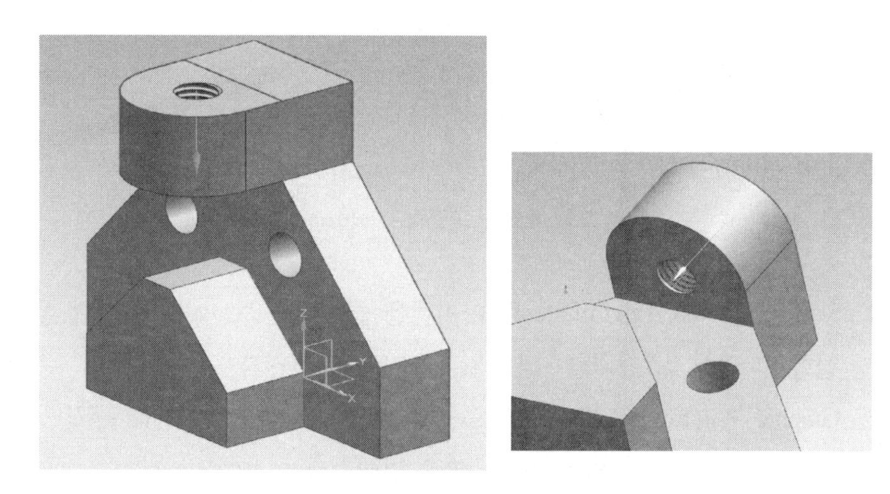

그림 4.80 Thread 설정 완료

❹ 그림 4.81과 같이 저장 아이콘을 클릭하여 파일을 저장한다.

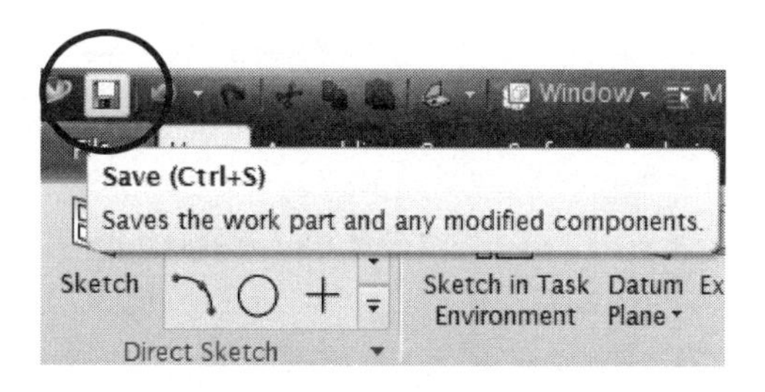

그림 4.81 파일 저장

4.4 카운터 보어(Counter Bored, 깊은 자리 파기)

카운터 보어 설정에 대하여 알아보자. 이 모델은 Clamp에 사용될 구성 부품 중 하나인 받침대(본체)에 해당하는 "support_1.prt"를 만들어보자. Assembly(조립) 기능을 다룰 때 필요한 Part이므로 작업이 완료되면 파일을 저장한다. "New 아이콘( )"을 클릭하면 나타나는 설정 창에서 Model을 선택하고 작업파일을 저장할 폴더와 이름을 지정하고 확인(OK)한다.

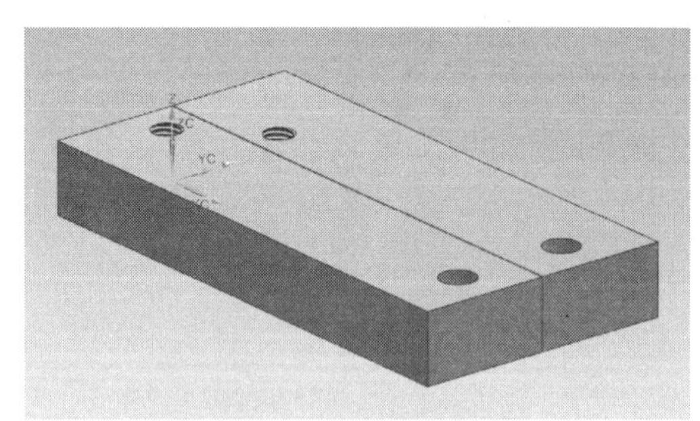
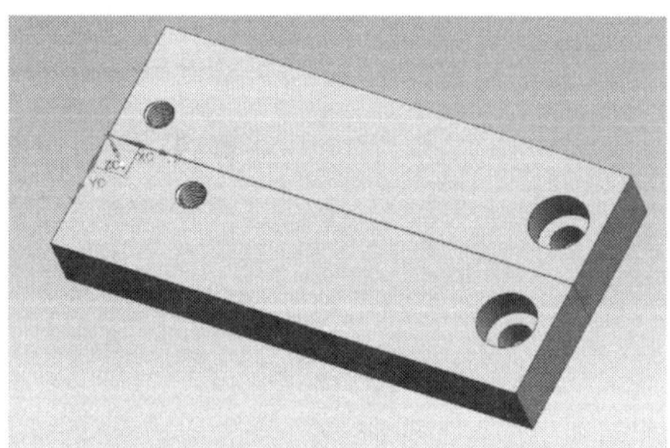

그림 4.82 모델링 : support_1.prt

❶ "Sketch in Task Environment" 아이콘을 클릭하면 "Create Sketch" 설정 창이 활성화 되면서 스케치할 평면을 설정하는 상태가 된다. 화면 중심의 Main Graphic Window에서 XZ 평면을 마우스로 선택한 후 확인(OK) 버튼을 클릭하면 스케치 할 수 있는 2D 상태로 넘어간다.

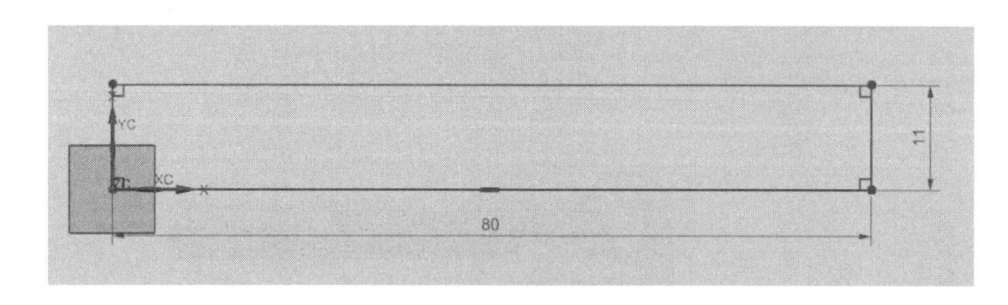

그림 4.83 스케치 단면

❷ 그림 4.83과 같이 스케치하기 위하여 먼저 "Rectangle" 아이콘을 클릭하여 원점에 정렬되어 있는 사각형을 스케치한다. 치수 설정 아이콘을 클릭하여 설계 치수를 부

여한다.

스케치가 완료되면 Finish(🏁) 아이콘을 클릭하여 Modeling 환경으로 돌아간다.

왼쪽 화면의 Part Navigator 창에서 스케치 항목을 선택한 후 Extrude(돌출) 아이콘을 선택하면 그림 4.84와 같이 Extrude 설정창이 활성화된다.

Symmetric Value(대칭 값) 항목을 선택한 후 Distance 입력 값으로 "20"를 입력한다. 맨 처음 생성한 형상이기 때문에 Boolean 설정 값은 Default 값인 "Inferred" 그대로 둔 후 확인(OK)을 클릭한다. Extrude 완료된 형상은 그림 4.85와 같다.

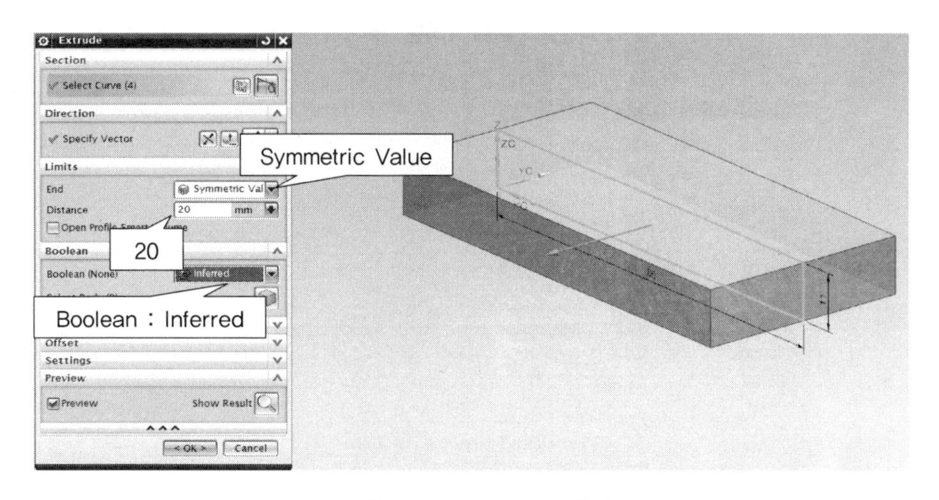

그림 4.84 Extrude 설정

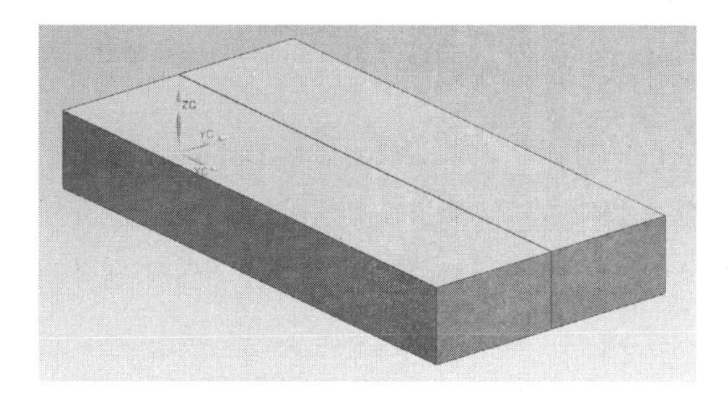

그림 4.85 Extrude 완료

❸ Hole 아이콘을 클릭한 후 Position 설정 상태에서 돌출 형상의 윗면을 선택한다. 그림 4.86과 같이 중심점의 치수를 설정한다.

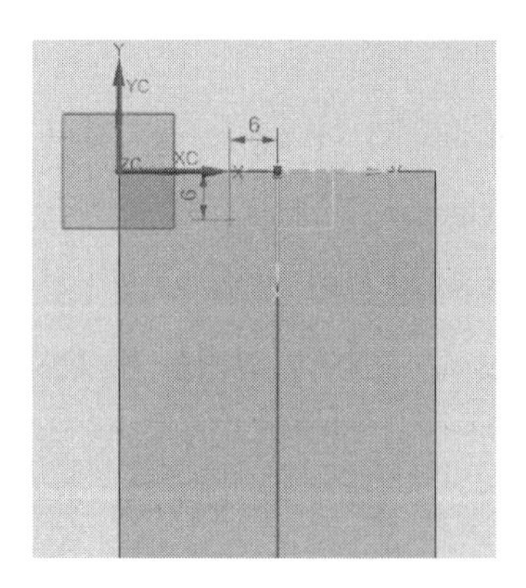

그림 4.86 중심점 치수

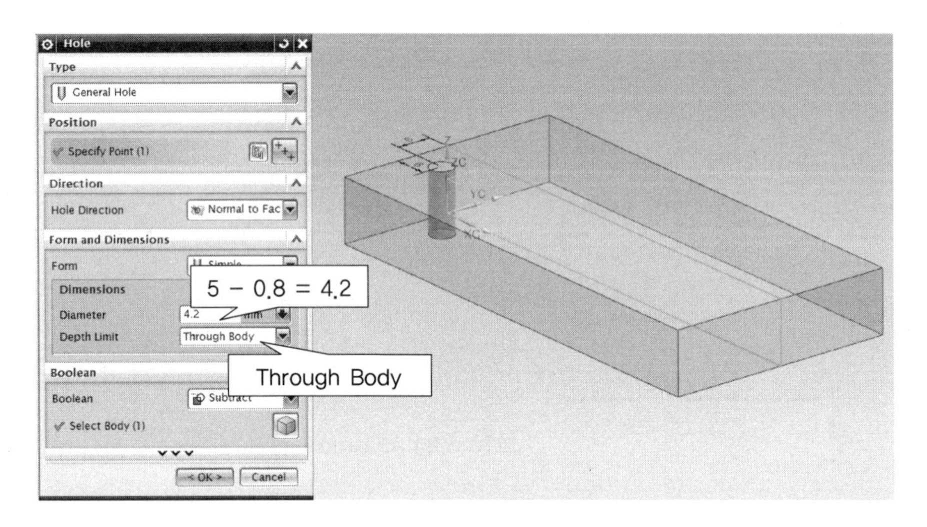

그림 4.87 Simple Hole 배치

나사 구멍을 생성하기 위해서는 먼저 Drilling 작업으로 직선 구멍을 뚫은 후 Tap 공구를 이용하여 나사 구멍을 만들어준다. Drilling 구멍의 직경은 임의의 값으로 설정하는 것이 아니라 다음의 계산법을 이용하여 설정한다.

> M5 × 0.8의 경우
> 드릴링 직경 = 호칭경 − 피치 = 5mm − 0.8mm = 4.2mm

그림 4.87과 같이 Diameter 설정 값에 "4.2"를 입력하고, Depth Limit 설정은 "Through Body"로 설정한 후 확인(OK)을 클릭한다. 단순 구멍 완료된 형상은 그림 4.88과 같다.

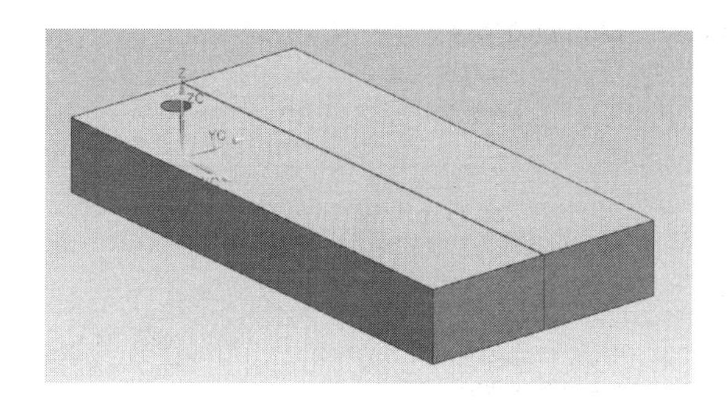

그림 4.88 Simple Hole 배치 완료

❹ 그림 4.89와 같이 Thread 버튼을 클릭하면 Thread 설정 창이 활성화된다. Detailed, Right Hand 항목을 선택한 후 Simple Hole 형상의 안쪽 면을 선택한다.

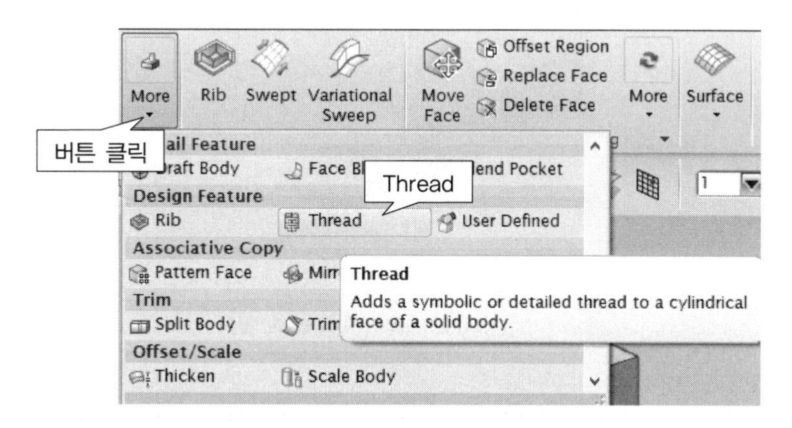

그림 4.89 Thread : Design Feature

그림 4.90과 같이 직선 구멍이 배치되어 있는 형상의 안쪽 둥근 면을 선택하면 설정 값을 입력할 수 있도록 창이 활성화된다. Major Diameter 설정 값은 드릴링 직경에 맞는 호칭경(5mm) 값이 자동으로 설정된다. Length 설정 값은 형상의 두께인 “11”로 되어 있는데, 기본 값으로 설정을 하면 나사 깊이 마지막 부분에 불완전 나사부가 생기기 때문에 “11”보다 큰 값인 “14”로 설정을 바꾸어 준다. 확인(OK)을 클릭하면 그림 4.91과 같이 Thread 형상이 완료된다.

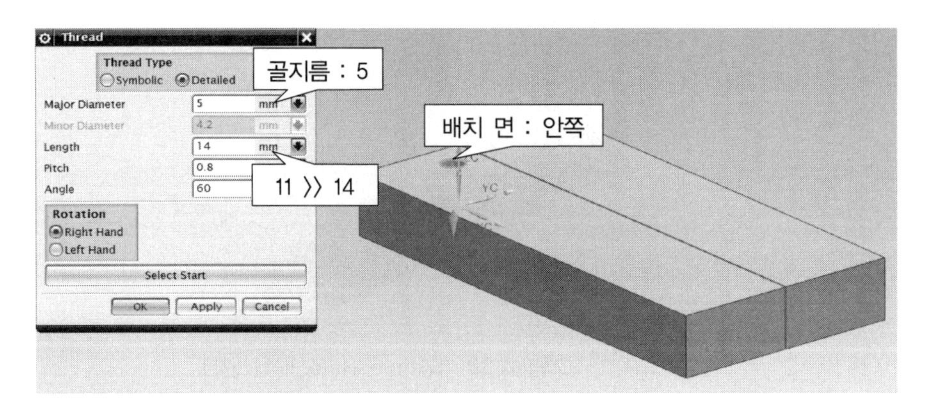

그림 4.90 Thread 설정 값 입력

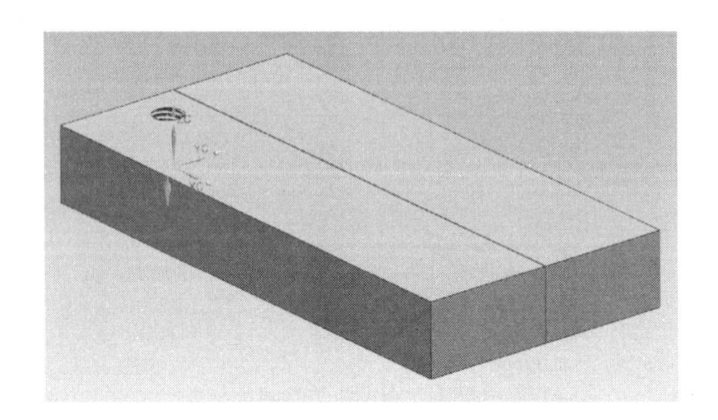

그림 4.91 Thread 설정 완료

⑤ 같은 방법으로 Hole 아이콘을 클릭한 후 Position 설정 상태에서 돌출 형상의 윗면을 선택한다. 그림 4.92와 같이 중심점의 치수를 설정한다.

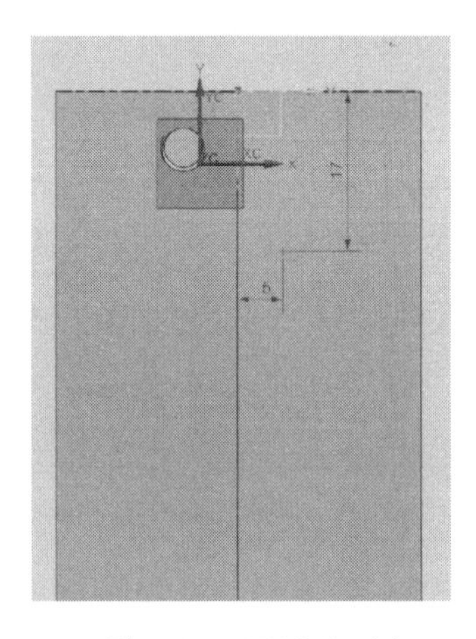

그림 4.92 중심점 치수

Diameter 설정 값에 "4.2"를 입력하고, Depth Limit 설정은 "Through Body"로 설정한 후 확인(OK)을 클릭한다. 단순 구멍 완료된 형상은 그림 4.93과 같다.

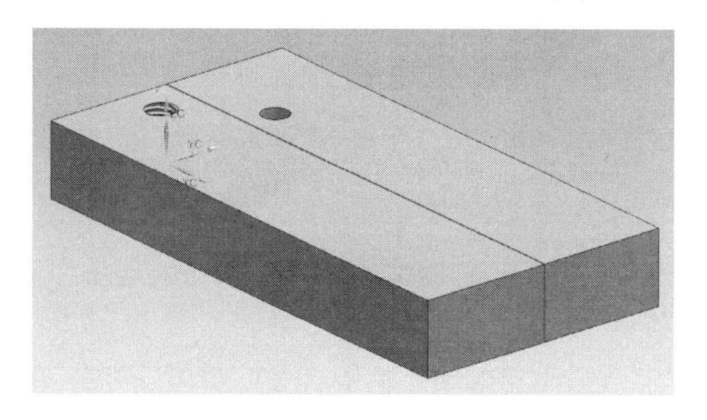

그림 4.93 Simple Hole 배치 완료

❻ Thread 버튼을 클릭하면 Thread 설정 창이 활성화된다. Detailed, Right Hand 항목을 선택한 후 Simple Hole 형상의 안쪽 면을 선택한다.

그림 4.94와 같이 직선 구멍이 배치되어 있는 형상의 안쪽 둥근 면을 선택하면 설정 값을 입력할 수 있도록 창이 활성화된다. Major Diameter 설정 값은 드릴링 직경에 맞는 호칭경(5mm) 값이 자동으로 설정된다. Length 설정 값은 형상의 두께인 "11"로 되어 있는데, 기본 값으로 설정을 하면 나사 깊이 마지막 부분에 불완전 나사부가 생기기 때문에 "11"보다 큰 값인 "14"로 설정을 바꾸어 준다. 확인(OK)을 클릭하면 그림 4.95와 같이 Thread 형상이 완료된다.

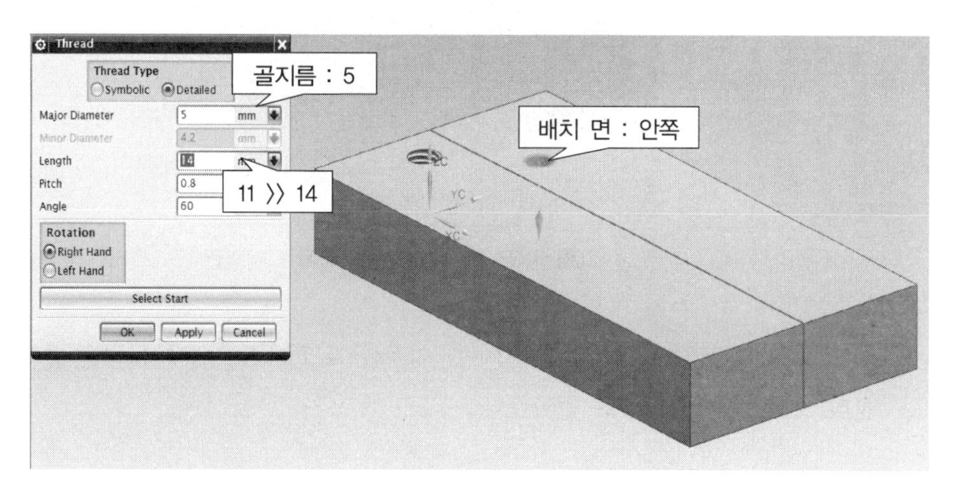

그림 4.94 Thread 설정 값 입력

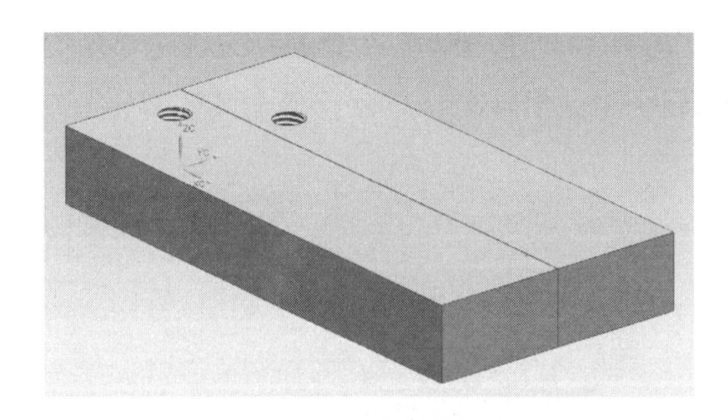

그림 4.95 Thread 설정 완료

❼ 카운터 보어 구멍을 생성하여 보자. 카운터 보어 구멍은 배치되는 면이 중요하다. 이 모델 형상의 경우에는 바닥면에 구멍을 배치하여야 카운터 보어 구멍 형상을 제대로 설정할 수 있다.

마우스 가운데 "휠" 버튼을 누른 채로 움직이면 모델 형상을 원하는 방향으로 돌려가면서 확인할 수 있다. Hole 아이콘을 클릭한 후 바닥면에 구멍 형상을 바닥면에 배치할 것이므로, 화면을 돌려서 바닥면이 보이면 선택하여 중심점 배치 상태로 넘어간다.

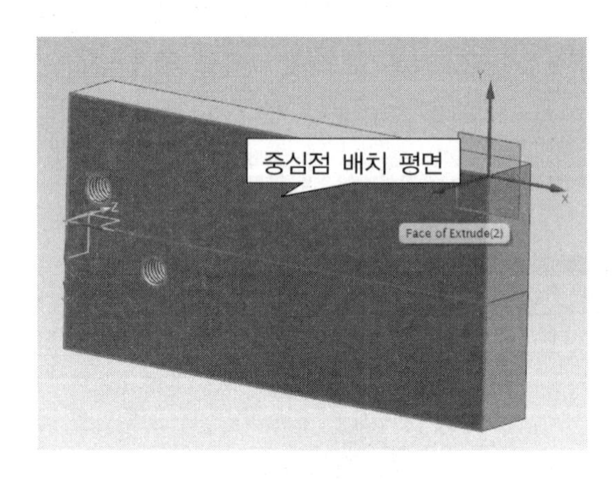

그림 4.96 카운터 보어 배치 : 바닥면

그림 4.97과 같이 중심점의 치수를 설정한 후 Finish(🏁) 아이콘을 클릭하여 카운터 보어 설정 환경으로 돌아간다.

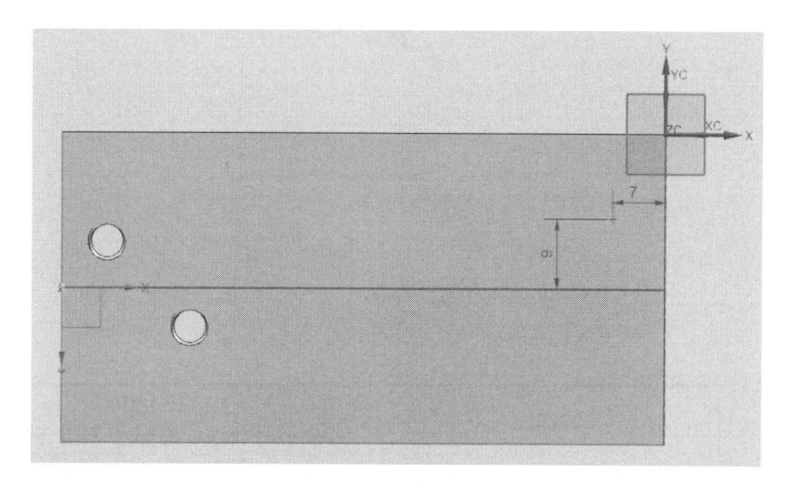

그림 4.97 중심점 치수

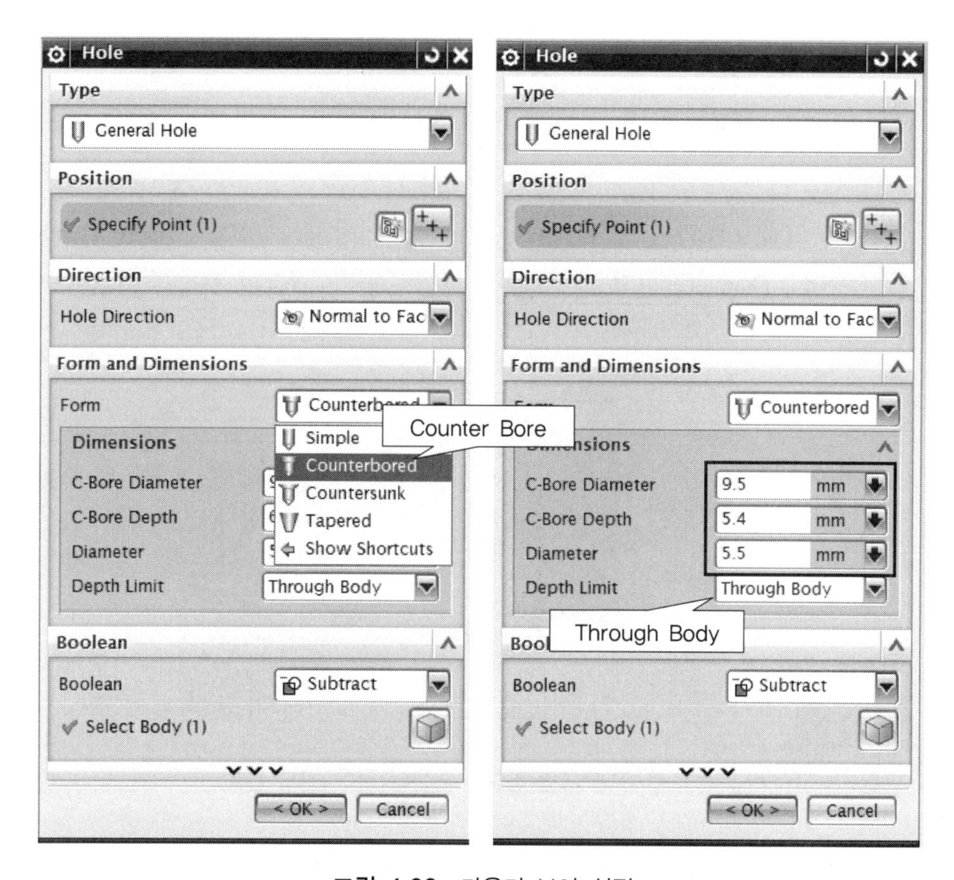

그림 4.98 카운터 보어 설정

[볼트 구멍 및 카운터 보어 지름]

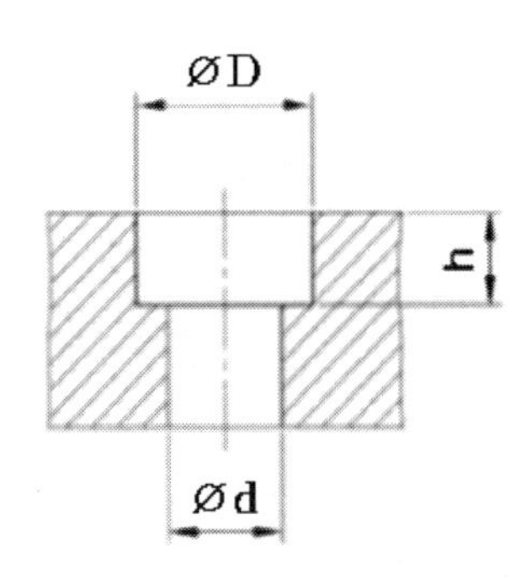

호칭		카운터 보어 (Counter Bore : 깊은 자리 파기)	
나사	Drill(d)	Endmill(D)	깊이(h)
M3	3.4	6.5	3.3
M4	4.5	8.0	4.4
M5	5.5	9.5	5.4
M6	6.6	11.0	6.5

그림 4.98과 같이 C-Bore Diameter 설정 값 "9.5", C-Bore Depth 설정 값 "5.4", Diameter 설정 값 "5.5"로 설정을 한다. 완료된 형상은 그림 4.99와 같다.

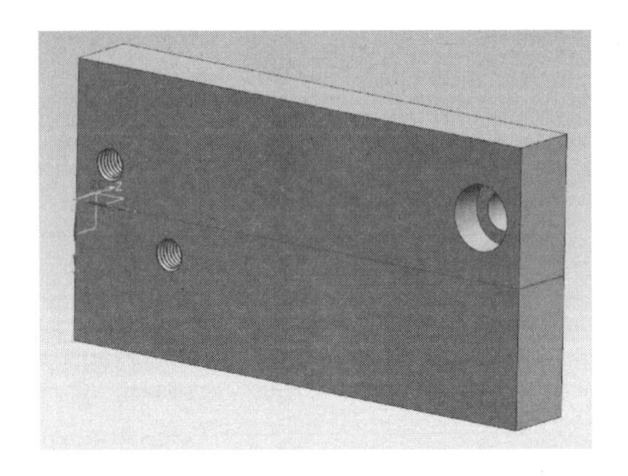

그림 4.99 카운터 보어 배치 완료

❽ 반대편 카운터 보어는 "Mirror Feature(대칭 복사)" 기능을 활용하여 작업한다. 왼쪽 화면의 Part Navigator 창에서 바로 앞에서 작업한 "Counterbored Hole" 형상을 선택한 후 "Mirror Feature" 아이콘을 클릭하면 설정창이 활성화된다.

Mirror Plane 항목을 선택하거나 마우스 "휠" 버튼을 클릭하면 대칭 평면을 선택할 수 있는 상태가 된다. Main Graphic Window 한 가운데 형상에 있는 XZ평면을 마우스로 선택한 후 확인(OK)을 클릭하면 대칭 복사가 완료된다.

모델링 작업이 완료 되었으므로 저장 아이콘을 클릭하여 파일을 저장한다.

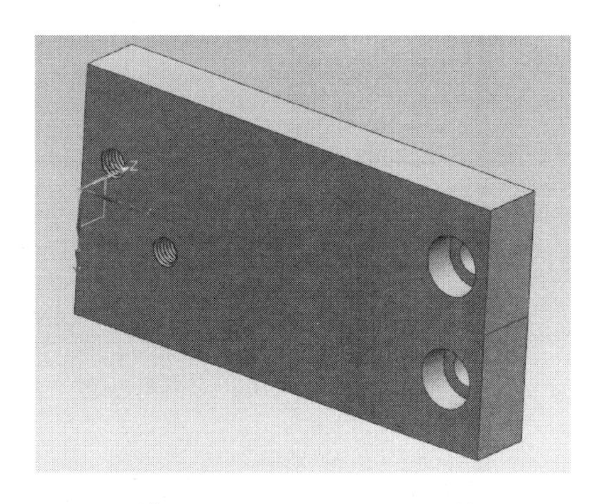

그림 4.100 Mirror Feature 완료

4.5 카운터 싱크(Counter Sink)

Drill Jig에 사용될 부품 중에서 나사축 부품인 "screw_shaft_3.prt"를 만들어보자. Assembly(조립) 기능을 다룰 때 필요한 Part이므로 작업이 완료되면 파일을 저장한다. "New 아이콘( )"을 클릭하면 나타나는 설정 창에서 Model을 선택하고 작업파일을 저장할 폴더와 이름을 지정하고 확인(OK)한다.

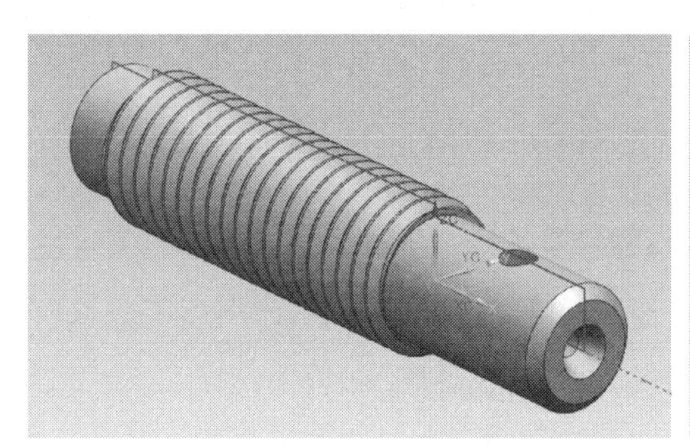

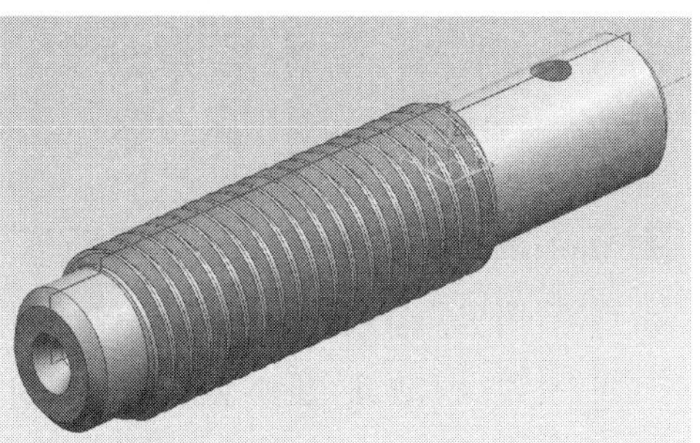

그림 4.101 모델링 : screw_shaft_3.prt

❶ "Sketch in Task Environment" 아이콘을 클릭하면 "Create Sketch" 설정 창이 활성화 되면서 스케치할 평면을 설정하는 상태가 된다. 화면 중심의 Main Graphic Window에서 XZ 평면을 마우스로 선택한 후 확인(OK) 버튼을 클릭하면 스케치 할 수 있는 2D 상태로 넘어간다.

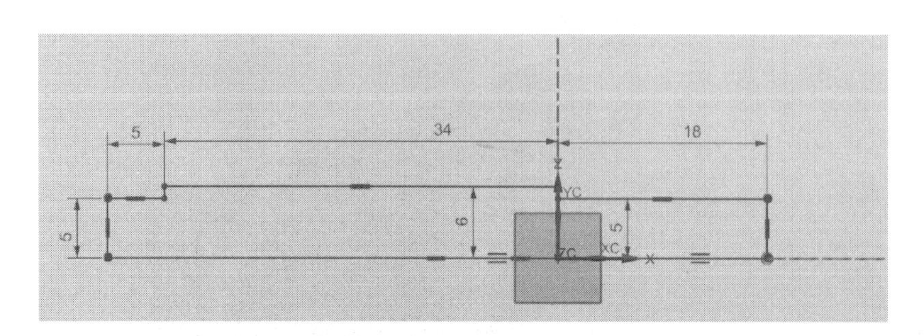

그림 4.102 스케치 단면

❷ Revolve 형상을 만들기 위하여 스케치할 때에는 항상 제일 먼저 회전축으로 사용될 중심선을 스케치한다. 그런 후에 Profile 아이콘을 이용하여 그림 4.102와 같이 스케치한 후 설계 치수를 부여한다.

치수 설정이 모두 끝나면 화면 아래쪽에 스케치 구속 상태를 알려주는 메시지를 확인한다. "Sketch needs 1 constraints"라는 메시지가 나타나는 것을 확인할 수 있다. 이 메시지의 의미는 치수가 1개 설정이 되어 있지 않음을 알려주는 것이다. 설계에 필요한 치수는 모두 설정하였는데도 1개가 모자란다는 것은 맨 처음 스케치한 중심선의 길이가 설정되어 있지 않아서이다. 중심선은 기하학적 형상에는 무관한 참조선(Reference Line)이므로 치수가 필요하지 않다. 만약 모든 치수가 설정되어 있으면 "Sketch is fully constrained"라고 메시지가 나타난다. 이 메시지를 통하여 미설정 치수의 개수를 알 수 있다.

스케치가 완료되면 Finish( ) 아이콘을 클릭하여 Modeling 환경으로 돌아간다.

❸ 왼쪽 화면의 Part Navigator 창에서 스케치 항목을 선택한 후 Extrude 아이콘 아래의 화살표를 클릭하면 Revolve 아이콘이 나타난다. Revolve 아이콘을 선택하면 그림 4.103과 같이 Revolve 설정창이 활성화된다.

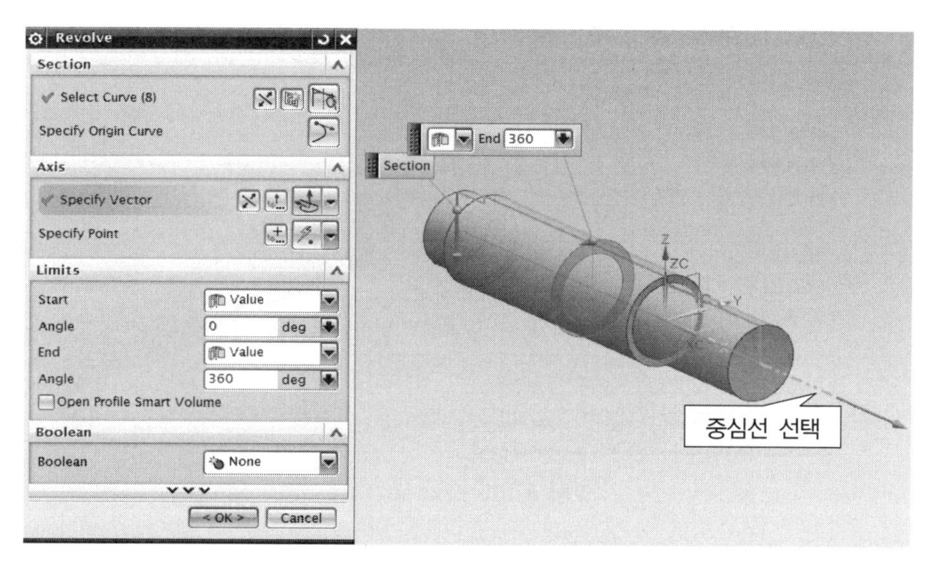

그림 4.103 Revolve 설정

설정 창이 활성화되면 Selection 항목에는 스케치된 커브가 선택되어 있는 것을 확인할 수 있다. 두 번째 Axis 항목으로 넘어가기 위하야 마우스 왼쪽 버튼으로 "Specify Vector" 부분을 선택하면 회전의 기준 축을 선택할 수 있는 상태가 된다. 이 때 화면 가운데에서 스케치한 중심선을 선택한다. 첫 번째 형상이므로 Boolean 설정은 Default 값인 None으로 두고 확인(OK)을 클릭하면 Revolve 형상이 완료된다.

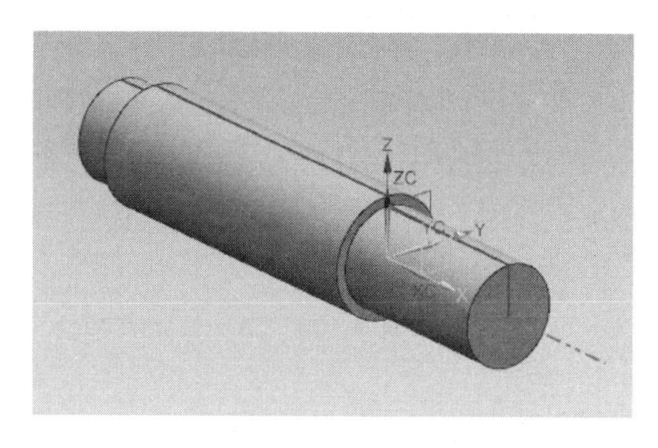

그림 4.104 Revolve 완료

❹ Thread 버튼을 클릭한 후 그림 4.105와 같이 원통 형상의 둥근 면을 선택하면 Thread 형상을 설정할 수 있다.

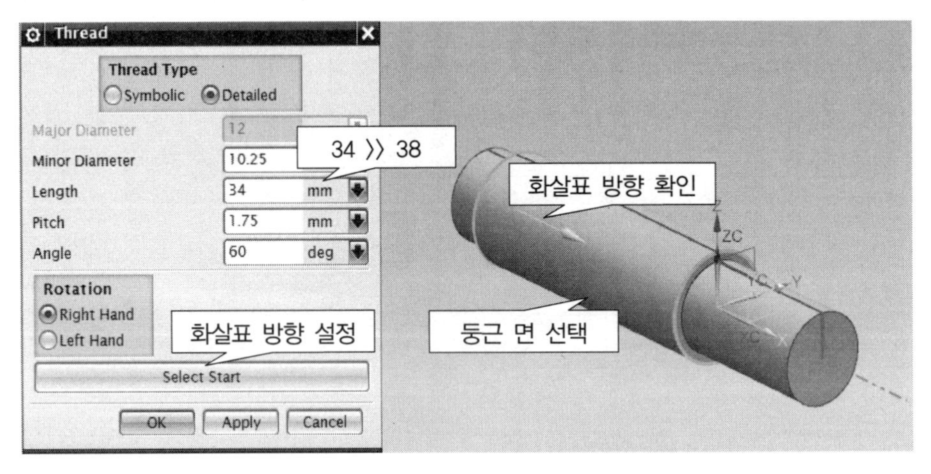

그림 4.105 Thread : Design Feature

구멍 형상이 아닌 둥근 기둥 형상의 바깥 면에 Thread 기능을 적용하면 수나사를 만들어준다. 화살표 방향 설정을 바꾸어주기 위하여 Select Start를 클릭하면 그림 4.106과 같이 왼쪽 아래쪽에 "Select start face" 메시지가 나타난다. 이 단계에서는 Thread를 시작할 면을 선택해주어야 한다. 그림 4.106에서와 같이 좁은 수직면을 선택해준다.

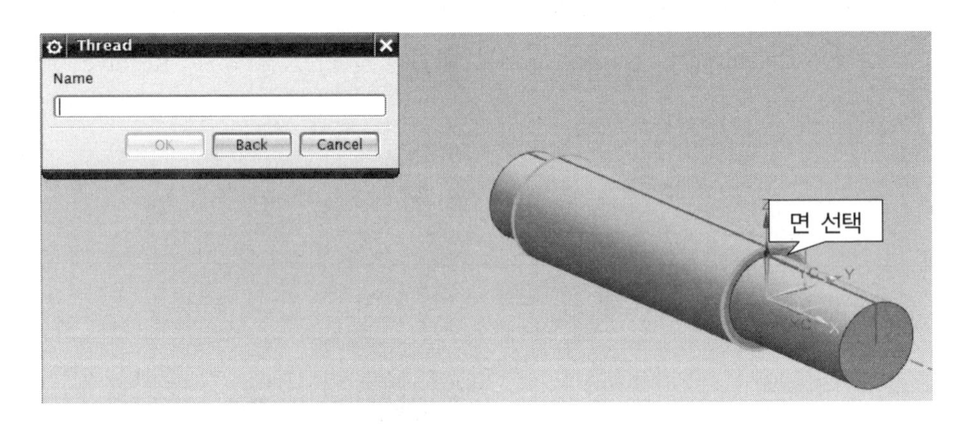

그림 4.106 Select start face

그림 4.107과 같이 Thread Axis 방향 설정 창에서 화살표 방향을 확인한다. 원하는 방향이 아닐 경우 Reverse Thread Axis 버튼을 클릭하여 방향을 전환해준다.

확인(OK)을 클릭하면 다시 그림 4.105의 설정 창으로 돌아간다. 설정 상태에서 Length 설정 값 "34"를 넉넉하게 "38"로 변경해준다. 마지막 부분의 불완전 나사부를 만들지 않기 위해서이다.

모든 설정이 끝나면 확인(OK)을 클릭하여 형상을 완료한다.

그림 4.107 방향 설정

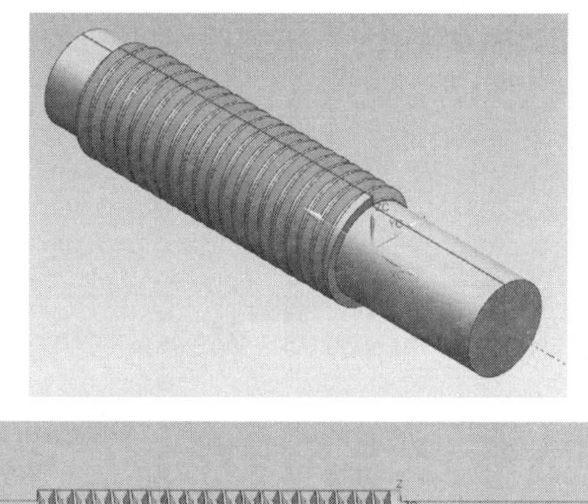

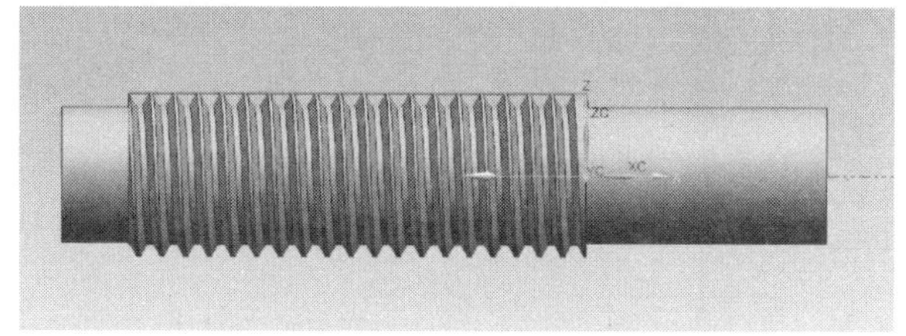

그림 4.108 Thread 형상 완료

⑤ "Sketch in Task Environment" 아이콘을 클릭하면 "Create Sketch" 설정 창이 활성화 되면서 스케치할 평면을 설정하는 상태가 된다. 화면 중심의 Main Graphic Window에서 XY 평면을 마우스로 선택한 후 확인(OK) 버튼을 클릭하면 스케치 할 수 있는 2D 상태로 넘어간다.

그림 4.109와 같이 Circle 아이콘을 이용하여 XC 축 상에 중심을 정렬시키고

지름 “3”으로 설계 치수를 부여한다.

스케치가 완료되면 Finish(🏁) 아이콘을 클릭하여 Modeling 환경으로 돌아간다.

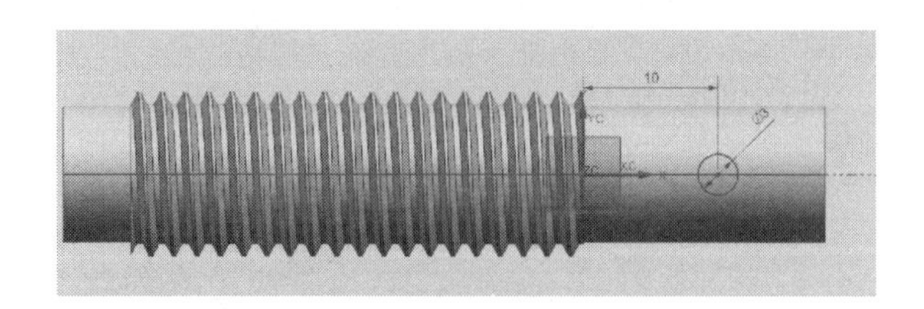

그림 4.109 스케치 단면

⑥ 왼쪽 화면의 Part Navigator 창에서 스케치 항목을 선택한 후 Extrude(돌출) 아이콘을 선택하면 그림 4.110과 같이 Extrude 설정창이 활성화된다.

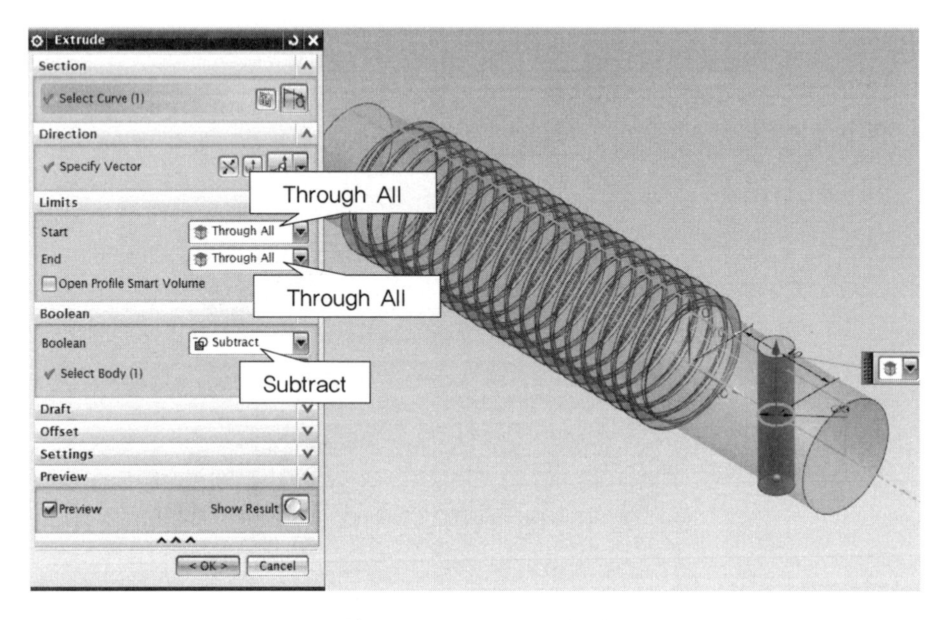

그림 4.110 Extrude 컷 설정

그림 4.110과 같이 Limits 항목 설정에서 Strat 설정 값 “Through All”, End 설정 값 “Through All”, Boolean 설정 “Subtract”로 설정한 후 확인(OK)을 클릭하면 그림 4.111과 같이 Extrude 컷 형상이 완료된다.

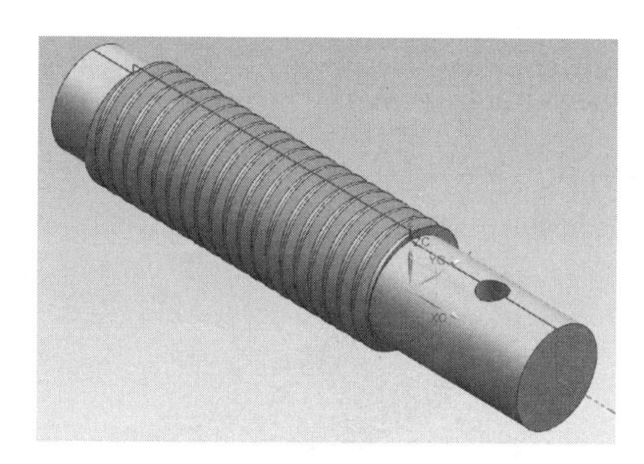

그림 4.111 Extrude 컷 완료

❼ 카운터 싱크 구멍을 생성하여 보자. 카운터 싱크 구멍은 “센터 구멍(Center Hole)”을 적용할 때 유용한 기능이다. KS B 0410에 의거하여 “60° A형 2”에 해당하는 카운터 싱크 구멍을 생성하여 보자.

[센터 구멍(Center Hole) KS B 0410]

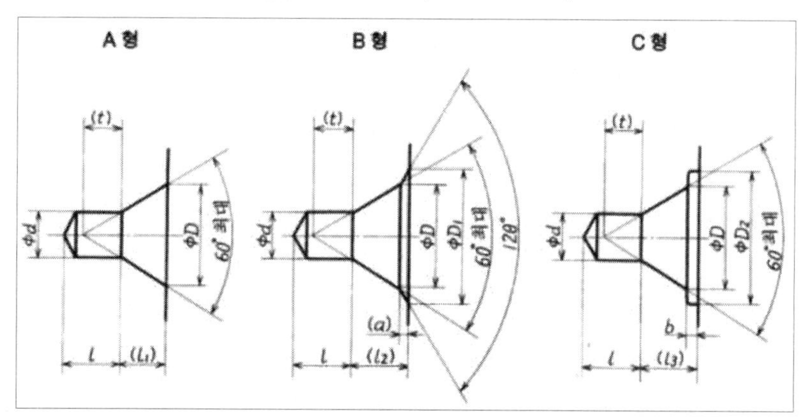

단위 : mm

호칭 지름 d	D	D_1	D_2 (최 소)	k[2] (최 대)	b (약)	참 고				
						l_1	l_2	l_3	t	a
(0.5)	1.06	1.6	1.6	1	0.2	0.48	0.64	0.68	0.5	0.16
(0.63)	1.32	2	2	1.2	0.3	0.6	0.8	0.9	0.6	0.2
(0.8)	1.7	2.5	2.5	1.5	0.3	0.78	1.01	1.08	0.7	0.23
1	2.12	3.15	3.15	1.9	0.4	0.97	1.27	1.37	0.9	0.3
(1.25)	2.65	4	4	2.2	0.6	1.21	1.6	1.81	1.1	0.39
1.6	3.35	5	5	2.8	0.6	1.52	1.99	2.12	1.4	0.47
2	4.25	6.3	6.3	3.3	0.8	1.95	2.54	2.75	1.8	0.59
2.5	5.3	8	8	4.1	0.9	2.42	3.2	3.32	2.2	0.78
3.15	6.7	10	10	4.9	1	3.07	4.03	4.07	2.8	0.96
4	8.5	12.5	12.5	6.2	1.3	3.9	5.05	5.2	3.5	1.15
(5)	10.6	16	16	7.5	1.6	4.85	6.41	6.45	4.4	1.56
6.3	13.2	18	18	9.2	1.8	5.98	7.36	7.78	5.5	1.38
(8)	17	22.4	22.4	11.5	2	7.79	9.35	9.79	7	1.56
10	21.2	28	28	14.2	2.2	9.7	11.66	11.9	8.7	1.96

Hole 아이콘을 클릭한 후 카운터 싱크의 배치면으로 그림 4.112와 같이 원통 형상의 테두리에 마우스 포인터를 가져간 후 중심점이 활성화되면 선택한다.

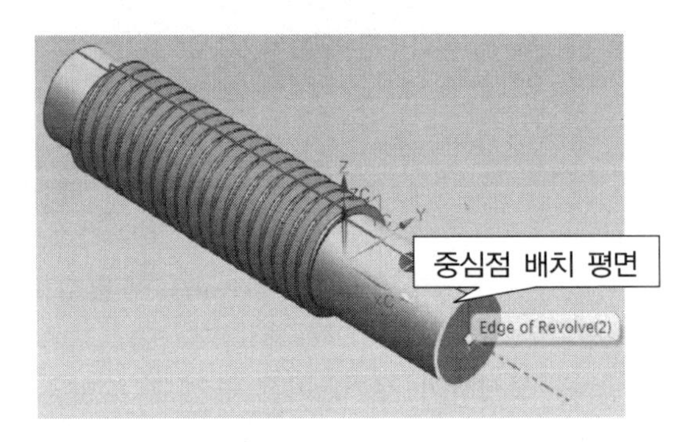

그림 4.112 카운터 싱크 배치

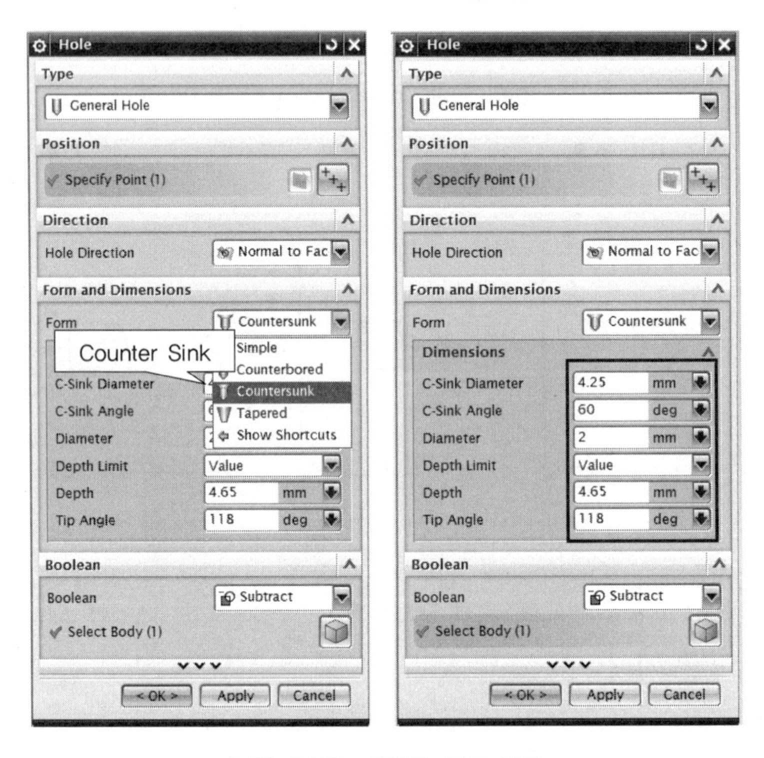

그림 4.113 카운터 싱크 설정

카운터 싱크 (Counter Sink)	
항목	**설정 값**
C-Sink Diameter	4.25
C-Sink Angle	60
Diameter	2
Depth Limit	value
Limit	4.65
Tip Angle	118

그림 4.113과 같이 설정한 후 확인(OK)을 클릭하면 카운터 싱크 설정이 완료된다.

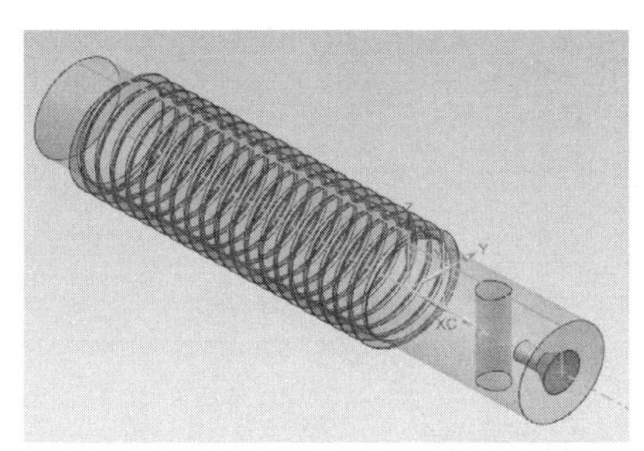
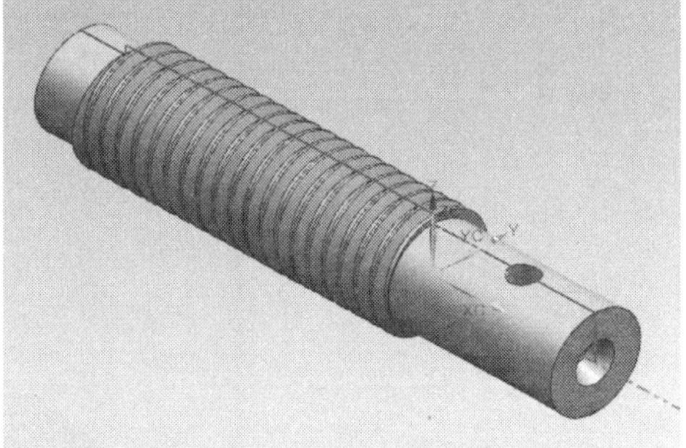

그림 4.114 카운터 싱크 설정 완료

❽ 반대편에도 카운터 싱크 구멍을 추가한다. Hole 아이콘을 클릭하면 마지막 설정 값들이 그대로 남아 있기 때문에 중심점만 배치하면 설정이 완료된다.

그림 4.115와 같이 중심점을 배치하고 확인(OK)을 클릭하여 형상을 완료한다. 작업을 저장한다.

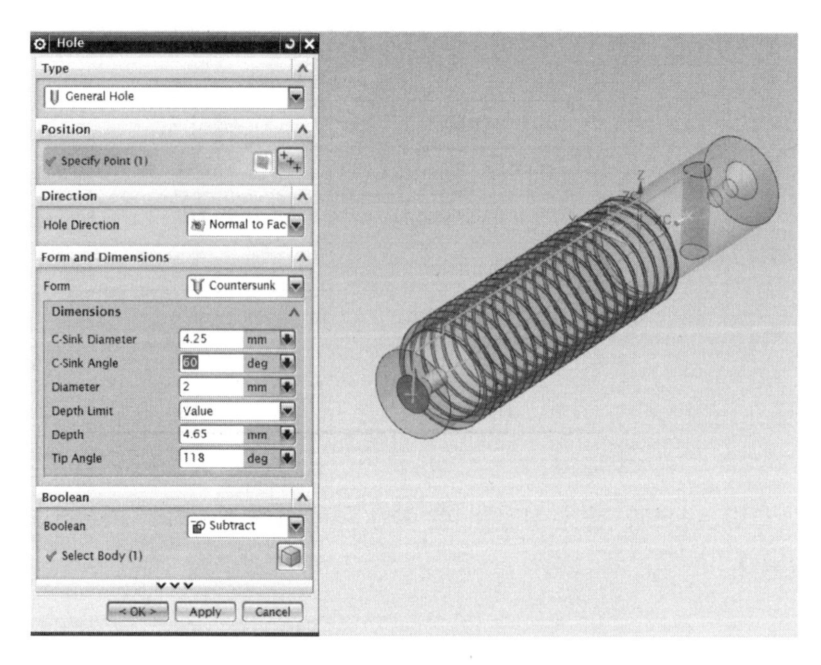

그림 4.115 카운터 싱크 설정

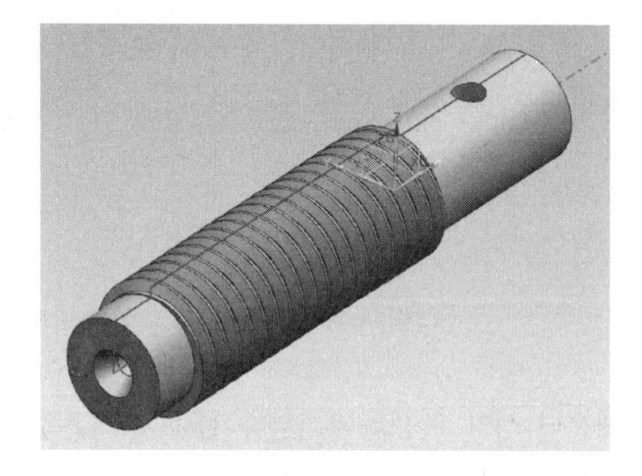

그림 4.116 카운터 싱크 설정 완료

참고예제 4.1

고정 조(fixed jaw) 만들기

Clamp에 사용될 구성 부품 중 하나인 고정 조에 해당하는 "fixed_jaw_2.prt"를 만들어 보자. Assembly(조립) 기능을 다룰 때 필요한 Part이므로 작업이 완료되면 파일을 저장한다. "New 아이콘( )"을 클릭하면 나타나는 설정 창에서 Model을 선택하고 작업파일을 저장할 폴더와 이름을 지정하고 확인(OK)한다.

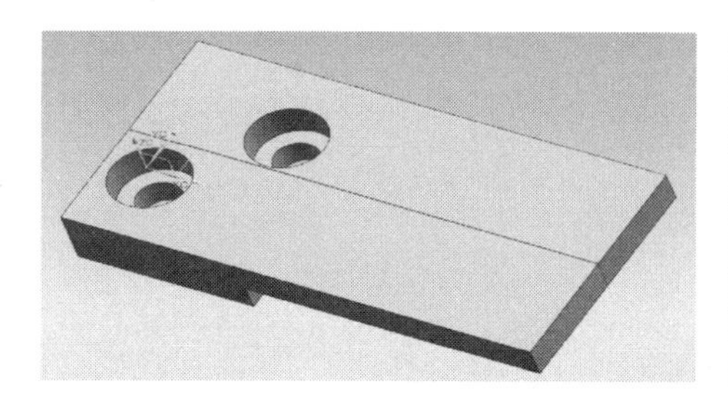
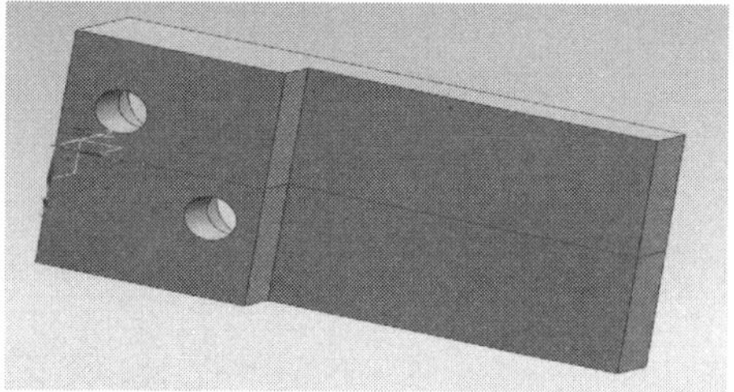

그림 4.117 모델링 : fixed_jaw_2.prt

❶ "Sketch in Task Environment" 아이콘을 클릭하면 "Create Sketch" 설정 창이 활성화 되면서 스케치할 평면을 설정하는 상태가 된다. 화면 중심의 Main Graphic Window에서 XZ 평면을 마우스로 선택한 후 확인(OK) 버튼을 클릭하면 스케치 할 수 있는 2D 상태로 넘어간다.

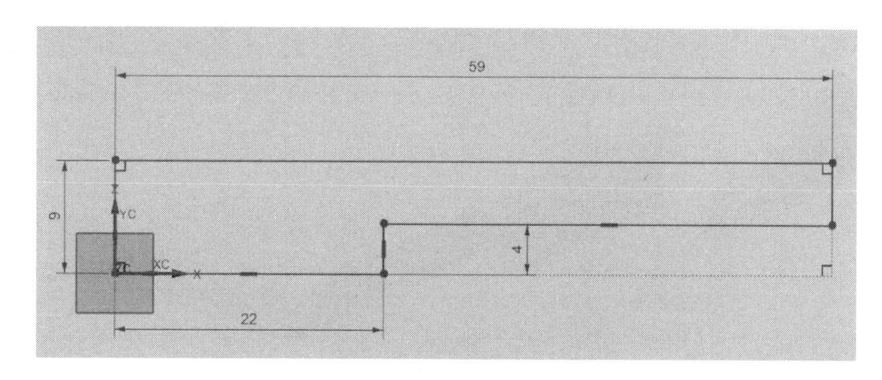

그림 4.118 스케치 단면

❷ 그림 4.118과 같이 스케치하기 위하여 먼저 "Rectangle" 아이콘을 클릭하여 원점에

정렬되어 있는 사각형을 스케치한다. 사각형 하나를 겹쳐 스케치한 후 Quick Trim 아이콘을 이용하여 스케치를 마무리한다. 치수 설정 아이콘을 클릭하여 설계 치수를 부여한다.

스케치가 완료되면 Finish() 아이콘을 클릭하여 Modeling 환경으로 돌아간다.

왼쪽 화면의 Part Navigator 창에서 스케치 항목을 선택한 후 Extrude(돌출) 아이콘을 선택하면 그림 4.119와 같이 Extrude 설정창이 활성화된다.

Symmetric Value(대칭 값) 항목을 선택한 후 Distance 입력 값으로 "15"를 입력한다. 맨 처음 생성한 형상이기 때문에 Boolean 설정 값은 Default 값인 "Inferred" 그대로 둔 후 확인(OK)을 클릭한다. Extrude 완료된 형상은 그림 4.120과 같다.

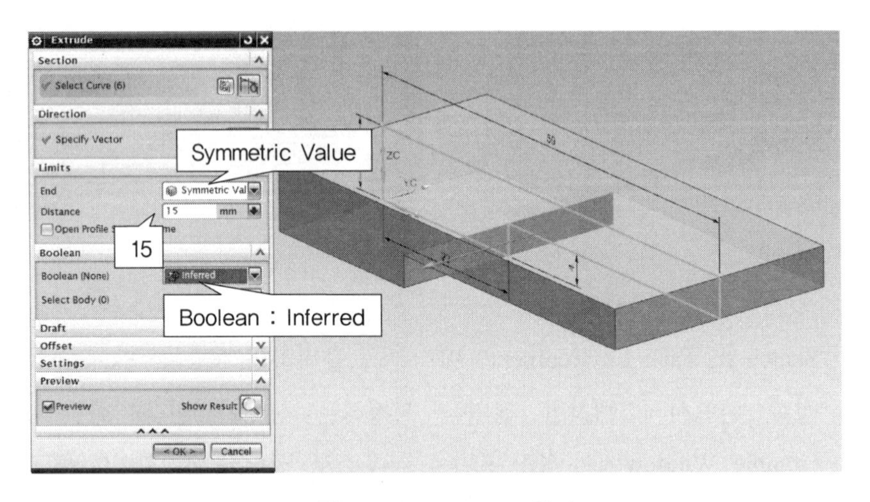

그림 4.119 Extrude 설정

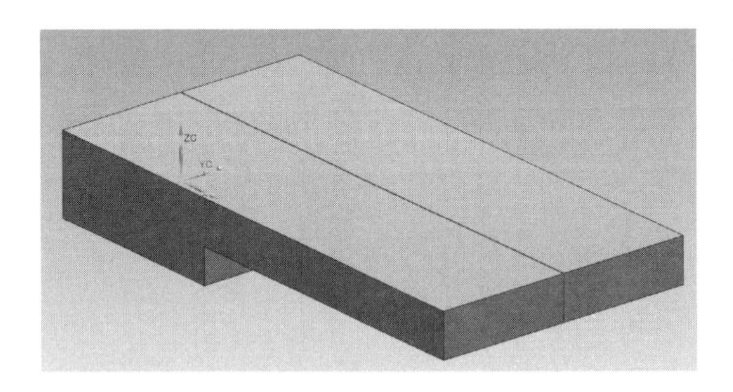

그림 4.120 Extrude 완료

❸ 카운터 보어 구멍을 생성하여 보자. 카운터 보어 구멍은 배치되는 면이 중요하

다. Hole 아이콘을 클릭한 후 Position 설정 상태에서 돌출 형상의 윗면을 선택한다. 그림 4.121과 같이 중심점의 치수를 설정한다.

Finish(🏁) 아이콘을 클릭하여 카운터 보어 설정 환경으로 돌아간다.

그림 4.122와 같이 C-Bore Diameter 설정 값 “9.5”, C-Bore Depth 설정 값 “5.4”, Diameter 설정 값 “5.5”로 설정을 한다. 완료된 형상은 그림 4.123과 같다.

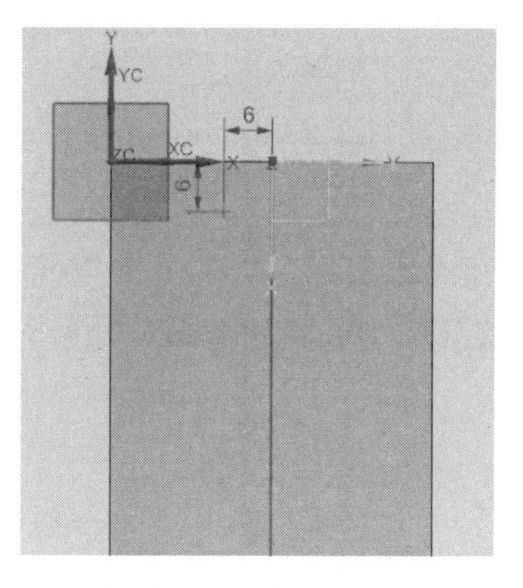

그림 4.121 중심점 치수

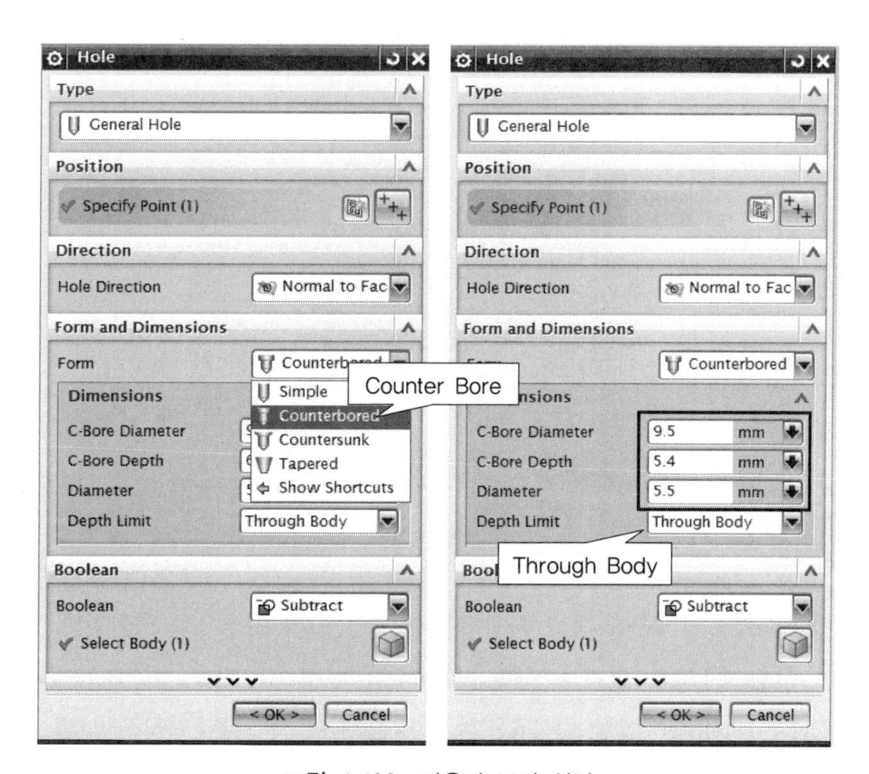

그림 4.122 카운터 보어 설정

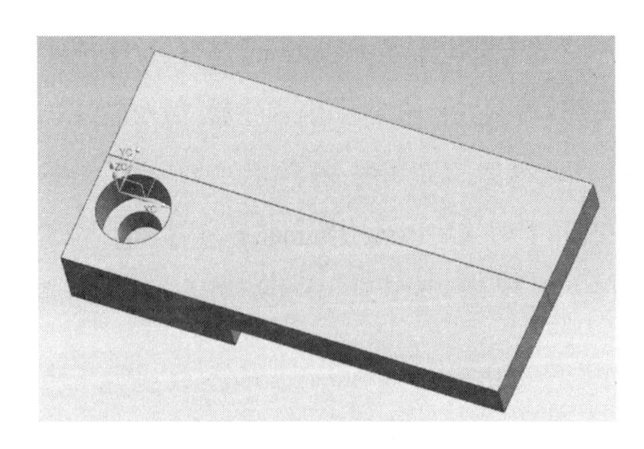

그림 4.123 카운터 보어 배치 완료

❹ 두 번째 카운터 보어 구멍을 생성하여 보자. Hole 아이콘을 클릭한 후 Position 설정 상태에서 돌출 형상의 윗면을 선택한다. 그림 4.124와 같이 중심점의 치수를 설정한다.

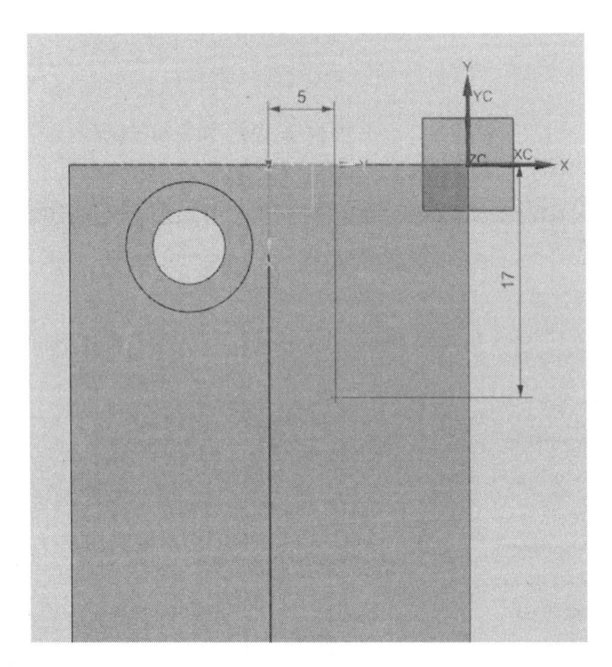

그림 4.124 중심점 치수

Finish(🏁) 아이콘을 클릭하여 카운터 보어 설정 환경으로 돌아간다.

그림 4.125와 같이 C-Bore Diameter 설정 값 “9.5”, C-Bore Depth 설정 값 “5.4”, Diameter 설정 값 “5.5”로 설정을 한다. 완료된 형상은 그림 4.126과 같다. 완료된 파일 작업을 저장한다.

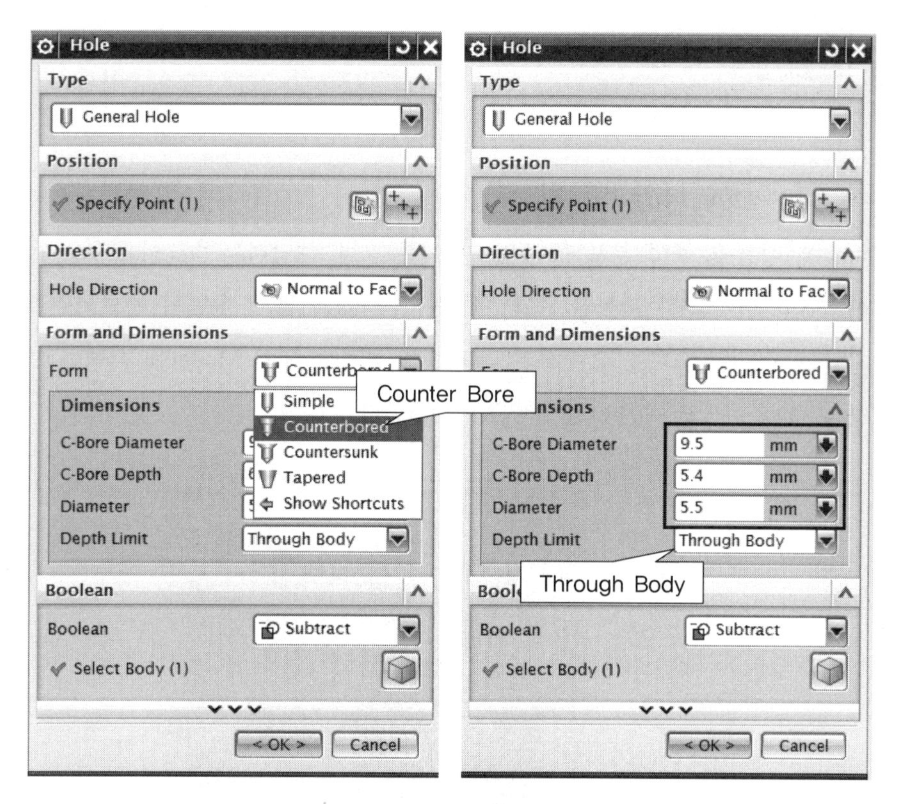

그림 4.125 카운터 보어 설정

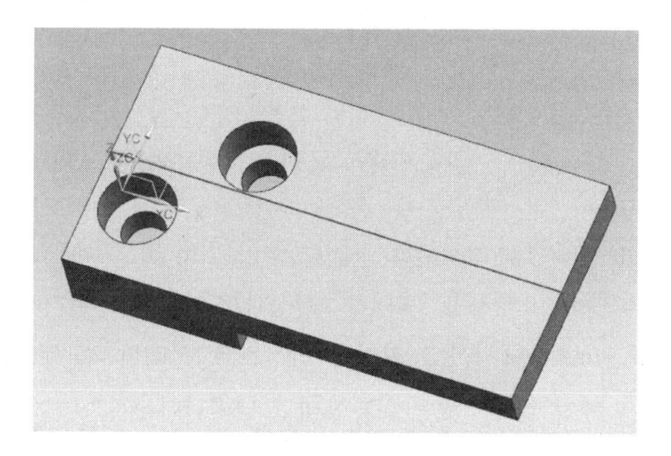

그림 4.126 카운터 보어 배치 완료

참고예제 4.2

이동 조(moving jaw) 만들기

Clamp에 사용될 구성 부품 중 하나인 이동 조에 해당하는 "moving_jaw_3.prt"를 만들어보자. Assembly(조립) 기능을 다룰 때 필요한 Part이므로 작업이 완료되면 파일을 저장한다. "New 아이콘( )"을 클릭하면 나타나는 설정 창에서 Model을 선택하고 작업파일을 저장할 폴더와 이름을 지정하고 확인(OK)한다.

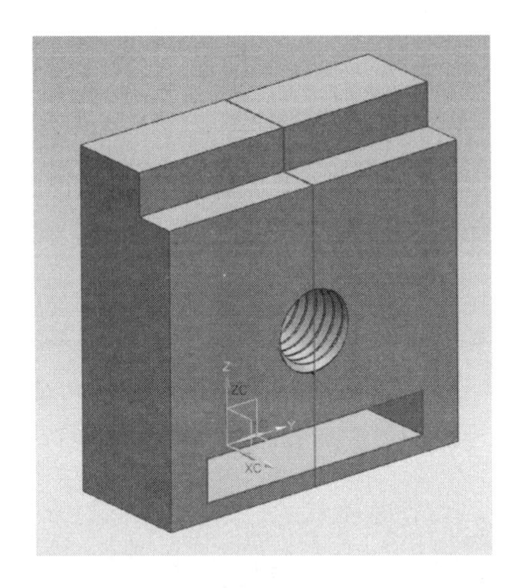

그림 4.127 모델링 : moving_jaw_3.prt

❶ "Sketch in Task Environment" 아이콘을 클릭하면 "Create Sketch" 설정 창이 활성화 되면서 스케치할 평면을 설정하는 상태가 된다. 화면 중심의 Main Graphic Window에서 XZ 평면을 마우스로 선택한 후 확인(OK) 버튼을 클릭하면 스케치 할 수 있는 2D 상태로 넘어간다.

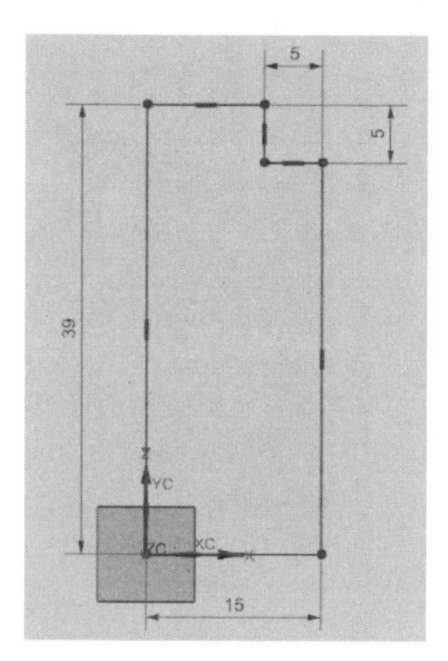

그림 4.128 스케치 단면

❷ 그림 4.128과 같이 스케치하기 위하여 "Profile" 아이콘을 클릭하여 원점부터 스케치한다. 치수 설정 아이콘을 클릭하여 설계 치수를 부여한다. 스케치가 완료되면 Finish(🏁) 아이콘을 클릭하여 Modeling 환경으로 돌아간다.

왼쪽 화면의 Part Navigator 창에서 스케치 항목을 선택한 후 Extrude(돌출) 아이콘을 선택하면 그림 4.129와 같이 Extrude 설정창이 활성화된다.

Symmetric Value(대칭 값) 항목을 선택한 후 Distance 입력 값으로 "20"을 입력한다. 맨 처음 생성한 형상이기 때문에 Boolean 설정 값은 Default 값인 "Inferred" 그대로 둔 후 확인(OK)을 클릭한다. Extrude 완료된 형상은 그림 4.130과 같다.

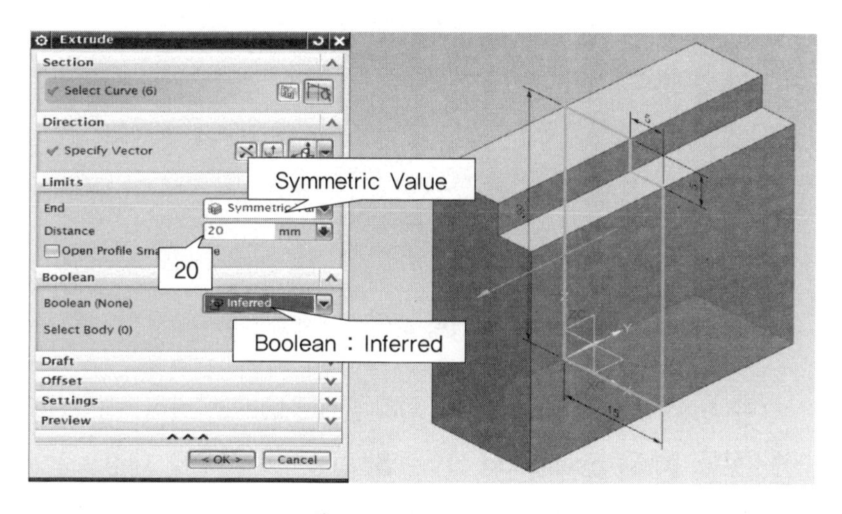

그림 4.129 Extrude 설정

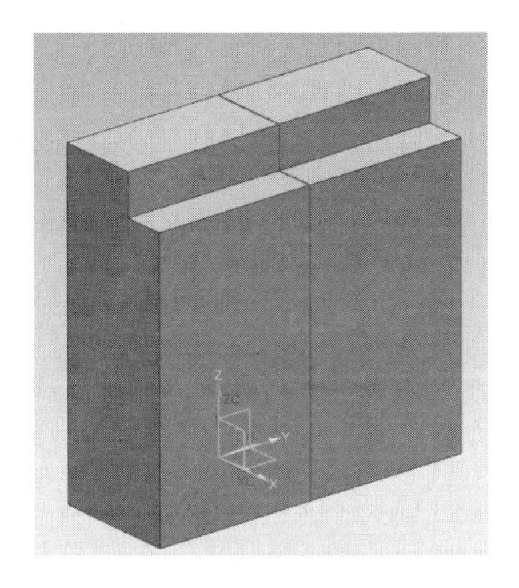

그림 4.130 Extrude 완료

❸ "Sketch in Task Environment" 아이콘을 클릭하면 "Create Sketch" 설정 창이 활성화 되면서 스케치할 평면을 설정하는 상태가 된다. 화면 중심의 Main Graphic Window에서 앞의 돌출 형상의 오른쪽 넓은 면을 마우스로 선택한 후 확인(OK) 버튼을 클릭하면 스케치 할 수 있는 2D 상태로 넘어간다.

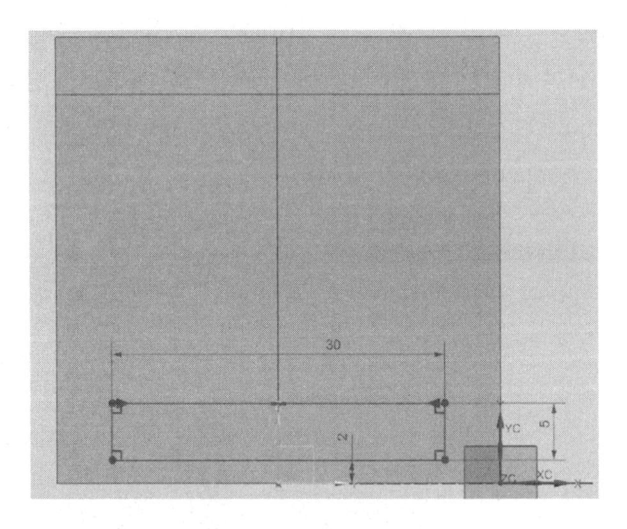

그림 4.131 스케치 단면

그림 4.131과 같이 스케치하기 위하여 "Rectangle" 아이콘을 클릭하여 사각형을 스케치한다. Make Symmetric 아이콘을 이용하여 좌우를 대칭으로 만들어준다. 치수 설정 아이콘을 클릭하여 설계 치수를 부여한다. 스케치가 완료되면 Finish( )

아이콘을 클릭하여 Modeling 환경으로 돌아간다.

❹ 왼쪽 화면의 Part Navigator 창에서 스케치 항목을 선택한 후 Extrude(돌출) 아이콘을 선택하면 그림 4.132와 같이 Extrude 설정창이 활성화된다.

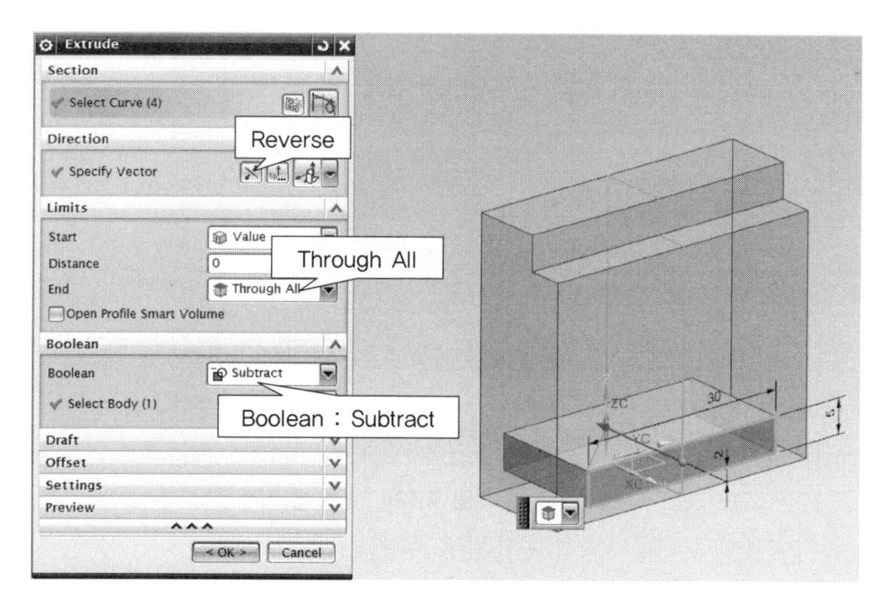

그림 4.132 Extrude 설정

Direction 설정은 "Reverse Direction"을 클릭하고, Start 설정 값은 "0", End 설정 값은 "Through All", Boolean 설정 값은 "Subtract"로 설정한 후 확인(OK)을 클릭한다. Extrude 완료된 형상은 그림 4.133과 같다.

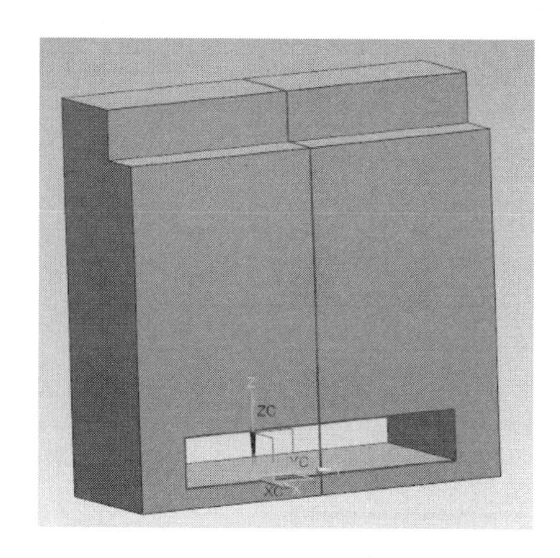

그림 4.133 Extrude 컷 완료

❺ Hole 아이콘을 클릭한 후 Position 설정 상태에서 앞의 작업 시 슬롯 컷 형상의 스케치 면과 같은 면을 선택한다. 그림 4.134와 같이 중심점의 치수를 설정한다. Finish(🏁) 아이콘을 클릭하여 Hole 설정 창으로 돌아간다.

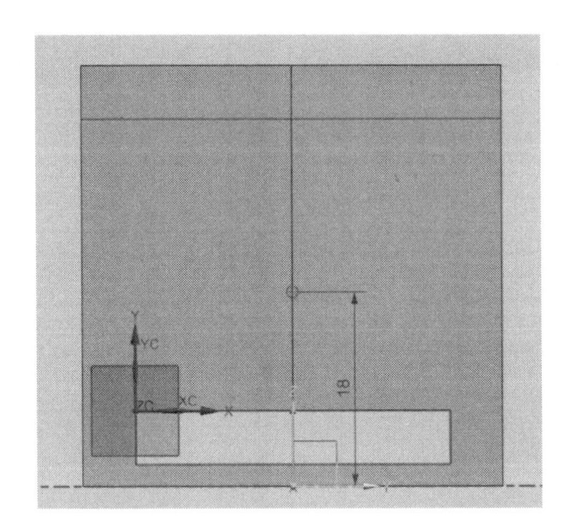

그림 4.134 중심점 치수

Diameter 설정 값에 "8.5"를 입력하고, Depth Limit 설정은 "Through Body"로 설정한 후 확인(OK)을 클릭한다. 단순 구멍 완료된 형상은 그림 4.136과 같다.

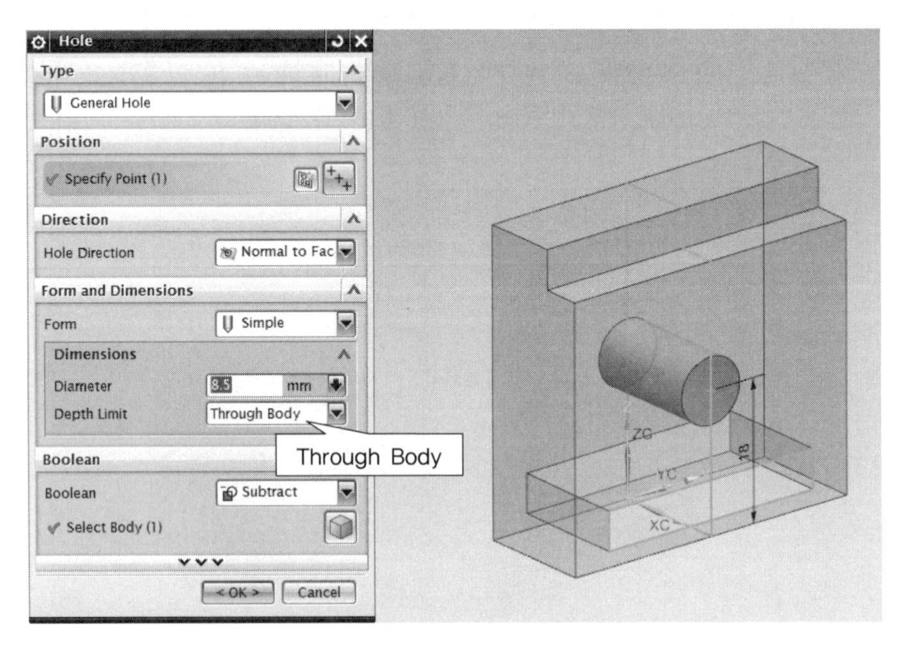

그림 4.135 Simple Hole 설정

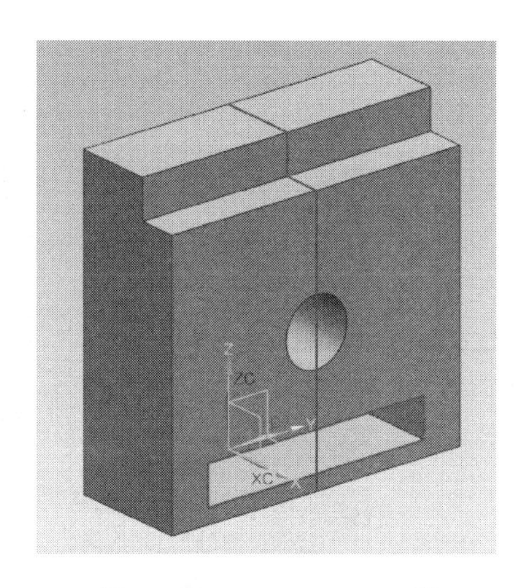

그림 4.136 Simple Hole 완료

❻ Thread 버튼을 클릭하면 Thread 설정 창이 활성화된다. Detailed, Right Hand 항목을 선택한 후 Simple Hole 형상의 안쪽 면을 선택한다.

그림 4.137과 같이 직선 구멍이 배치되어 있는 형상의 안쪽 둥근 면을 선택하면 설정 값을 입력할 수 있도록 창이 활성화된다. Major Diameter 설정 값은 드릴링 직경에 맞는 호칭경(10mm) 값이 자동으로 설정된다. Length 설정 값은 형상의 두께인 "15"로 되어 있는데, 기본 값으로 설정을 하면 나사 깊이 마지막 부분에 불완전 나사부가 생기기 때문에 "15"보다 큰 값인 "19"로 설정을 바꾸어 준다. 확인(OK)을 클릭하면 그림 4.138과 같이 Thread 형상이 완료된다. 작업을 저장한다.

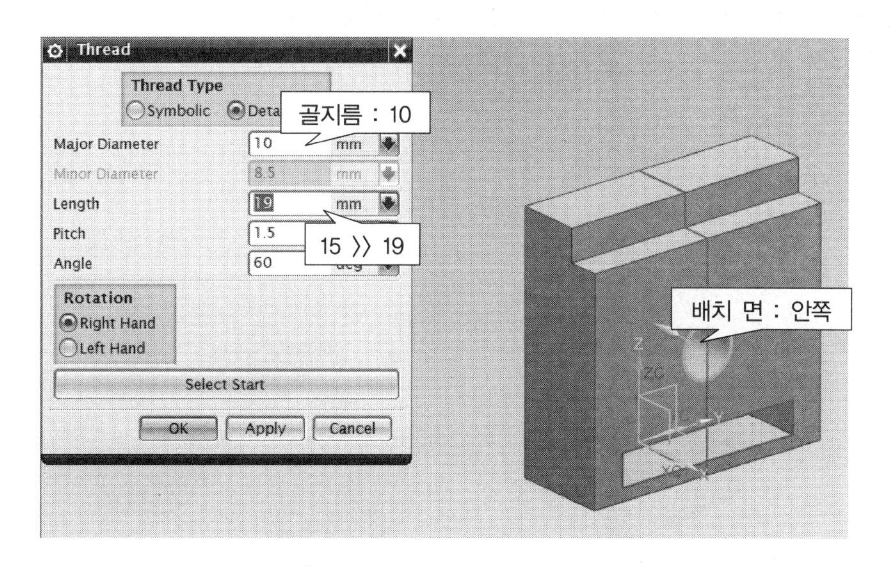

그림 4.137 Thread 설정 값 입력

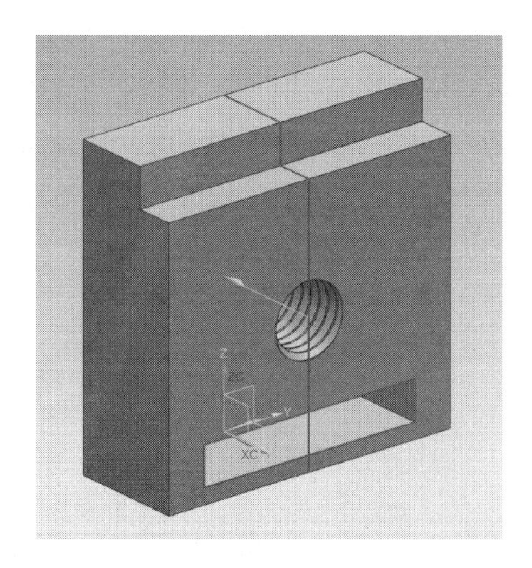

그림 4.138 Thread 설정 완료

참고예제 4.3

브라켓(bracket) 만들기

Clamp에 사용될 구성 부품 중 하나인 브라켓에 해당하는 "bracket_4.prt"를 만들어보자. Assembly(조립) 기능을 다룰 때 필요한 Part이므로 작업이 완료되면 파일을 저장한다. "New 아이콘( )"을 클릭하면 나타나는 설정 창에서 Model을 선택하고 작업파일을 저장할 폴더와 이름을 지정하고 확인(OK)한다.

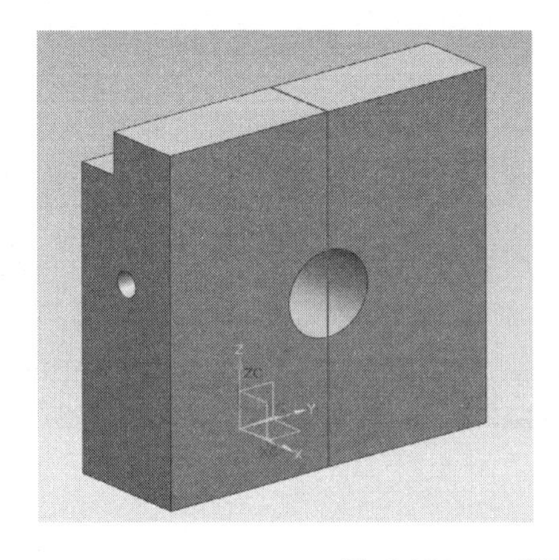
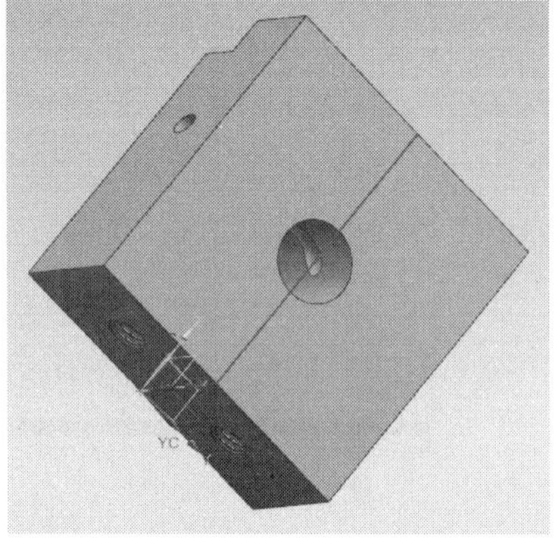

그림 4.139 모델링 : bracket_4.prt

❶ “Sketch in Task Environment” 아이콘을 클릭하면 “Create Sketch” 설정 창이 활성화 되면서 스케치할 평면을 설정하는 상태가 된다. XZ 평면을 마우스로 선택한 후 확인(OK) 버튼을 클릭하면 스케치 할 수 있는 2D 상태로 넘어간다.

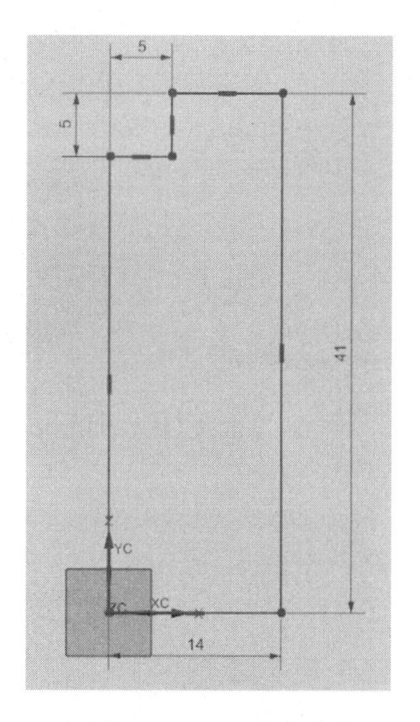

그림 4.140 스케치 단면

❷ 그림 4.140과 같이 스케치하기 위하여 “Profile” 아이콘을 클릭하여 원점부터 스케치한다. 치수 설정 아이콘을 클릭하여 설계 치수를 부여한다. 스케치가 완료되면 Finish( ) 아이콘을 클릭하여 Modeling 환경으로 돌아간다.

왼쪽 화면의 Part Navigator 창에서 스케치 항목을 선택한 후 Extrude(돌출) 아이콘을 선택하면 그림 4.141과 같이 Extrude 설정창이 활성화된다.

Symmetric Value(대칭 값) 항목을 선택한 후 Distance 입력 값으로 “20”을 입력한다. 맨 처음 생성한 형상이기 때문에 Boolean 설정 값은 Default 값인 “Inferred” 그대로 둔 후 확인(OK)을 클릭한다. Extrude 완료된 형상은 그림 4.142와 같다.

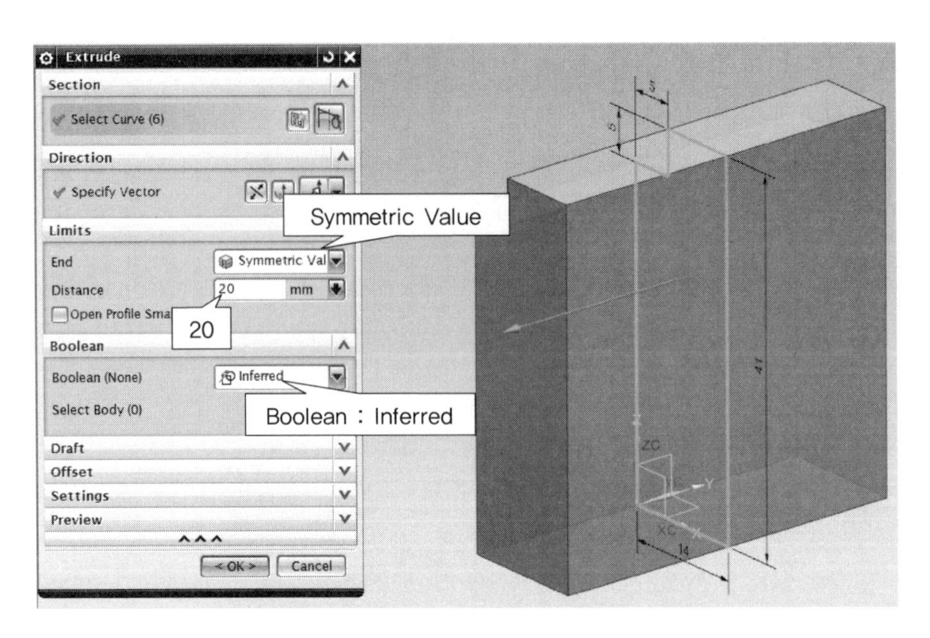

그림 4.141 Extrude 설정

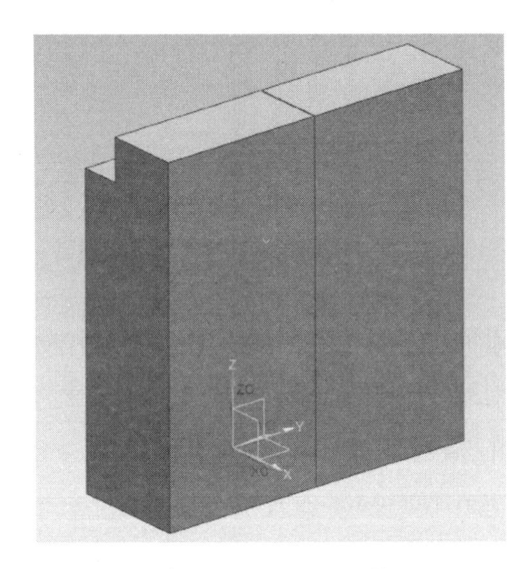

그림 4.142 Extrude 완료

❸ Hole 아이콘을 클릭한 후 Position 설정 상태에서 돌출 형상의 바닥면을 선택한다. 그림 4.143과 같이 중심점의 치수를 설정한다. Finish(🏁) 아이콘을 클릭하여 Hole 설정 창으로 돌아간다.

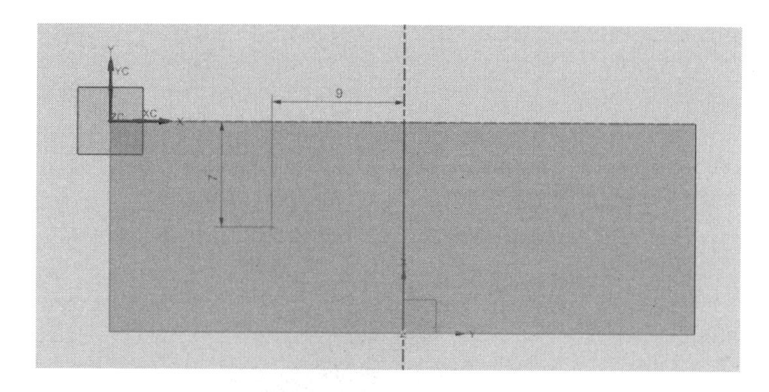

그림 4.143 중심점 치수

Diameter 설정 값에 "4.2"를 입력하고, Depth Limit 설정은 Value로 설정한 후 설정 값으로 "12"를 입력한다. 확인(OK)을 클릭하면 단순 구멍이 완료된다.

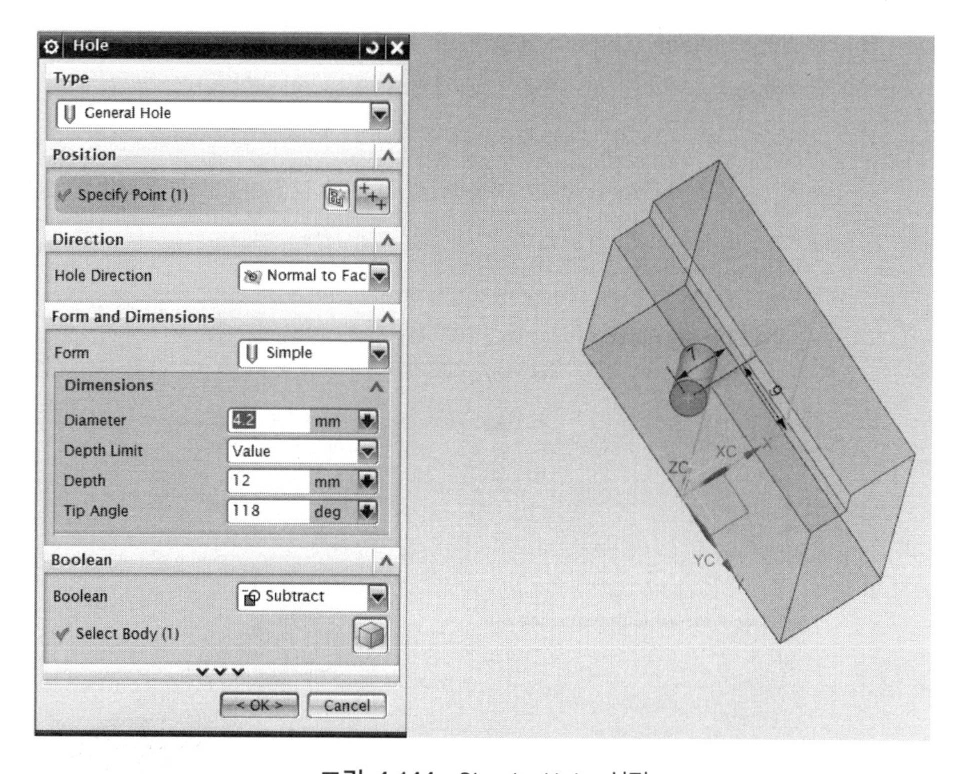

그림 4.144 Simple Hole 설정

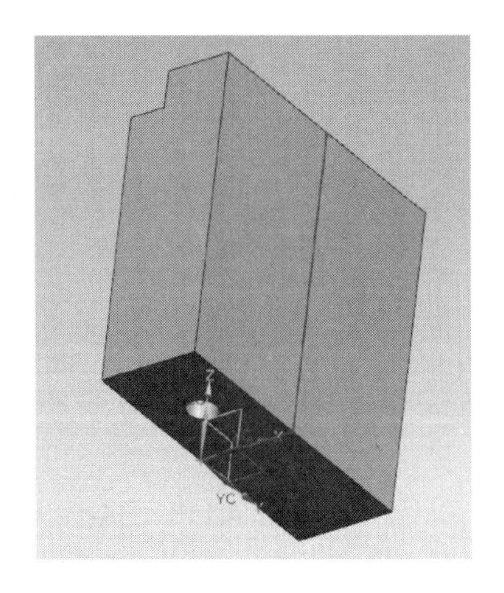

그림 4.145 Simple Hole 완료

❹ Thread 버튼을 클릭하면 Thread 설정 창이 활성화된다. Detailed, Right Hand 항목을 선택한 후 Simple Hole 형상의 안쪽 면을 선택한다.

그림 4.146과 같이 직선 구멍이 배치되어 있는 형상의 안쪽 둥근 면을 선택하면 설정 값을 입력할 수 있도록 창이 활성화된다. Major Diameter 설정 값은 드릴링 직경에 맞는 호칭경(5mm) 값이 자동으로 설정된다. Length 설정 값은 "10"으로 설정한다. 확인(OK)을 클릭하면 그림 4.147과 같이 Thread 형상이 완료된다.

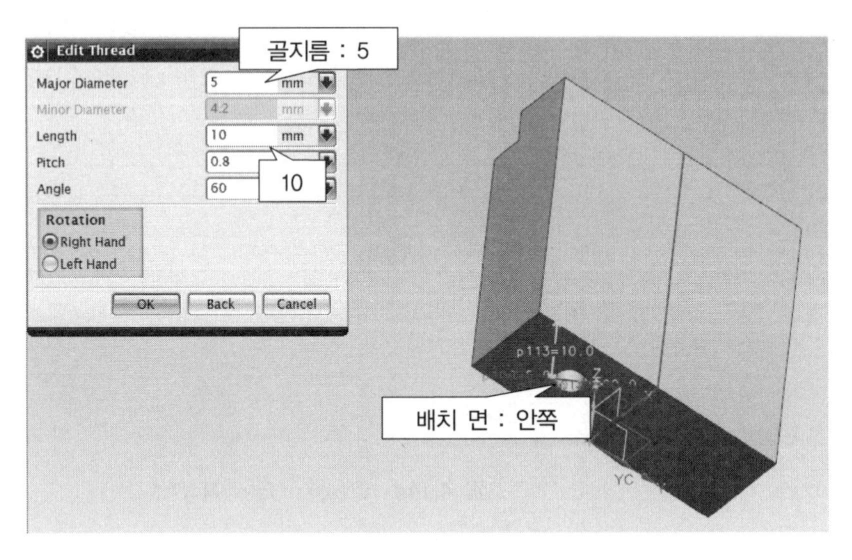

그림 4.146 Thread 설정 값 입력

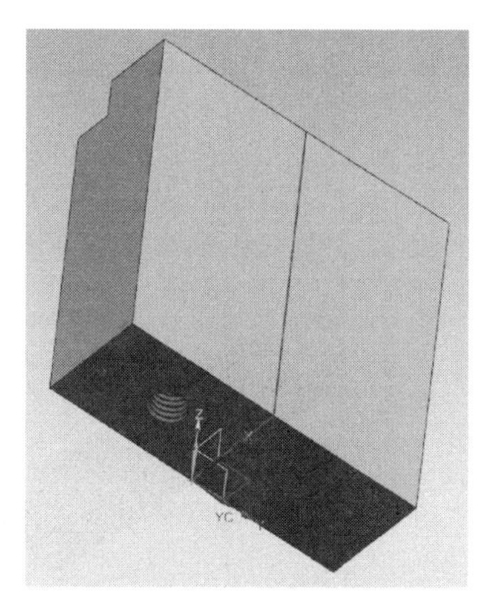

그림 4.147 Thread 설정 완료

❺ 반대쪽 구멍은 "Mirror Feature(대칭 복사)" 기능을 활용하여 작업한다. 왼쪽 화면의 Part Navigator 창에서 작업한 Ctrl 키를 누른 상태에서 Simple Hole과 Threads 형상을 선택한 후 "Mirror Feature" 아이콘을 클릭하면 그림 4.148과 같이 설정창이 활성화된다.

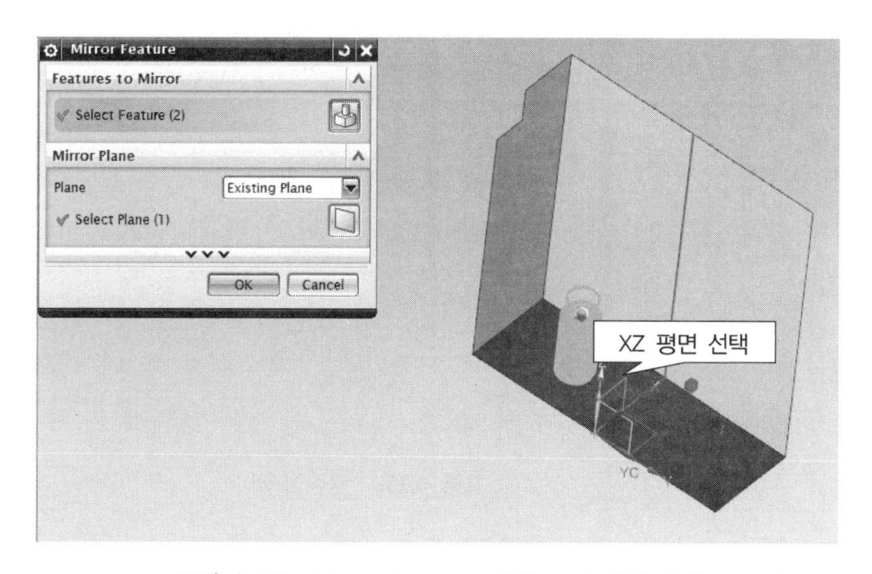

그림 4.148 Mirror Feature 설정 : XZ 평면 선택

Mirror Plane 항목을 선택하거나 마우스 휠 버튼을 클릭하면 대칭 평면을 선택할 수 있는 상태가 된다. Main Graphic Window 한 가운데 형상에 있는 XZ 평면을 마우스로 선택한 후 확인(OK)을 클릭하면 대칭 복사가 완료된다.

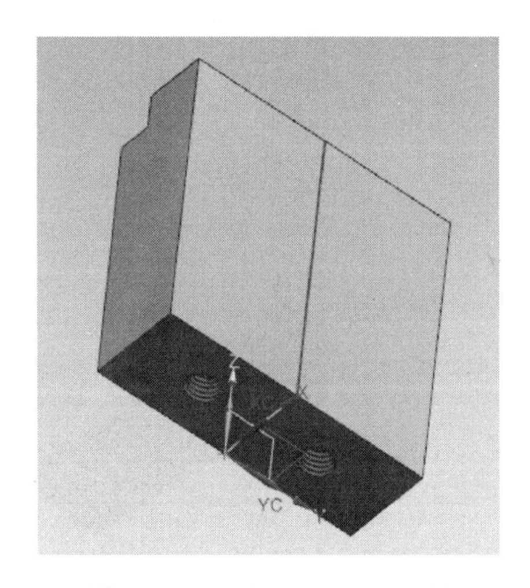

그림 4.149 Mirror Feature 완료

⑥ Hole 아이콘을 클릭한 후 Position 설정 상태에서 돌출 형상의 넓은 옆면을 선택한다. 그림 4.150과 같이 중심점의 치수를 설정한다. Finish( ) 아이콘을 클릭하여 Hole 설정 창으로 돌아간다.

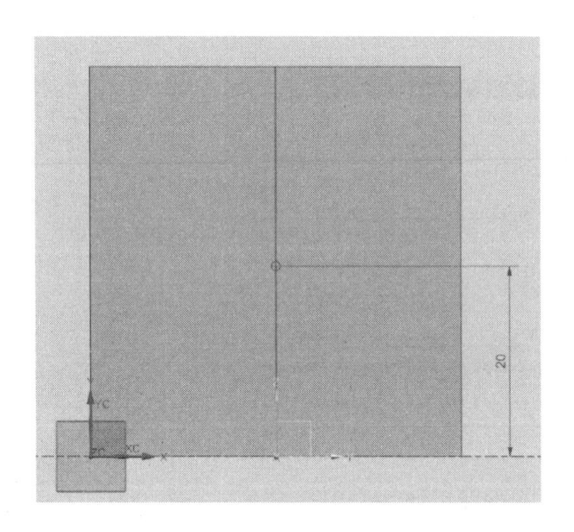

그림 4.150 중심점 치수

Diameter 설정 값에 "10"을 입력하고, Depth Limit 설정은 "Through Body"로 설정한 후 확인(OK)을 클릭하면 단순 구멍이 완료된다.

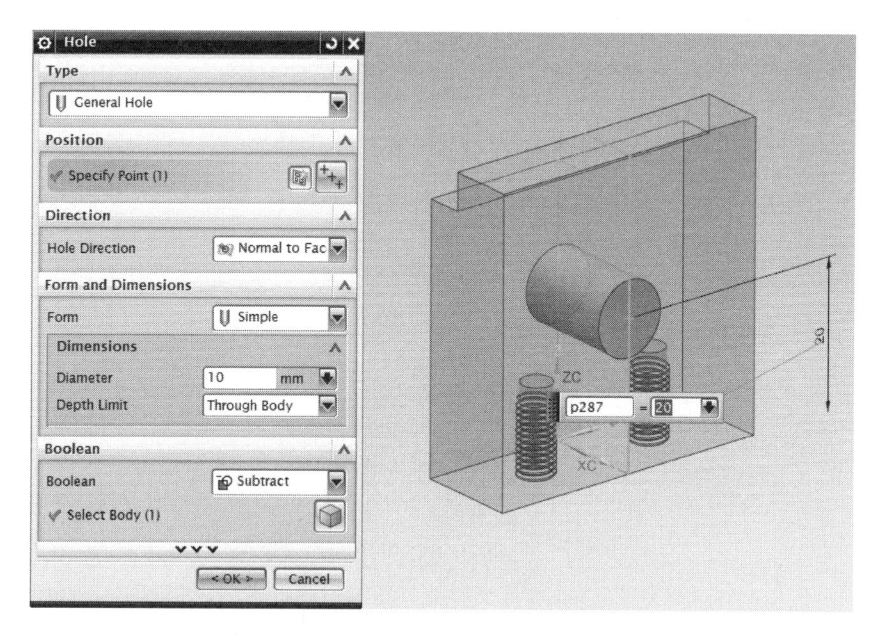

그림 4.151 Simple Hole 설정

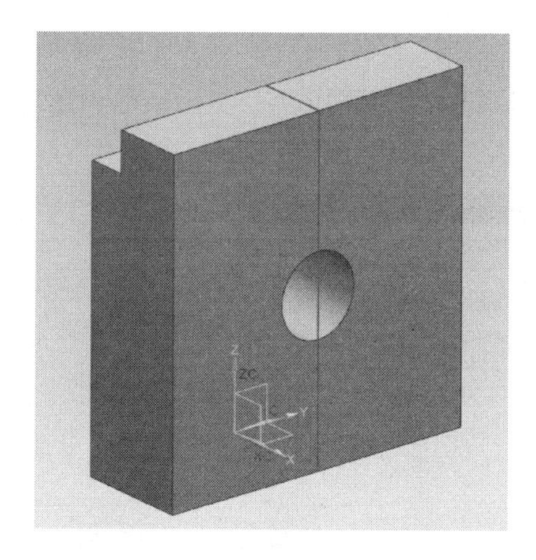

그림 4.152 Simple Hole 완료

❼ Hole 아이콘을 클릭한 후 Position 설정 상태에서 돌출 형상의 좁은 측면을 선택한다. 그림 4.153과 같이 중심점의 치수를 설정한다. Finish( ) 아이콘을 클릭하여 Hole 설정 창으로 돌아간다.

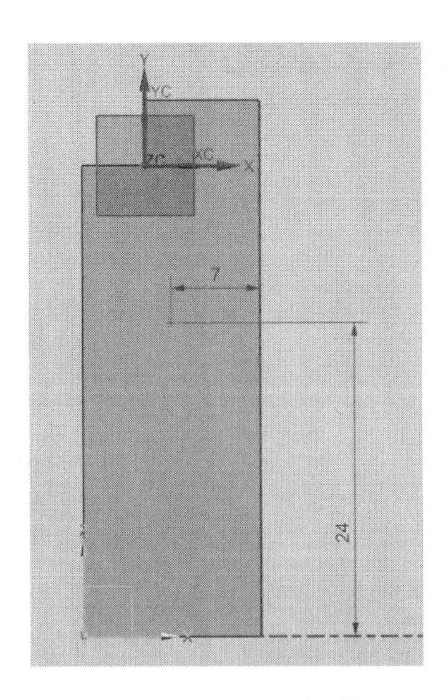

그림 4.153 중심점 치수

Diameter 설정 값에 "3"을 입력하고, Depth Limit 설정은 "Through Body"로 설정한 후 확인(OK)을 클릭하면 단순 구멍이 완료된다. 작업 파일을 저장한다.

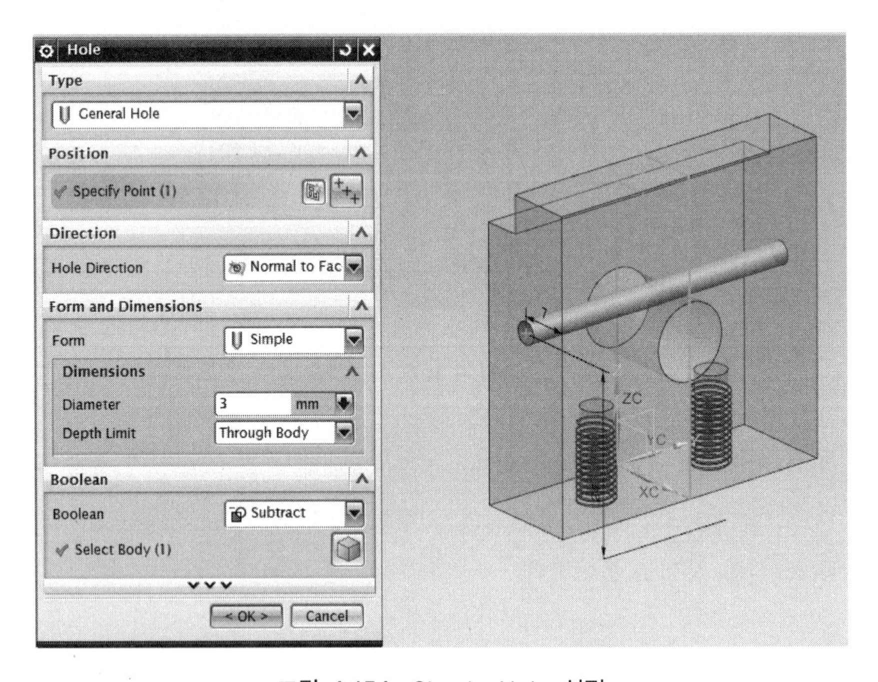

그림 4.154 Simple Hole 설정

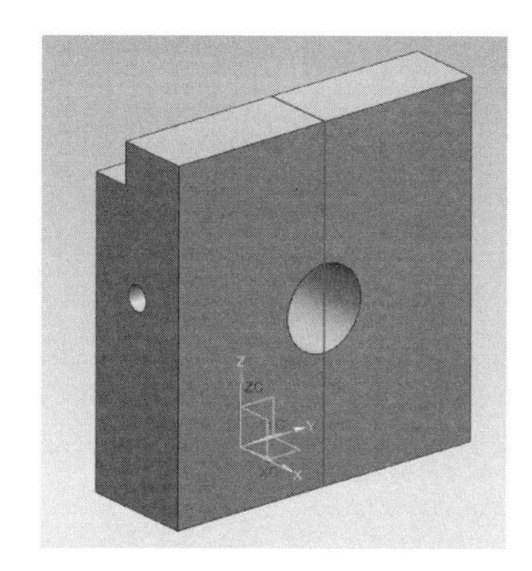

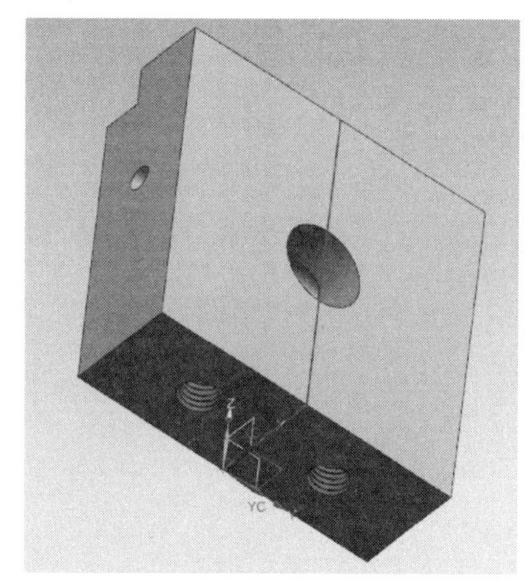

그림 4.155 Simple Hole 완료

CHAPTER 05

Detail Feature를 이용한 형상모델링

Detail Feature 중에서 Edge Blend(모깎기, 라운드), Chamfer(모따기) 기능을 이용하여 모델링 형상을 마무리 하는 방법을 알아보도록 하자.

5.1 Edge Blend 형상 생성하기

Edge Blend는 설계 제품 또는 부품에서 날카로운 모서리를 둥글게 마무리하는 작업이다. 각진 모서리 부분들을 부드럽게 만들기 위해 수행하는 작업으로, Round, Fillet 등의 용어로도 사용된다.

(1) Edge Blend 형상 추가하기

4.2절에서 모델링 작업을 수행했던 Drill Jig에 사용될 본체인 "body_1.prt"를 불러온다. "File >> Open"을 클릭하여 저장해 놓은 파일을 불러온다.

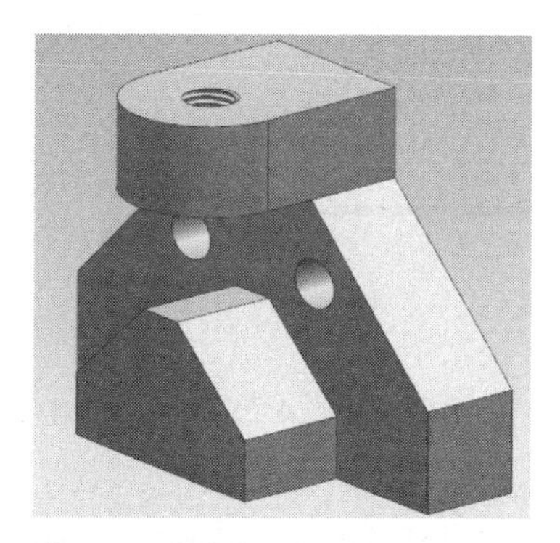

그림 5.1 파일 불러오기 : body_1.prt

❶ 그림 5.2와 같이 Edge Blend 아이콘을 클릭하면 설정 창이 활성화된다.

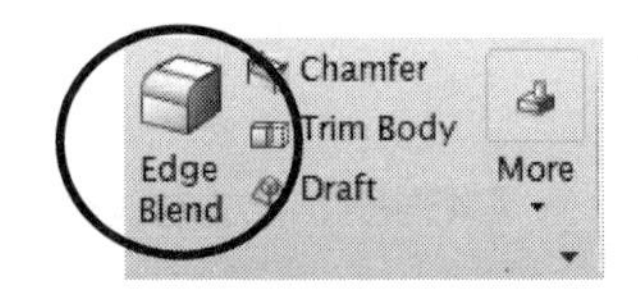

그림 5.2 Edge B치lend 아이콘

Edge Blend를 설정하기에 앞서 커브 선택 방법을 정하여야 한다. 그림 5.3과 같이 커브 선택 방법의 여러 항목들을 제공해준다. 버튼을 클릭하여 나타나는 항목 중에서 "Tangent Curves" 항목을 선택한 후 그림 5.4와 같이 모서리를 선택하면 Tangent로 연결된 모서리들 전체가 선택된다.

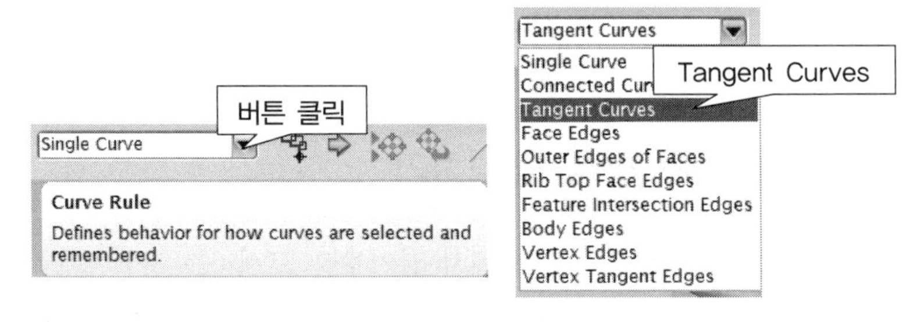

그림 5.3 커브 선택 방법

그림 5.4 Edge Blend 설정 창

확인(OK) 버튼을 클릭하면 Edge Blend 설정이 완료된다. 작업 파일을 저장한다.

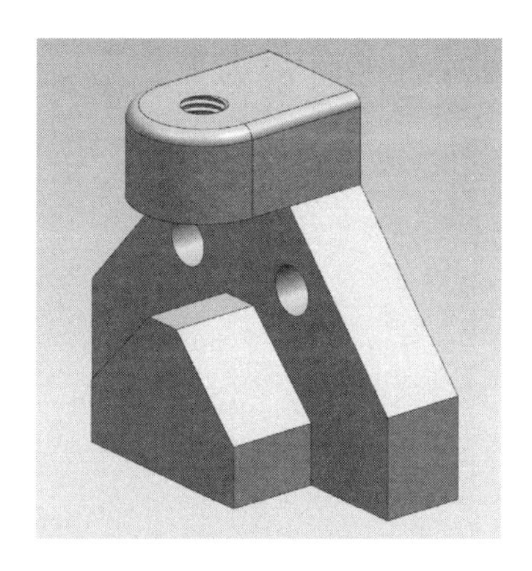

그림 5.5 Edge Blend 완료

(2) Edge Blend 형상 생성하기

Drill Jig에 사용될 핸들 부품인 "handle_2.prt"를 생성하여 보자. 그림 5.6과 같이 Edge Blend 형상이 두 곳에 적용되어 있다.

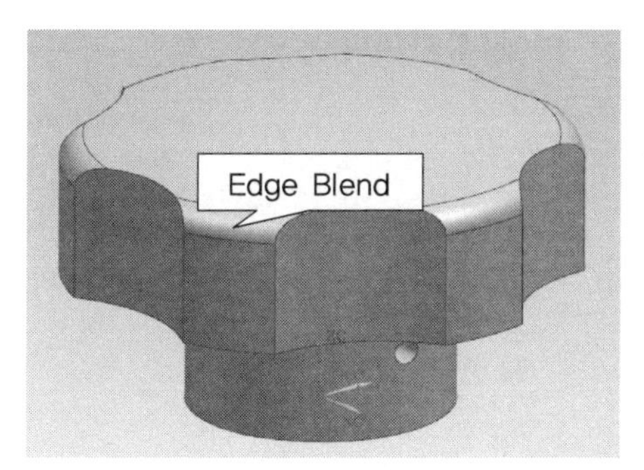

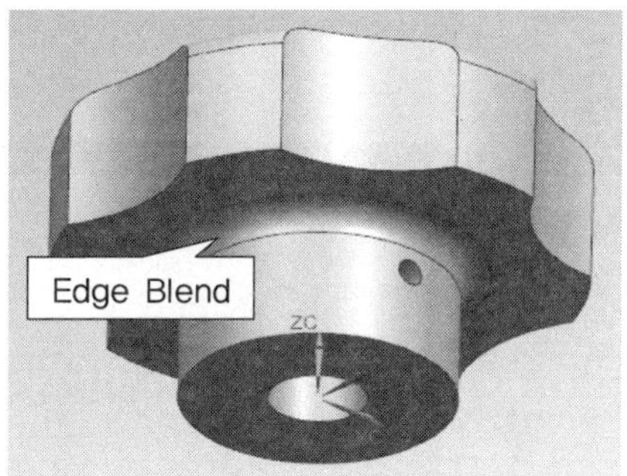

그림 5.6 Edge Blend 적용 모델 : handle_2.prt

❶ "Sketch in Task Environment" 아이콘을 클릭하면 "Create Sketch" 설정 창이 활성화 되면서 스케치할 평면을 설정하는 상태가 된다. 화면 중심의 Main Graphic Window에서 XZ 평면을 마우스로 선택한 후 확인(OK) 버튼을 클릭하면 스케치 할 수 있는 2D 상태로 넘어간다.

Revolve 형상을 만들기 위하여 스케치할 때에는 항상 제일 먼저 회전축으로 사용될 중심선을 스케치한다. 그림 5.7과 같이 원점에서 YC 축으로 수직 중심선을 스케치한 후 나머지 부분을 스케치한다.

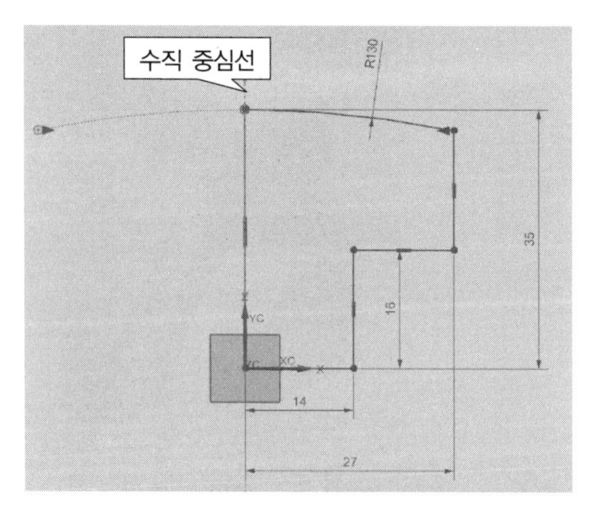

그림 5.7 스케치 단면

스케치가 완료되면 Finish(🏁) 아이콘을 클릭하여 Modeling 환경으로 돌아간다.

❷ 왼쪽 화면의 Part Navigator 창에서 스케치 항목을 선택한 후 Extrude 아이콘 아래의 화살표를 클릭하면 Revolve 아이콘이 나타난다. Revolve 아이콘을 선택하면 그림 5.8과 같이 Revolve 설정 창이 활성화된다.

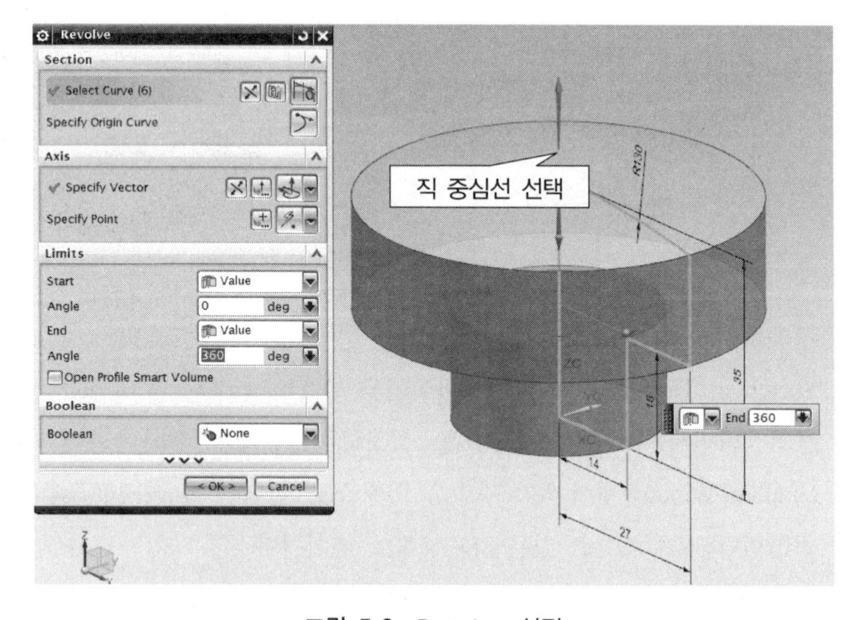

그림 5.8 Revolve 설정

설정 창이 활성화되면 Selection 항목에는 스케치된 커브가 선택되어 있는 것을 확인할 수 있다. 두 번째 Axis 항목으로 넘어가기 위하여 마우스 왼쪽 버튼으로 "Specify Vector" 부분을 선택하면 회전의 기준 축을 선택할 수 있는 상태가 된다. 이 때 화면 가운데에서 스케치한 수직 중심선을 선택하면 그림 5.8과 같이 기본적으로 360도 회전된 형상을 나타내준다.

첫 번째 형상이므로 Boolean 설정은 Default 값인 None으로 두고 확인(OK)을 클릭하면 Revolve 형상이 완료된다.

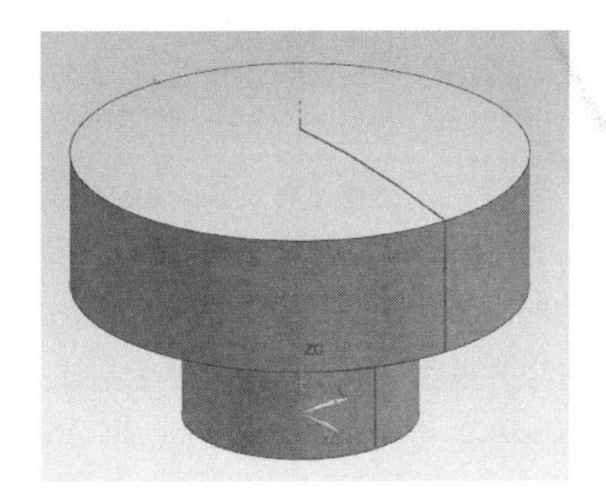

그림 5.9 Reolve 완료

③ Edge Blend 아이콘을 클릭하면 설정 창이 활성화된다. 커브 선택 방법으로 "Tangent Curves" 항목을 선택한 후 그림 5.10과 같이 모서리를 선택한다.

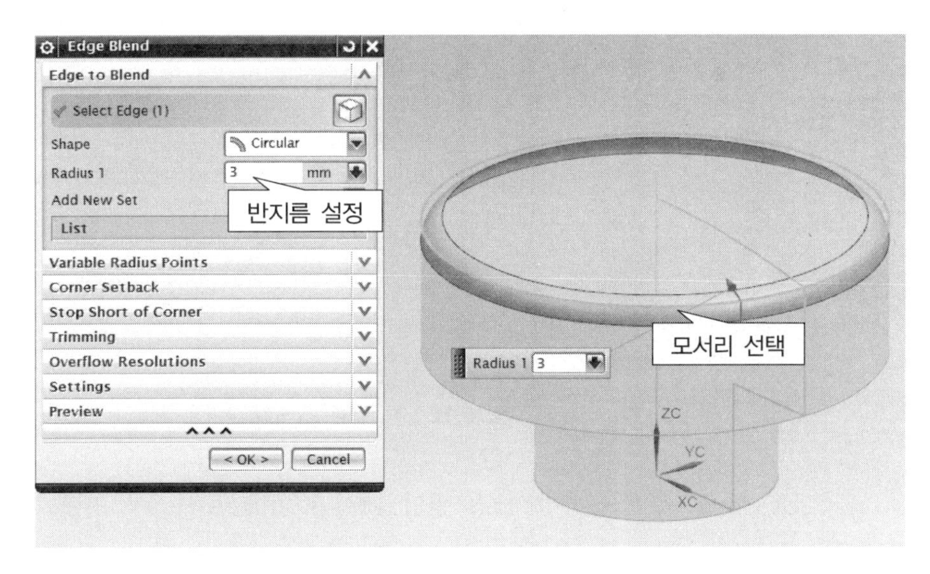

그림 5.10 Edge Blend 설정 창

확인(OK) 버튼을 클릭하면 Edge Blend 설정이 완료된다.

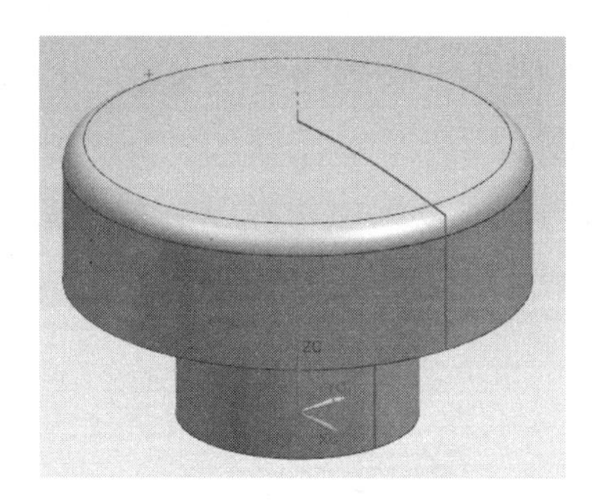

그림 5.11 Edge Blend 완료

❹ "Sketch in Task Environment" 아이콘을 클릭하면 "Create Sketch" 설정 창이 활성화 되면서 스케치할 평면을 설정하는 상태가 된다. XY 평면을 마우스로 선택한 후 확인(OK) 버튼을 클릭하면 스케치 할 수 있는 2D 상태로 넘어간다.

Circle 아이콘을 이용하여 원점을 중심으로 하고 지름 "80"인 원을 스케치한다. 스케치된 원을 선택한 후 잠시 기다리면 나타나는 메뉴 중 "Convert to Reference" 항목을 선택하면 스케치된 원이 참조 원으로 변경된다.

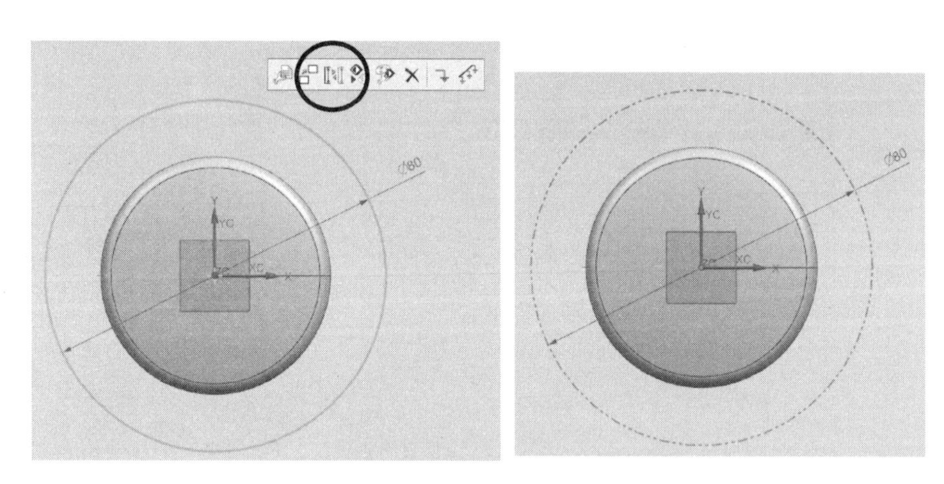

그림 5.12 참조 원 스케치

Circle 아이콘을 이용하여 참조 원의 12시 방향에 중심점이 정렬되도록 지름 "34"인 원을 스케치한다. 구속 조건 중 Point on Curve 조건을 이용하여 중심점을 정렬시킨다.

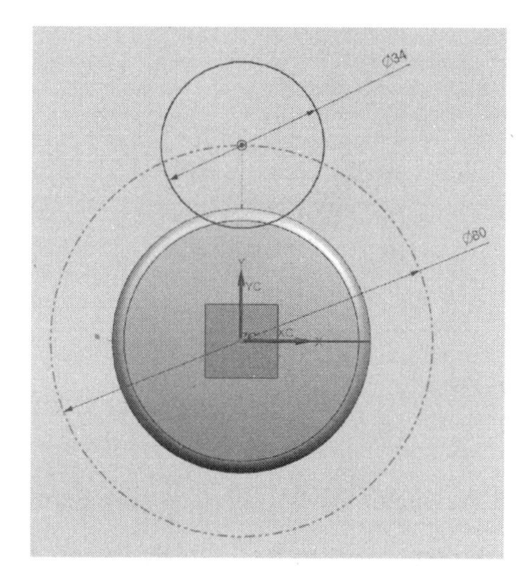

그림 5.13 스케치 단면 완료

스케치가 완료되면 Finish(아이콘) 아이콘을 클릭하여 Modeling 환경으로 돌아간다.

❺ 왼쪽 화면의 Part Navigator 창에서 3스케치 항목을 선택한 후 Extrude(돌출) 아이콘을 선택하면 그림 5.14와 같이 Extrude 설정창이 활성화된다. 돌출 방향은 Default 그대로 두고 Start 설정 값 "0"에서 End 설정 값 "Through All"로 설정한다. Boolean 설정은 "Subtract" 로 설정한 후 확인(OK) 버튼을 클릭하면 돌출 컷 형상이 완료된다.

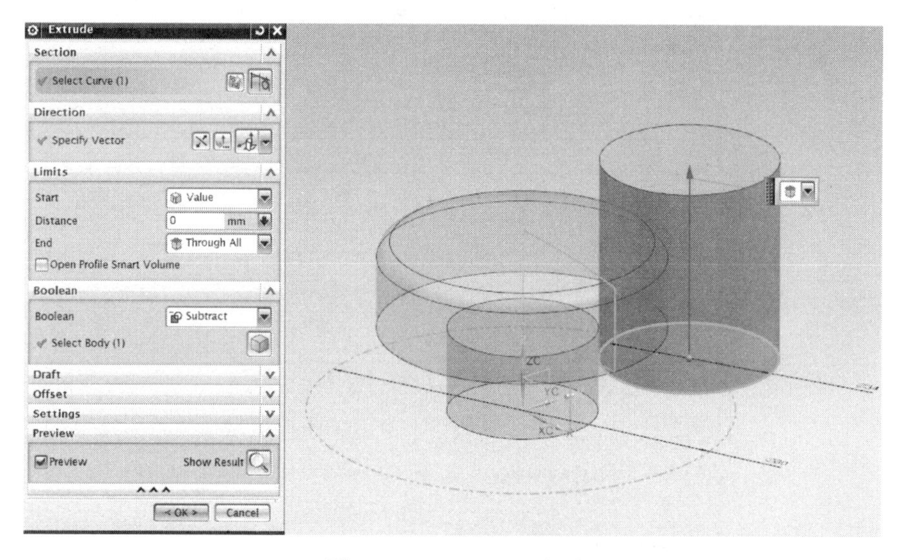

그림 5.14 Extrude 컷 설정

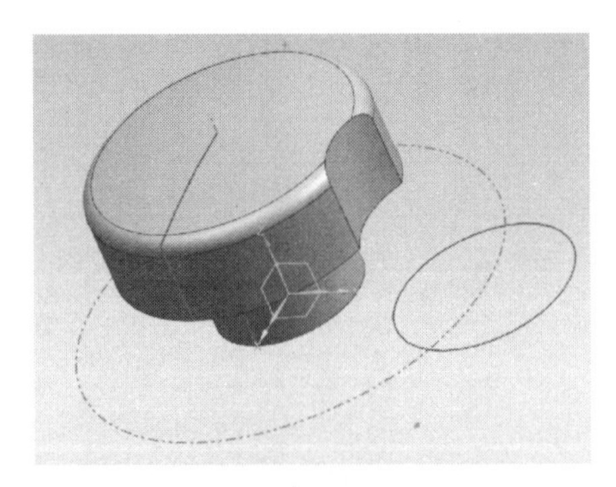

그림 5.15 Extrude 컷 완료

⑥ 왼쪽 화면의 Part Navigator 창에서 방금 생성한 Extrude 컷을 선택한 후 그림 5.16과 같이 "Pattern Feature" 아이콘을 클릭하면 Pattern Feature 설정 창이 활성화된다.

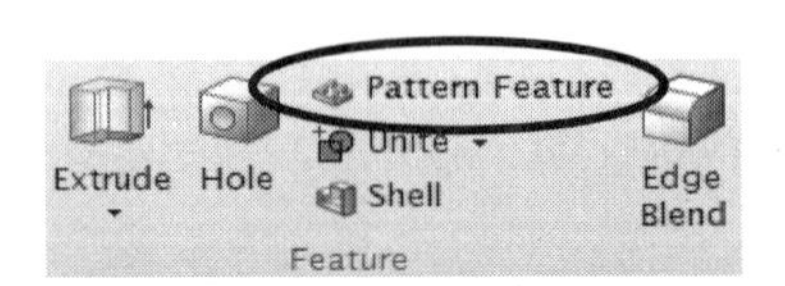

그림 5.16 Pattern Feature

그림 5.17 Pattern Feature 설정

그림 5.17과 같이 Layout 항목으로 "Circular"를 선택한다. Rotation Axis 선택 항목을 클릭한 후 모델링 형상 중에서 수직 중심선을 선택한다. Spacing 설정 항목으로 "Count and Pitch"로 설정한 후 Count 항목 "6", Pitch Angle 항목 "60"을 입력한다.

그림 5.18 Pattern Feature 설정 화면 표시

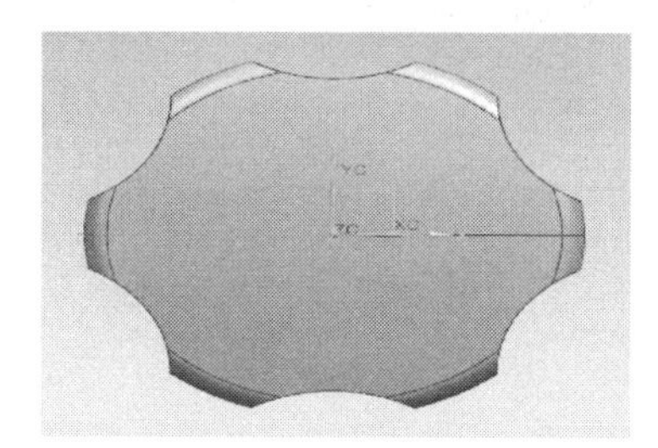

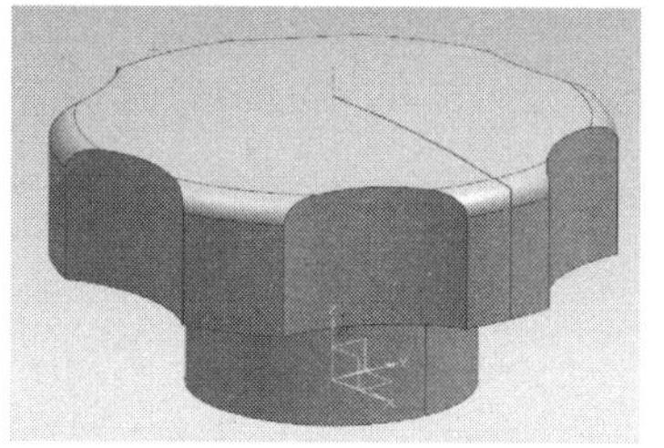

그림 5.19 Pattern Feature 완료

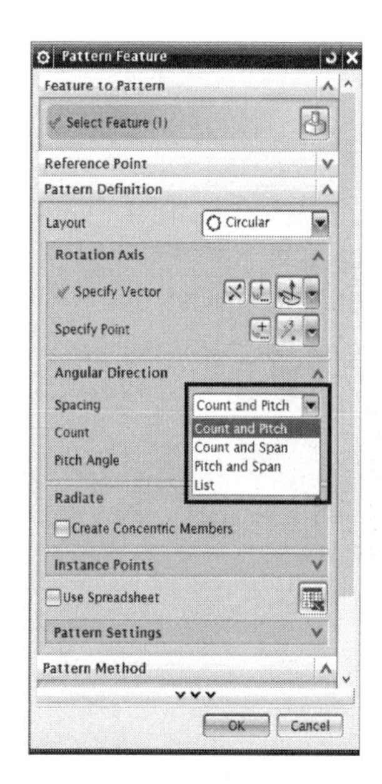

Spacing	Count	Pitch Angle
Count and Pitch	6	60
Count and Span	6	360
Pitch and Span	60	360

그림 5.20 Angular Direction 설정 값 항목 비교

❼ Hole(구멍) 형상을 추가하기 위해 “Hole” 아이콘을 클릭한다. 그림 5.21과 같이 Hole 설정 창에서 Position 설정은 구멍이 배치될 평면의 위치를 설정하는 것이다. 평면을 선택하게 되면 구멍의 중심점을 스케치하는 상태로 넘어가게 되는데 여기에서는 자동으로 동심원의 중심점이 선택될 수 있도록 둥근 형상의 원 둘레 모서리에 마우스 포인터를 가져간 후 클릭하면 자동으로 중심점이 선택된다.

Diameter 설정 값 “10”, Depth 설정 값 “20”으로 설정한 후 확인(OK) 버튼을 클릭하면 Hole 설정이 완료된다.

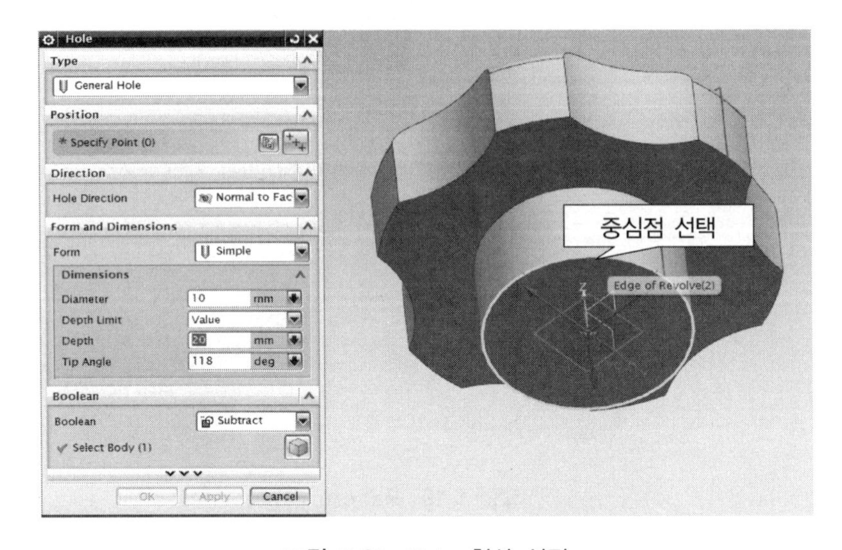

그림 5.21 Hole 형상 설정

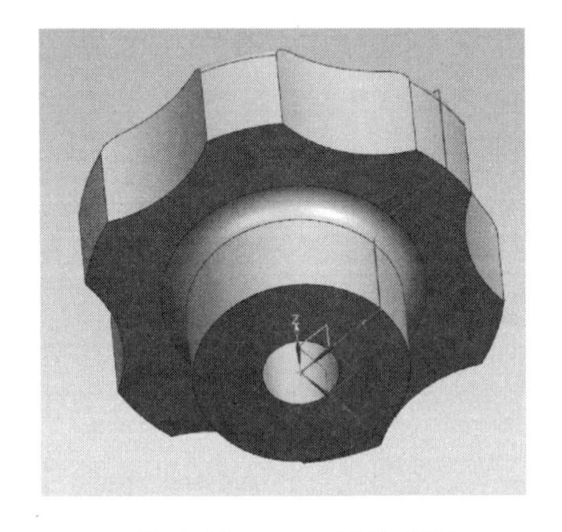

그림 5.22 Hole 형상 완료

❽ Edge Blend 아이콘을 클릭하면 설정 창이 활성화된다. 커브 선택 방법으로

"Tangent Curves" 항목을 선택한 후 그림 5.23과 같이 모서리를 선택한다.

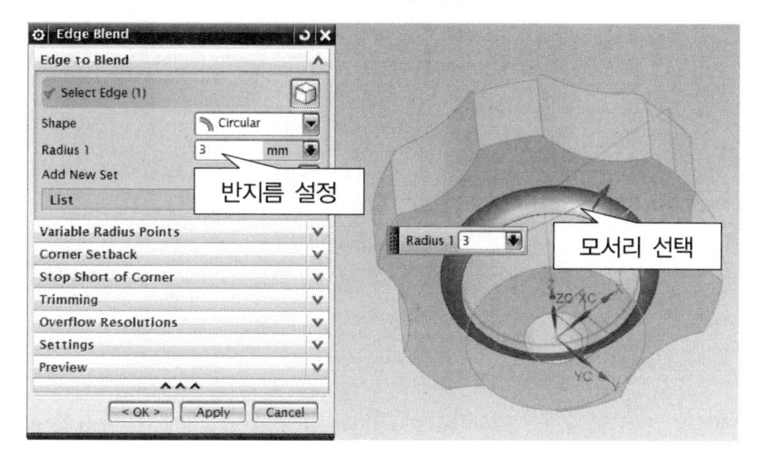

그림 5.23 Edge Blend 설정 창

확인(OK) 버튼을 클릭하면 Edge Blend 설정이 완료된다.

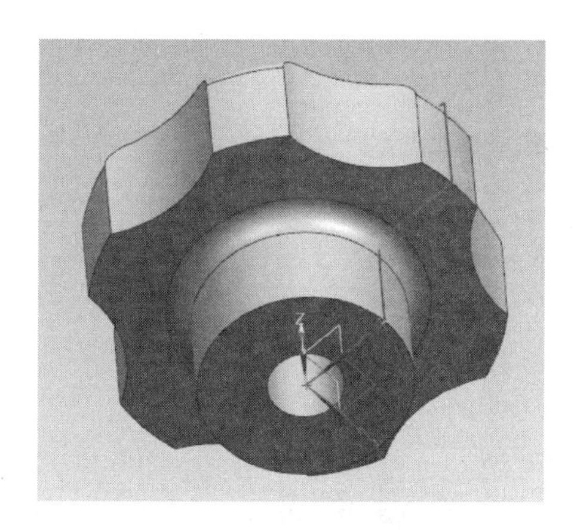

그림 5.24 Edge Blend 완료

⑨ "Sketch in Task Environment" 아이콘을 클릭하면 "Create Sketch" 설정 창이 활성화 되면서 스케치할 평면을 설정하는 상태가 된다. XY 평면을 마우스로 선택한 후 확인(OK) 버튼을 클릭하면 스케치 할 수 있는 2D 상태로 넘어간다.

Revolve 형상을 만들기 위하여 스케치할 때에는 항상 제일 먼저 회전축으로 사용될 중심선을 스케치한다. 그림 5.25와 같이 바닥에서 높이 "10" 위치에 수평 중심선을 스케치한 후 나머지 부분을 스케치한다.

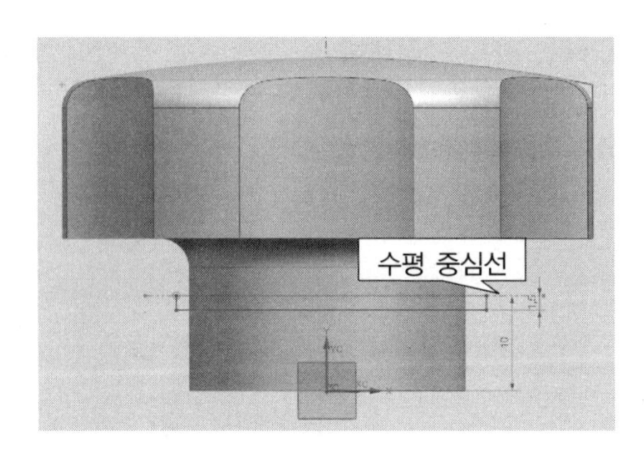

그림 5.25 스케치 단면

Rectangle 아이콘을 이용하여 사각형을 형상보다 크게 스케치한다.

스케치가 완료되면 Finish( ) 아이콘을 클릭하여 Modeling 환경으로 돌아간다.

⑩ 왼쪽 화면의 Part Navigator 창에서 스케치 항목을 선택한 후 Extrude 아이콘 아래의 화살표를 클릭하면 Revolve 아이콘이 나타난다. Revolve 아이콘을 선택하면 그림 5.26과 같이 Revolve 설정 창이 활성화된다.

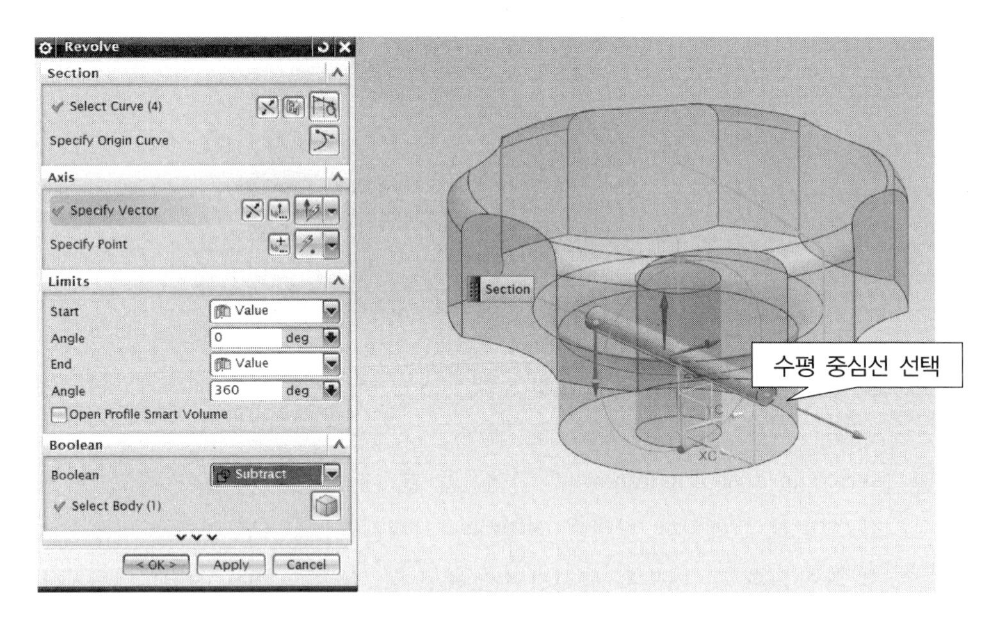

그림 5.26 Revolve 설정

설정 창이 활성화되면 Selection 항목에는 스케치된 커브가 선택되어 있는 것을 확인할 수 있다. Axis 항목으로 스케치한 수평 중심선을 선택하면 그림 5.26과 같이 기본적으로 360도 회전된 형상을 나타내준다.

잘라낼 형상이므로 Boolean 설정은 “Subtract”로 설정하고 확인(OK)을 클릭하면 Revolve 형상이 완료된다. 작업 파일을 저장한다.

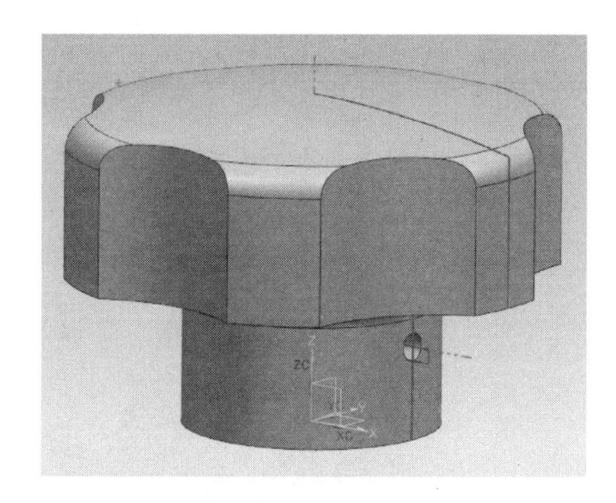

그림 5.27 Revolve 완료

5.2 Chamfer Feature 생성하기

Chamfer(모따기)는 형상을 마무리하는 중요한 작업 중의 하나이다. Chamfer에 사용되는 치수들의 유형은 다음과 같다.

유형	그림
Symmetric 45° × D : 모서리를 이루는 두 면에서 45°와 주어진 길이만큼 모따기 (부품 형상에서 45° 각도 생성이 허용되어야 함)	d, d, 45, 90
Asymmetric D1 × D2 : 모서리에서 떨어진 두 거리를 지정하여 모따기 (설정 정의 반전 아이콘이 있어 거리 D1과 거리 D2를 바꿀 수 있음)	d1, d2
Offset and Angle 각도 × D : 각도와 거리 D를 입력하여 모따기 (설정 정의 반전 아이콘이 있어 각도와 거리 D를 바꿀 수 있음)	d, 각도

(1) Chamfer 형상 추가하기 1

5.1절에서 Edge Blend 형상 작업을 수행했던 Drill Jig에 사용될 본체인 “body_1.prt”를 불러온다. “File >> Open”을 클릭하여 저장해 놓은 파일을 불러온다.

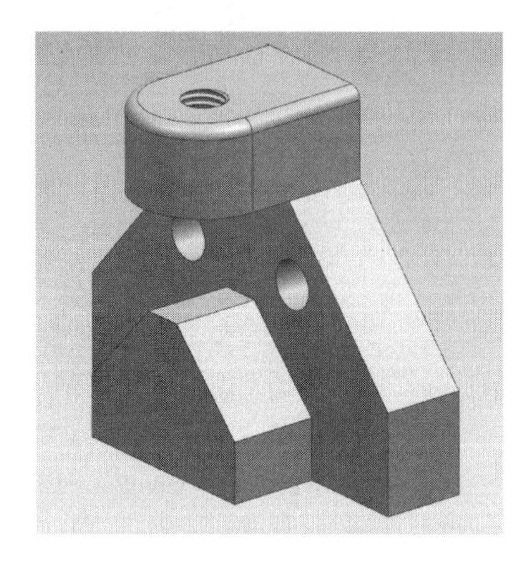

그림 5.28 파일 불러오기 : body_1.prt

❶ 그림 5.29와 같이 Chamfer 아이콘을 클릭하면 설정 창이 활성화 된다. 그림 5.30과 같이 Hole 형상의 모서리 두 곳을 선택한다. Cross Section 설정 항목은 “Symmetric”, Distance 설정 값은 “1”로 설정한 후 확인(OK) 버튼을 클릭하면 Chamfer 형상이 완료된다. 모델링 작업이 완전히 마무리되었다. 작업 파일을 저장한다.

그림 5.29 Chamfer

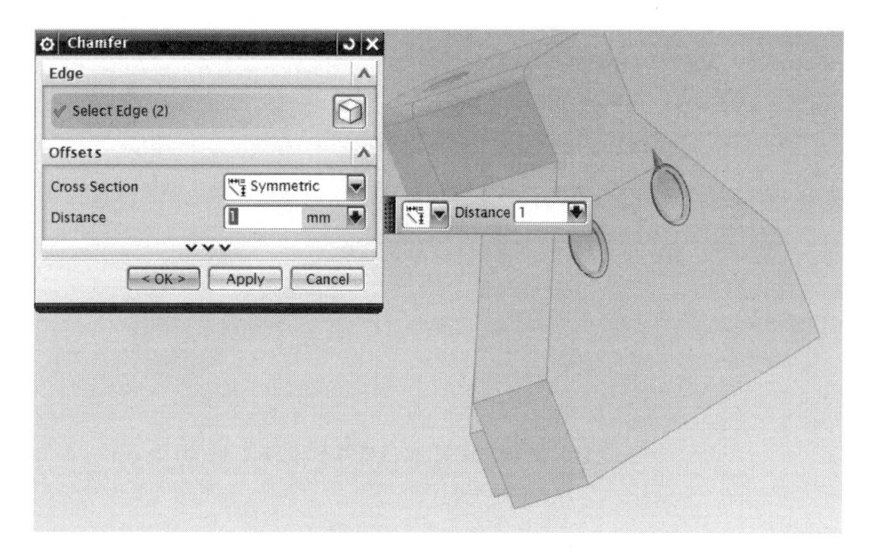

그림 5.30 Chamfer 설정

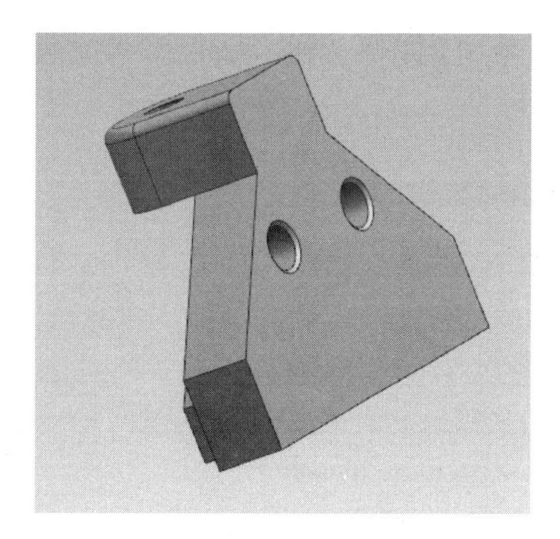

그림 5.31 Chamfer 완료

(2) Chamfer 형상 추가하기 2

4.5절에서 카운터 싱크 형상 작업을 수행했던 Drill Jig에 사용될 나사축 부품인 "screw_shaft_3.prt"를 불러온다. "File >> Open"을 클릭하여 저장해 놓은 파일을 불러온다.

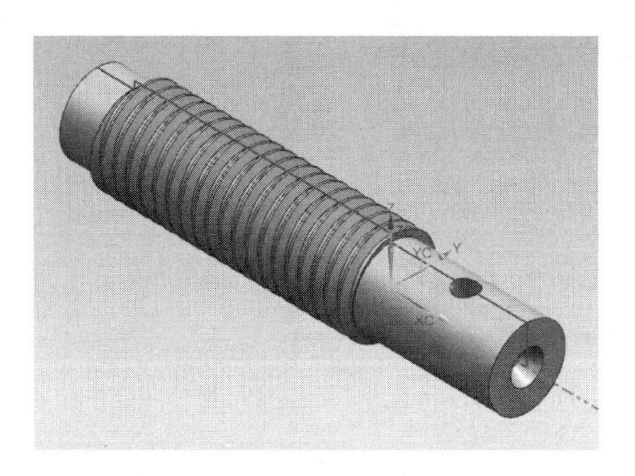

그림 5.32 파일 불러오기 : screw_shaft_3.prt

❶ Chamfer 아이콘을 클릭하면 설정 창이 활성화 된다. 그림 5.33와 같이 양 끝단의 모서리 두 곳을 선택한다. Cross Section 설정 항목은 "Symmetric", Distance 설정 값은 "1"로 설정한 후 확인(OK) 버튼을 클릭하면 Chamfer 형상이 완료된다.

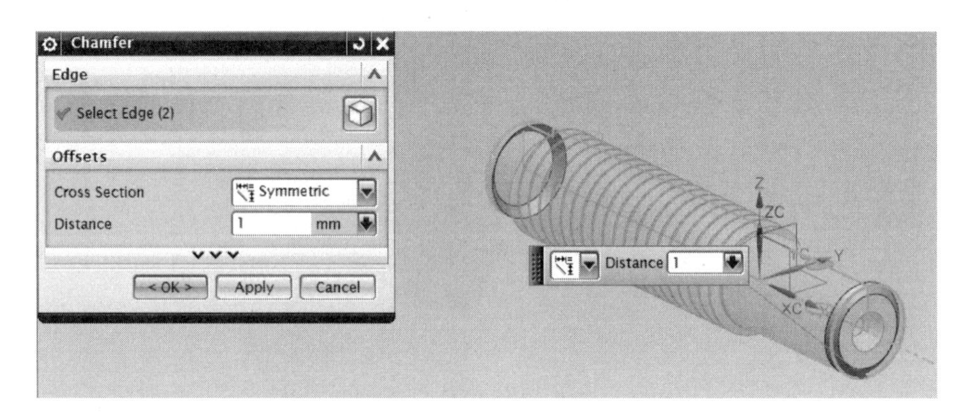

그림 5.33 Chamfer 완료

❷ Thread 부분에 모따기를 추가하기 위하여 먼저 작업 순서를 바꿔준다. 그림 5.34와 같이 왼쪽 화면의 Part Navigator 창에서 "Threads" 항목을 선택한 후 마우스 왼쪽 버튼을 누른 상태로 드래그하여 맨 아래로 끌어다 놓는다.

Part Navigator 창에서 각각의 작업 내용들은 서로 연결되어 있지 않은 경우에 원하는 순서로 바꿀 수 있다. 순서 변경 방법을 적용하여 잘 활용하면 모델링 작업이 조금 더 수월해진다.

❸ Part Navigator 창에서 그림 5.35와 같이 순서를 바꾼 Threads 항목의 체크 박스를 선택하여 형상을 억제한다. Thread 형상을 만든 후에는 해당 모서리에 모따기 형상이 적용되지 않기 때문이다.

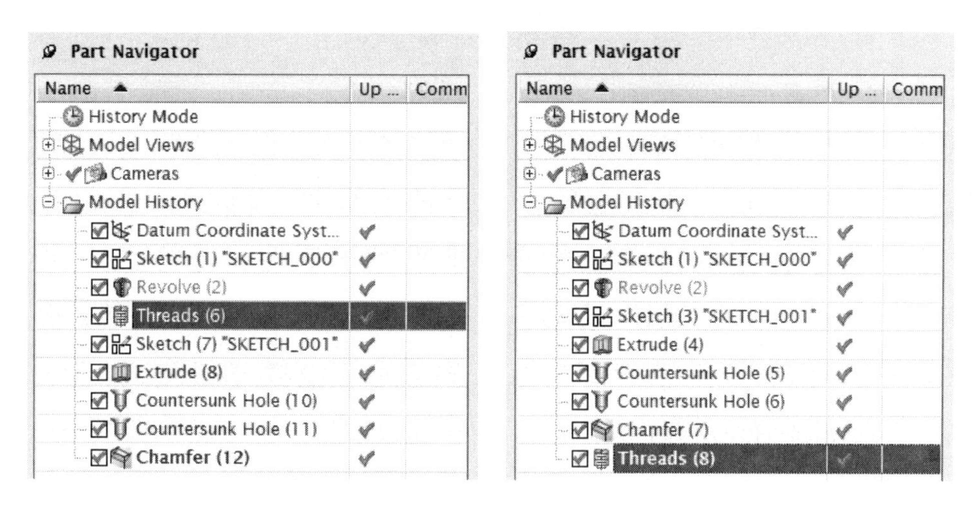

그림 5.34 Threads 작업 순서 변경

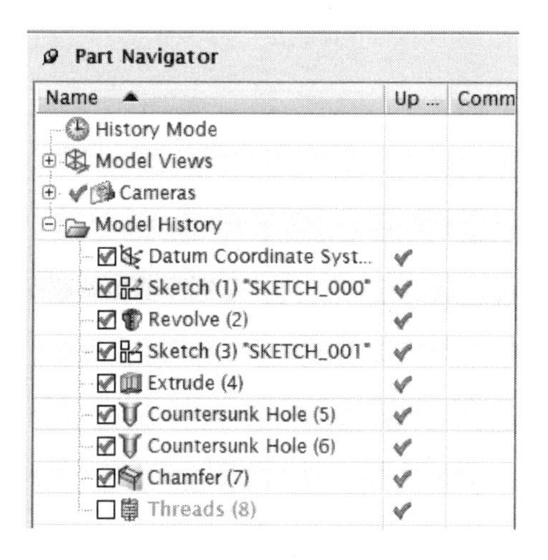

그림 5.35 Threads 작업 억제

❹ Chamfer 아이콘을 클릭하면 설정 창이 활성화 된다. 그림 5.36과 같이 양 끝단의 모서리 두 곳을 선택한다. Cross Section 설정 항목은 "Symmetric", Distance 설정 값은 "1.75"로 설정한다. "1.75" 설정 값은 나사의 "1 피치(M12 × 1.75)" 값으로 설정해준다. 설정이 끝나면 확인(OK) 버튼을 클릭하면 Chamfer 형상이 완료된다.

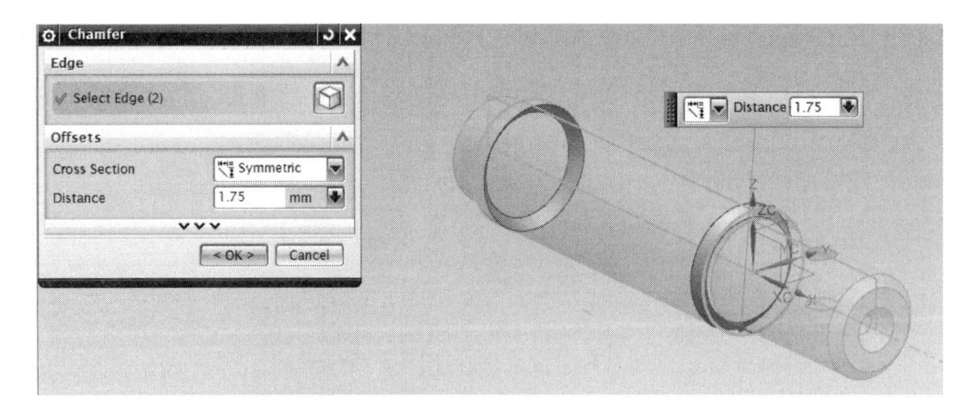

그림 5.36 Chamfer 설정

❺ Part Navigator 창에서 그림 5.37과 같이 Chamfer 형상을 드래그하여 순서를 바꾼 다음 Threads 항목의 체크 박스를 선택하여 형상을 활성화한다.

모델링 작업이 완전히 마무리되었다. 작업 파일을 저장한다.

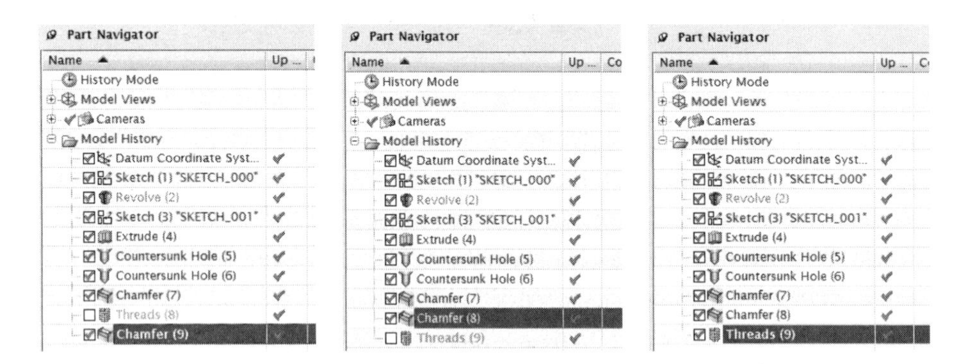

그림 5.37 순서 변경, 억제 해제

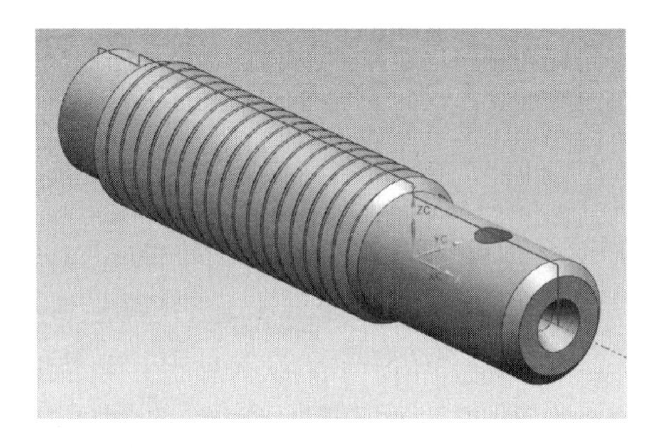

그림 5.38 Chamfer 형상 완료

참고예제 5.1

리드 나사축(lead screw shaft) 만들기

Clamp에 사용될 구성 부품 중 하나인 리드 나사축에 해당하는 "lead_screw_shaft_5.prt"를 만들어보자. Assembly(조립) 기능을 다룰 때 필요한 Part이므로 작업이 완료되면 파일을 저장한다. "New 아이콘( )"을 클릭하면 나타나는 설정 창에서 Model을 선택하고 작업파일을 저장할 폴더와 이름을 지정하고 확인(OK)한다.

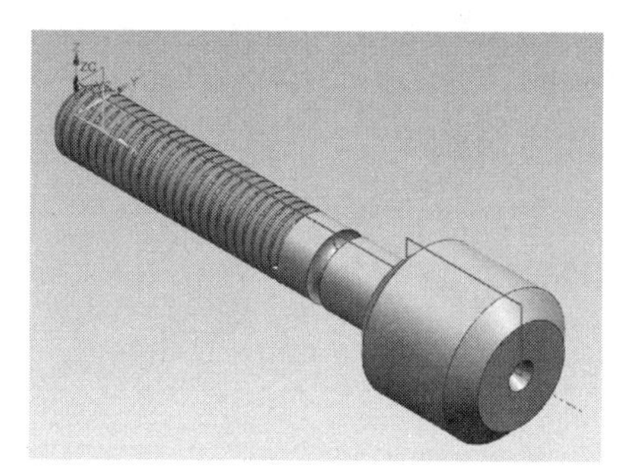
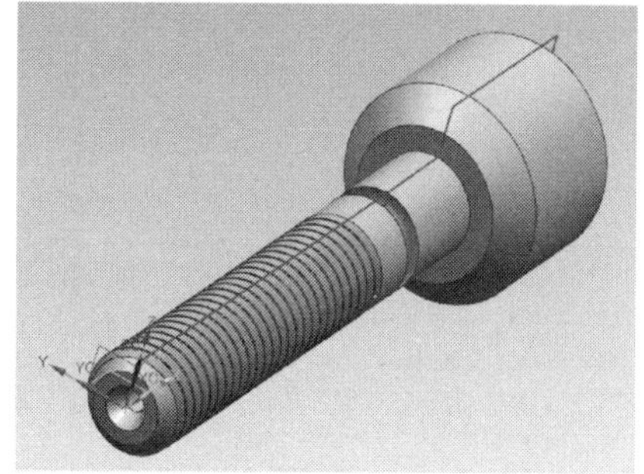

그림 5.39 모델링 : lead_screw_shaft_5.prt

❶ "Sketch in Task Environment" 아이콘을 클릭하면 "Create Sketch" 설정 창이 활성화 되면서 스케치할 평면을 설정하는 상태가 된다. 화면에서 XZ 평면을 마우스로 선택한 후 확인(OK) 버튼을 클릭하면 스케치 할 수 있는 2D 상태로 넘어간다.

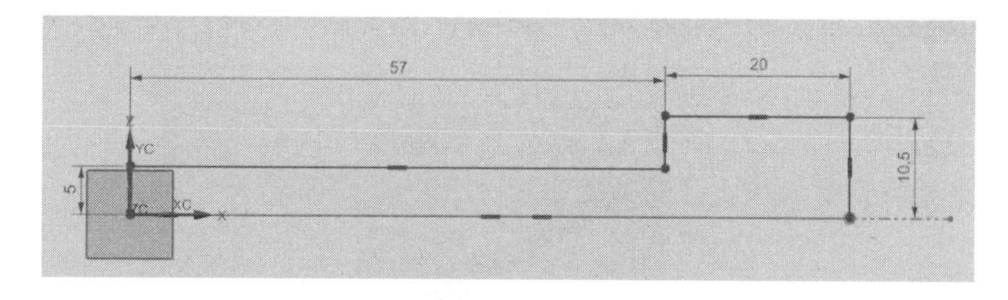

그림 5.40 스케치 단면

Revolve 형상을 만들기 위하여 스케치할 때에는 항상 제일 먼저 회전축으로 사용될 중심선을 스케치한다. 그런 후에 Profile 아이콘을 이용하여 그림 5.40과 같이 스케치한 후 설계 치수를 부여한다. 치수 설정이 모두 끝나면 Finish(🏁) 아이콘을 클릭하여 Modeling 환경으로 돌아간다.

❷ 왼쪽 화면의 Part Navigator 창에서 스케치 항목을 선택한 후 Extrude 아이콘 아래의 화살표를 클릭하면 Revolve 아이콘이 나타난다. Revolve 아이콘을 선택하면 그림 5.41과 같이 Revolve 설정창이 활성화된다.

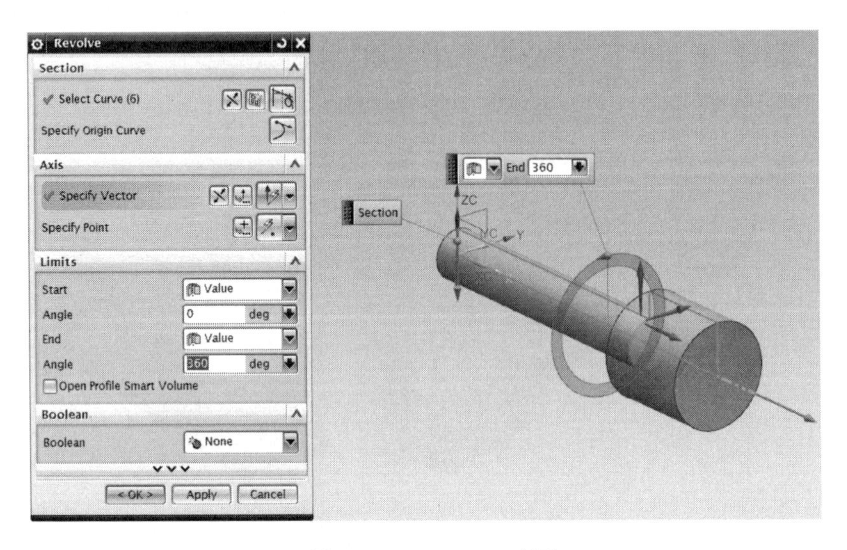

그림 5.41 Revolve 설정

설정 창이 활성화되면 Selection 항목에는 스케치된 커브가 선택되어 있는 것을 확인할 수 있다. 두 번째 Axis 항목으로 넘어가기 위하야 마우스 왼쪽 버튼으로 "Specify Vector" 부분을 선택하면 회전의 기준 축을 선택할 수 있는 상태가 된다. 스케치한 중심선을 선택한다. 첫 번째 형상이므로 Boolean 설정은 Default 값인 None으로 두고 확인(OK)을 클릭하면 Revolve 형상이 완료된다.

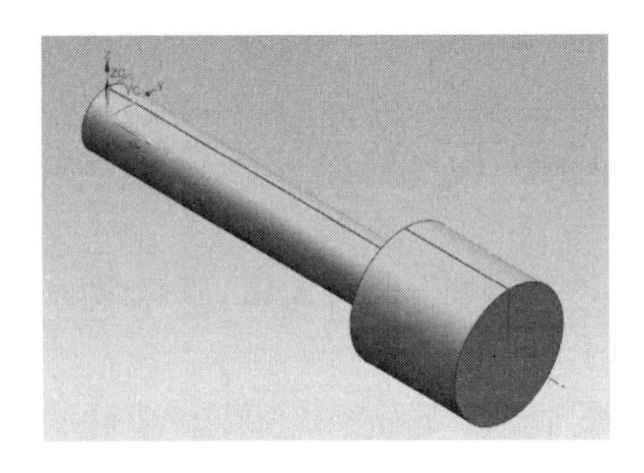

그림 5.42 Revolve 완료

❸ "Sketch in Task Environment" 아이콘을 클릭하면 "Create Sketch" 설정 창이 활성화 되면서 스케치할 평면을 설정하는 상태가 된다. 화면에서 XZ 평면을 마우스로 선택한 후 확인(OK) 버튼을 클릭하면 스케치 할 수 있는 2D 상태로 넘어간다.

Circle 아이콘을 이용하여 그림 5.43과 같이 원을 스케치한 후 설계 치수를 부여한다. 치수 설정이 모두 끝나면 Finish() 아이콘을 클릭하여 Modeling 환경으로 돌아간다.

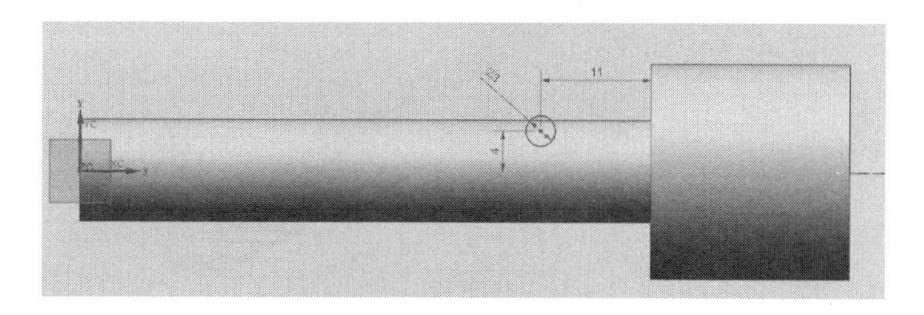

그림 5.43 스케치 단면

❹ 왼쪽 화면의 Part Navigator 창에서 스케치 항목을 선택한 후 Extrude 아이콘 아래의 화살표를 클릭하면 Revolve 아이콘이 나타난다. Revolve 아이콘을 선택하면 그림 5.44와 같이 Revolve 설정창이 활성화된다.

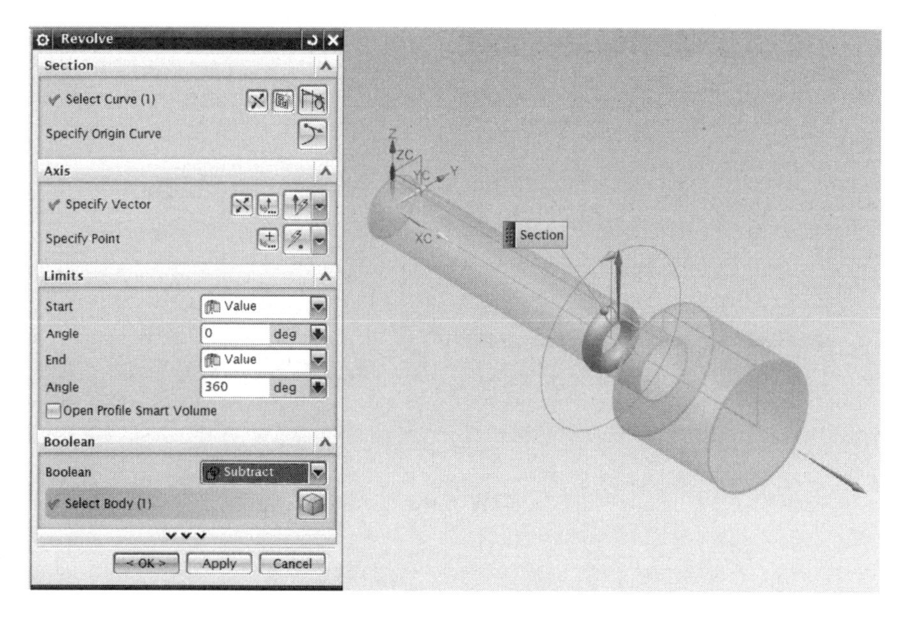

그림 5.44 Revolve 설정

설정 창이 활성화되면 Selection 항목에는 스케치된 커브가 선택되어 있는 것을 확인할 수 있다. 두 번째 Axis 항목으로 넘어가기 위하야 마우스 왼쪽 버튼으로 "Specify Vector" 부분을 선택하면 회전의 기준 축을 선택할 수 있는 상태가 된다. 이 때 스케치한 중심선을 선택한다. 첫 번째 형상이므로 Boolean 설정은 "Subtract"로 설정하고 확인(OK)을 클릭하면 Revolve 형상이 완료된다.

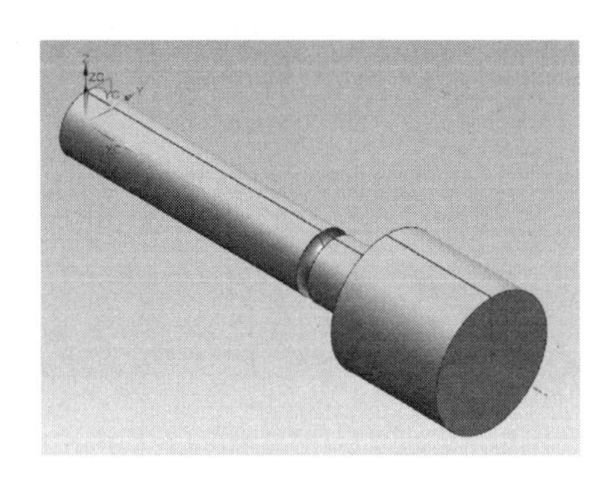

그림 5.45 Revolve 컷 완료

⑤ Chamfer 아이콘을 클릭하면 설정 창이 활성화 된다. 그림 5.46과 같이 모서리 두 곳을 선택한다. Cross Section 설정 항목은 "Symmetric", Distance 설정 값은 "3"으로 설정한 후 확인(OK) 버튼을 클릭하면 Chamfer 형상이 완료된다.

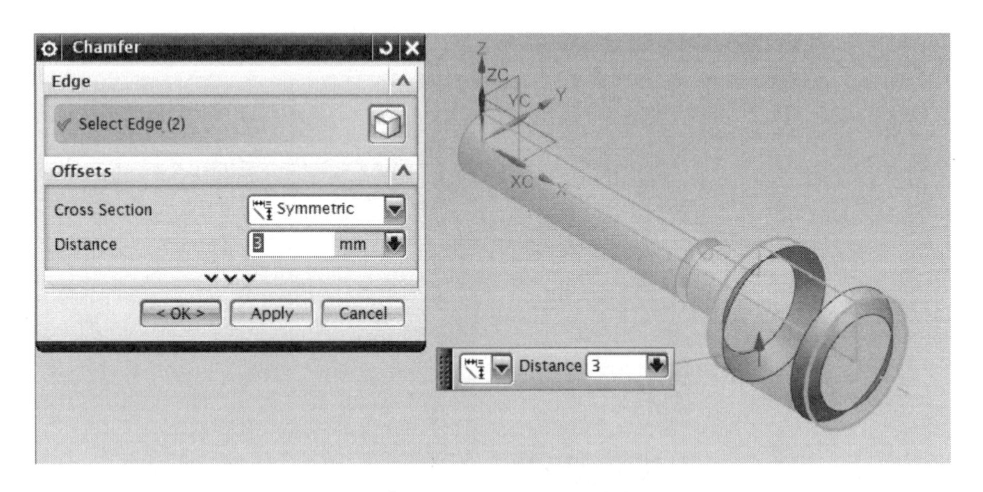

그림 5.46 Chamfer 설정

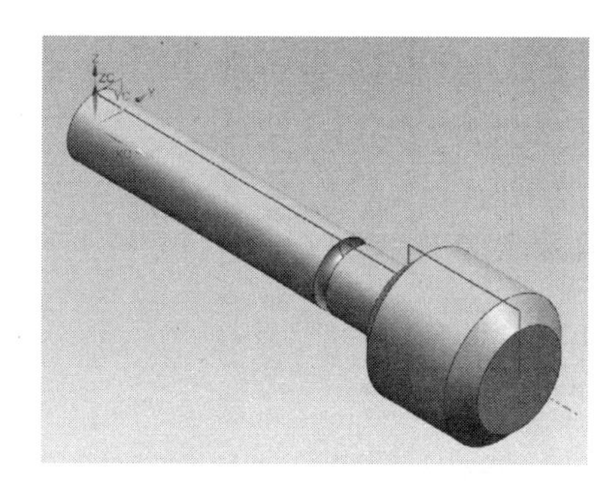

그림 5.47 Chamfer 완료

❻ Chamfer 아이콘을 클릭하면 설정 창이 활성화 된다. 그림 5.48과 같이 끝단의 모서리를 선택한다. Cross Section 설정 항목은 “Symmetric”, Distance 설정 값은 “1.5”로 설정한다. “1.5” 설정 값은 나사의 “1 피치(M10 × 1.5)” 값으로 설정해준다. 설정이 끝나면 확인(OK) 버튼을 클릭하면 Chamfer 형상이 완료된다.

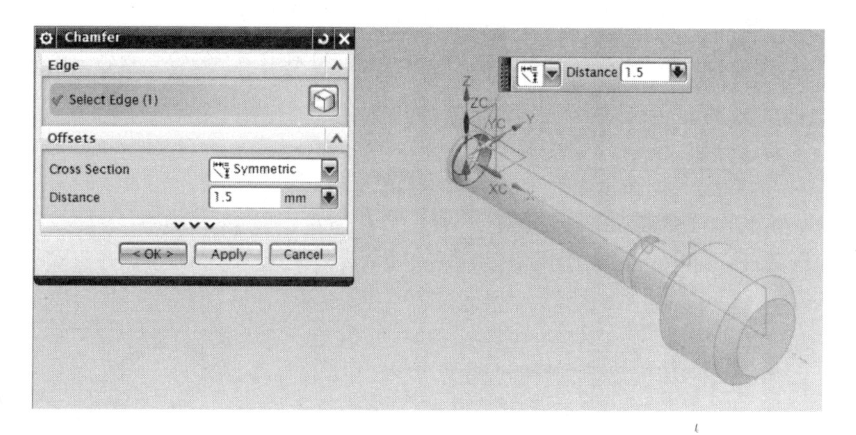

그림 5.48 Chamfer 설정

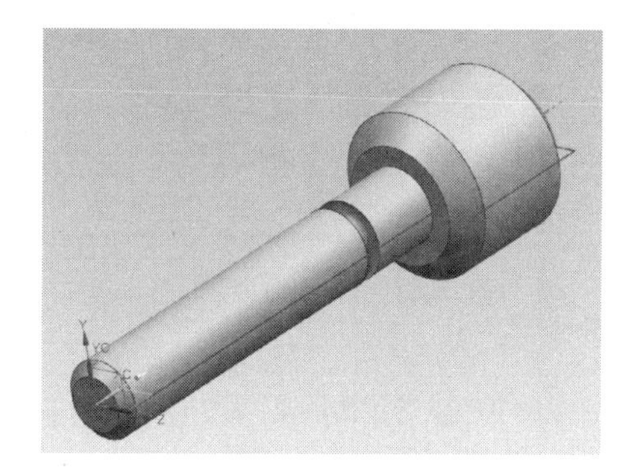

그림 5.49 Chamfer 완료

❼ Thread 버튼을 클릭한 후 그림 5.50과 같이 원통 형상의 둥근 면을 선택하면 Thread 시작 면을 선택하는 상태가 된다.

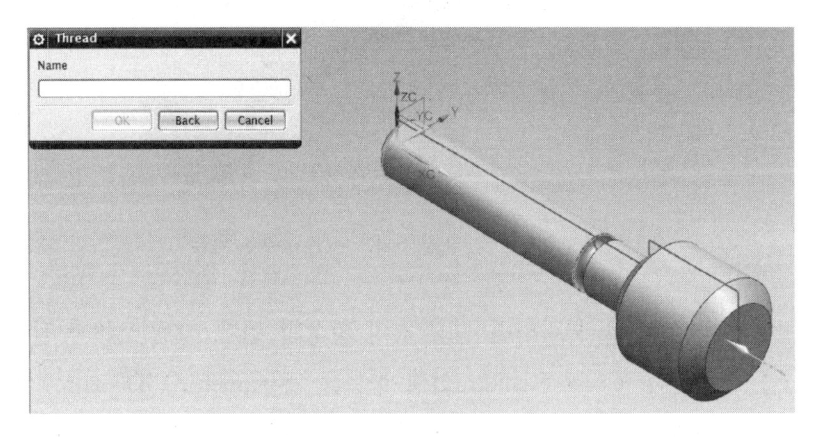

그림 5.50 Thread 설정 면

그림 5.51과 같이 끝단 면을 Thread 시작 면으로 지정한다. Thread 생성 방향을 나타내주는 축 방향이 원하는 방향으로 설정되지 않았으므로, "Reverse Thread Axis" 버튼을 클릭하여 방향을 전환해준다.

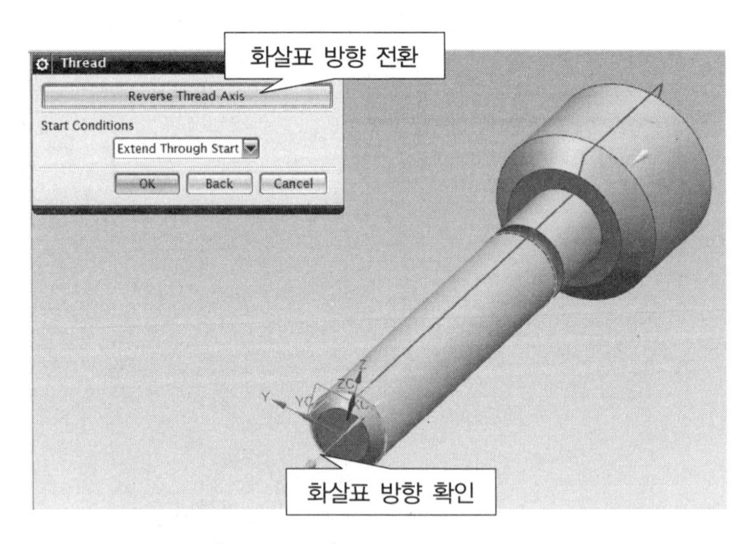

그림 5.51 Thread 시작 면 설정과 방향 전환

Length 설정 값으로 "40"을 입력한 후 확인(OK)을 클릭하여 형상을 완료한다.

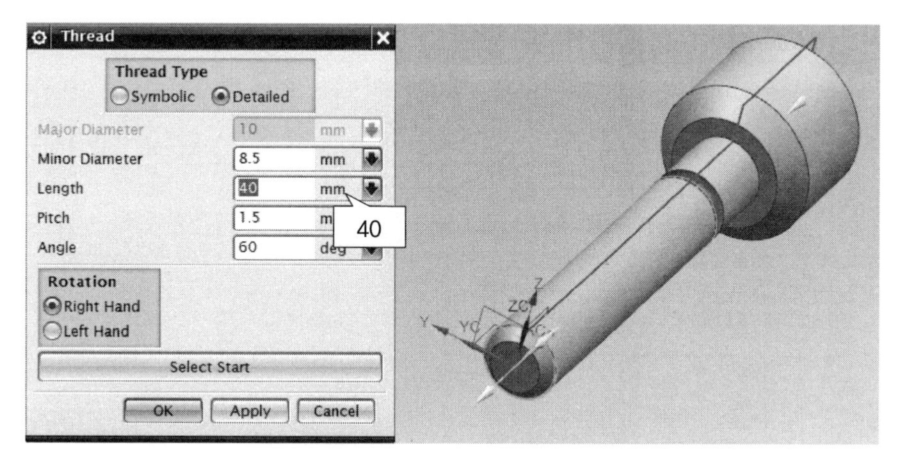

그림 5.52 Thread 설정

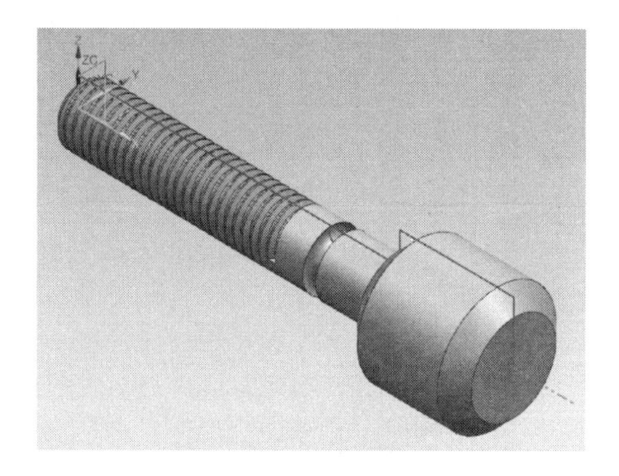

그림 5.53 Thread 완료

⑧ 카운터 싱크 구멍을 생성하여 보자. 카운터 싱크 구멍은 "센터 구멍(Center Hole)"을 적용할 때 유용한 기능이다. KS B 0410에 의거하여 "60° A형 2"에 해당하는 카운터 싱크 구멍을 생성한다.

카운터 싱크(Counter Sink)	
항목	설정 값
C-Sink Diameter	4.25
C-Sink Angle	60
Diameter	2
Depth Limit	value
Limit	4.65
Tip Angle	118

Hole 아이콘을 클릭한 후 카운터 싱크의 배치면으로 그림 5.54와 같이 원통 형상의 테두리에 마우스 포인터를 가져간 후 중심점이 활성화되면 선택한다. 설정 값들을 확인한다.

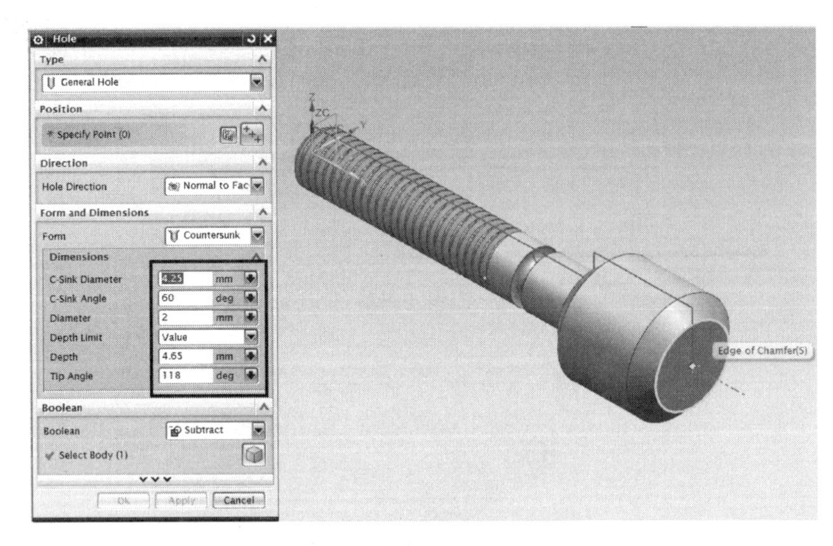

그림 5.54 카운터 싱크 설정

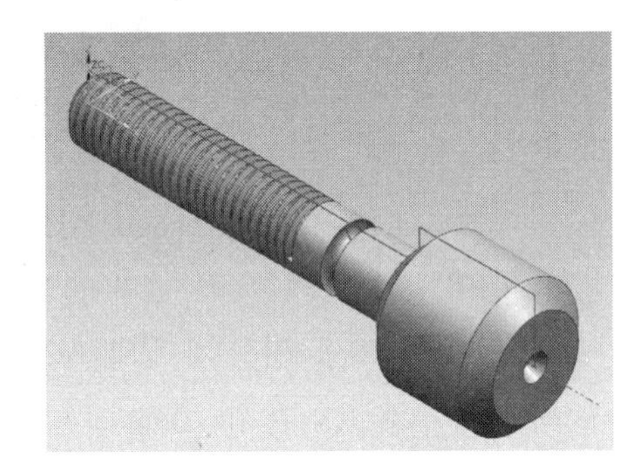

그림 5.55 카운터 싱크 설정 완료

⑨ Hole 아이콘을 클릭하여 반대편에도 카운터 싱크 구멍을 추가한다. 파일 작업을 저장한다.

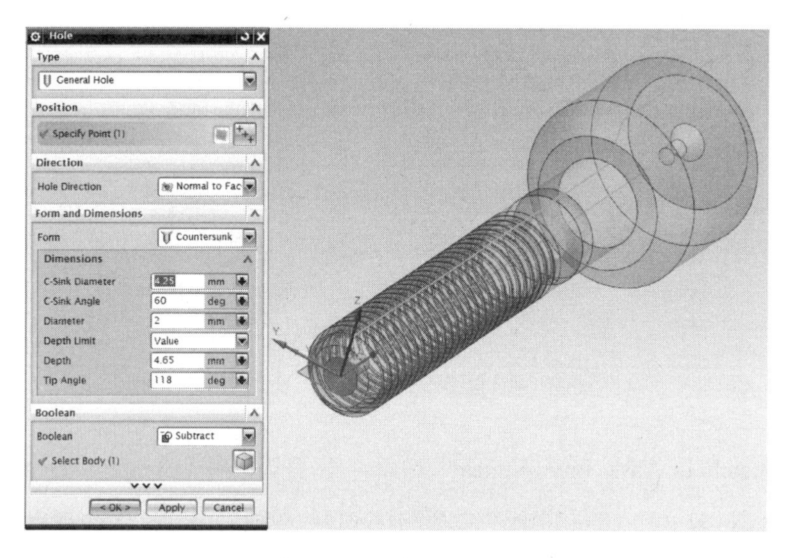

그림 5.56 카운터 싱크 설정

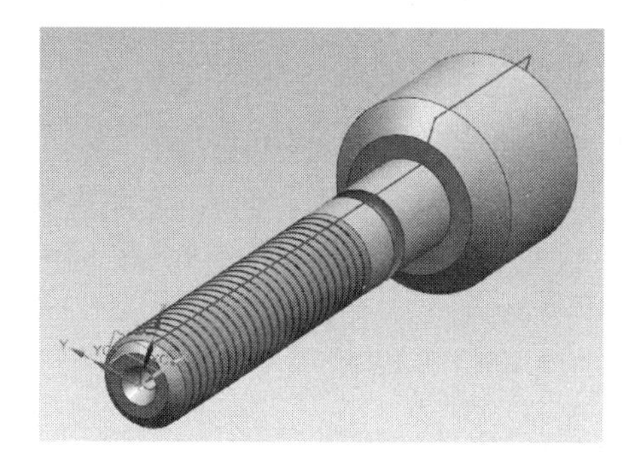

그림 5.57 카운터 싱크 설정 완료

참고예제 5.2

드릴 부시(drill bush) 만들기

Drill Jig에 사용될 구성 부품 중 하나인 "drill_bush_4.prt"를 생성하여 보자. 그림 5.58과 같이 Chamfer 형상이 두 곳에 적용되어 있다. Assembly(조립) 기능을 다룰 때 필요한 Part이므로 작업이 완료되면 파일을 저장한다. "New 아이콘( )"을 클릭하면 나타나는 설정 창에서 Model을 선택하고 작업파일을 저장할 폴더와 이름을 지정하고 OK 한다.

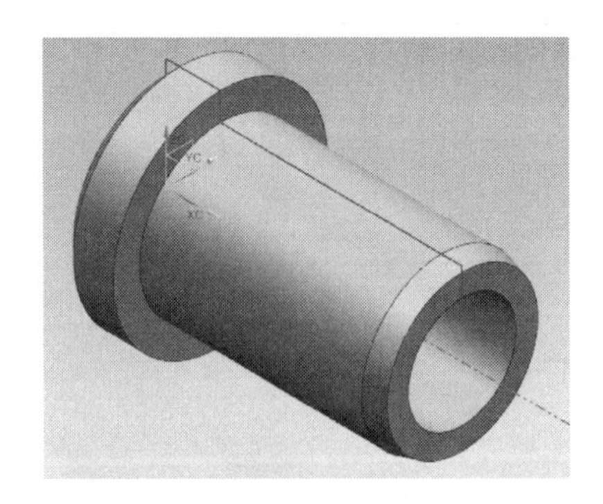

그림 5.58 모델링 : drill_bush_4.prt

❶ "Sketch in Task Environment" 아이콘을 클릭하면 "Create Sketch" 설정 창이 활성화 되면서 스케치할 평면을 설정하는 상태가 된다. XZ 평면을 마우스로 선택한 후 확인(OK) 버튼을 클릭하면 스케치 할 수 있는 2D 상태로 넘어간다.

Revolve 형상을 만들기 위하여 스케치할 때에는 항상 제일 먼저 회전축으로 사용될 중심선을 스케치한다. 그림 5.59와 같이 XC 축에 정렬시킨 수평 중심선을 스케치한 후 나머지 부분을 스케치한다.

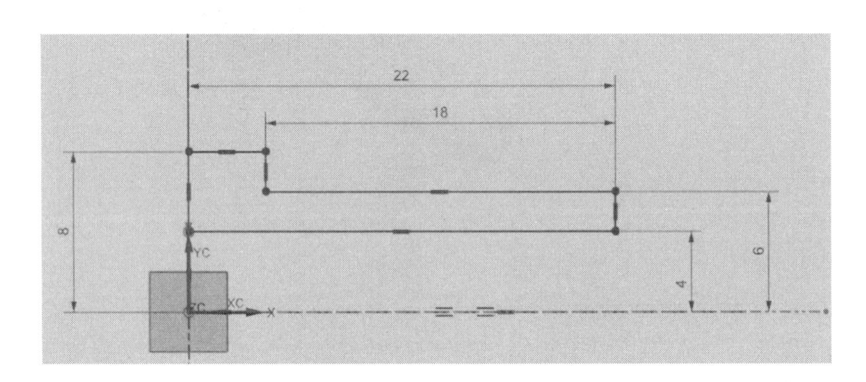

그림 5.59 스케치 단면

스케치가 완료되면 Finish() 아이콘을 클릭하여 Modeling 환경으로 돌아간다.

❷ 왼쪽 화면의 Part Navigator 창에서 스케치 항목을 선택한 후 Extrude 아이콘 아래의 화살표를 클릭하면 Revolve 아이콘이 나타난다. Revolve 아이콘을 선택하면 그림 5.60과 같이 Revolve 설정 창이 활성화된다.

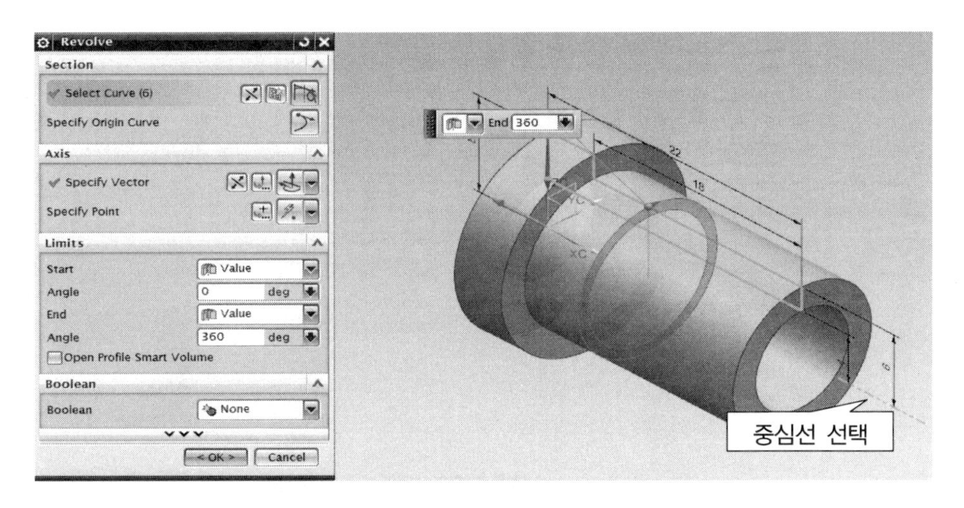

그림 5.60 Revolve 설정

첫 번째 형상이므로 Boolean 설정은 Default 값인 None으로 두고 확인(OK)을 클릭하면 Revolve 형상이 완료된다.

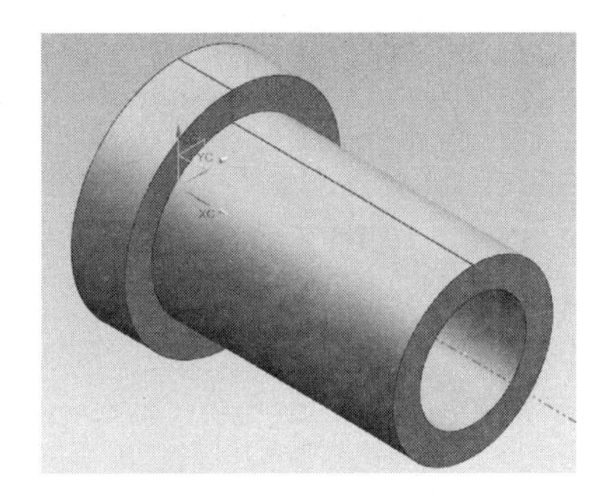

그림 5.61 Revolve 완료

❸ Chamfer 아이콘을 클릭하면 설정 창이 활성화 된다. 그림 5.62와 같이 끝단의 모서리를 선택한다. Cross Section 설정 항목은 "Offset and Angle", Distance 설정 값은 "1.5"로 설정한다. Angle 설정 값은 "15"로 설정해준다. 설정이 끝나면 확인(OK) 버튼을 클릭하면 Chamfer 형상이 완료된다.

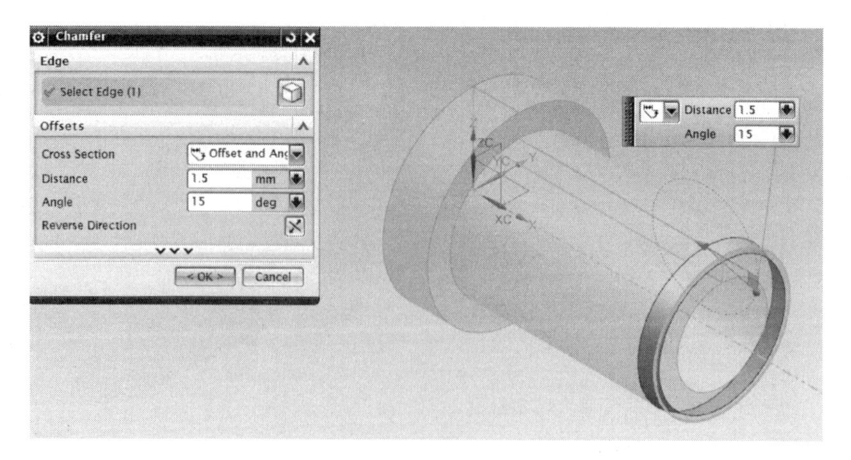

그림 5.62 Chamfer 설정

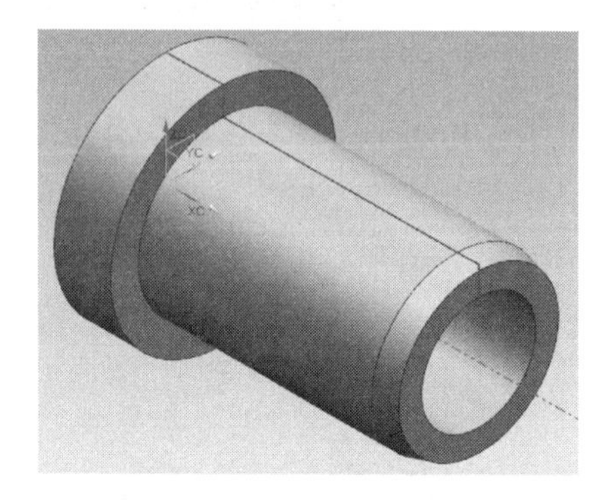

그림 5.63 Chamfer 완료

❹ Edge Blend 아이콘을 클릭하면 설정 창이 활성화된다. 커브 선택 방법으로 "Tangent Curves" 항목을 선택한 후 그림 5.64와 같이 모서리를 선택한다.

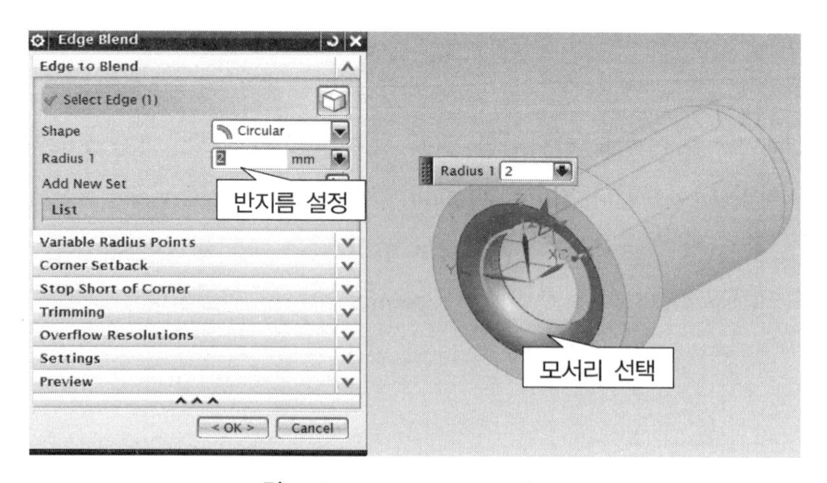

그림 5.64 Edge Blend 설정 창

확인(OK) 버튼을 클릭하면 Edge Blend 설정이 완료된다.

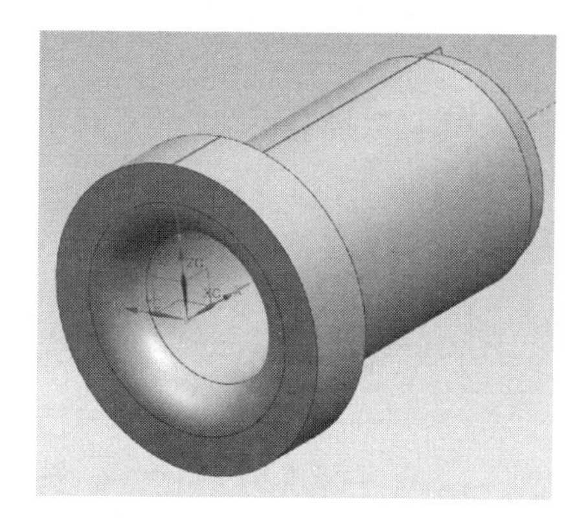

그림 5.65 Edge Blend 완료

❺ Chamfer 아이콘을 클릭하면 설정 창이 활성화 된다. 그림 5.66과 같이 끝단의 모서리를 선택한다. Cross Section 설정 항목은 "Symmetric", Distance 설정 값은 "1"로 설정한다. 설정이 끝나면 확인(OK) 버튼을 클릭하면 Chamfer 형상이 완료된다.

작업을 저장한다.

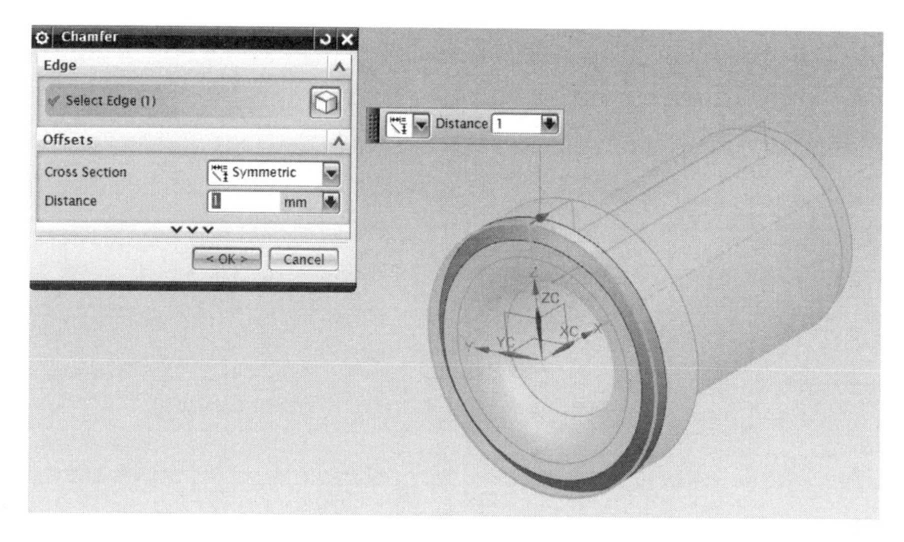

그림 5.66 Chamfer 설정

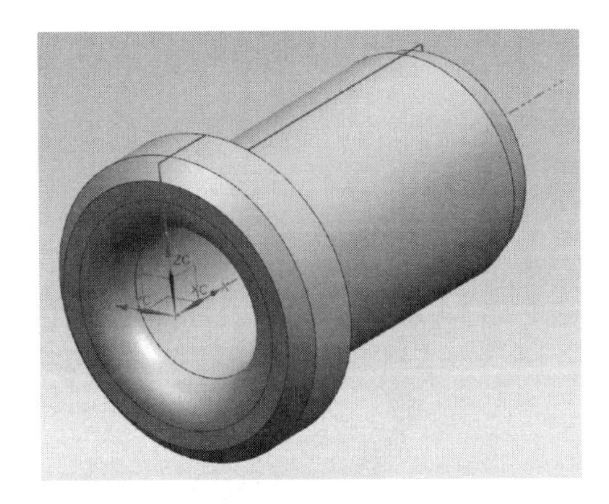

그림 5.67 Chamfer 완료

CHAPTER 06

Sweep Feature를 이용한 형상모델링

스케치한 단면이 Path 또는 Guideline을 따라서 이동하면서 Feature가 생성되는 방법이 Sweep이다. NX 소프트웨어는 복잡한 커브 중 하나인 나선(Helix)도 쉽게 입력할 수 있는 기능을 제공해준다.

6.1 Cup 형상 생성하기

(1) Variational Sweep

"cup_sweep.prt" 만들기를 통하여 Variational Sweep 기능을 알아보자. "New 아이콘( )"을 클릭하면 나타나는 설정 창에서 Model을 선택하고 작업파일을 저장할 폴더와 이름을 지정한다.

그림 6.1 모델링 : cup_sweep.prt

❶ "Sketch in Task Environment" 아이콘을 클릭하면 "Create Sketch" 설정 창이 활성화 되면 XZ 평면을 마우스로 선택한 후 확인(OK) 버튼을 클릭하면 스케치 할 수 있는 2D 상태로 넘어간다. 제일 먼저 회전축으로 사용될 중심선을 스케치한다. 그림 6.2와 같이 원점에서 YC 축으로 수직 중심선을 스케치한 후 나머지 부분을 스케치한다.

스케치가 완료되면 Finish(🏁) 아이콘을 클릭하여 Modeling 환경으로 돌아간다.

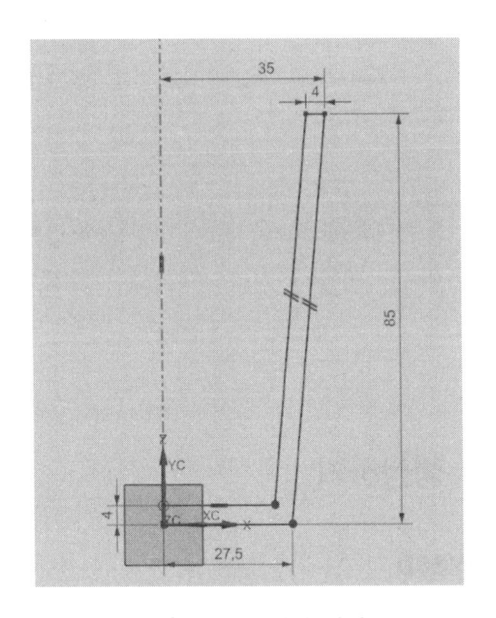

그림 6.2 스케치 단면

❷ 왼쪽 화면의 Part Navigator 창에서 스케치 항목을 선택한 후 Extrude 아이콘 아래의 화살표를 클릭하면 Revolve 아이콘이 나타난다. Revolve 아이콘을 선택하면 그림 6.3과 같이 Revolve 설정 창이 활성화된다.

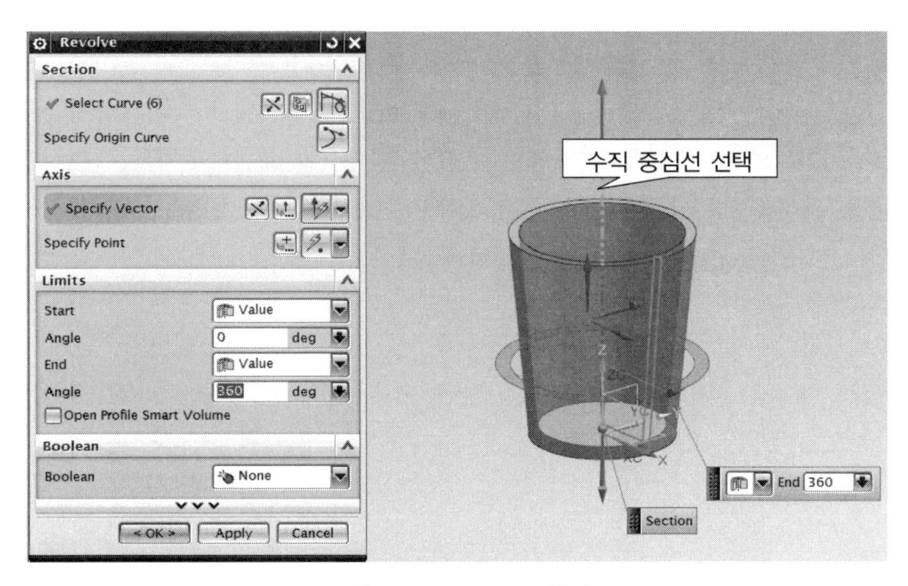

그림 6.3 Revolve 설정

설정 창이 활성화되면 Selection 항목에는 스케치된 커브가 선택되어 있는 것을 확인할 수 있다. 두 번째 Axis 항목으로 넘어가기 위하여 마우스 왼쪽 버튼으로 "Specify Vector" 부분을 선택하면 회전의 기준 축을 선택할 수 있는 상태가 된다. 이 때 화면 가운데에서 스케치한 수직 중심선을 선택하면 그림 6.4와 같이 기본적으로 360도 회전된 형상을 나타내준다.

첫 번째 형상이므로 Boolean 설정은 Default 값인 None으로 두고 확인(OK)을 클릭하면 Revolve 형상이 완료된다.

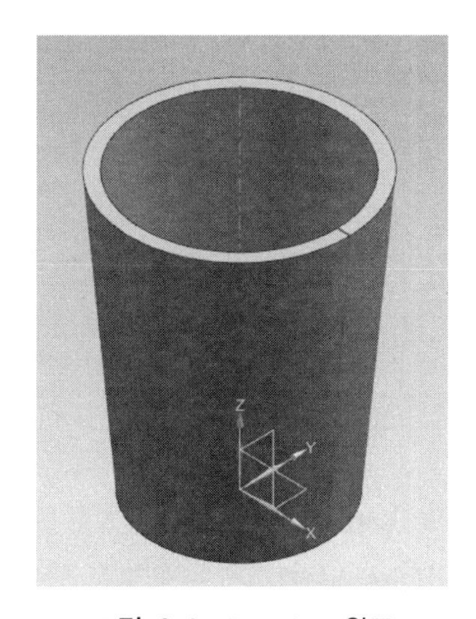

그림 6.4 Revolve 완료

❸ Sweep에 사용될 커브를 스케치한다. “Sketch in Task Environment” 아이콘을 클릭하면 “Create Sketch” 설정 창이 활성화 되면 XZ 평면을 마우스로 선택한 후 확인(OK) 버튼을 클릭하면 스케치 할 수 있는 2D 상태로 넘어간다.

그림 6.5와 같이 커브를 스케치한다. 스케치가 완료되면 Finish() 아이콘을 클릭하여 Modeling 환경으로 돌아간다.

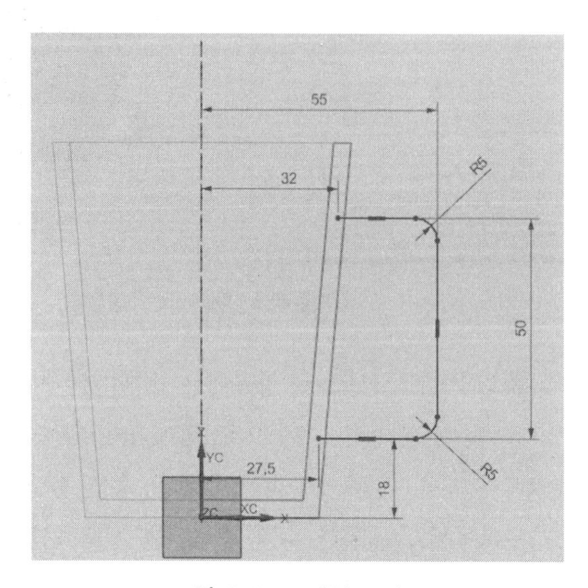

그림 6.5 스케치 : 커브

❹ 그림 6.6과 같이 “Menu >> Insert >> Sweep >> Variational Sweep”을 클릭한다.

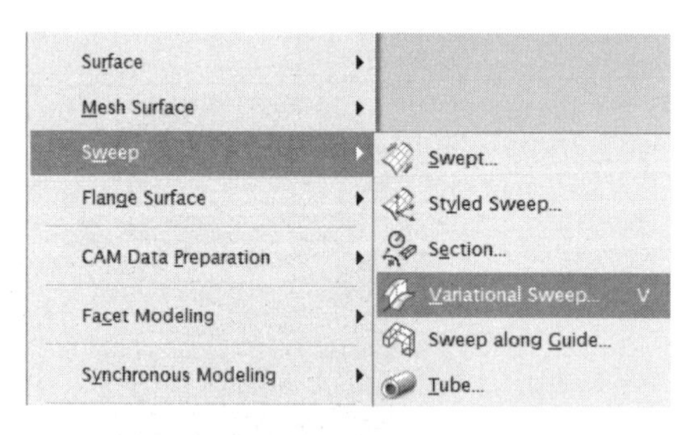

그림 6.6 Sweep : Variational Sweep

그림 6.7과 같이 Variational Sweep 설정 창 “Section” 항목에서 “Sketch Section” 버튼을 클릭한다. 미리 스케치해 놓은 단면이 없으므로 단면을 스케치하는 버튼이다. 만약 미리 스케치해 놓은 단면이 있으면 선택하면 된다.

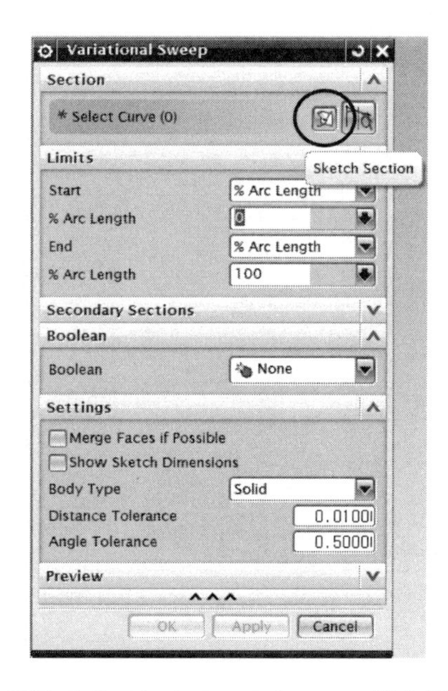

그림 6.7 Variational Sweep 설정 창

그림 6.8과 같이 "Create Sketch" 상태에서 Cup의 손잡이 부분에 해당하는 스케치한 커브를 선택하면 선택된 부분이 표시되는데 Variational Sweep의 시작은 커브의 끝에서부터 시작할 것이므로 "% Arc Length" 입력 창에 "0"을 입력하면 그림 6.9와 같이 스케치 위치가 커브의 끝점으로 이동한다. 확인(OK) 버튼을 클릭하면 스케치 할 수 있는 2D 상태로 넘어간다.

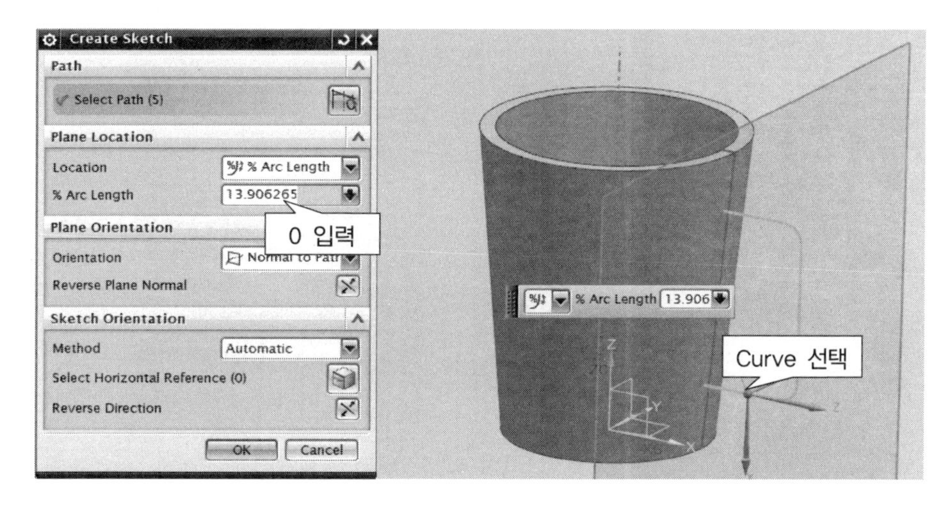

그림 6.8 Create Sketch 설정 창

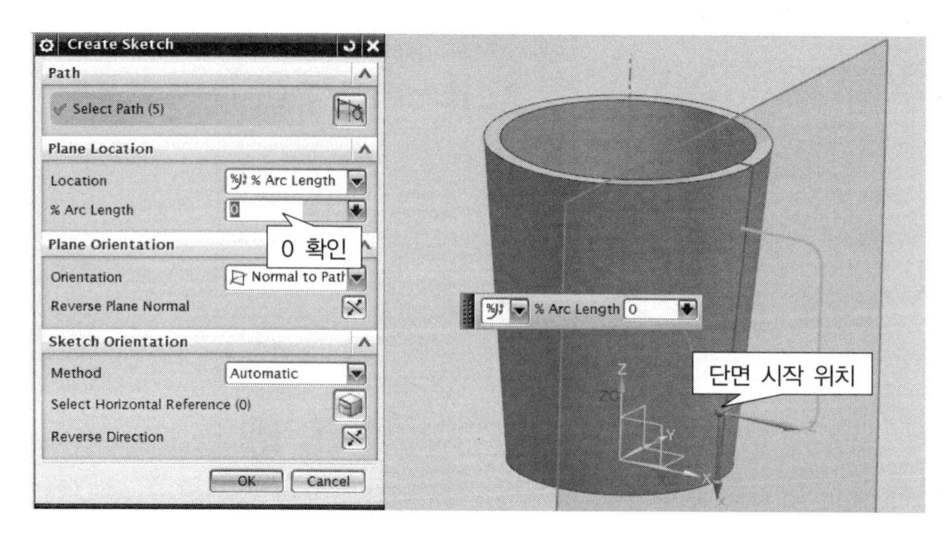

그림 6.9 Create Sketch 설정 창 : 값 변경

그림 6.10과 같이 2D 스케치 상태가 되면, 기존과는 새로운 좌표계가 화면에 표시된다. 평면이 아닌 커브에 수직한 가상 평면에 스케치하는 경우에 생기는 표시로 N-T 좌표계라고도 한다. N은 Normal, T는 Tangent를 의미한다.

Circle 아이콘을 이용하여 N-T 좌표계의 원점에 중심점을 배치하고, 치수 설정 아이콘을 이용하여 지름 치수 "7"을 부여한다.

스케치가 완료되면 Finish( ) 아이콘을 클릭하여 Modeling 환경으로 돌아간다. 확인(OK) 버튼을 클릭하면 Variational Sweep 설정이 완료된다.

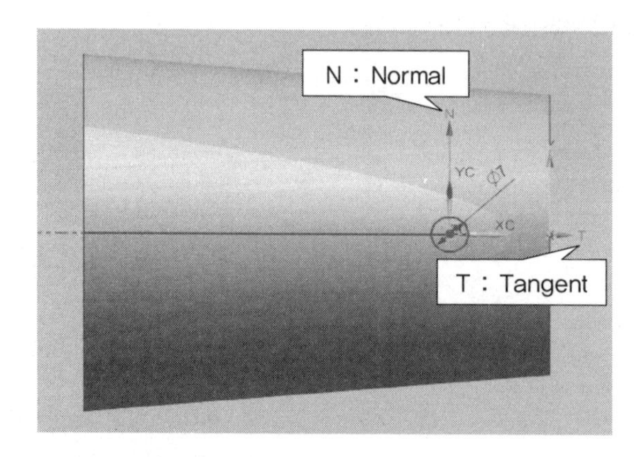

그림 6.10 단면 스케치

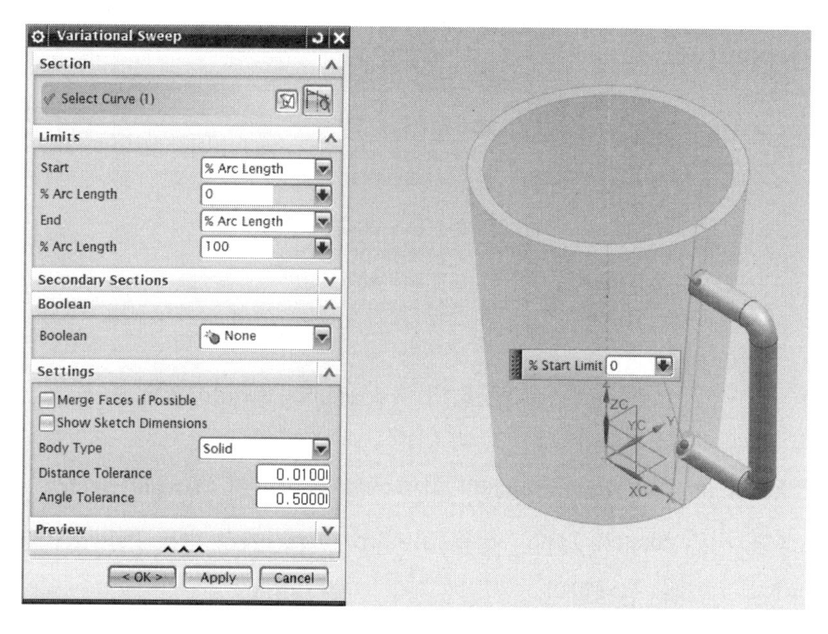

그림 6.11 Variational Sweep 설정 완료

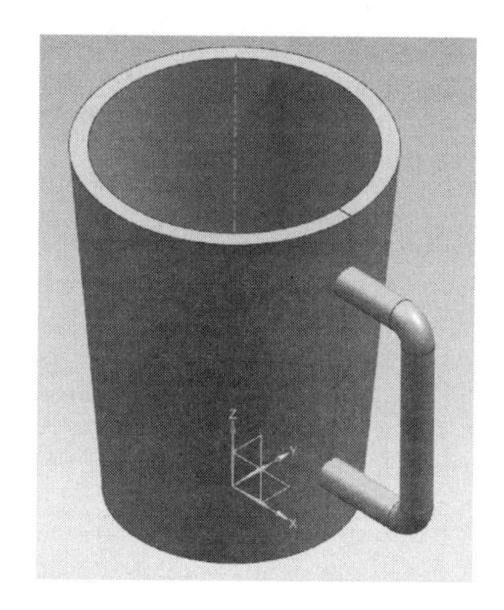

그림 6.12 Variational Sweep 완료

(2) Sweep along Guide

Variational Sweep 기능과 유사한 Sweep Along Guide 기능을 알아보자. Part Navigator에서 "Variational Sweep" 형상의 체크 박스를 해제하면 삭제한 것이 아니라 화면에서 억제한 것이다.

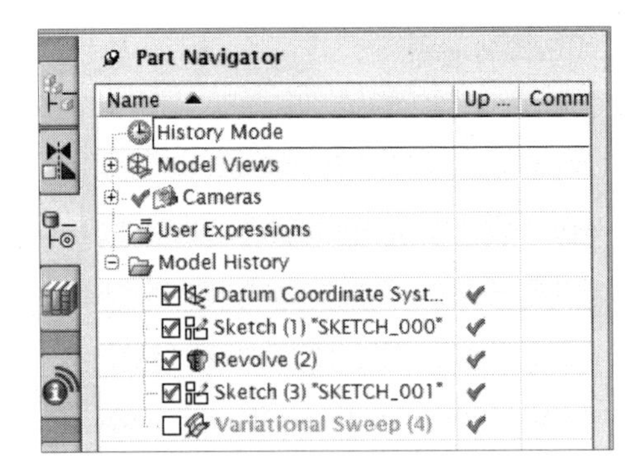

그림 6.13 Variational Sweep 억제

❶ "Sketch in Task Environment" 아이콘을 클릭하면 "Create Sketch" 설정 창이 활성화 되면 Sketch Type 항목으로 "On Plane"에서 "On Path"로 변경한 후 스케치된 커브를 선택한다.

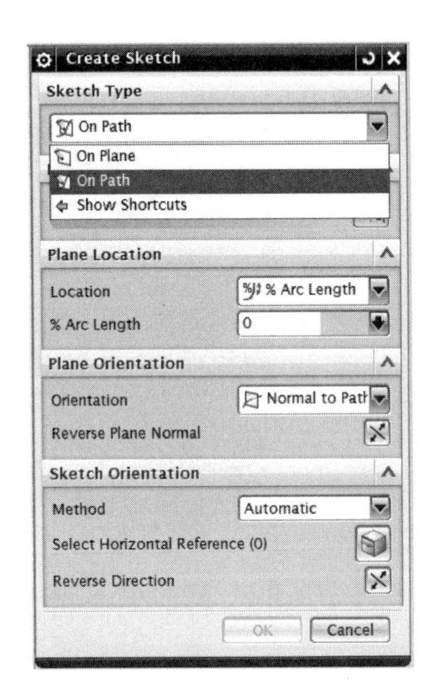

그림 6.14 Sketch Type : On Path

그림 6.15와 같이 "Create Sketch" 상태에서 Cup의 손잡이 부분에 해당하는 스케치한 커브를 선택한 후 "% Arc Length" 입력 창에 "0"을 입력하면 스케치 위치가 커브의 끝점으로 이동한다. 확인(OK) 버튼을 클릭하면 스케치 할 수 있는 2D 상태로 넘어간다.

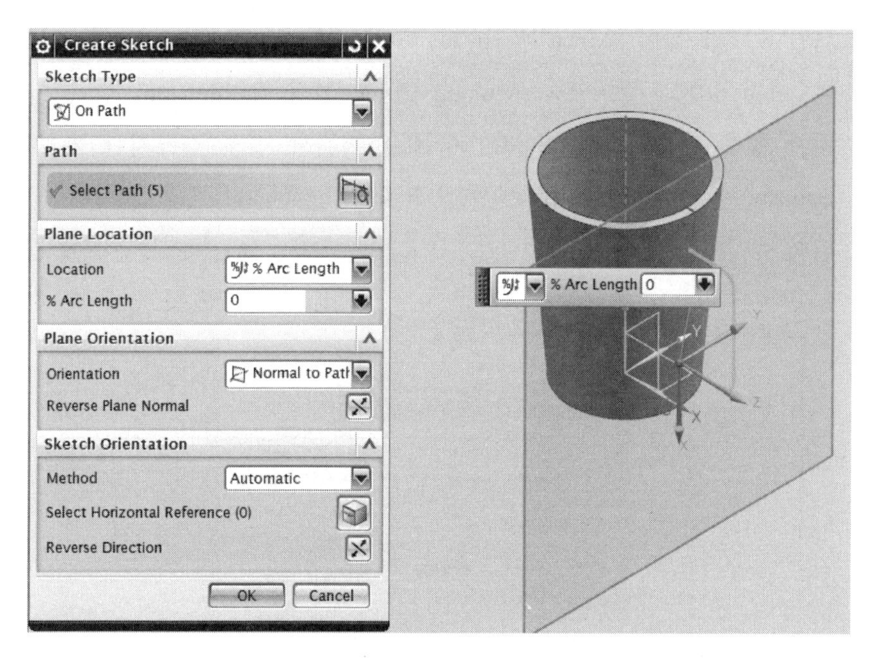

그림 6.15 Create Sketch : On Path

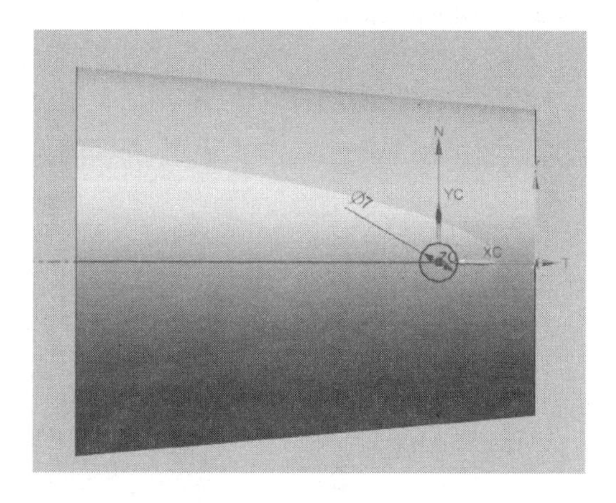

그림 6.16 단면 스케치

그림 6.16과 같이 2D 스케치 상태가 되면, 기존과는 새로운 좌표계가 화면에 표시된다. 평면이 아닌 커브에 수직한 가상 평면에 스케치하는 경우에 생기는 표시로 N-T 좌표계라고도 한다. N은 Normal, T는 Tangent를 의미한다.

Circle 아이콘을 이용하여 N-T 좌표계의 원점에 중심점을 배치하고, 치수 설정 아이콘을 이용하여 지름 치수 "7"을 부여한다. 스케치가 완료되면 Finish( ) 아이콘을 클릭하여 Modeling 환경으로 돌아간다.

❷ 그림 6.17과 같이 "Menu >> Insert >> Sweep >> Sweep along Guide"를 클릭한다. 그림 6.18과 같이 Sweep along Guide 설정 창 "Section" 항목 선택에서 스케치한 원을 선택한 후 "Guide" 항목 선택에서 먼저 스케치한 커브를 선택한다. Boolean 설정은 "Unite"로 설정한 후 확인(OK) 버튼을 클릭하면 설정이 완료된다.

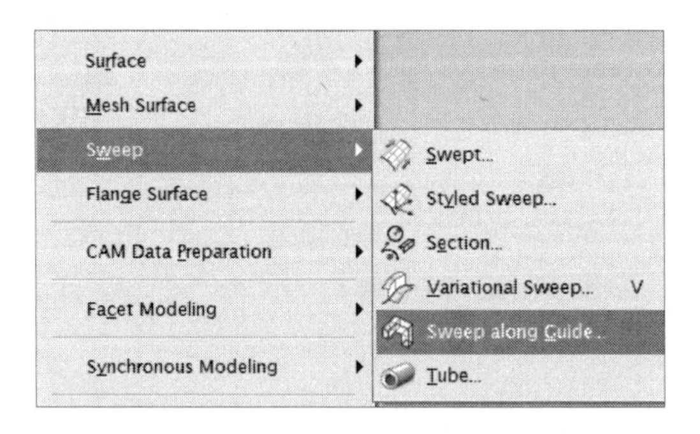

그림 6.17 Sweep : Sweep along Guide

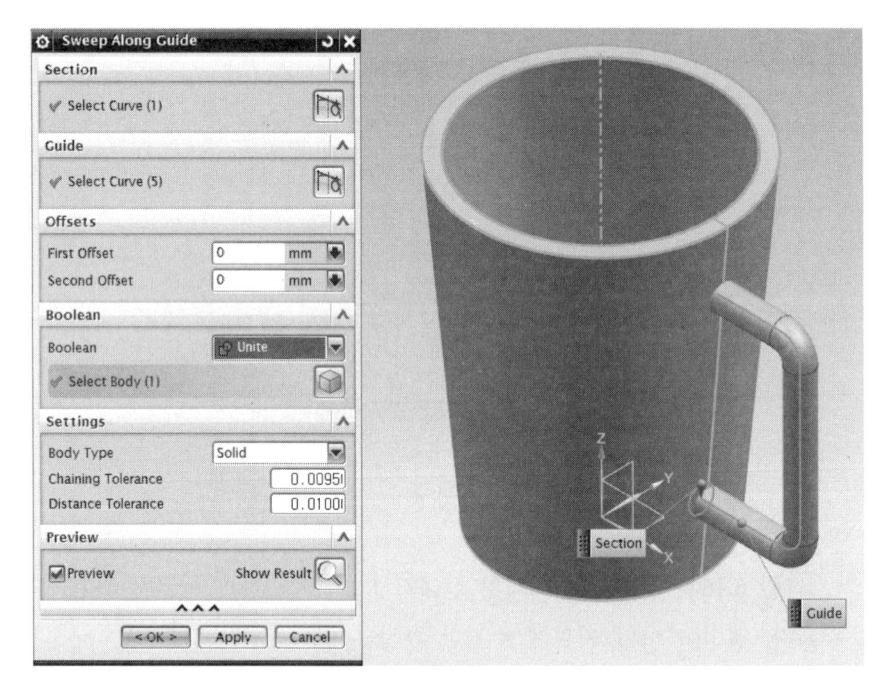

그림 6.18 Sweep along Guide 설정

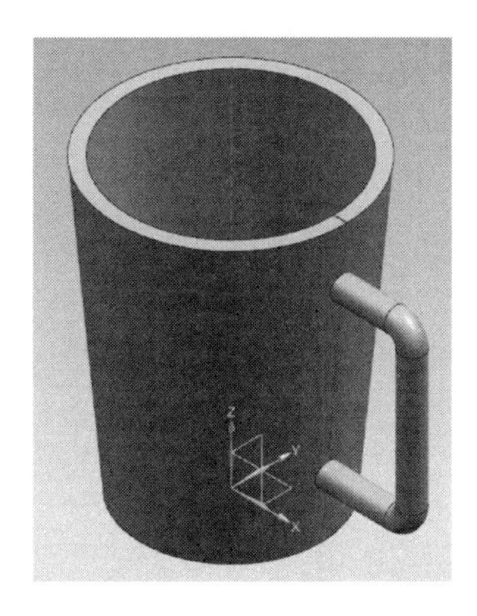

그림 6.19 Sweep along Guide 설정

6.2 Spring 형상 생성하기

(1) Helix 이용 스프링 생성

"sweep_spring.prt" 만들기를 통하여 Helix와 Variational Sweep 기능을 이용하여 스프링을 만들어보자. "New 아이콘( )"을 클릭하면 나타나는 설정 창에서 Model을 선택하고 작업파일을 저장할 폴더와 이름을 지정한다.

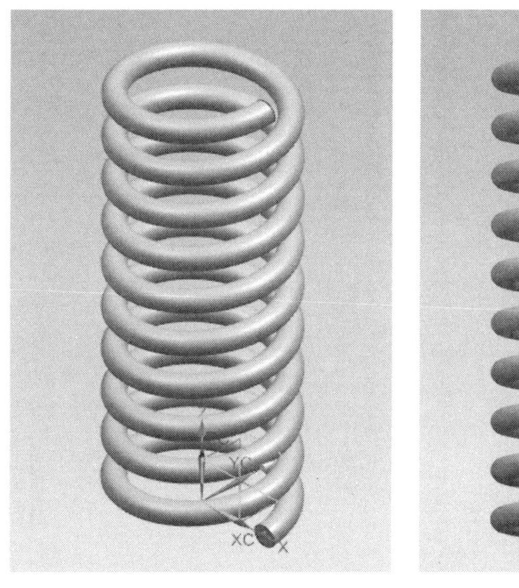

그림 6.20 모델링 : sweep_spring.prt

❶ 그림 6.21과 같이 “Menu >> Insert >> Curve >> Helix”를 클릭한다.

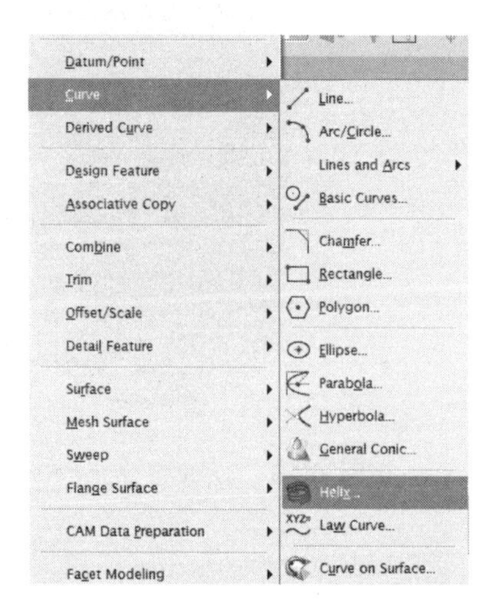

그림 6.21 Insert Curve : Helix

그림 6.22와 같이 Helix 설정 창에서 Size 항목 설정에서 Diameter “26”, Pitch “8”, Length “80”으로 설정한다. Orientation은 기본적으로 원점에서 ZC 축 방향으로 향한다. 확인(OK) 버튼을 클릭하면 설정이 완료된다.

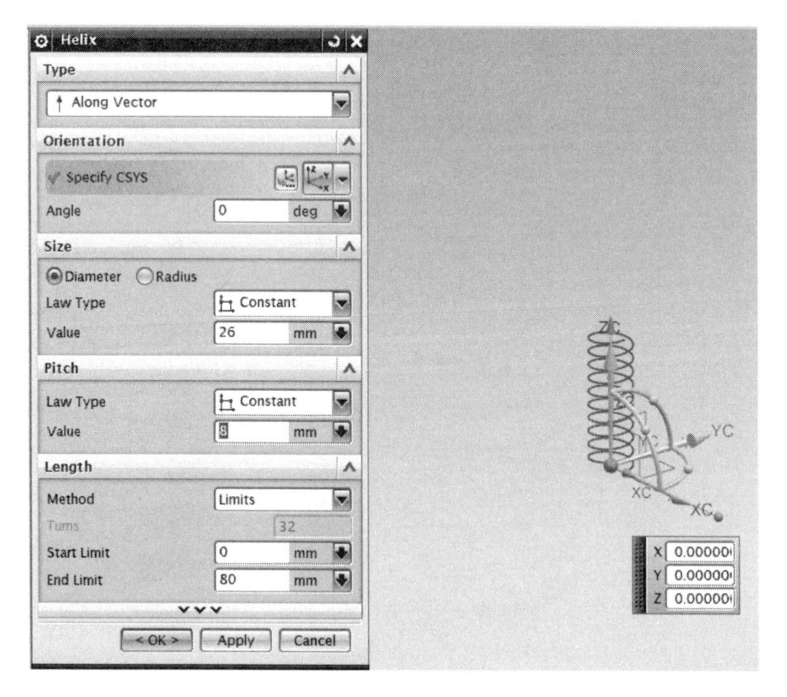

그림 6.22 Helix 설정

표 6.1 KS B 0005 : 제도-스프링의 표시
KS D 3582 : SWOSC-V, 밸브 스프링용 크롬-바나듐강 오일 템퍼선

재료	SWOSC-V [냉간성형 압축 코일 스프링]
재료의 지름	4mm
코일의 평균 지름	26mm
코일 바깥지름	30±0.4mm
감긴 방향	오른쪽
자유 높이	(80mm)
유효감긴 수(피치)	9.5번(8mm)

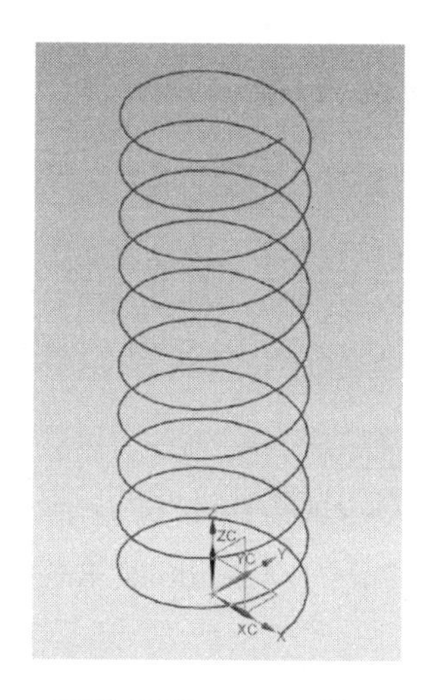

그림 6.23 Helix 완료

❷ "Menu >> Insert >> Sweep >> Variational Sweep"을 클릭한다. Variational Sweep 설정 창 "Section" 항목에서 "Sketch Section" 버튼을 클릭한다. 그림 6.24와 같이 "Create Sketch" 상태에서 Helix 커브의 맨 아래쪽 시작점 쪽을 선택한다. "% Arc Length" 입력 창에 "0"을 입력하면 그림 6.24와 같이 스케치 위치가 커브의 끝점으로 이동한다. 확인(OK) 버튼을 클릭하면 스케치 할 수 있는 2D 상태로 넘어간다.

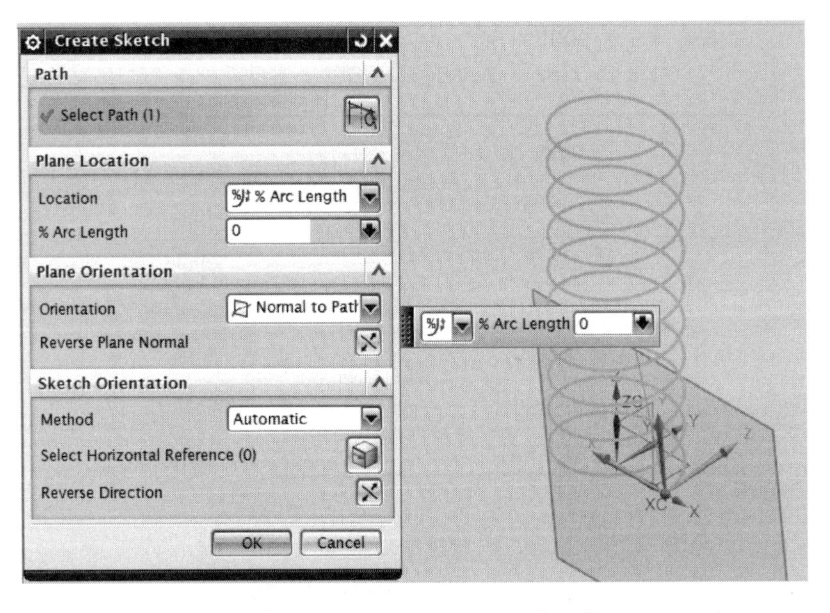

그림 6.24 Create Sketch 설정 창

그림 6.25와 같이 2D 스케치 상태가 되면, Circle 아이콘을 이용하여 N-T 좌표계의 원점에 중심점을 배치하고, 치수 설정 아이콘을 이용하여 지름 치수 "4"를 부여한다.

스케치가 완료되면 Finish( ) 아이콘을 클릭하여 Modeling 환경으로 돌아간다. 확인(OK) 버튼을 클릭하면 Variational Sweep 설정이 완료된다.

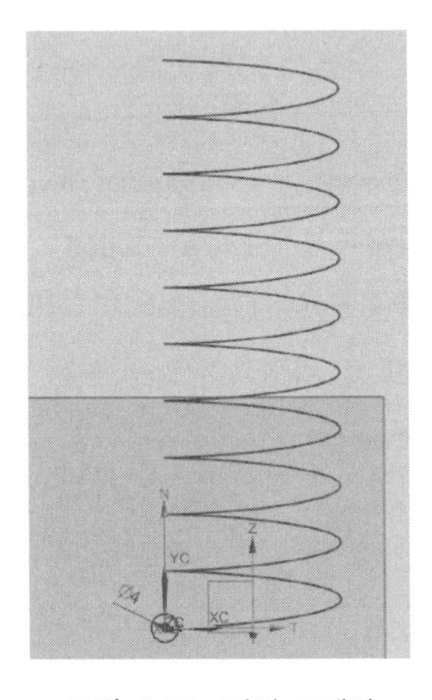

그림 6.25 단면 스케치

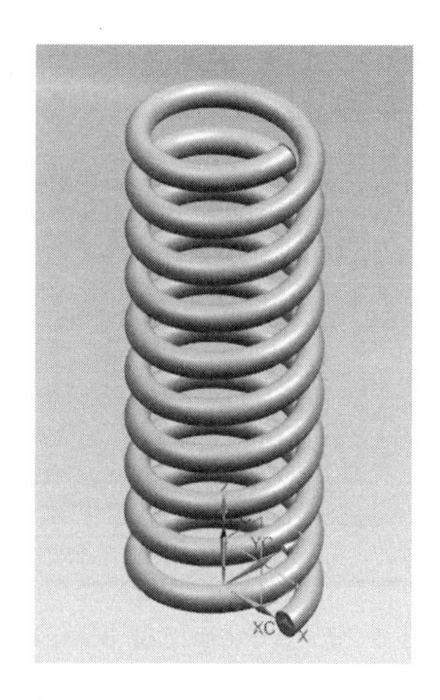

그림 6.26 Variational Sweep 완료

(2) GC Toolkits 이용 스프링 생성

"gc_toolkit_spring.prt" 만들기를 통하여 "GC Toolkits" 기능을 이용하여 스프링을 만들어보자. "New 아이콘( )"을 클릭하면 나타나는 설정 창에서 Model을 선택하고 작업파일을 저장할 폴더와 이름을 지정한다.

❶ 그림 6.27과 같이 "Menu >> GC Toolkits >> Spring Design >> Cylinder Compression Spring"을 클릭한다. 그림 6.28과 같이 Cylinder Compression Spring 설정 창이 활성화된다. 기본 설정 값으로 "Input Parameter", "In Work Part"가 설정되어 있으며, 원점에서 ZC 축 방향으로 생성되도록 설정되어 있다. "Next" 버튼을 클릭하여 "Input Parameter" 설정 단계로 넘어간다.

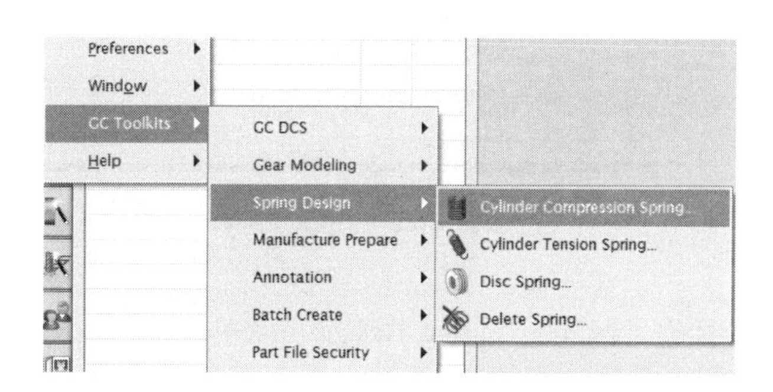

그림 6.27 GC Toolkits : Spring Design

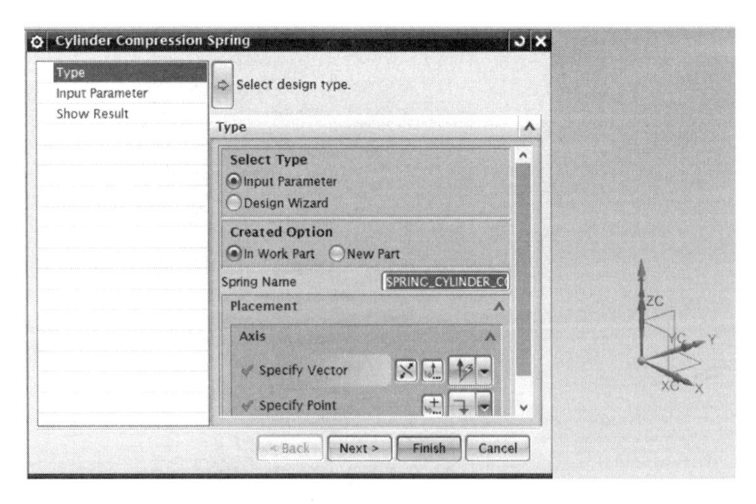

그림 6.28 Cylinder Compression Spring 설정 창

❷ 그림 6.29와 같이 "Right Direction", Middle Diameter "26", Material Dia "4", Free Height "80", Effective number of coils "9.5", Support Coils "2"로 설정한 후 "Next" 버튼을 클릭하면 설정된 세부 설계 사양들을 확인할 수 있다.

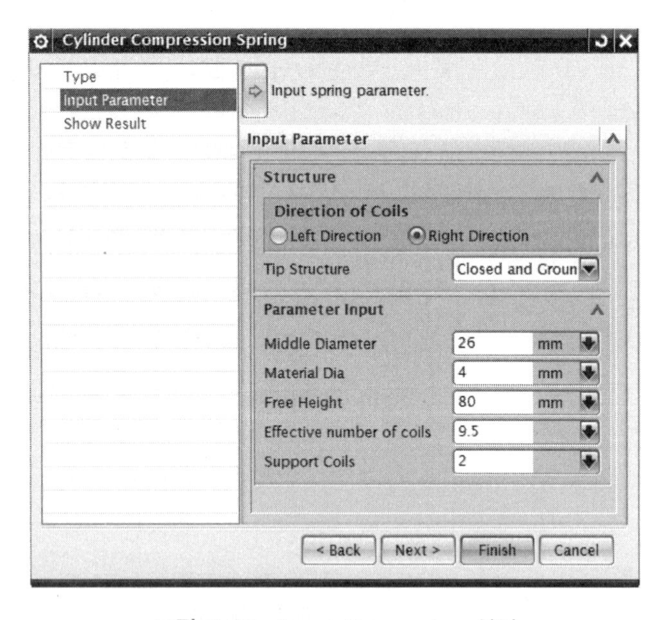

그림 6.29 Input Parameter 설정

"Finish" 버튼을 클릭하면 Spring Design 설정이 완료된다.

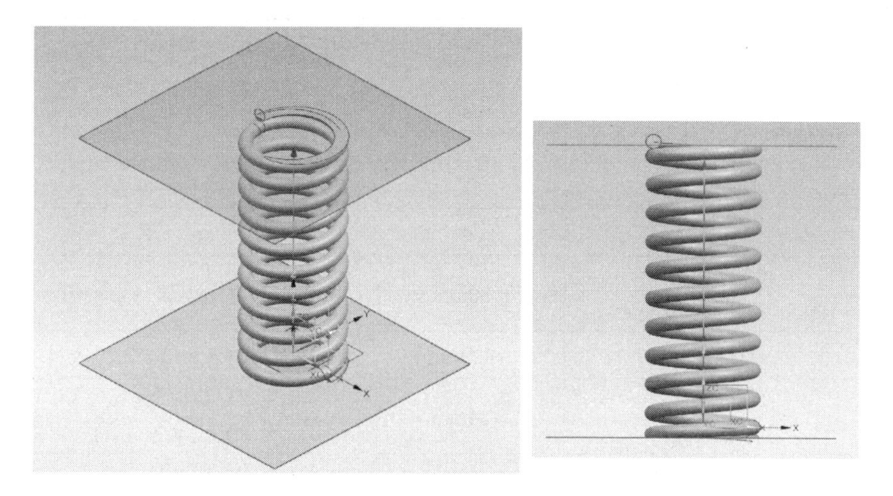

그림 6.30 GC Toolkits : Spring Design 완료

참고예제 6.1

스퍼 기어(spur gear) 만들기 : GC Toolkits 이용

"gc_toolkit_spur_gear.prt" 만들기를 통하여 "GC Toolkits" 기능을 이용하여 그림 6.31과 같은 스퍼 기어를 만들어보자. "New 아이콘( )"을 클릭하면 나타나는 설정 창에서 Model을 선택하고 작업파일을 저장할 폴더와 이름을 지정한다.

그림 6.31 모델링 : gc_toolkit_spur_gear.prt

요목	스퍼 기어(Spur Gear)	
기어 치형	표준	
압력각(Pressure Angle)	20°	
모듈(Dodule)	2	m
잇수	40	Z
피치원지름 (Pitch Circle Diameter)	80mm	P.C.D. = m × Z = 2 × 40 = 80
이빨 높이	4.5mm	H = m × a = 2 × 2.25 = 4.5
이끝원 지름 (Dedendum)	84mm	Dd = P.C.D. + 2 × m = 80 + 2 × 2 = 84
이뿌리원 지름 (Addendum)	75mm	Da = Dd−2 × H = 84−2 × 4.5 = 75

❶ 그림 6.32와 과 같이 “Menu >> GC Toolkits >> Gear Modeling >> Cylinder Gear”를 클릭한다. 그림 6.33과 같이 Involute Cylinder Gear Modeling 설정 창이 활성화된다. 기본 설정 값으로 “Create Gear”가 선택되어 있으며, 확인(OK)을 클릭하여 다음 단계로 넘어간다.

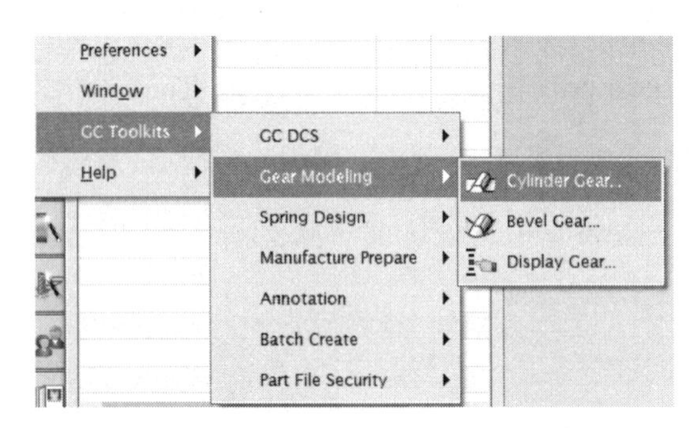

그림 6.32 GC Toolkits : Gear Modeling

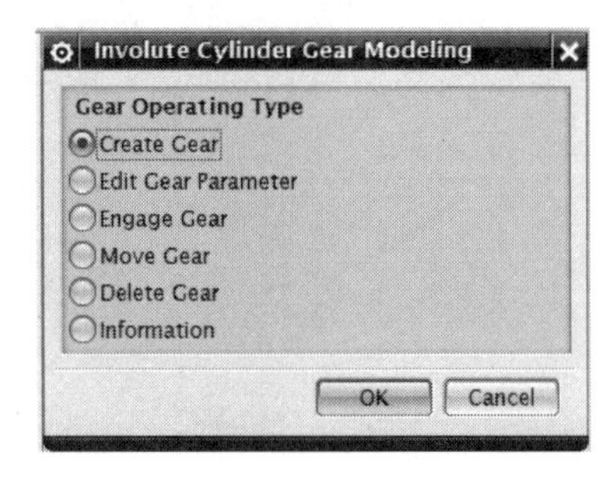

그림 6.33 Involute Cylinder Gear Modeling : Create Gear

그림 6.34와 같이 “Straight Gear”, “External Gear”, “Hobbing”으로 설정한 후 확인(OK)을 클릭하여 다음 단계로 넘어간다.

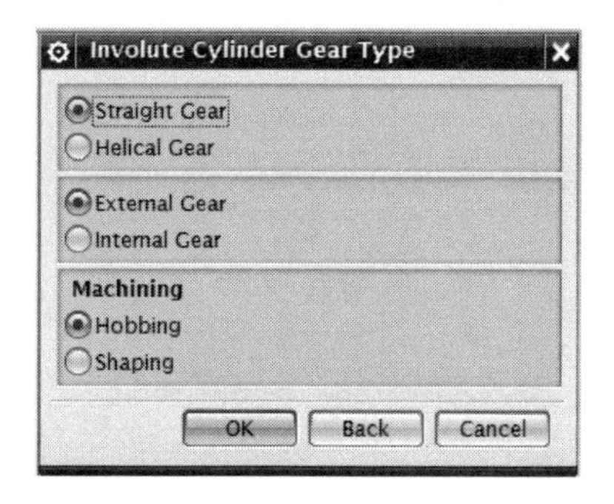

그림 6.34 Involute Cylinder Gear Type

그림 6.35와 같이 먼저 “Default Value”를 클릭하면 기본 값이 입력된다. 입력된 값들을 설계하고자 하는 값인 기어 요목표의 값으로 변경한다. 입력이 끝나면 확인(OK)을 클릭하여 다음 단계로 넘어간다.

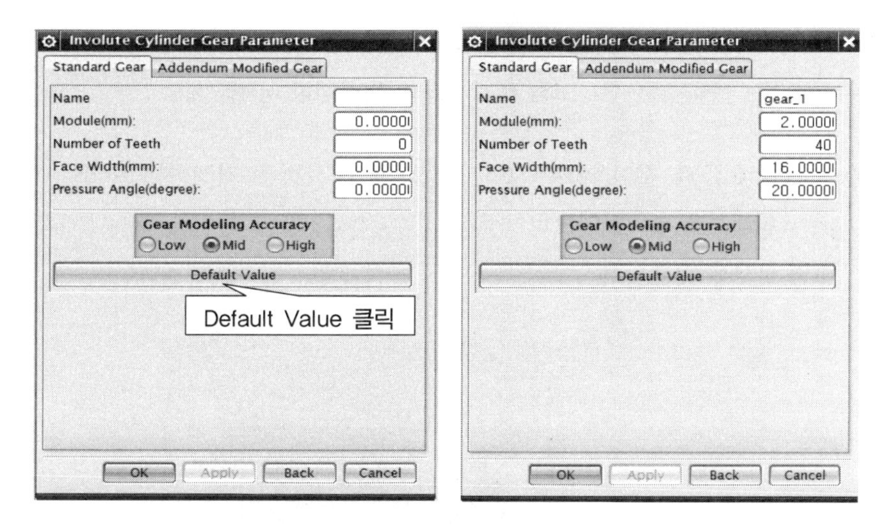

그림 6.35 Involute Cylinder Gear Parameter

그림 6.36과 같이 스퍼 기어가 배치될 위치를 정하는 단계이다. 화면에서 XC 축을 선택한 후 확인(OK)을 클릭하여 다음 단계로 넘어간다.

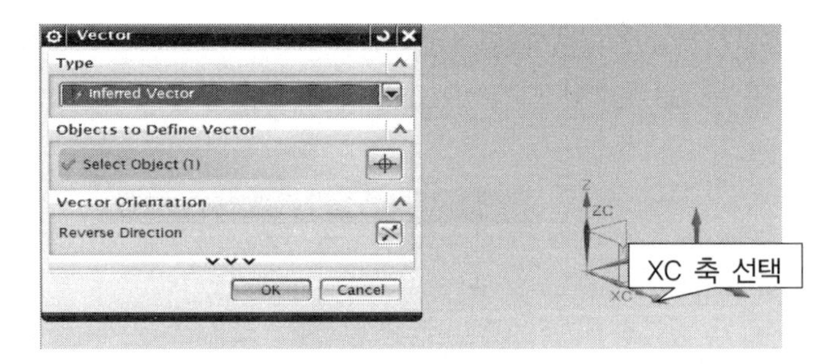

그림 6.36 Vector 설정

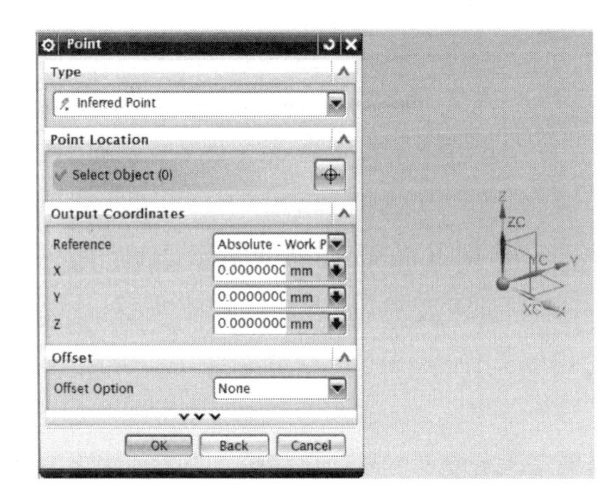

그림 6.37 스퍼 기어 생성 시작점 설정

그림 6.37과 같이 스퍼 기어가 생성될 시작점을 지정하는 단계이다. 기본 설정 값은 원점으로 되어 있으며, 설정 값 원점 그대로 확인(OK)을 클릭하여 스퍼 기어 생성을 완료한다.

그림 6.38 스퍼 기어 치형 생성 완료

❷ 그림 6.39와 같이 Part Navigator에서 생성된 스퍼 기어 치형을 선택한 후 마우스 오른쪽 버튼을 클릭하여 나타나는 메뉴 항목 중에서 “Edit Parameter”를 선택한다.

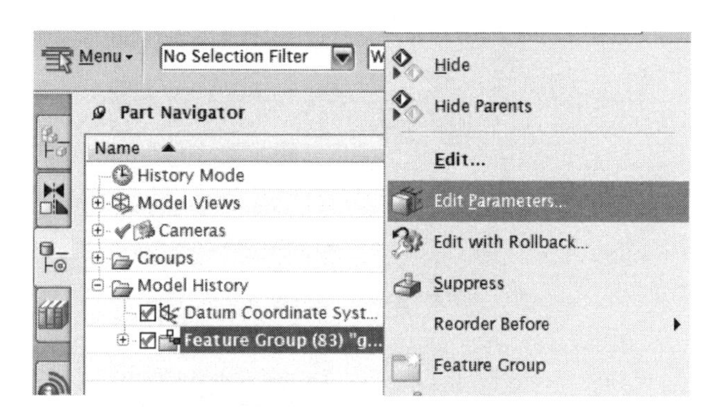

그림 6.39 Edit Parameter

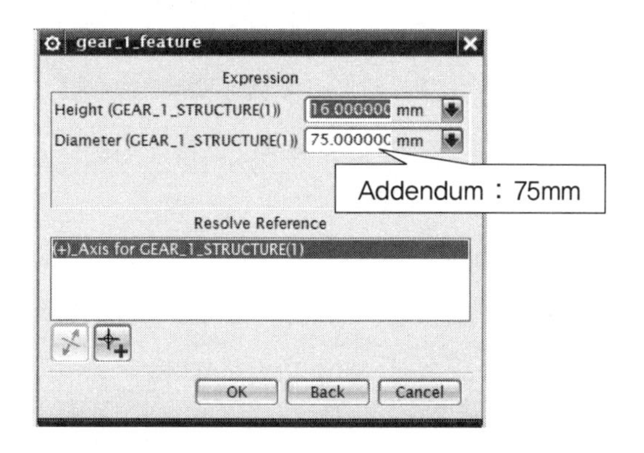

그림 6.40 Addendum 치수 확인

❸ 생성된 스퍼 기어 이빨마다 모따기 형상을 적용하기가 불편하므로 Revolve 컷을 이용하여 만들어주는 방법을 알아보자. “Sketch in Task Environment” 아이콘을 클릭하면 “Create Sketch” 설정 창이 활성화 되면 XZ 평면을 마우스로 선택한 후 확인(OK) 버튼을 클릭하면 스케치 할 수 있는 2D 상태로 넘어간다. 그림 6.41과 같이 1 × 1, 45° 모따기 형상에 해당하는 단면을 스케치한다. 여기에서 “42” 치수는 Dedendum 치수 “84”의 반에 해당하는 치수이다. 정확한 형상을 스케치하기 위하여 Dedendum 치수를 계산하여 구할 수 있어야 한다.

스케치가 완료되면 Finish( ) 아이콘을 클릭하여 Modeling 환경으로 돌아간다.

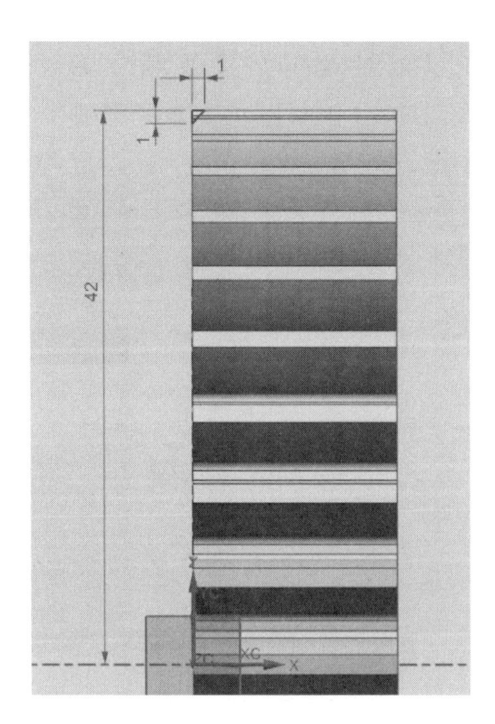

그림 6.41 스케치 단면

❹ 왼쪽 화면의 Part Navigator 창에서 스케치 항목을 선택한 후 Extrude 아이콘 아래의 화살표를 클릭하면 Revolve 아이콘이 나타난다. Revolve 아이콘을 선택하면 그림 6.42와 같이 Revolve 설정 창이 활성화된다.

Specify Vector 항목을 선택한 후 화면에서 XC 축을 선택한다. 회전 중심축은 선택된 상황이며, 벡터의 시작점을 지정하여야 한다.

Specify Point 설정 항목에서 “Point Dialog” 버튼을 클릭하면 “Point” 설정 창이 활성화된다. 기본 설정 값으로 원점이 입력되어 있으므로 확인(OK) 버튼을 클릭하여 Revolve 설정 창으로 돌아간다.

Boolean 설정 값은 “Subtract”로 설정한 후 확인(OK) 버튼을 클릭하여 Revolve 설정을 완료한다.

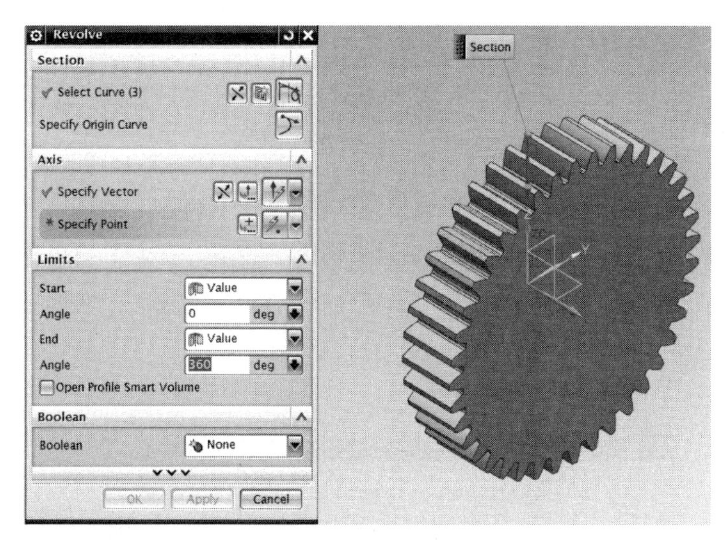

그림 6.42 Revolve 설정

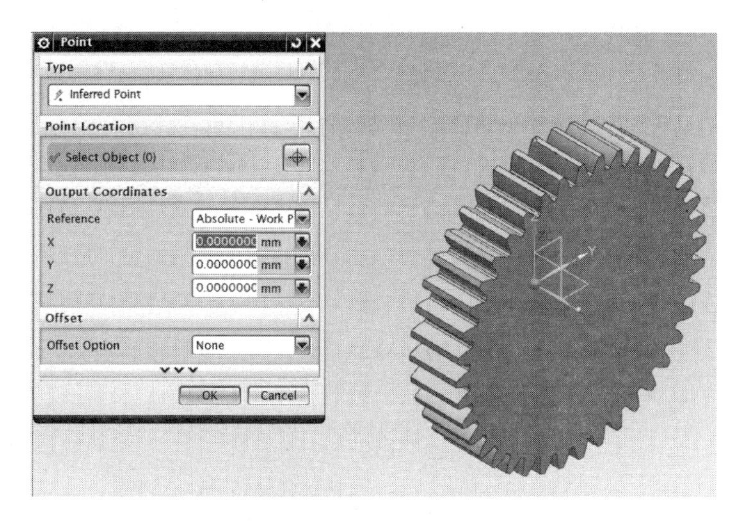

그림 6.43 Point 설정

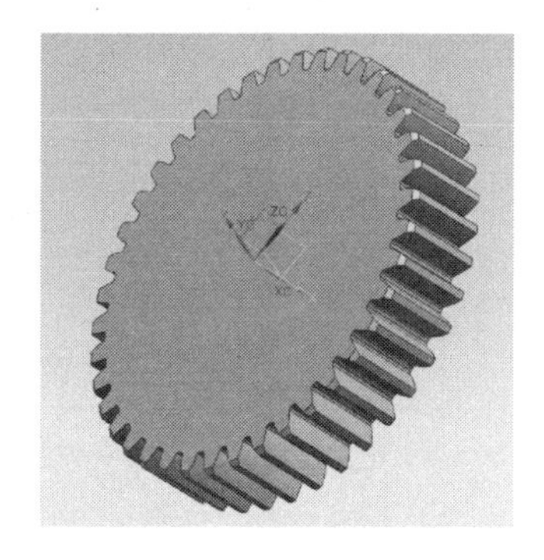

그림 6.44 Revolve 컷 완료

❺ 반대편 모따기는 “Mirror Feature” 기능을 이용하여 생성한다. Part Navigator에서 Revolve 컷 작업을 선택한 후 “Mirror Feature” 아이콘을 클릭한다. 대칭으로 사용할 평면이 없는 상태이므로 그림 6.45와 같이 Plane 항목을 “New Plane”으로 바꾸어준 후 “Specify Plane” 방법 중에서 “Bisector” 방법을 선택한다. 이 방법은 평행한 두 평면을 선택하면 두 평면 사이의 중앙에 평면을 만들어주는 방법이다. 생성된 기어 형상의 앞과 뒤의 넓은 면을 선택한 후 활성화된 확인(OK) 버튼을 클릭하여 대칭 복사를 완료한다.

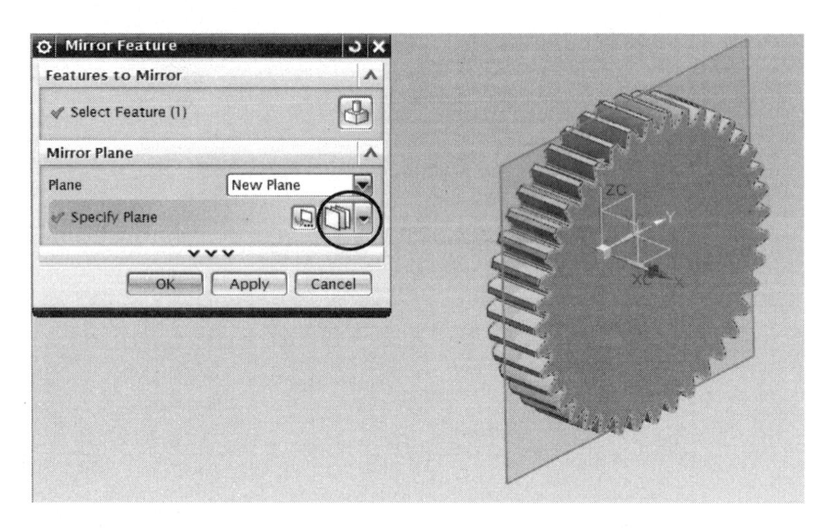

그림 6.45 Mirror Feature : New Plane-Bisector

그림 6.46 스퍼 기어 완료

참고예제 6.2

육각 머리붙이 볼트(hex bolt) 만들기 :

그림 6.47과 같이 육각 머리붙이 볼트 "hex_bolt.prt" 작업을 통하여 "M5", 볼트 길이 "16"의 체결 요소를 만들어보자. "New 아이콘( )"을 클릭하면 나타나는 설정 창에서 Model을 선택하고 작업파일을 저장할 폴더와 이름을 지정한다.

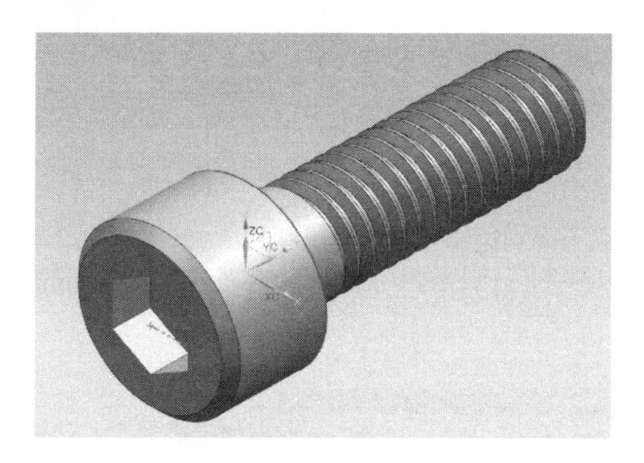

그림 6.47 모델링 : hex_bolt.prt

❶ "Sketch in Task Environment" 아이콘을 클릭하면 "Create Sketch" 설정 창이 활성화 되면서 스케치할 평면을 설정하는 상태가 된다. XZ 평면을 마우스로 선택한 후 확인(OK) 버튼을 클릭하면 스케치 할 수 있는 2D 상태로 넘어간다.

그림 6.48과 같이 Circle 아이콘을 이용하여 볼트 머리 부분에 해당하는 직경 "8.5" 원 하나를 스케치한다. Finish( ) 아이콘을 클릭하여 Modeling 환경으로 돌아간다.

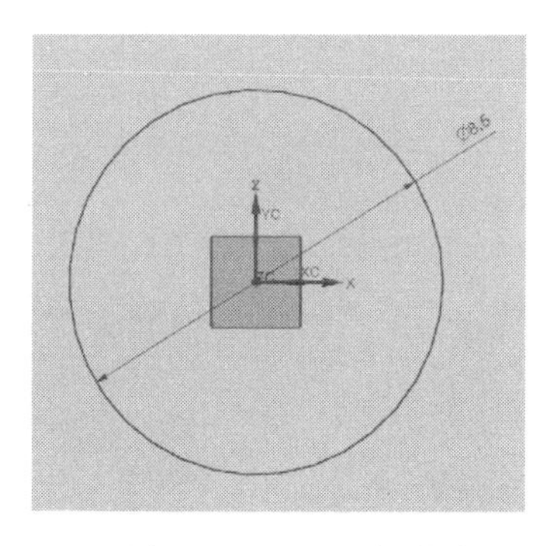

그림 6.48 스케치 단면

❷ 왼쪽 화면의 Part Navigator 창에서 스케치 항목을 선택한 후 Extrude(돌출) 아이콘을 선택한 후 설정 창에서 Limits 항목 End 값으로 "5"를 입력하고, Boolean은 "Inferred"로 설정한 후 확인(OK) 버튼을 클릭하여 완료한다.

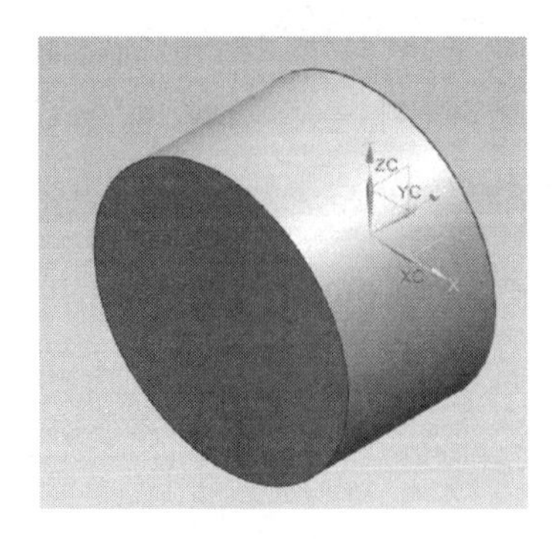

그림 6.49 Extrude 완료

❸ Chamfer 아이콘을 클릭하여 그림 6.50과 같이 Symmetric, "0.5" 모따기를 설정한다.

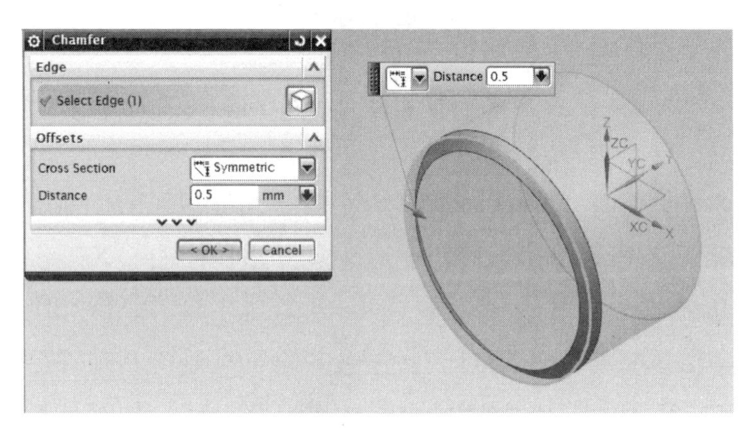

그림 6.50 Chamfer 설정

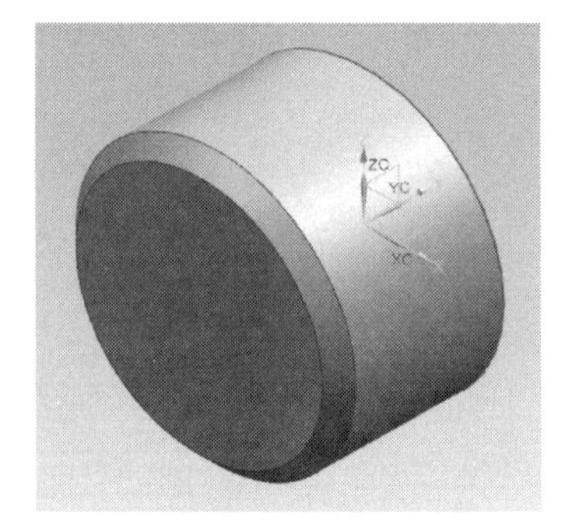

그림 6.51 Chamfer 완료

❹ "Sketch in Task Environment" 아이콘을 클릭한 후 스케치 평면으로 모따기 반대편 형상의 원형 면을 마우스로 선택한 후 확인(OK) 버튼을 클릭하면 스케치 할 수 있는 2D 상태로 넘어간다. 그림 6.52와 같이 직경 "5"인 원을 원점에 스케치한다. Finish( ) 아이콘을 클릭하여 Modeling 환경으로 돌아간다.

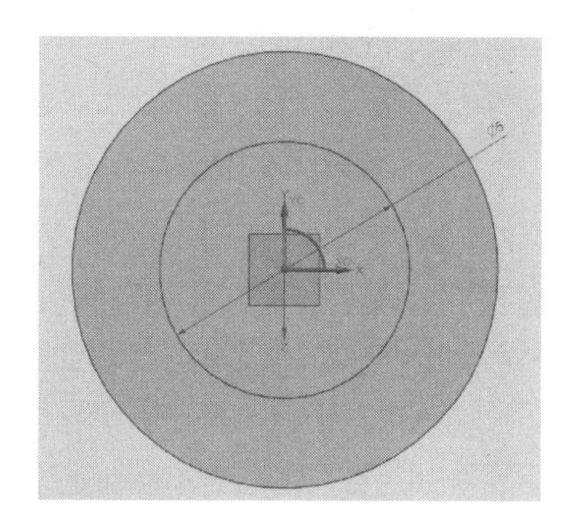

그림 6.52 볼트 몸통 스케치 : M5

❺ 그림 6.53과 같이 Distance 설정 값으로 "16"을 설정하고, Boolean 설정은 "Unite"로 한다. 확인(OK) 버튼을 클릭하여 완료한다.

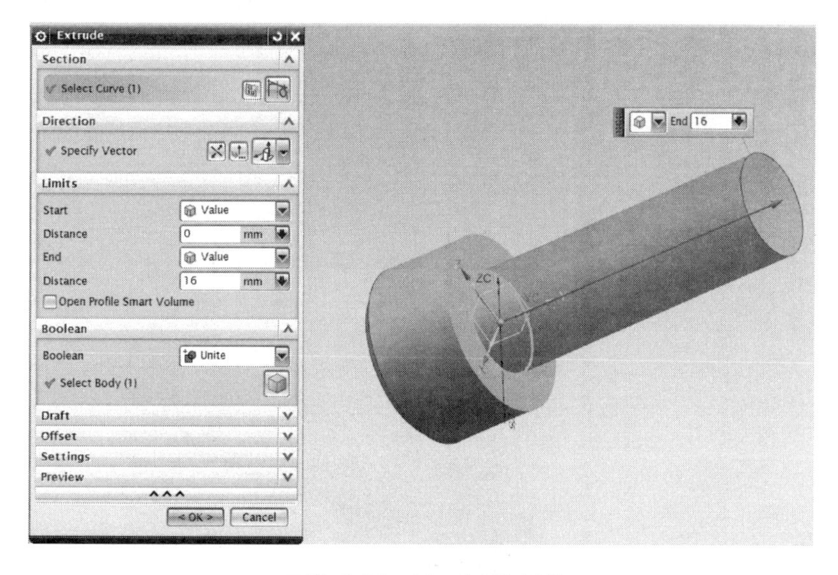

그림 6.53 볼트 몸통 돌출

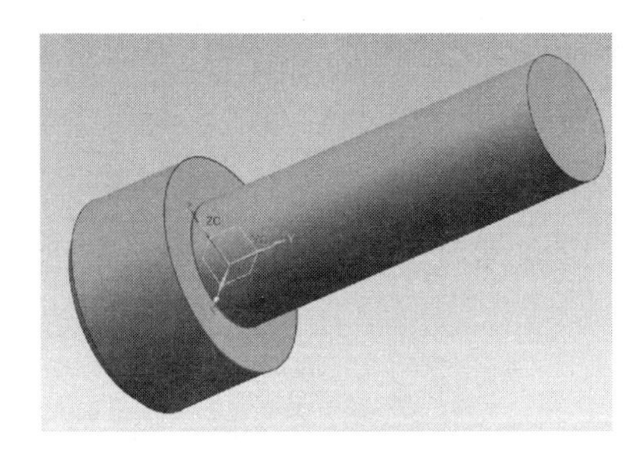

그림 6.54 볼트 몸통 돌출 완료

⑥ Chamfer 아이콘을 클릭하면 설정 창이 활성화 된다. 그림 6.55와 같이 끝단의 모서리를 선택한다. Cross Section 설정 항목은 "Symmetric", Distance 설정 값은 "0.8"로 설정한다. "0.8" 설정 값은 나사의 "1 피치(M5 × 0.8)" 값으로 설정해준다. 설정이 끝나면 확인(OK) 버튼을 클릭하면 Chamfer 형상이 완료된다.

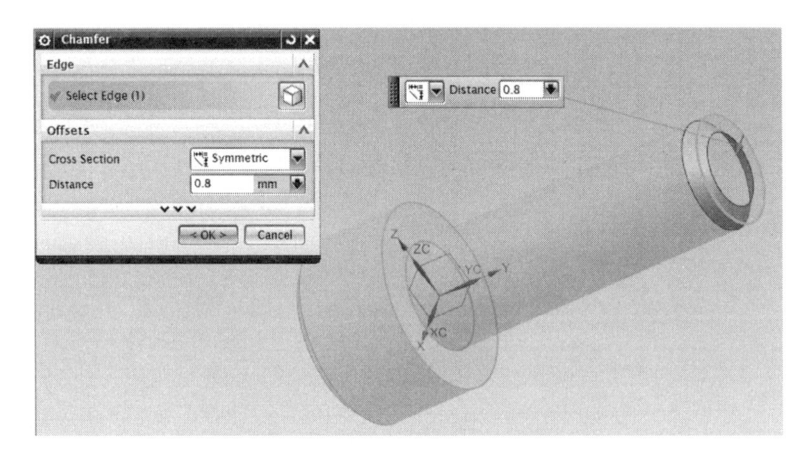

그림 6.55 Chamfer 설정

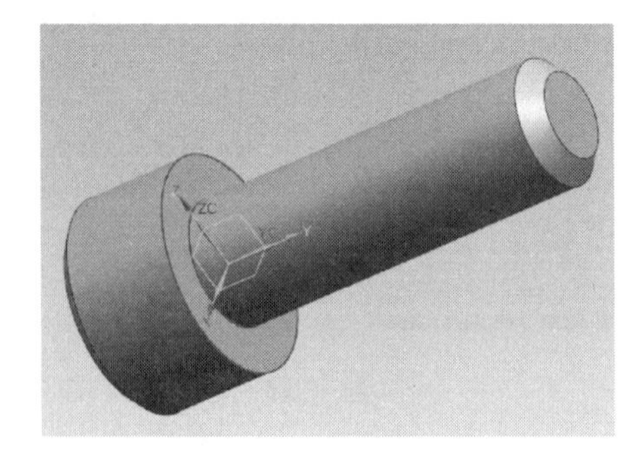

그림 6.56 Chamfer 완료

❼ Thread 버튼을 클릭한 후 원통 형상의 둥근 면을 선택하면 Thread 시작 면을 선택하는 상태가 된다. 그림 6.57과 같이 끝단 면에서 Thread가 시작되도록 지정한다. Thread 생성 방향을 나타내주는 축 방향이 원하는 방향으로 설정되었는지 확인한다.

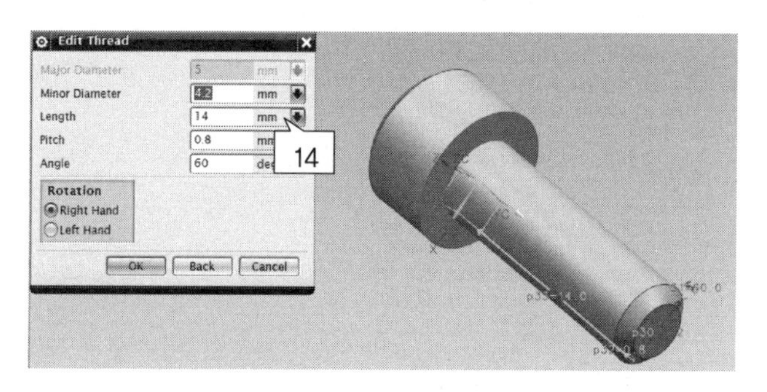

그림 6.57 Thread 설정

❽ 그림 6.58과 같이 볼트 머리와 볼트 몸통이 만나는 곳의 모서리에 "Offset and Angle" 방법으로 Distance "0.35", Angle "30"으로 모따기를 설정한다.

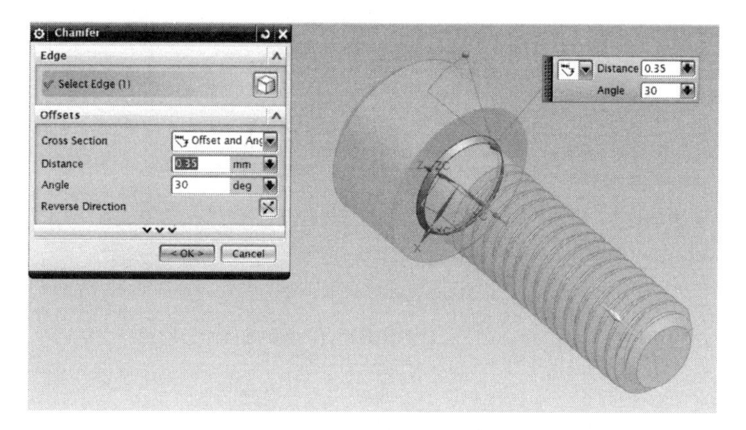

그림 6.58 Chamfer 설정

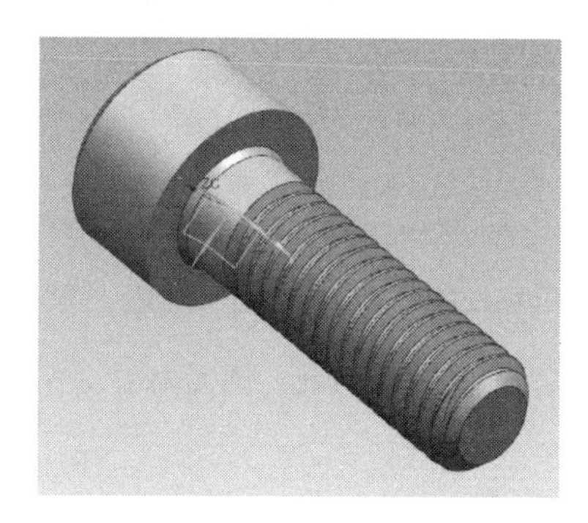

그림 6.59 Chamfer 완료

⑨ 앞의 모따기로 생성된 모서리 부분에 Edge Blend를 추가한다. 그림 6.60과 같이 Radius 설정 값으로 "0.2"를 입력한다.

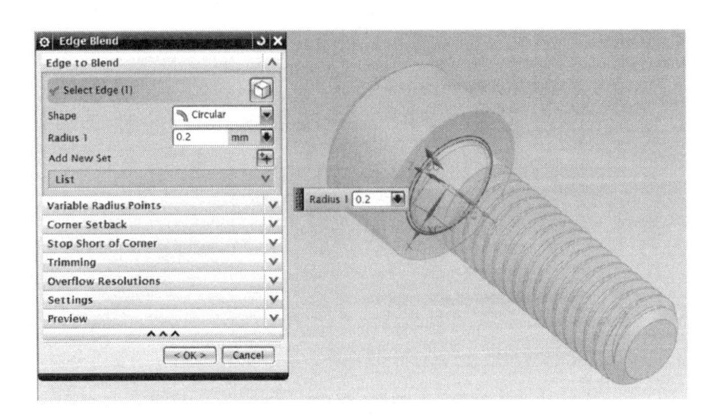

그림 6.60 Edge Blend 설정

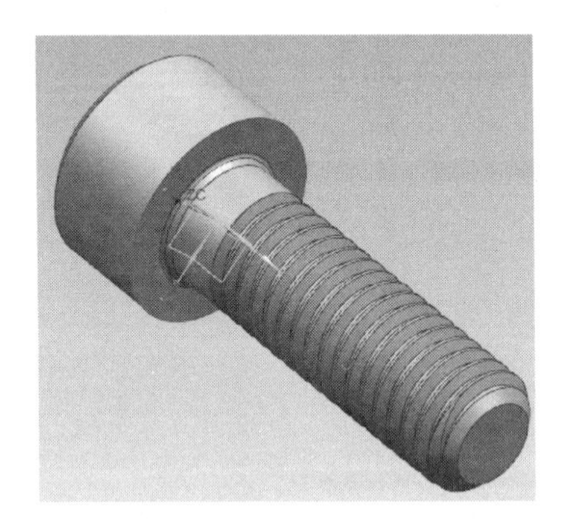

그림 6.61 Edge Blend 완료

⑩ "Sketch in Task Environment" 아이콘을 클릭하면 "Create Sketch" 설정 창이 활성화 되면서 스케치할 평면을 설정하는 상태가 된다. 볼트 머리 부분의 둥근 면을 마우스로 선택한 후 확인(OK) 버튼을 클릭하면 스케치 할 수 있는 2D 상태로 넘어간다.

6각형의 홈을 만들어주는 과정이므로 "Polygon" 아이콘을 클릭하여 그림 6.62와 같이 Number of Sides "6", Inscribed Radius 항목으로 Radius "2", Rotation "0"으로 설정하여 6각형을 원점에 배치시킨다. Finish() 아이콘을 클릭하여 Modeling 환경으로 돌아간다.

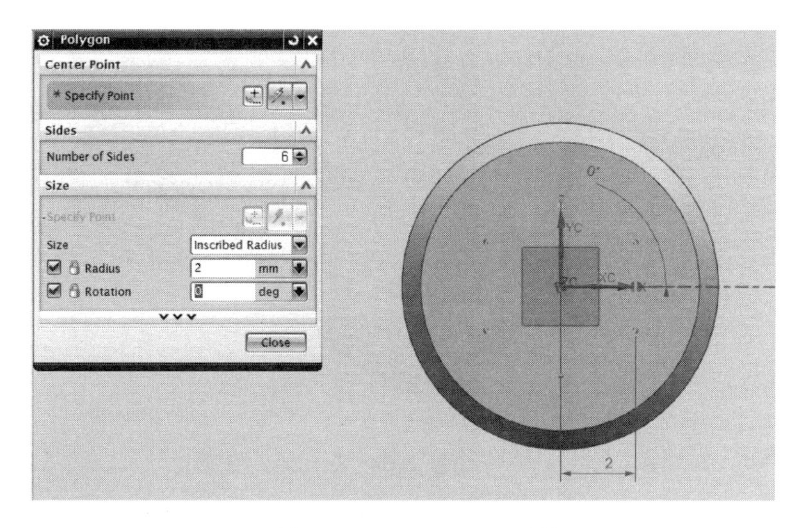

그림 6.62 Polygon : 6각형

⑪ 왼쪽 화면의 Part Navigator 창에서 스케치 항목을 선택한 후 Extrude(돌출) 아이콘을 선택한 후 설정 창에서 Reverse Direction, Limits 항목 End 값으로 "2"를 입력하고, Boolean은 "Subtract"로 설정한 후 확인(OK) 버튼을 클릭하여 완료한다.

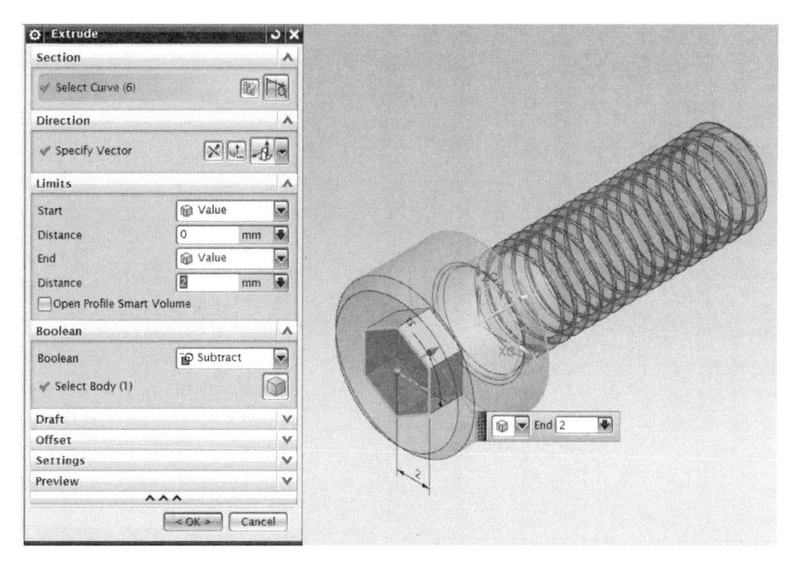

그림 6.63 Extrude 설정

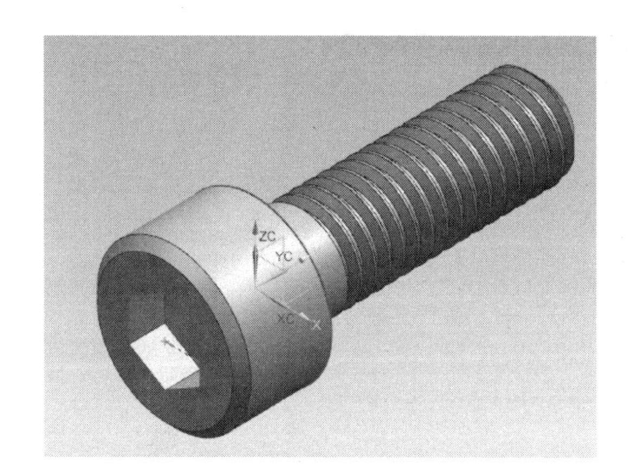

그림 6.64 Extrude 컷 완료

CHAPTER
07

Assembly (어셈블리)

Assembly를 생성하고 수정하는 방법에 대하여 알아보자. 제품의 설계에 있어서 결합용 부품, 볼트, 너트 등의 조립이 필요하며, 단일 부품으로 설계가 끝나는 경우도 있으나 여러 부품들로 결합된 제품들이 상당히 많다. Assembly란 부품들이 결합으로 이루어진 것을 말하며, NX 소프트웨어는 부품 작업된 파트 파일들을 결합시켜 Assembly를 만들어주는 기능을 지원한다. Assembly는 작업 트리 내에 Assembly를 포함할 수 있는데 이를 Subassembly(서브어셈블리)라 한다. Assembly 작업이 중요한 이유는 각 부품들의 설계가 끝난 후에 이들을 결합시켜서 제품을 완성하는 단계에서 부품들끼리 간섭이 일어나는지 또는 기구적으로 구현이 가능한지 등을 확인하여 완벽하게 설계 의도가 반영될 수 있도록 도와주기 때문이다.

앞 장들에서 생성했던 Drill Jig 부품 파일들을 이용하여 Assembly 작업 수행을 통하여 Assembly에 대한 개념을 학습할 것이다. 이들을 모두 Assembly 작업을 하면 그림 7.1과

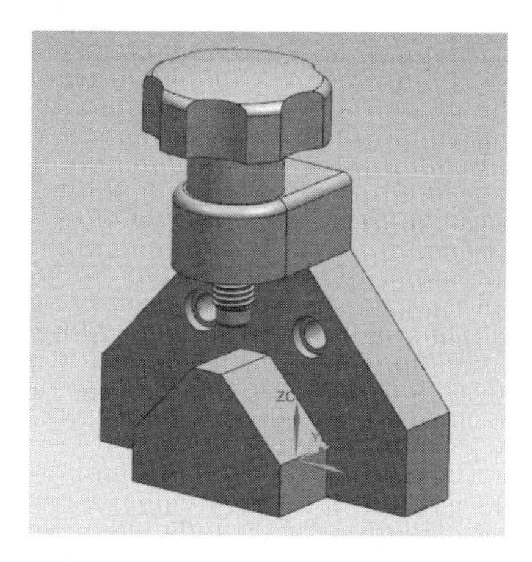

그림 7.1 Assembly 완료 : Drill Jig

같은 형상의 Drill Jig가 완성될 것이다. 모든 구성 부품들을 분해한 그림은 7.2와 같다(그림이 다소 상이해 보일 수 있음).

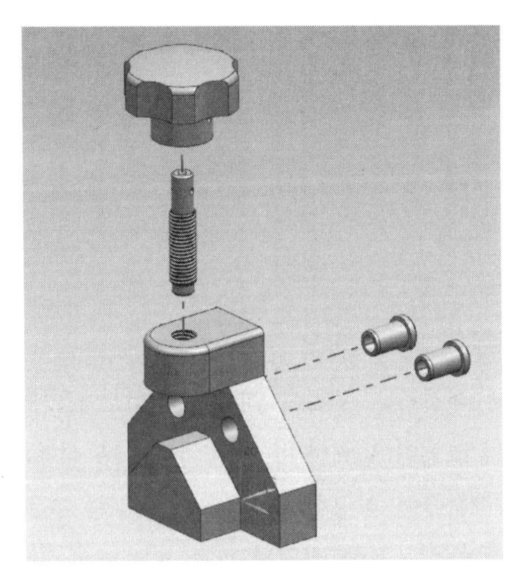

그림 7.2 Assembly 분해도 : Drill Jig

Assembly 작업에 사용될 부품들의 리스트는 다음과 같다.

부품 리스트	작업 위치
body_1.prt	86p ~ 109p, 147p ~ 148p, 159p ~ 160p
handle_2.prt	149p ~ 158p
screw_shaft_3.prt	119p ~ 126p, 161p ~ 163p
drill_bush_4.prt	172p ~ 176p

7.1 Assembly 생성하기

윈도우 탐색기에서 폴더(3d_cad_drill_jig)를 새로 생성하여 이전에 작업했던 부품 파일들을 모두 생성된 폴더에 모아 놓는다. 부품들을 모아 놓은 폴더에 Assembly 파일을 생성한다.

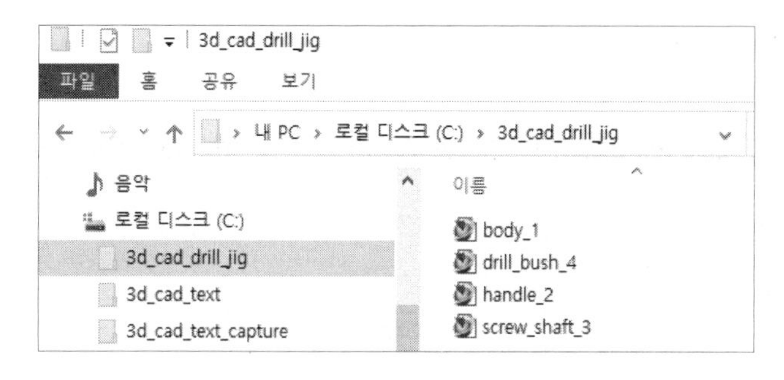

그림 7.3 폴더 생성 : 3d_cad_drill_jig

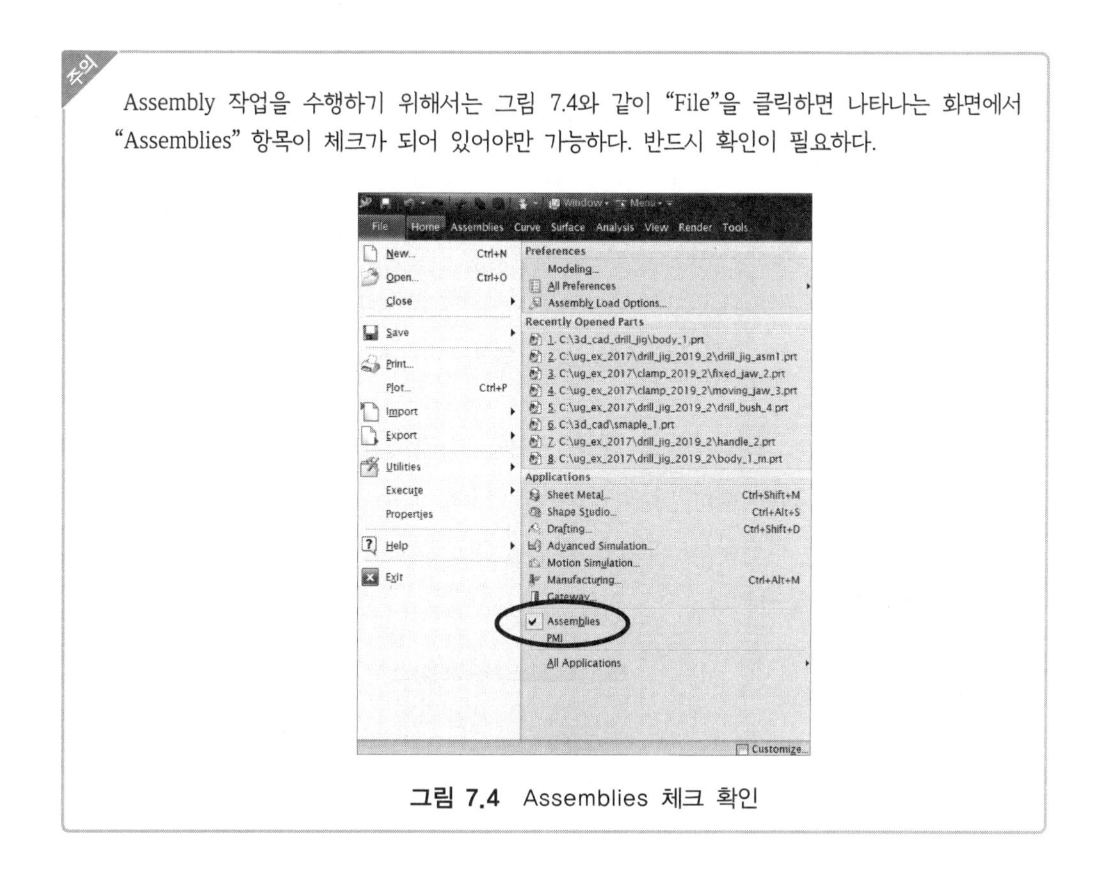

Assembly 작업을 수행하기 위해서는 그림 7.4와 같이 "File"을 클릭하면 나타나는 화면에서 "Assemblies" 항목이 체크가 되어 있어야만 가능하다. 반드시 확인이 필요하다.

그림 7.4 Assemblies 체크 확인

(1) Assembly 1(body_1.prt 배치)

첫 번째 Assembly part로 "drill_jig_asm1.prt"를 만들어보자. "New 아이콘( )"을 클릭하면 나타나는 설정 창에서 그림 7.5와 같이 Model 탭을 선택하고 "Assembly"를 선택한 후 생성할 파일의 저장할 폴더와 이름을 지정하고 확인(OK)을 클릭한다.

NX 소프트웨어는 Part와 Assembly 파일 모두 확장자가 "prt"로 같기 때문에 Assembly

파일의 이름에 "_asm1"을 붙여서 생성한다.

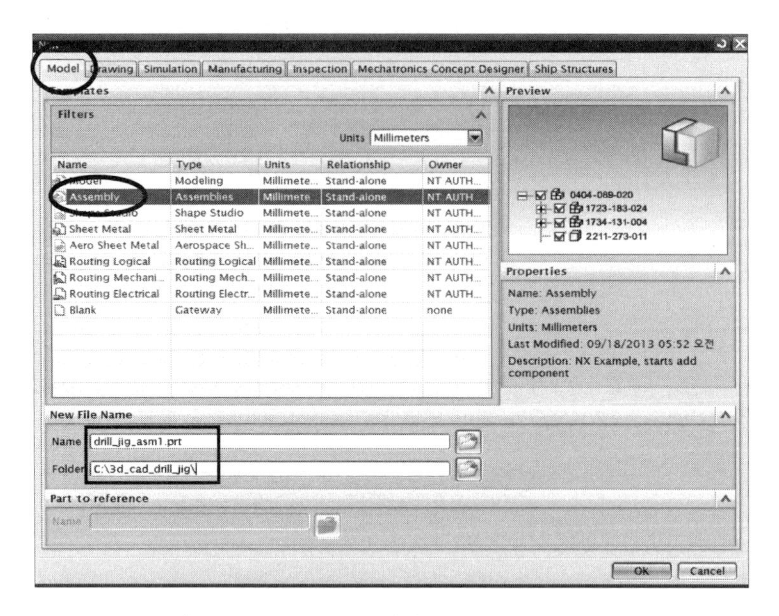

그림 7.5 Assembly 생성 : drill_jig_asm1.prt

❶ 그림 7.6과 같이 Assembly를 새로 만들면 시작하자마자 "Add Component"창이 활성화된다. "Component"의 의미는 설계되어 있는 각각의 부품 즉 Part를 의미한다. 설정 창 하단부에 파일을 찾는 "Open" 아이콘을 클릭하여 1번 부품인 body_1.prt"를 불러온다.

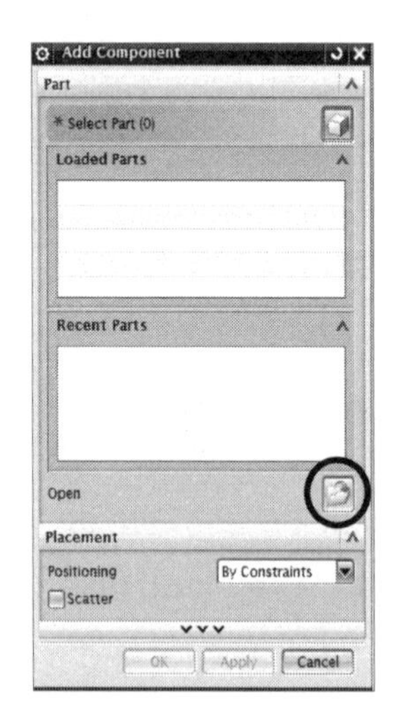

그림 7.6 Add Component

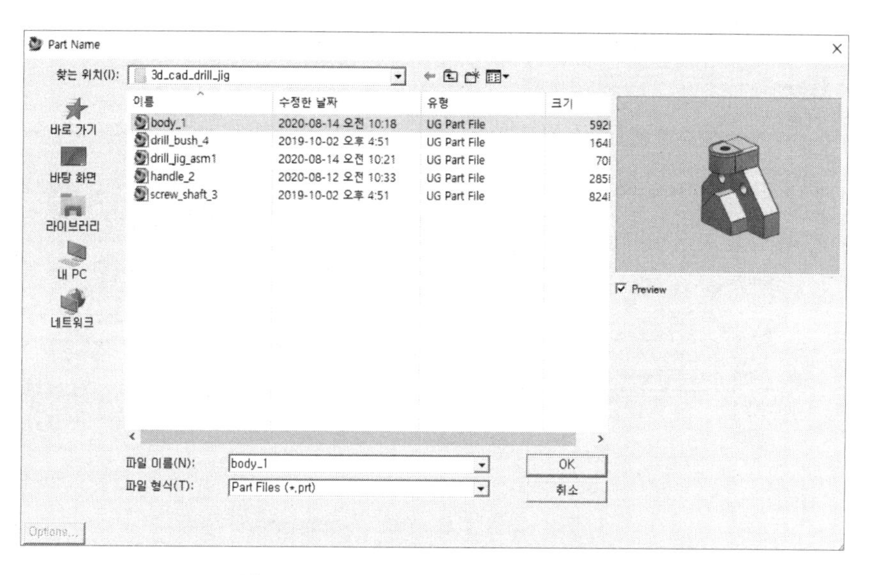

그림 7.7 Add Component : body_1.prt

그림 7.8과 같이 body_1.prt가 로딩 되면, "Component Preview" 창을 통해서 불러온 Part를 확인 가능하다. Placement 설정에서 "Absolute Origin(절대 원점)"을 선택한다. 첫 번째 Part이므로 Assembly 공간의 원점과 불러온 Part의 원점을 일치시키는 방법이다.

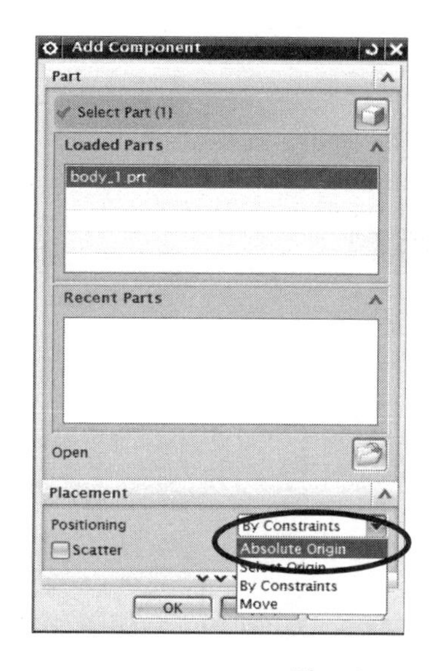

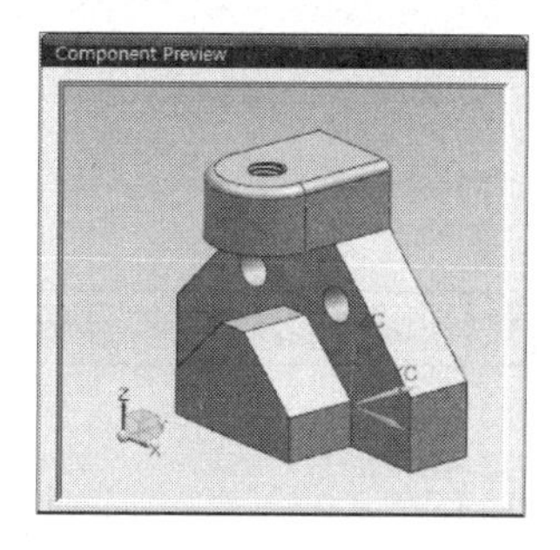

그림 7.8 Absolute Origin

확인(OK)을 클릭하면 body_1.prt 배치가 완료된다. 그림 7.9와 같이

Assembly Navigator 탭을 클릭하면 body_1.prt가 배치되어 있는 항목을 확인 가능하다.

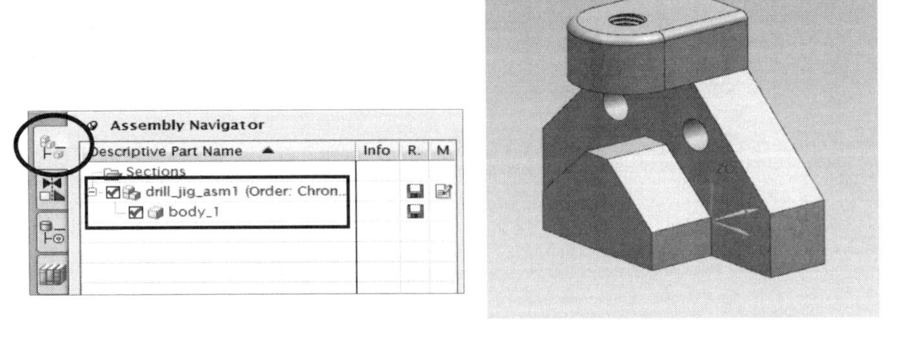

그림 7.9 Add Component 완료

❷ 그림 7.10과 같이 "Assembly Constraints" 아이콘을 클릭하여 구속 조건으로 "Fix"를 선택한 후 화면에 배치되어 있는 body_1.prt를 선택한 후 확인(OK)을 클릭하면 구속 조건 설정이 완료된다. Fix 조건은 Part가 움직이지 않도록 기준을 잡아 줄 때 사용한다.

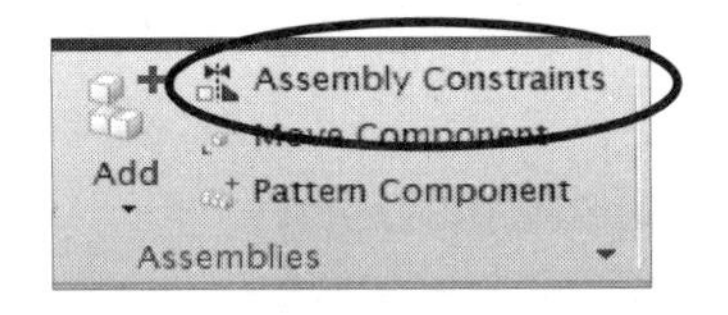

그림 7.10 Assembly Constraints

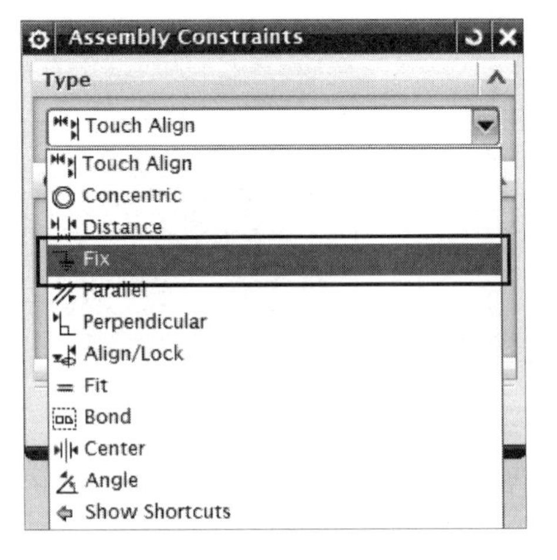

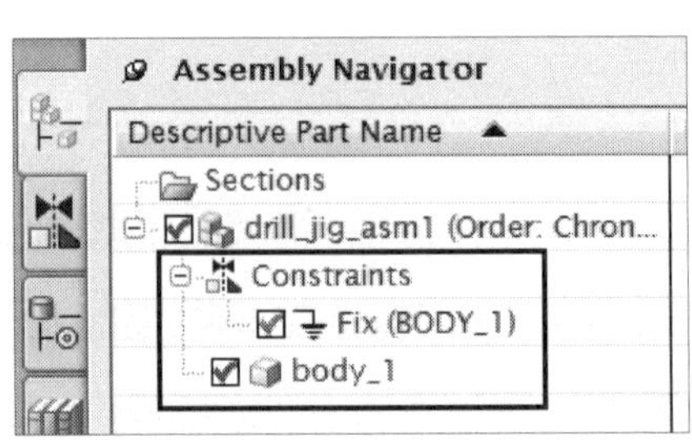

그림 7.11 Assembly Constraints : Fix

(2) Assembly 2(screw_shaft_3.prt 배치)

두 번째 Assembly 부품으로 "screw_shaft_3.prt"를 배치한다. 그림 7.12와 같이 "Add Component" 아이콘을 클릭하면 Add Component 창이 활성화된다. Open 아이콘을 클릭하여 "screw_shaft_3.prt"를 선택한다.

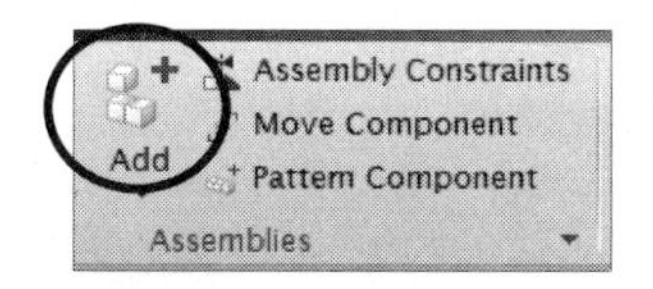

그림 7.12 Add Component

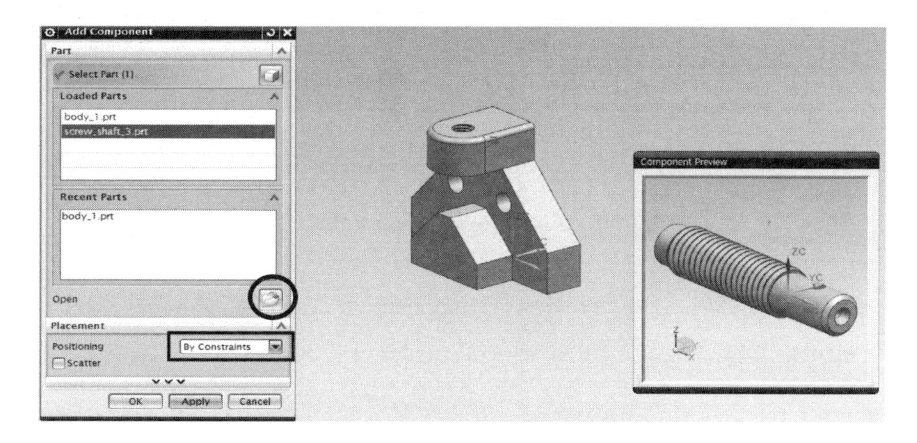

그림 7.13 Add Component : screw_shaft_3.prt

❶ Placement 설정에서 "By Constraints" 항목으로 설정한 후 확인(OK) 버튼을 클릭하면 불러온 Part를 배치하는 조건을 설정하는 "Assembly Constraints" 설정 창이 활성화된다.

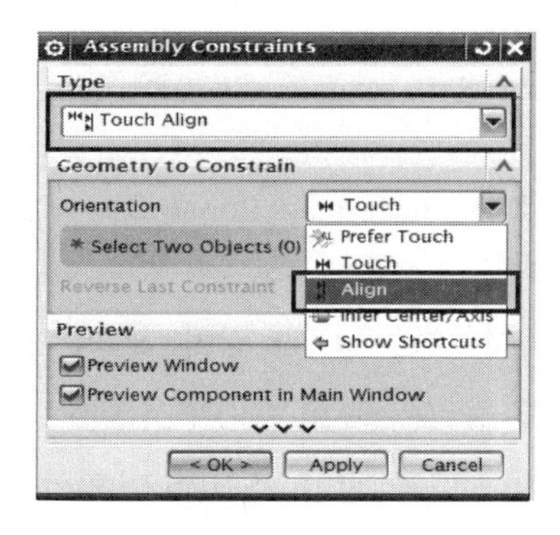

그림 7.14 Assembly Constraints : Touch Align

Type 항목에서 “Touch Align”을 선택하고, Orientation 항목으로 “Align”을 선택한다. Align은 축과 축, 모서리와 모서리, 면과 면을 정렬시켜주는 구속 조건이다. Assembly 작업에서 구속 조건을 적용할 때 항상 불러온 Part를 먼저 선택한다. 먼저 Component Preview 창에서 “screw_shaft_3.prt”의 축을 선택한다. 그런 다음 “body_1. prt”의 나사부분 구멍의 축을 선택하여 축과 축을 Align 시킨다.

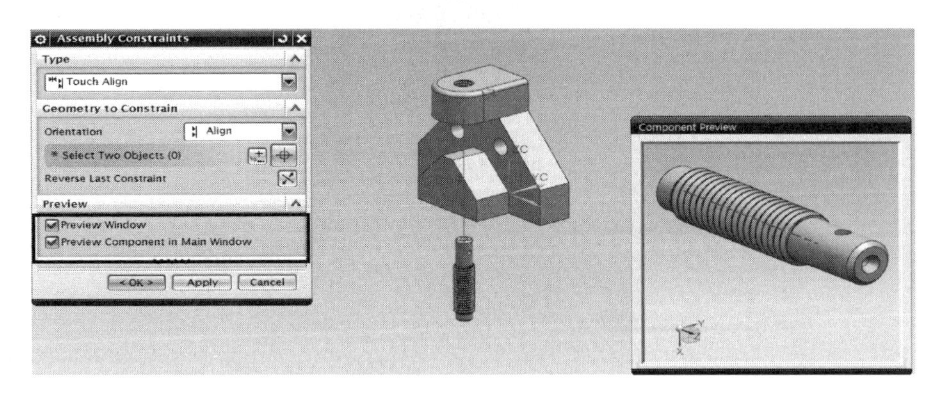

그림 7.15 Assembly Constraints : Touch Align 설정 1

그림 7.15와 같이 “Preview Component in Main Window”가 체크 되어 있으면 화면에 구속 조건이 설정될 때마다 미리보기를 제공한다.

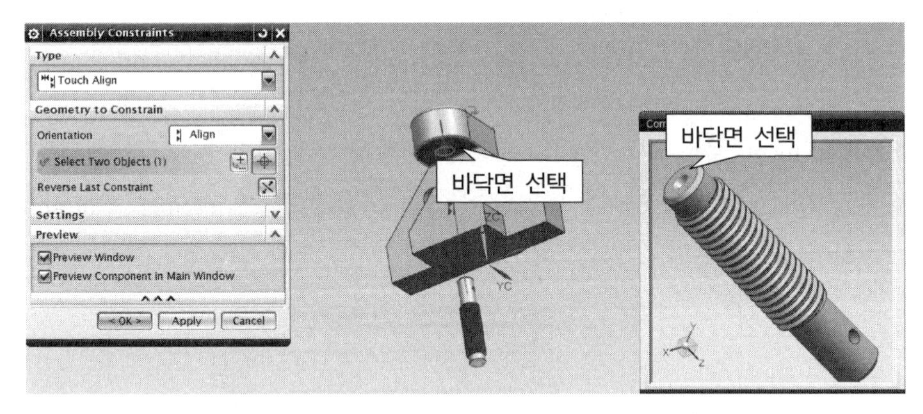

그림 7.16 Assembly Constraints : Touch Align 설정 2

❷ “Align” 조건 상태에서 그림 7.16과 같이 “screw_shaft_3.prt”의 바닥면(마우스 “휠” 버튼을 클릭한 채로 움직이면 회전됨)을 선택한 후 “body_1.prt”의 나사부분 바닥면을 선택하면 그림 7.17과 같이 조립된다. 확인(OK) 버튼을 클릭하면 설정이 완료된다.

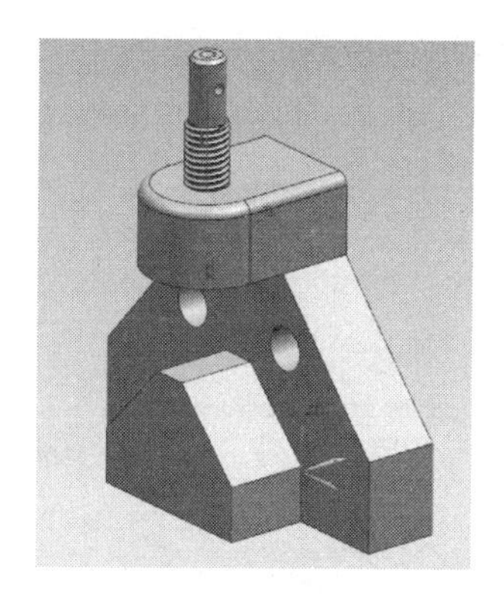

그림 7.17 Assembly Constraints 완료

❸ 조립된 형상을 구분하기 위하여 Part에 색상을 넣어준다. 그림 7.18과 같이 "Edit Display" 아이콘을 클릭하면 색상을 설정할 수 있는 창이 활성화된다.

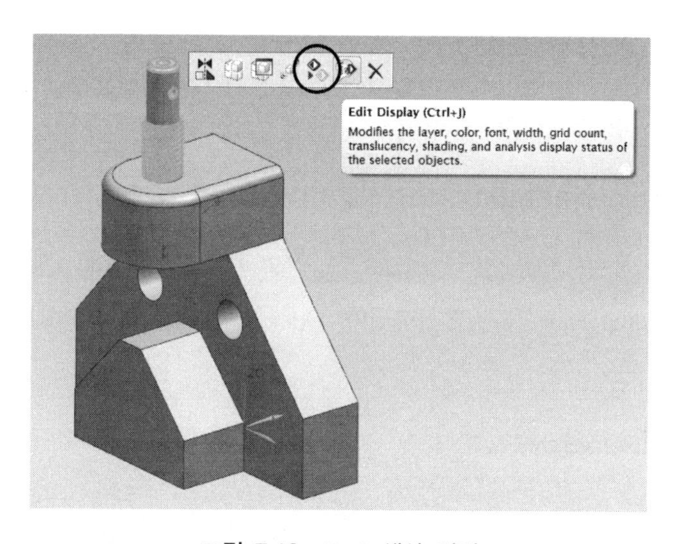

그림 7.18 Part 색상 변경

그림 7.19와 같이 설정 창에서 Color의 음영색상 부분을 클릭하면 "Color" 설정 창이 활성화된다. 원하는 색상을 선택한 후 확인(OK) 버튼을 클릭하면 설정 창으로 다시 넘어오고 한 번 더 확인(OK) 버튼을 클릭하면 색상 설정이 완료된다. (각자 원하는 색상과 투명도를 적용하여 어떻게 적용되는지 확인한다)

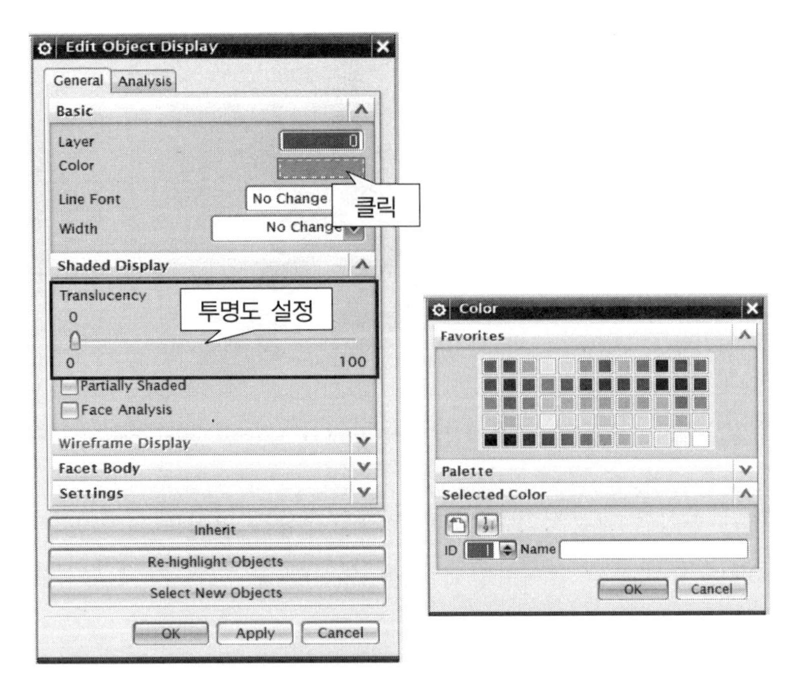

그림 7.19 Part 색상 변경 설정

(3) Assembly 3(handle_2.prt 배치)

세 번째 Assembly 부품으로 "handle_2.prt"를 배치한다. "Add Component" 아이콘을클릭하면 Add Component 창이 활성화된다. Open 아이콘을 클릭하여 "handle_2.prt"를 선택한다.

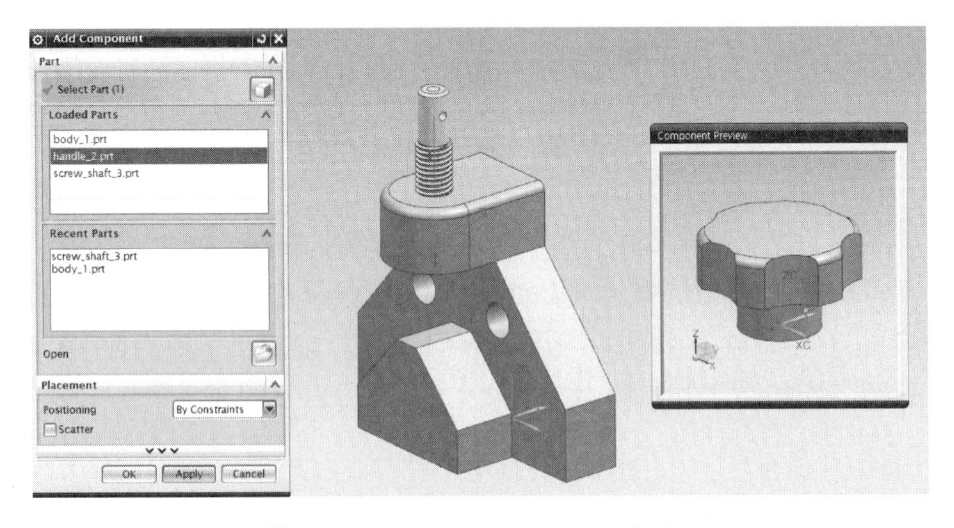

그림 7.20 Add Component : handle_2.prt

❶ Placement 설정에서 "By Constraints" 항목으로 설정한 후 확인(OK) 버튼을 클릭하면 불러온 Part를 배치하는 조건을 설정하는 "Assembly Constraints" 설정창이 활성화된다.

Type 항목에서 "Touch Align"을 선택하고, Orientation 항목으로 "Align"을 선택한다. 먼저 Component Preview 창에서 "haldle_2.prt"의 구멍 부분의 축을 선택한다. 그런 다음 "screw_shaft_3.prt"의 축을 선택하여 축과 축을 Align 시킨다.

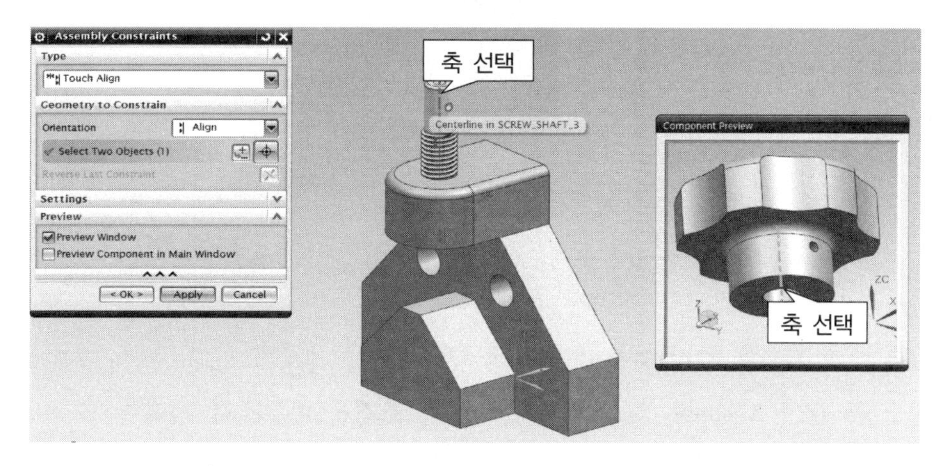

그림 7.21 Assembly Constraints : Touch Align 설정 1

❷ 두 번째 구속 조건으로 "Align"을 추가한다. "haldle_2.prt"의 측면 구멍 부분의 축을 선택한다. 그런 다음 "screw_shaft_3.prt"의 핀 구멍의 축을 선택하여 축과 축을 Align 시킨다.

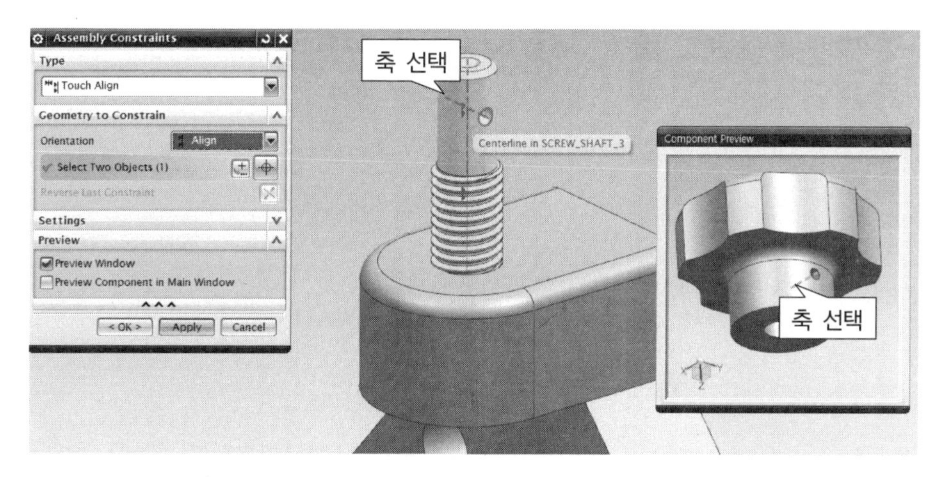

그림 7.22 Assembly Constraints : Touch Align 설정 2

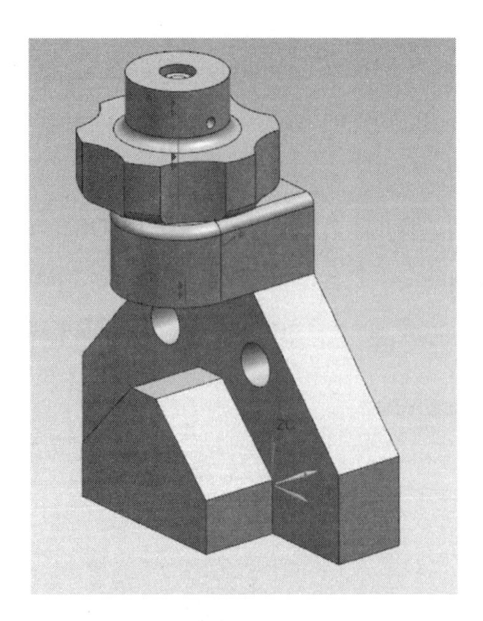

그림 7.23 Assembly Constraints 완료 : 편집 필요

❸ 그림 7.23과 같이 부품이 뒤집어져서 조립될 경우가 있다. 이럴 경우 그림 7.24와 같이 Assembly Navigator에서 구속 조건을 마우스로 선택한 후 오른쪽 버튼을 클릭하면 바로가기 메뉴가 나타난다. 메뉴 중에서 "Reverse" 아이콘을 선택하면 방향이 바뀌면서 조립 상태가 변경된다.

Align 조건 설정 시 고려 사항

축의 방향은 +방향, −방향 두 방향이 있다. 축과 축끼리 정렬 시킬 경우에 1번 축 +방향, 1번 축 −방향, 2번 축 +방향, 2번 축 −방향 설정이 가능하므로, 1번과 2번의 정렬 방식은 모두 4가지가 존재한다. 조립 시에 미리보기를 통하여 방향을 바꾸어줄 수도 있고, Assembly Navigator에서 설정을 편집할 수도 있다.

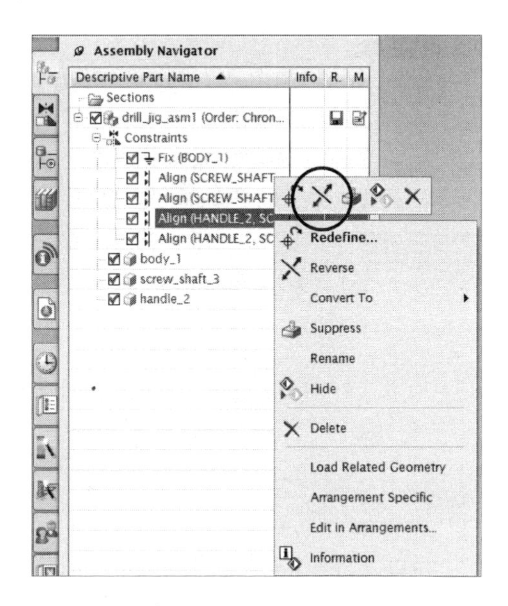

그림 7.24 구속 조건 편집

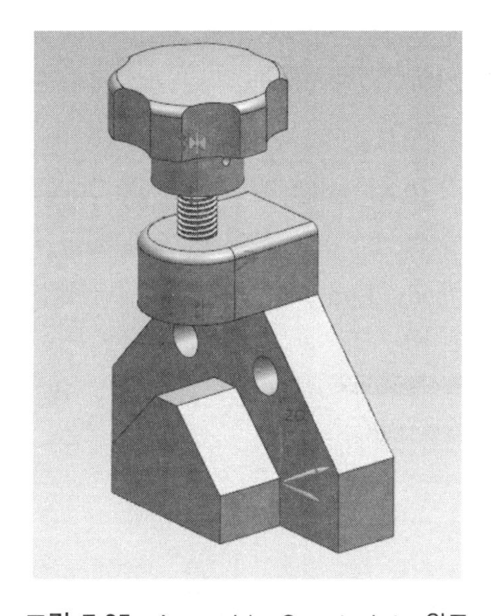

그림 7.25 Assembly Constraints 완료

(4) Assembly 4(drill_bush_4.prt 배치)

네 번째 Assembly 부품으로 "drill_bush_4.prt"를 배치한다. "Add Component" 아이콘을 클릭하면 Add Component 창이 활성화된다. Open 아이콘을 클릭하여 "drill_bush_4.prt"를 선택한다.

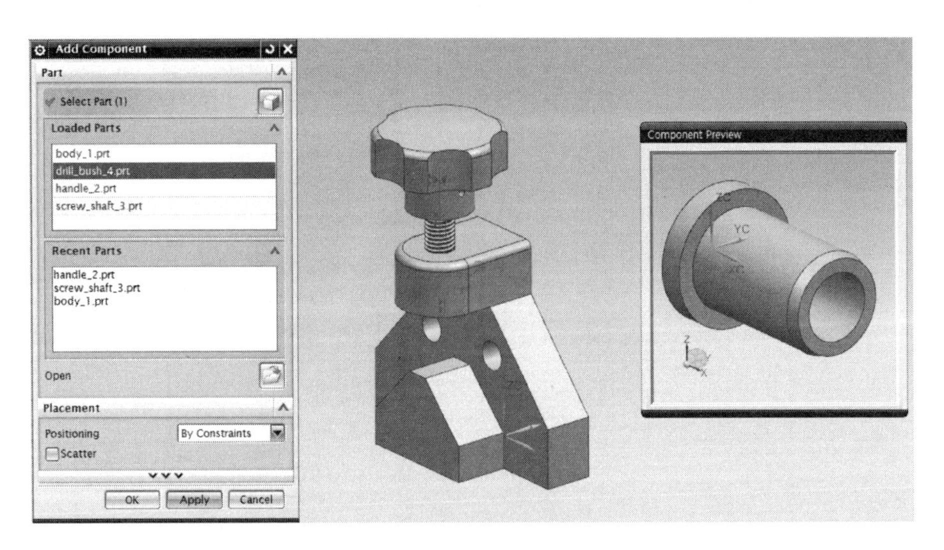

그림 7.26 Add Component : drill_bush_4.prt

❶ Placement 설정에서 "By Constraints" 항목으로 설정한 후 확인(OK) 버튼을 클릭하면 불러온 Part를 배치하는 조건을 설정하는 "Assembly Constraints" 설정창이 활성화된다.

Type 항목에서 "Touch Align"을 선택하고, Orientation 항목으로 "Align"을 선택한다. 먼저 Component Preview 창에서 "drill_bush_4.prt"의 구멍 부분의 축을 선택한다. 그런 다음 "body_1.prt"의 구멍 축을 선택하여 축과 축을 Align 시킨다.

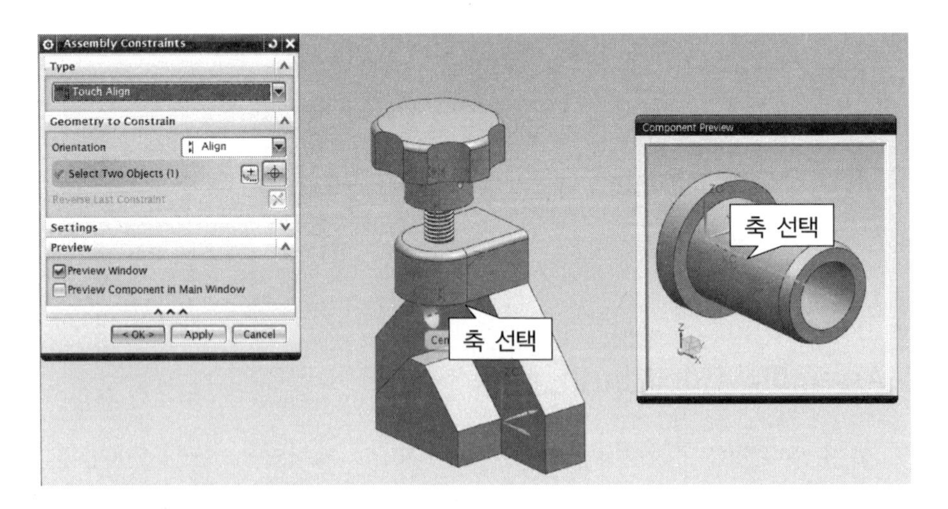

그림 7.27 Assembly Constraints : Touch Align 설정 1

❷ 두 번째 구속 조건으로 그림 7.28과 같이 Align에서 Touch로 변경한다.

그림 7.28 Assembly Constraints : Touch

그림 7.29와 같이 먼저 Component Preview 창에서 "drill_bush_4.prt"의 칼라 부분의 면을 선택한다. 그런 다음 "body_1.prt"의 구멍이 배치되어 있는 부분의 면을 선택하여 면과 면을 Touch 시킨다.

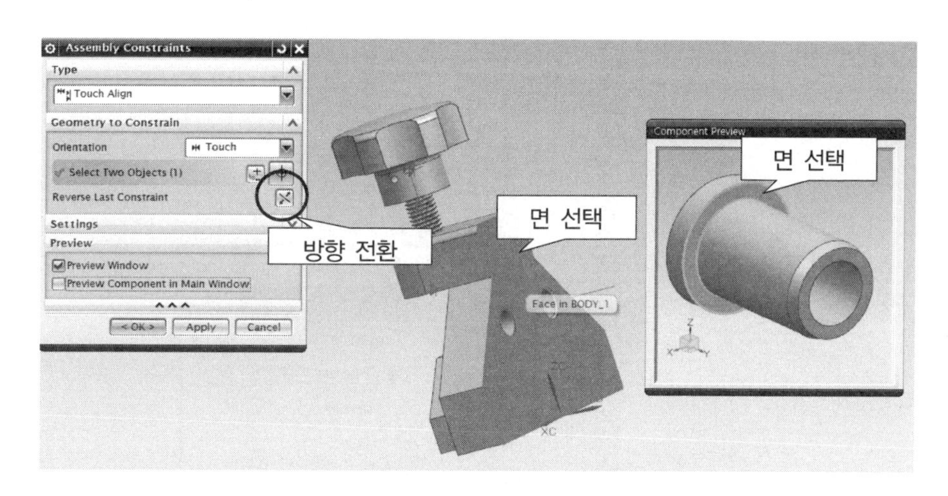

그림 7.29 Assembly Constraints : Touch 설정 2

그림 7.30과 같이 방향에 충돌이 생기면 그림 7.29와 같이 "Reverse Last Constraint" 버튼을 클릭하면 방향이 전환된다. 방향 전환을 했는데도 원하는 방향이 나오지 않은 경우이다.

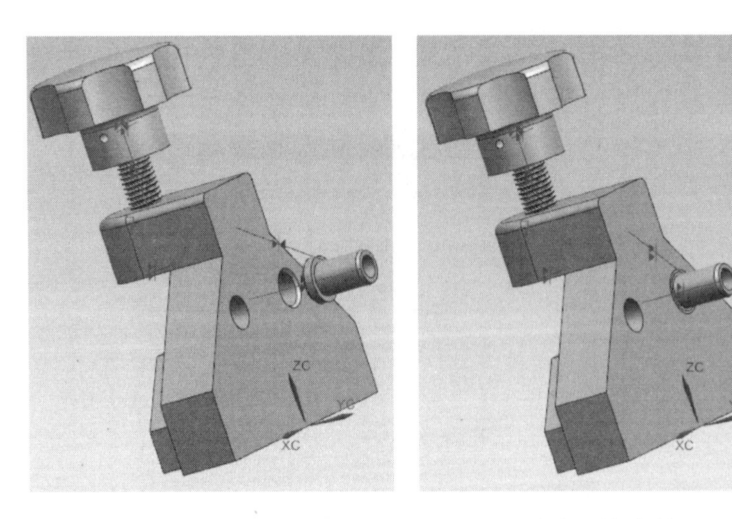

그림 7.30 Assembly Constraints : 설정 불완전 완료

이 경우에는 Assembly Navigator에서 Constraints 항목 트리를 펼친 후에 그림 7.31과 같이 구속 조건을 선택한 후 "Reverse"를 선택한다. 그림 7.32와 같이 구속 조건 1개만 변경하였기 때문에 충돌이 일어나는 상황을 빨간색으로 나타내준다.

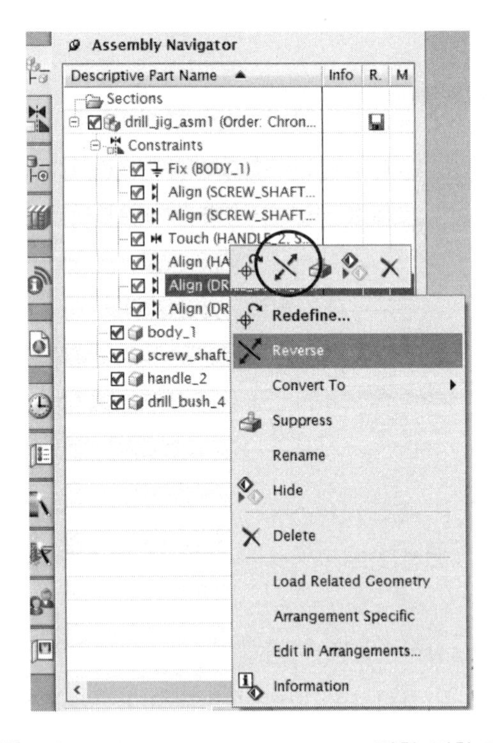

그림 7.31 Assembly Constraints : 방향 전환 편집

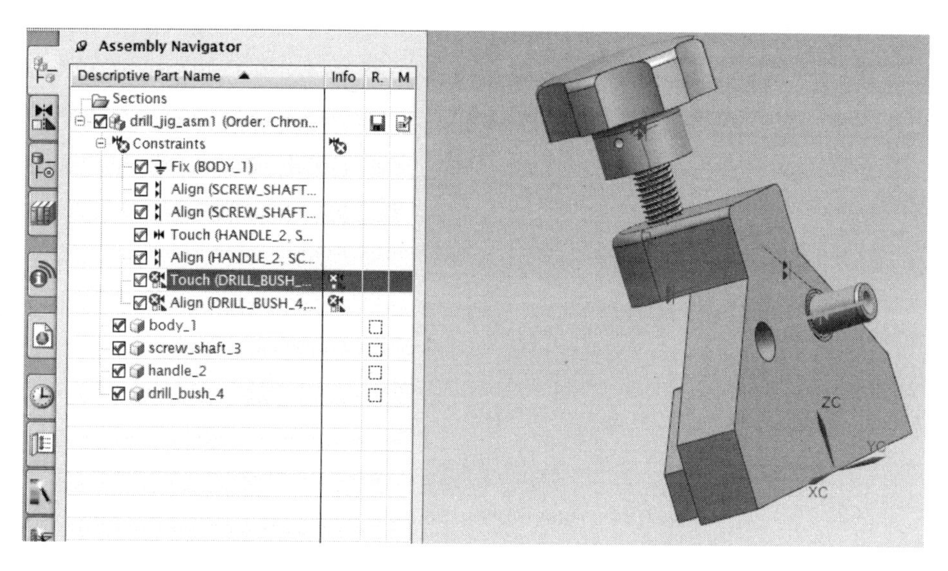

그림 7.32 Assembly Constraints : 방향 전환 편집 1

그림 7.33과 같이 구속 조건을 선택한 후 "Reverse"를 선택한다. 그림 7.34와 같이 구속 조건 변경이 완료된다.

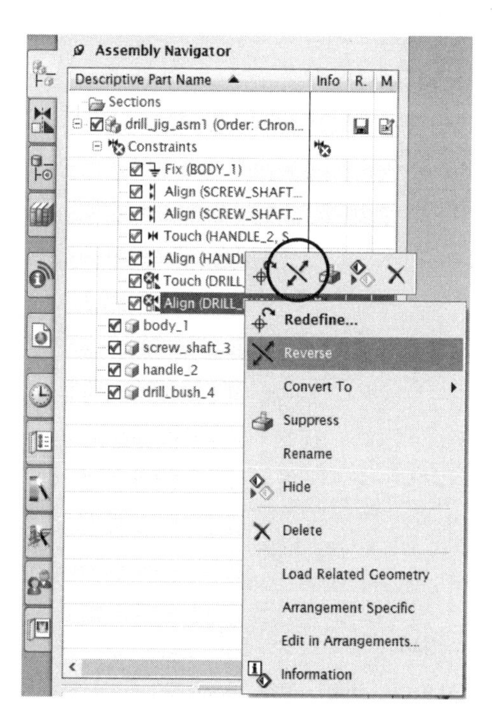

그림 7.33 Assembly Constraints : 두 번째 조건 방향 전환 편집

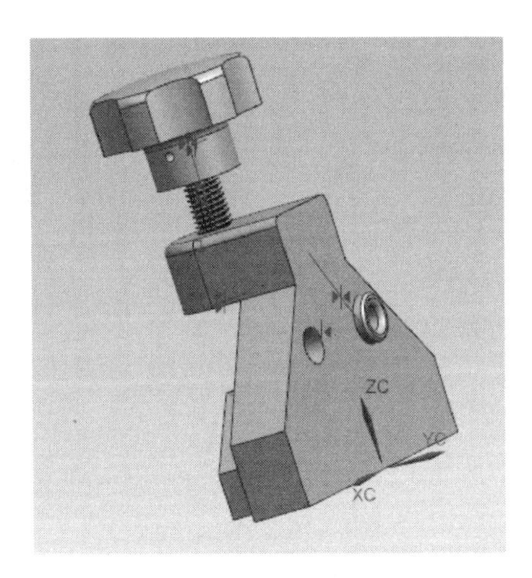

그림 7.34 Assembly Constraints : 방향 전환 편집 2 완료

(5) Assembly 5(drill_bush_4.prt 대칭 복사)

다음 Assembly 부품으로 "drill_bush_4.prt"를 대칭 복사한다. Assembly Navigator에서 "drill_bush_4.prt"를 선택한 후 그림 7.35와 같이 "Add Component" 아이콘 아래에 있는 버튼을 클릭하면 나타나는 항목 중에서 "Mirror Assembly"를 클릭하면 설정 창이 활성화 된다.

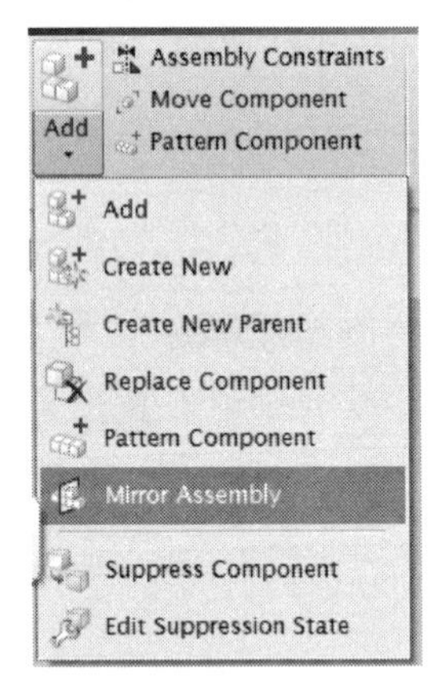

그림 7.35 Mirror Assembly

그림 7.36과 Datum Plane 생성 아이콘을 클릭하면 그림 7.37과 같이 Datum Plane을 생성해주는 창이 활성화된다. 여러 항목 중에서 대칭 평면인 "YC-ZC Plane"을 선택한 후 확인(OK) 버튼을 클릭하면 그림 7.38과 같이 "Next" 버튼이 활성화되다. "Next" 버튼을 클릭하여 다음 세부 설정 단계로 넘어간다.

그림 7.36 Mirror Assemblies Wizard

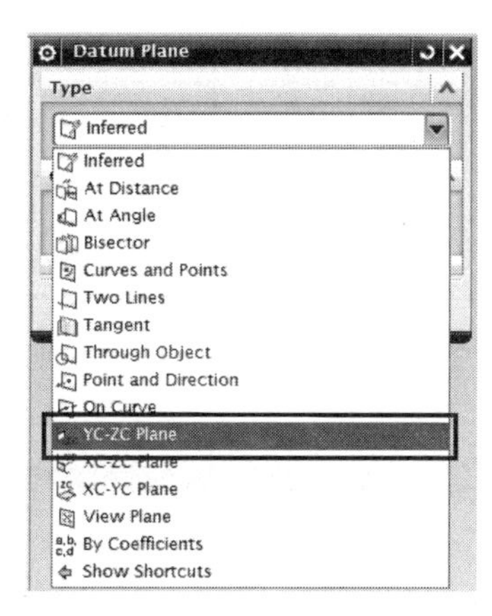

그림 7.37 Datum Plane

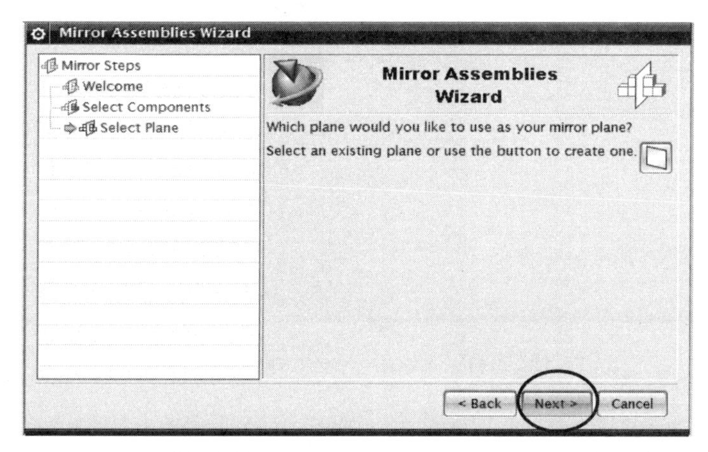

그림 7.38 Mirror Assemblies Wizard

그림 7.39에서 “drill_bush_4.prt”를 선택한 후 “Associative Mirror(연관 대칭)”와 “Non Associative Mirror(비 연관 대칭)” 항목 중에서 선택한 후 “Next” 버튼을 클릭하여 다음 단계로 넘어가면 간다. 그림 7.40과 같이 특정 접두어를 적용하여 Part의 이름을 만들어줄 수 있으며 특정 폴더 위치에 저장도 가능하다.

그림 7.39 Mirror Assemblies Wizard

그림 7.40 Mirror Assemblies Wizard

그림 7.39 단계에서 “drill_bush_4.prt”를 선택한 후 “Associative Mirror”와 “Non Associative Mirror” 항목 중에서 선택을 하지 않고 한 후 “Next” 버튼을 클릭하여

다음 단계로 넘어가면 그림 7.41과 같이 “6”가지 원하는 복사 배치 중에서 선택할 수 있도록 해준다. “Cycle Reposition Solutions” 버튼을 클릭하면 차례대로 대칭 복사의 형상을 보여주는데 이 중에서 원하는 대창 복사 상태를 선택한 후 “Finish” 버튼을 클릭하면 대칭 복사가 완료된다. 이 경우 그림 7.42와 같이 Assembly Navigator 창에서 알 수 있듯이 같은 Part를 두 번 조립한 것으로 표시된다.

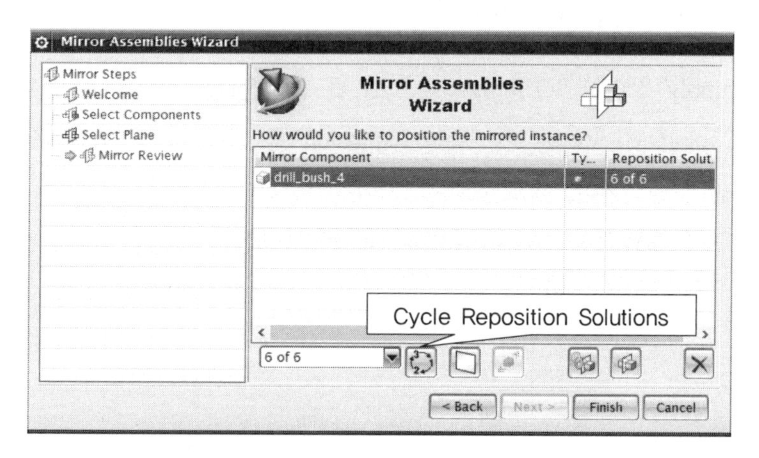

그림 7.41 Mirror Assemblies Wizard

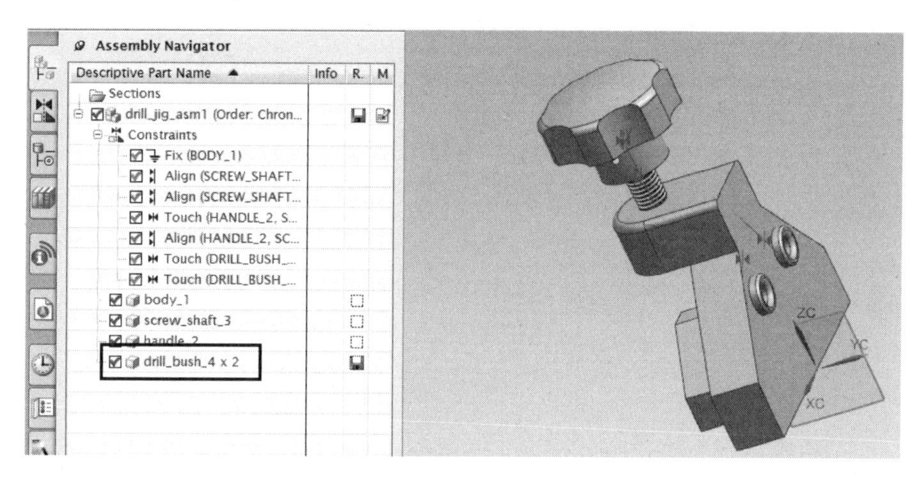

그림 7.42 Mirror Assembly 완료

7.2 Assembly Explosion(어셈블리 분해)

Assembly 작업된 것을 분해하는 것이 "Assemble Explosion"이다. 각각의 컴포넌트들의 상호 조립 관계를 확인하고자 할 때 사용할 수 있는 기능이다.

(1) Assembly Explosion 생성

앞에서 Assembly 작업한 "drill_jig_asm1.prt"를 불러온다. 그림 7.43과 같이 "Menu >> Assembles >> Exploded Views >> New Explosion"을 선택하면 그림 7.44와 같이 "New Explosion" 창이 활성화된다. 새로운 이름을 설정가능한데 Default 이름으로 설정한 후 확인(OK) 버튼을 클릭하면 생성이 완료된다. 컴포넌트들끼리 결합만 끊어 놓은 상태이므로 화면에서 달라진 것을 알 수 없다.

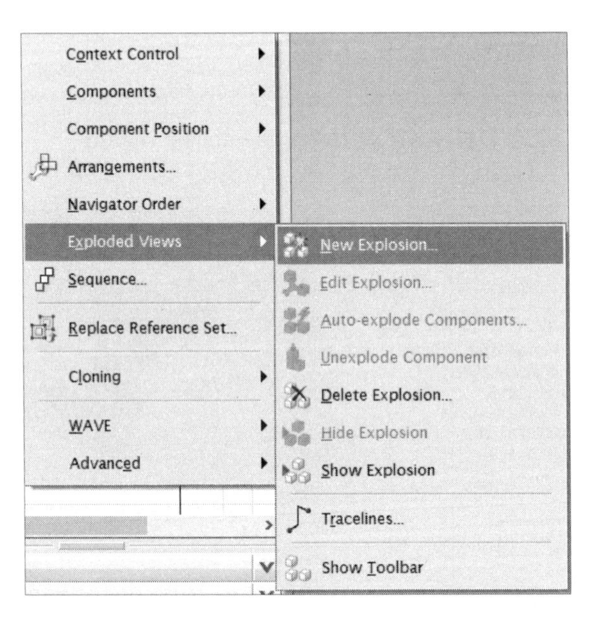

그림 7.43 Assembly Explosion 생성

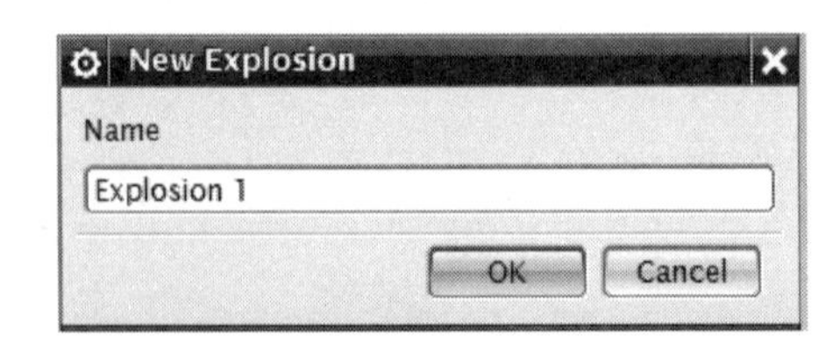

그림 7.44 Assembly Explosion 이름 설정

그림 7.45와 같이 “Menu >> Assembles >> Exploded Views >> Auto-explode Components”를 선택하면 그림 7.46과 같이 와 같이 “Class Selection” 창이 활성화된다. 그림 7.43과 그림 7.45를 비교해보면 활성화된 항목에 차이가 있음을 알 수 있다.

컴포넌트 선택 상태에서 마우스 왼쪽 버튼으로 조립된 상태의 왼쪽 위쪽에서 드래그하여 오른쪽 아래쪽에서 클릭하면 컴포넌트 5개가 모두 선택된다. 확인(OK) 버튼을 클릭하면 분해될 컴포넌트들 간의 간격을 입력하는 창이 활성화된다. 간격 값으로 “20”을 입력한 후 확인(OK) 버튼을 클릭하면 그림 7.48과 같이 자동 분해된 결과를 나타내준다.

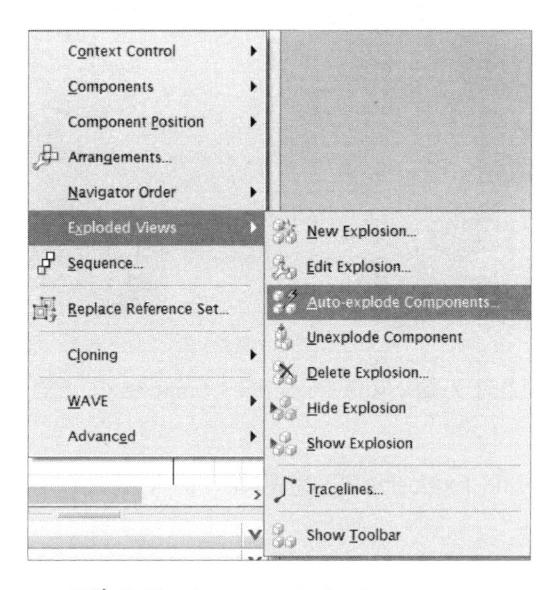

그림 7.45 Auto-explode Components

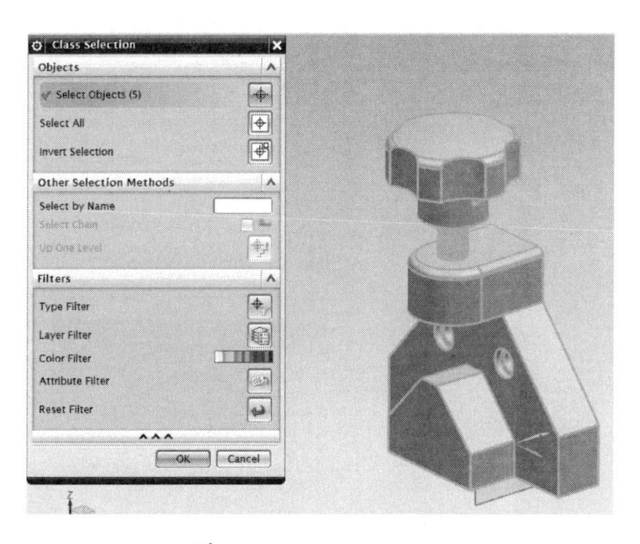

그림 7.46 Class Selection

그림 7.47 분해 간격 입력

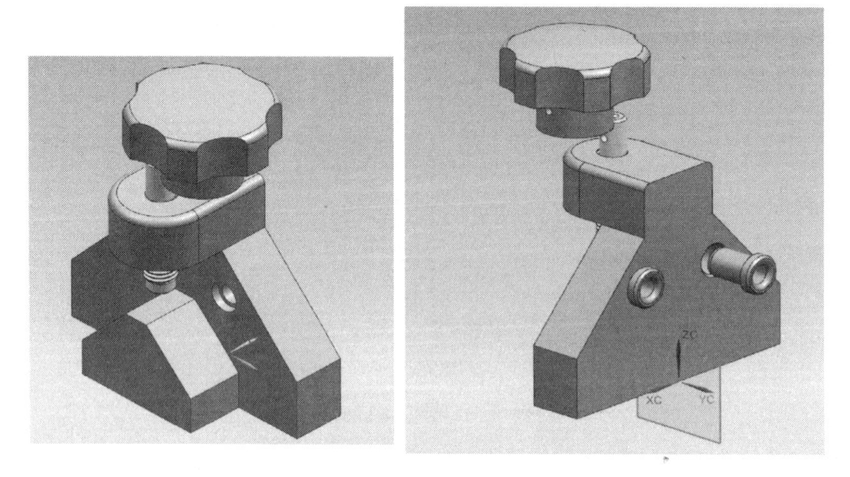

그림 7.48 Auto-explode Components 완료

그림 7.49와 같이 "Hide Explosion"을 선택하면 분해 전으로 돌아간다.

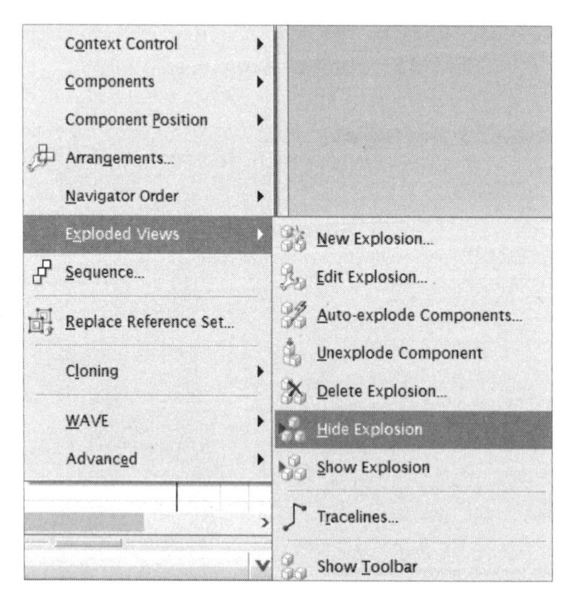

그림 7.49 Hide Explosion

(2) Assembly Explosion 편집

자동 분해된 상태는 원하는 상태의 분해도가 아니므로 분해된 상태를 편집을 해준다. 그림 7.50과 같이 "Menu >> Assembles >> Exploded Views >> Edit Explosion"을 선택하면 그림 7.51과 같이 "Edit Explosion" 창이 활성화된다.

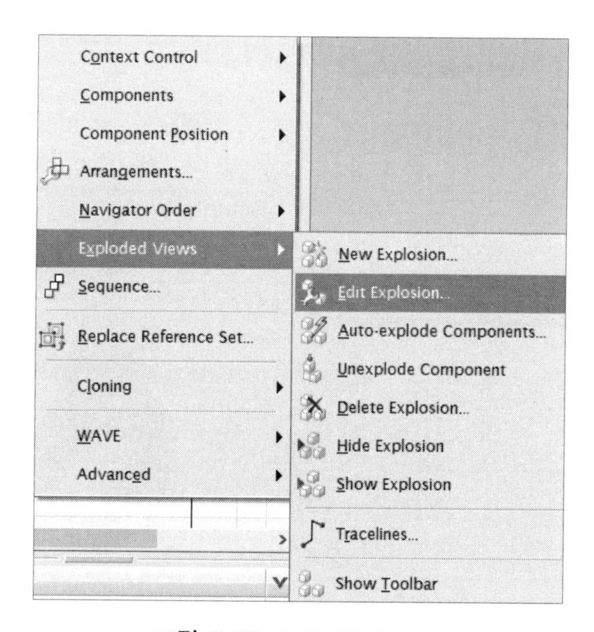

그림 7.50 Edit Explosion

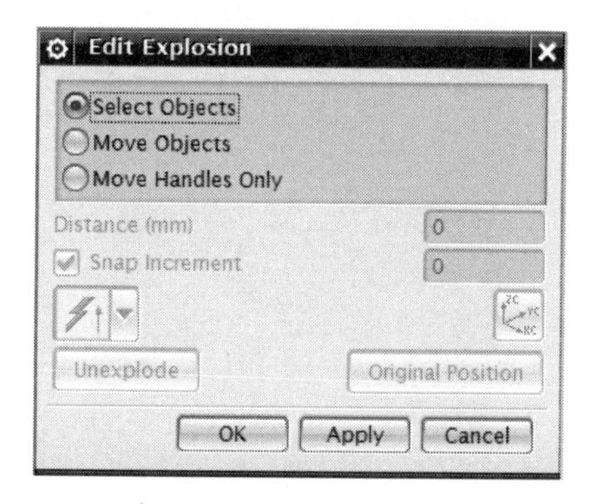

그림 7.51 Edit Explosion 설정 창

"Select Objects" 항목이 선택되어 있는 상태에서 이동 시킬 컴포넌트를 선택한 후 "Move Objects" 항목을 선택하면 그림 7.52와 같이 이동 시킬 수 있는 좌표계가 나타난다. 마우스로 좌표계의 Z축을 선택한 후 위쪽으로 드래그하여 놓으면 "handle_2.prt"가 이동되어 배치된다. 축을 선택하여 이동시키면 축 방향으로만 이동되며, 중간에 있는 점(handle)을 선택하여 이동시키면 컴포넌트가 회전하여 돌아간다. 원점을 선택하여 이동시키면 상하좌우 이동시켜서 배치할 수 있다.

언제든지 이동을 취소하거나 삭제할 수 있기 때문에 각자 다양한 방법으로 이동시켜보는 연습을 해보길 바란다.

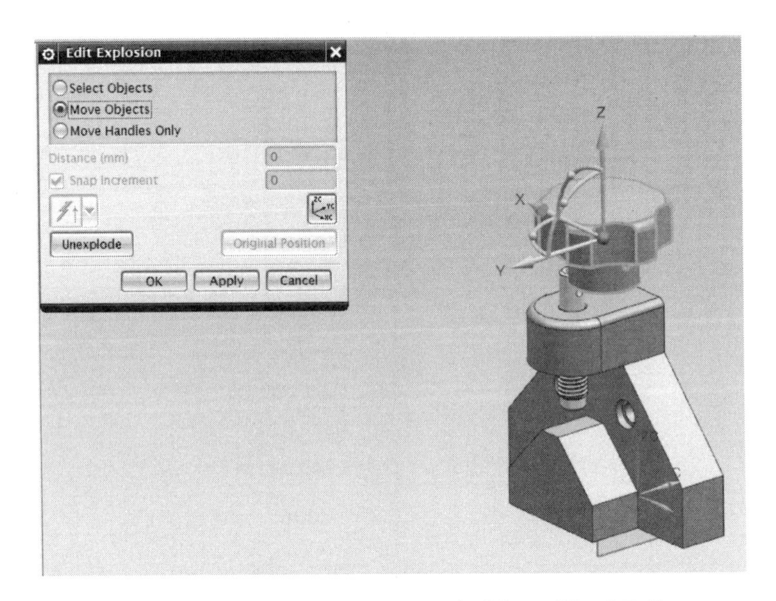

그림 7.52 Edit Explosion : 컴포넌트 이동 좌표계

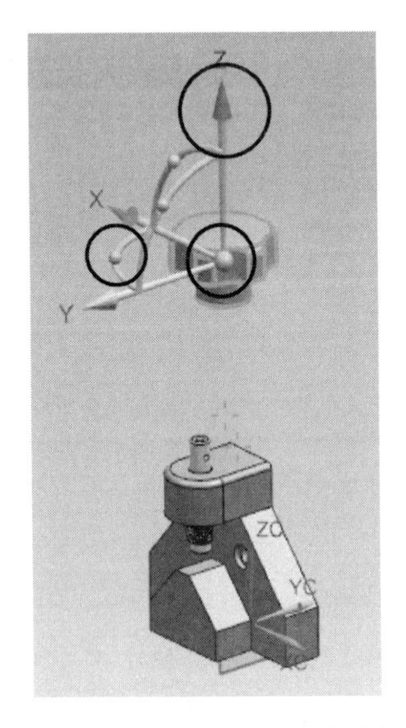

그림 7.53 Edit Explosion : 컴포넌트 이동

컴포넌트 이동이 원활하게 될 수 있도록 다양하게 연습이 이루어지면 원하는 방향으로 컴포넌트들을 분해하기가 쉬워진다.

그림 7.54와 같이 조립 관계를 잘 알 수 있도록 컴포넌트들의 위치를 이동시켜서 배치를 완료한다.

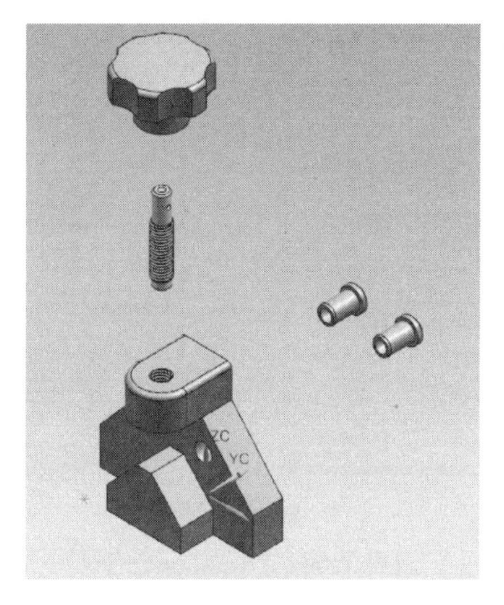

그림 7.54 Edit Explosion : 컴포넌트 이동 배치 완료

(3) Assembly Explosion Tracelines

조립 상태를 알기 쉽게 분해 배치를 완료한 상태에서 컴포넌트들 간의 조립 방향을 알 수 있도록 해주는 "Tracelines"을 추가해보자.

그림 7.55와 같이 "Menu >> Assembles >> Exploded Views >> Tracelines"를 선택하면 설정 창이 활성화된다.

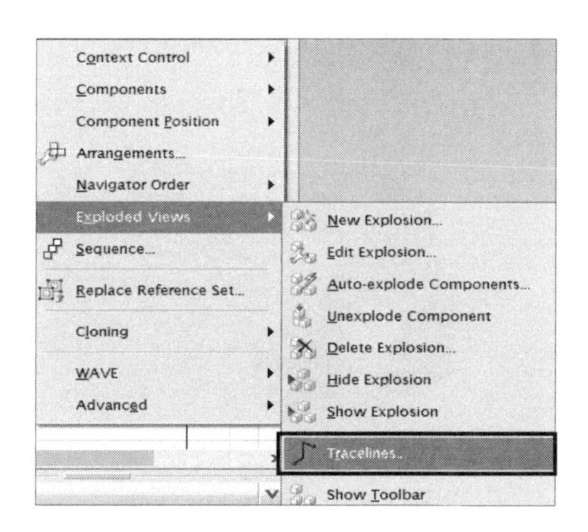

그림 7.55 Tracelines

그림 7.56과 같이 “Start” 설정에서 “drill_bush_4.prt”의 원통 형상의 중심점을 선택한 후 “End” 설정에서 “Component”로 항목을 바꾼 후에 “body_1.prt”를 선택한 후 Apply 버튼을 클릭하면 Traceline이 설정된다.

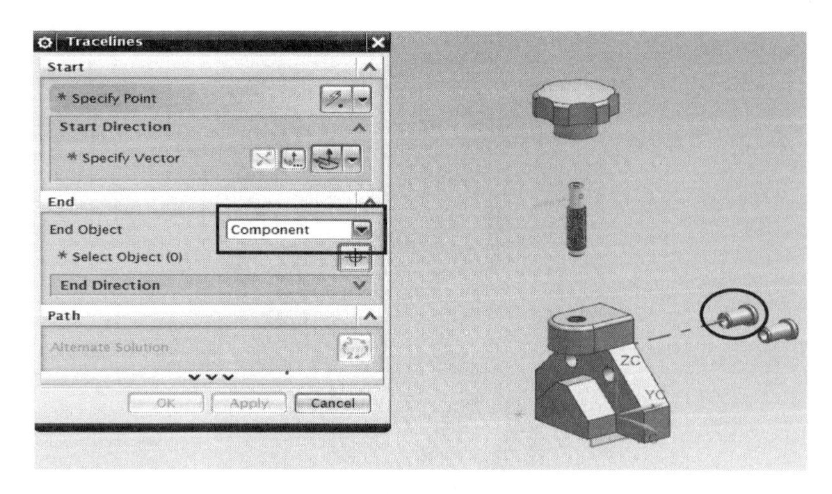

그림 7.56 Tracelines 설정

같은 방법으로 나머지 Tracelines 설정을 완료한다.

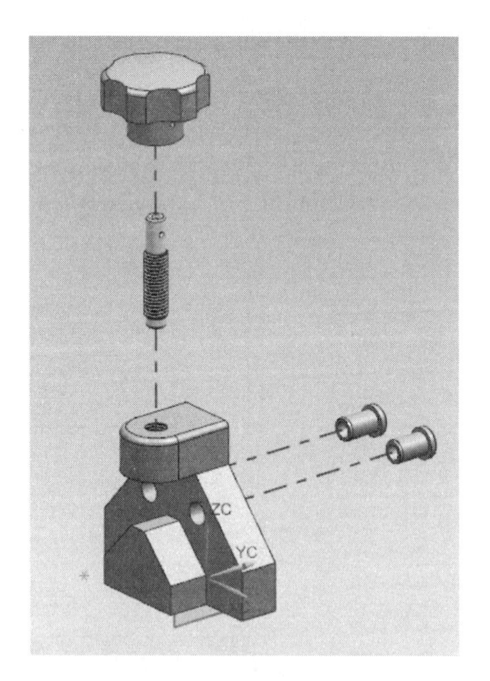

그림 7.57 Tracelines 완료

참고예제 7.1

Clamp Assembly 만들기

윈도우 탐색기에서 폴더(3d_cad_clamp)를 새로 생성하여 이전에 작업했던 부품 파일들을 모두 생성된 폴더에 모아 놓는다. 부품들을 모아 놓은 폴더에 Assembly 파일을 생성한다.

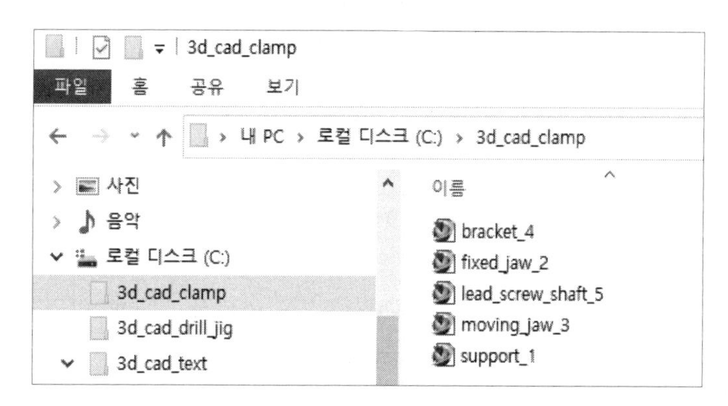

그림 7.58 폴더 생성 : 3d_cad_clamp

Assembly 작업에 사용될 부품들의 리스트는 다음과 같다.

부품 리스트	작업 위치
support_1.prt	110p ~ 118p
fixed_jaw_2.prt	127p ~ 131p
moving_jaw_3.prt	132p ~ 137p
bracket_4.prt	138p ~ 145p
lead_screw_shaft_5.prt	164p ~ 171p

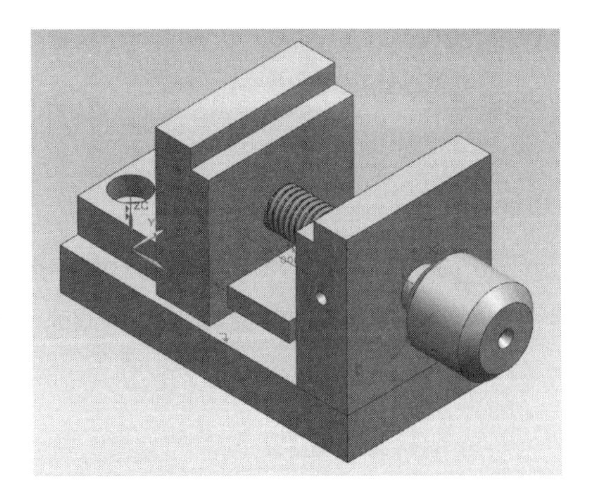

그림 7.59 Assembly 모델링 : clamp_asm1.prt

(1) Assembly 1(support_1.prt 배치)

첫 번째 Assembly part로 "clamp_asm1.prt"를 만들어보자. "New 아이콘( )"을 클릭하면 나타나는 설정 창에서 그림 7.60과 같이 Model 탭을 선택하고 "Assembly"를 선택한 후 생성할 파일의 저장할 폴더와 이름을 지정하고 확인(OK)을 클릭한다.

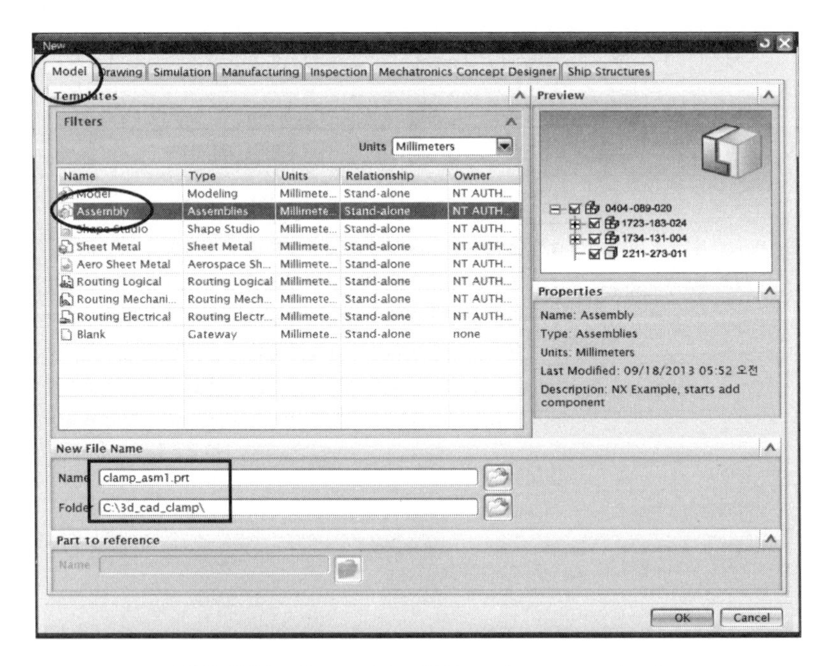

그림 7.60 Assembly 생성 : clamp_asm1.prt

❶ 그림 7.61과 같이 Assembly를 새로 만들면 "Add Component"창이 활성화된다. 설정 창 하단부에 파일을 찾는 "Open" 아이콘을 클릭하여 1번 부품인 "support_1.prt"를 불러온다.

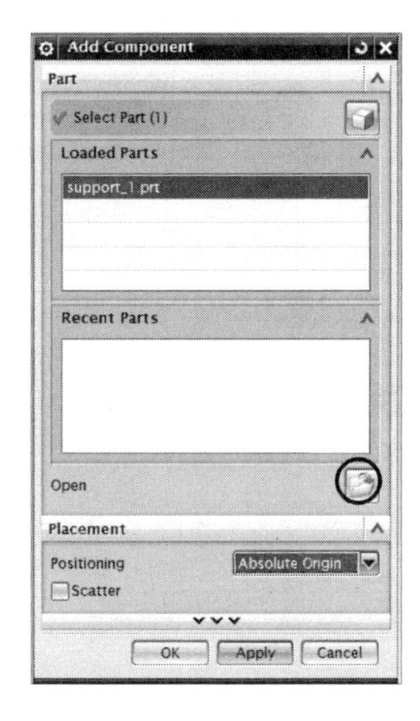

그림 7.61 Add Component

support_1.prt가 로딩 되면, "Component Preview" 창을 통해서 불러온 Part를 확인 가능하다. Placement 설정에서 "Absolute Origin(절대 원점)"을 선택한다. 첫 번째 Part이므로 Assembly 공간의 원점과 불러온 Part의 원점을 일치시키는 방법이다.

확인(OK)을 클릭하면 support_1.prt 배치가 완료된다.

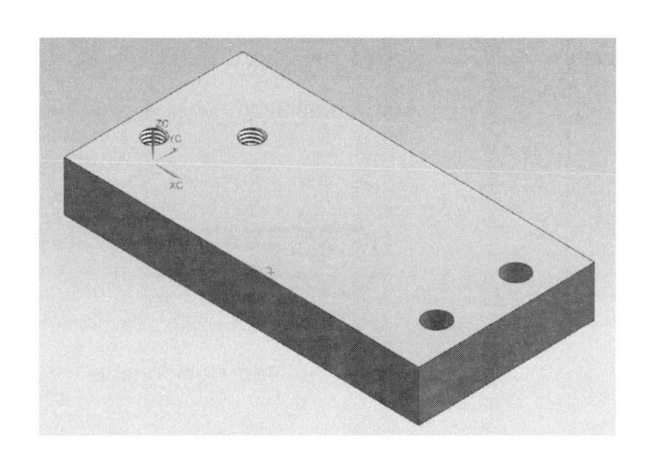

그림 7.62 Add Component 완료

❷ 그림 7.63과 같이 "Assembly Constraints" 아이콘을 클릭하여 구속 조건으로 "Fix"를 선택한 후 화면에 배치되어 있는 support_1.prt를 선택한 후 확인(OK)을 클릭하면 구속 조건 설정이 완료된다. Fix 조건은 Part가 움직이지 않도록 기준을 잡아줄 때 사용한다.

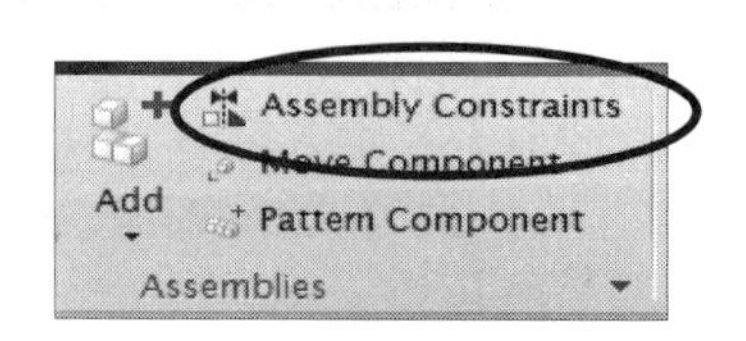

그림 7.63 Assembly Constraints

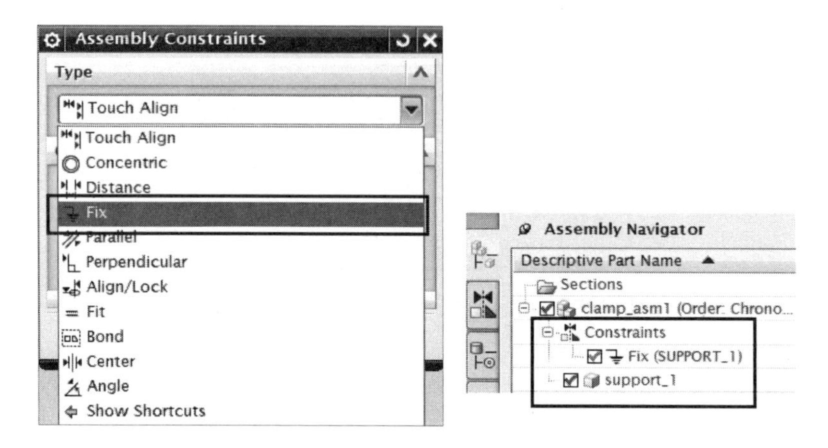

그림 7.64 Assembly Constraints : Fix

(2) Assembly 2(fixed_jaw_2.prt 배치)

두 번째 Assembly 부품으로 "fixed_jaw_2.prt"를 배치한다. 그림 7.65와 같이 "Add Component" 아이콘을 클릭하면 Add Component 창이 활성화된다. Open 아이콘을 클릭하여 "fixed_jaw_2.prt"를 선택한다.

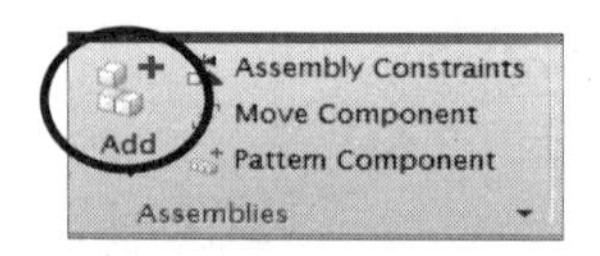

그림 7.65 Add Component

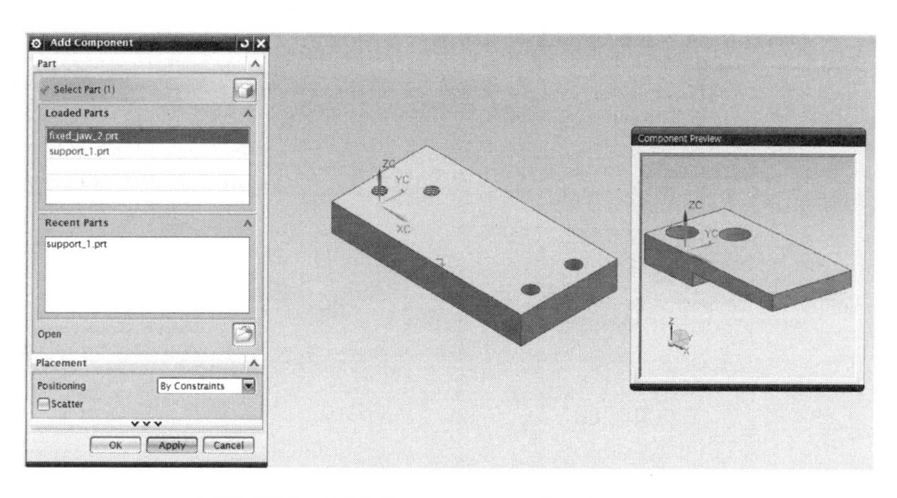

그림 7.66 Add Component : fixed_jaw_2.prt

➊ Placement 설정에서 "By Constraints" 항목으로 설정한 후 확인(OK) 버튼을 클릭하면 불러온 Part를 배치하는 조건을 설정하는 "Assembly Constraints" 설정 창이 활성화된다.

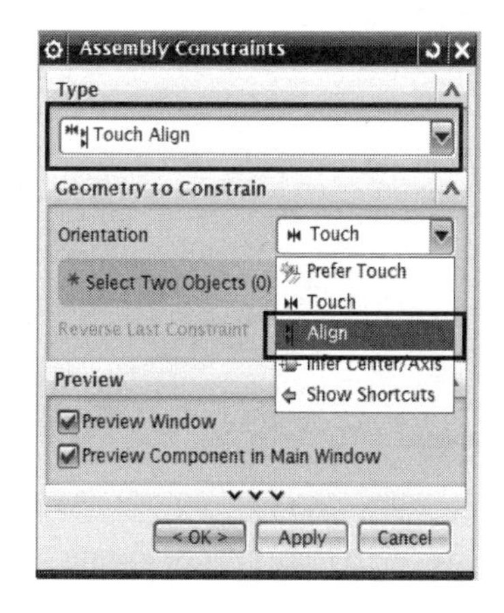

그림 7.67 Assembly Constraints : Touch Align

Type 항목에서 "Touch Align"을 선택하고, Orientation 항목으로 "Align"을 선택한다. Align은 축과 축, 모서리와 모서리, 면과 면을 정렬시켜주는 구속 조건이다. Assembly 작업에서 구속 조건을 적용할 때 항상 불러온 Part를 먼저 선택한다. 먼저 Component Preview 창에서 "fixed_jaw_2.prt"의 카운터 보어 구멍의 축을 선택한다. 그런 다음 "support_1.prt"의 나사 구멍의 축을 선택하여 축과 축을 Align 시킨다.

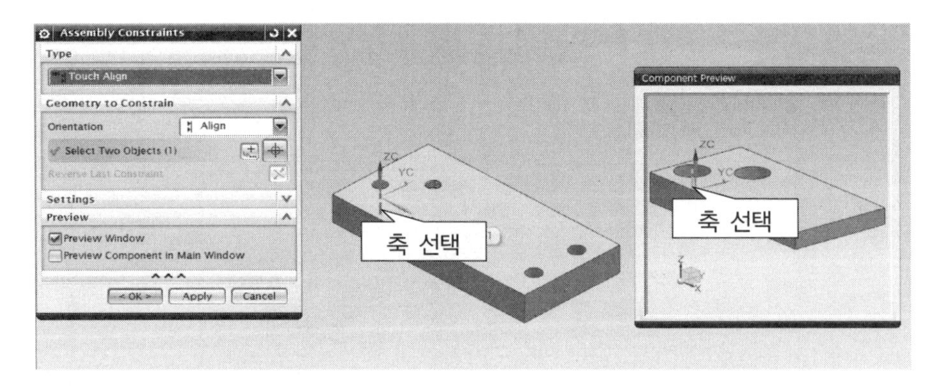

그림 7.68 Assembly Constraints : Touch Align 설정 1

❷ 같은 Align 조건으로 "fixed_jaw_2.prt"의 두 번째 카운터 보어 구멍의 축을 선택한다. 그런 다음 "support_1.prt"의 두 번째 나사 구멍의 축을 선택하여 축과 축을 Align 시킨다.

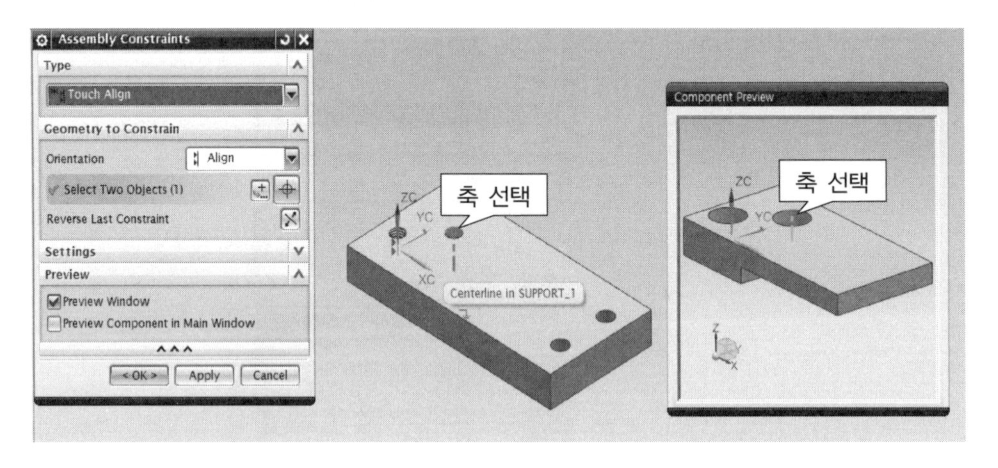

그림 7.69 Assembly Constraints : Touch Align 설정 2

❸ "Touch" 조건 상태에서 그림 7.70과 같이 "fixed_jaw_2.prt"의 바닥면(마우스 "휠" 버튼을 클릭한 채로 움직이면 회전됨)을 선택한 후 "support_1.prt"의 윗면을 선택하면 그림 7.71과 같이 조립된다.

그림 7.70 Assembly Constraints : Touch

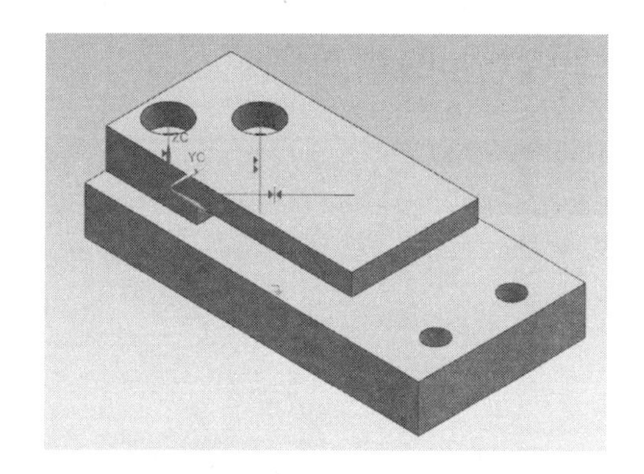

그림 7.71 Assembly Constraints 완료

(3) Assembly 3(moving_jaw_3.prt 배치)

세 번째 Assembly 부품으로 “moving_jaw_3.prt”를 배치한다. “Add Component” 아이콘을 클릭하면 Add Component 창이 활성화된다. Open 아이콘을 클릭하여 “moving_jaw_3.prt”를 선택한다.

❶ Placement 설정에서 “By Constraints” 항목으로 설정한 후 확인(OK) 버튼을 클릭하면 불러온 Part를 배치하는 조건을 설정하는 “Assembly Constraints” 설정 창이 활성화된다. 그림 7.72와 같이 Type 항목에서 “Touch Align”을 선택하고, Orientation 항목으로 “Tough”를 선택한다. 먼저 Component Preview 창에서 “moving_jaw_3.prt”의 슬롯 부분의 윗면을 선택한다. 그런 다음 “fixed_jaw_2. prt”의 윗면을 선택하여 면과 면을 Touch 시킨다.

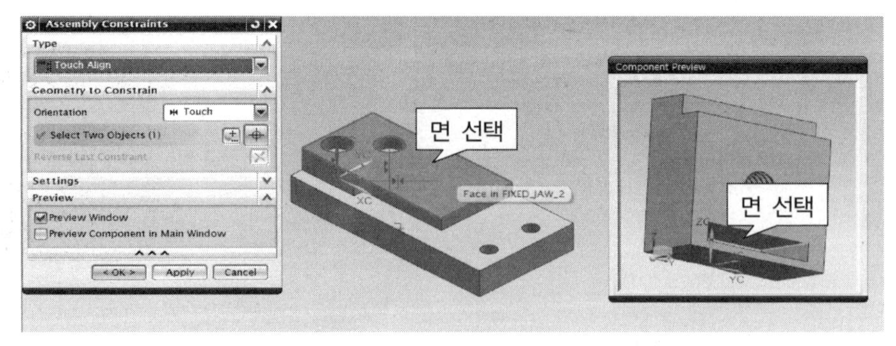

그림 7.72 Assembly Constraints : Touch 설정 1

❷ `같은 방법으로 "Tough" 조건으로 먼저 Component Preview 창에서 "moving_jaw_3.prt"의 슬롯 부분의 좁은 면을 선택한다. 그런 다음 "fixed_jaw_2.prt"의 좁은 측면을 선택하여 면과 면을 Touch 시킨다.

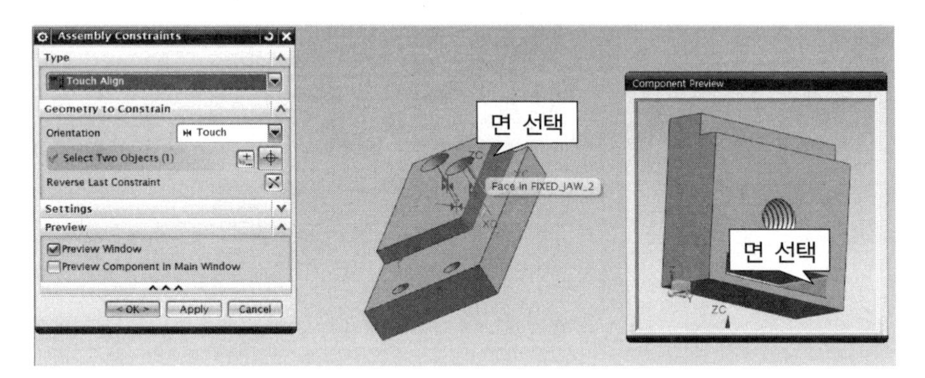

그림 7.73 Assembly Constraints : Touch 설정 2

❸ "Distance" 조건으로 설정한 후 먼저 "moving_jaw_3.prt"의 앞면을 선택한다. 그런 다음 "fixed_jaw_2.prt"의 앞쪽 좁은 측면을 선택하여 거리 "17"로 설정한다.

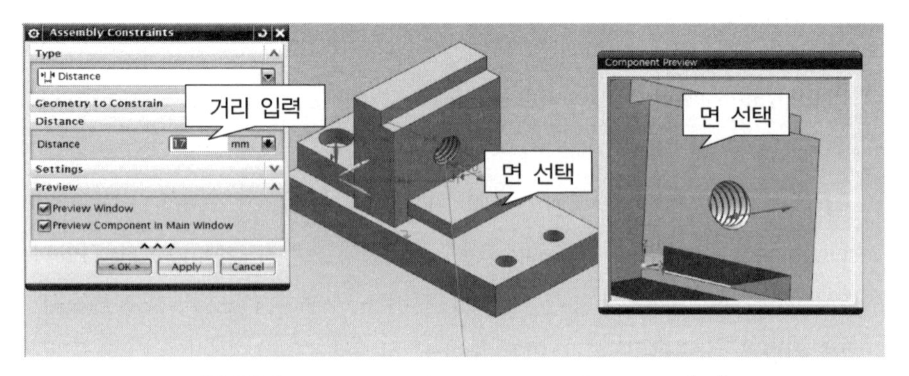

그림 7.74 Assembly Constraints : Distance "17"

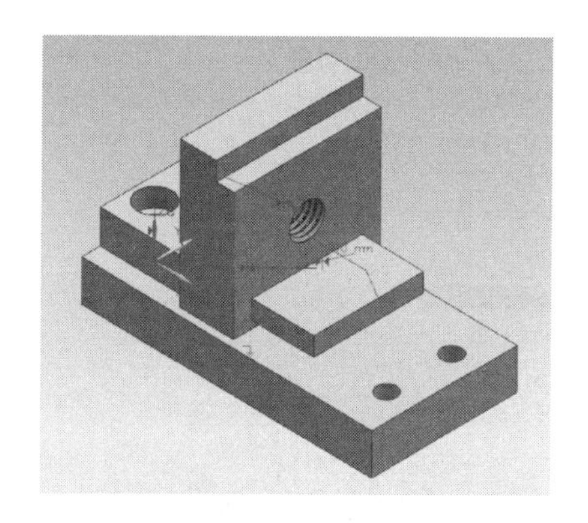

그림 7.75 Assembly Constraints 완료

(4) Assembly 4(bracket_4.prt 배치)

네 번째 Assembly 부품으로 "bracket_4.prt"를 배치한다. "Add Component" 아이콘을 클릭하면 Add Component 창이 활성화된다. Open 아이콘을 클릭하여 "bracket_4 .prt"를 선택한다.

❶ Placement 설정에서 "By Constraints" 항목으로 설정한 후 확인(OK) 버튼을 클릭하면 불러온 Part를 배치하는 조건을 설정하는 "Assembly Constraints" 설정 창이 활성화된다.

Type 항목에서 "Touch Align"을 선택하고, Orientation 항목으로 "Align"을 선택한다. 먼저 Component Preview 창에서 "bracket_4.prt"의 나사 구멍 부분의 축을 선택한다. 그런 다음 "support_1.prt"의 카운터 보어 구멍의 축을 선택하여 축과 축을 Align 시킨다.

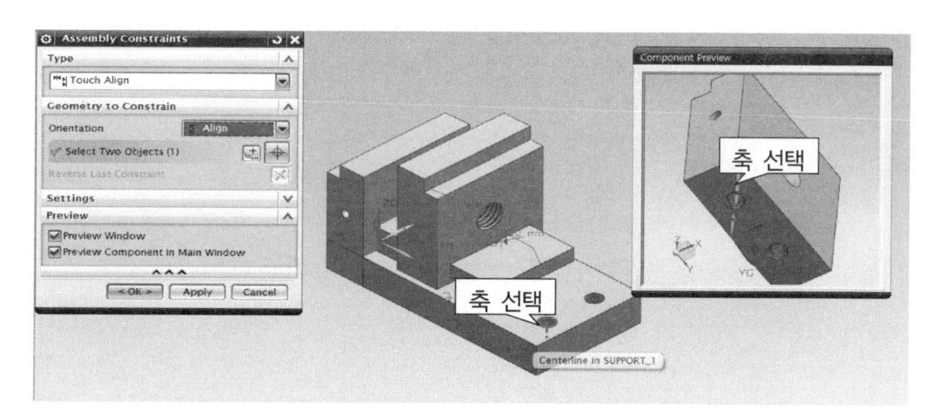

그림 7.76 Assembly Constraints : Touch Align 설정 1

❷ 같은 Align 조건으로 "bracket_4.prt"의 두 번째 나사 구멍의 축을 선택한다. 그런 다음 "support_1.prt"의 두 번째 카운터 보어 구멍의 축을 선택하여 축과 축을 Align 시킨다.

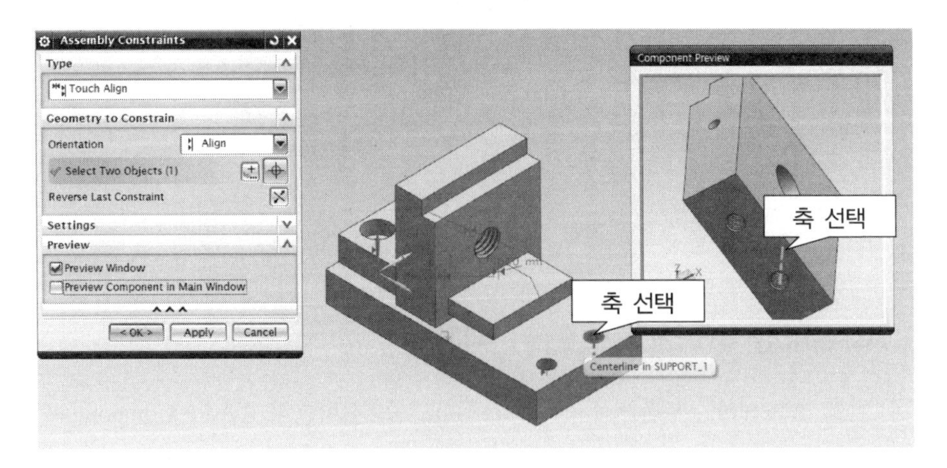

그림 7.77 Assembly Constraints : Touch Align 설정 2

❸ "Touch" 조건 상태에서 그림 7.78과 같이 "bracket_4.prt"의 바닥면(마우스 "휠" 버튼을 클릭한 채로 움직이면 회전됨)을 선택한 후 "support_1.prt"의 윗면을 선택한 후 확인(OK) 버튼을 클릭하면 그림 7.79와 같이 조립된다.

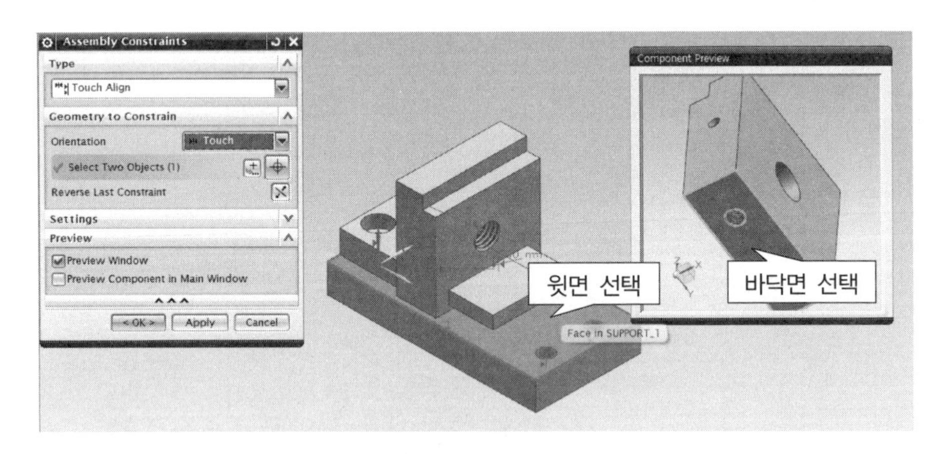

그림 7.78 Assembly Constraints : Touch

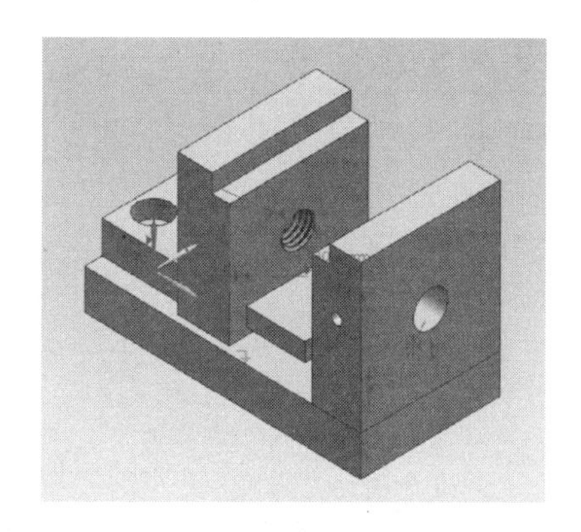

그림 7.79 Assembly Constraints 완료

(5) Assembly 5(lead_screw_shaft_5.prt 대칭 복사)

다섯 번째 Assembly 부품으로 “lead_screw_shaft_5.prt”를 배치한다. “Add Component” 아이콘을 클릭하면 Add Component 창이 활성화된다. Open 아이콘을 클릭하여 “lead_screw_ shaft_5.prt”를 선택한다.

❶ Placement 설정에서 “By Constraints” 항목으로 설정한 후 확인(OK) 버튼을 클릭하면 불러온 Part를 배치하는 조건을 설정하는 “Assembly Constraints” 설정 창이 활성화된다. Type 항목에서 “Touch Align”을 선택하고, Orientation 항목으로 “Align”을 선택한다. 먼저 Component Preview 창에서 “lead_screw_ shaft_5.prt”의 길이 방향 축을 선택한다. 그런 다음 “bracket_4.prt”의 구멍의 축을 선택하여 축과 축을 Align 시킨다.

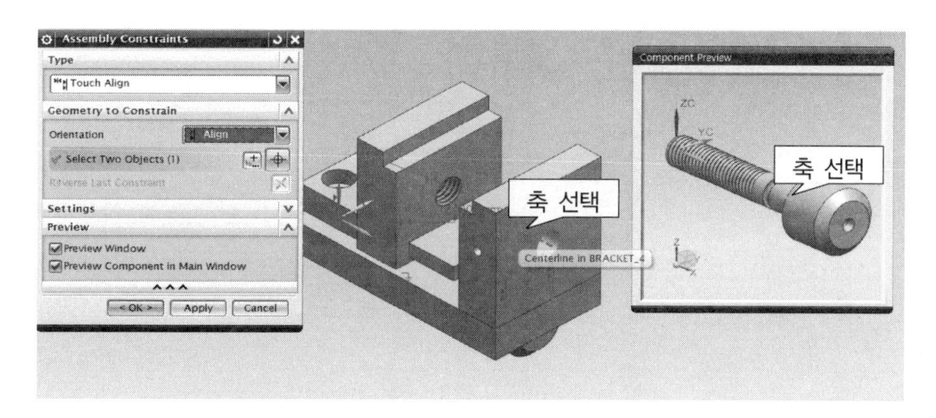

그림 7.80 Assembly Constraints : Touch Align

❷ "Distance" 조건으로 설정한 후 먼저 "lead_screw_shaft_5.prt"의 좁은 면을 선택한다. 그런 다음 "bracket_4.prt"의 앞면을 선택하여 거리 "4"로 설정한다.

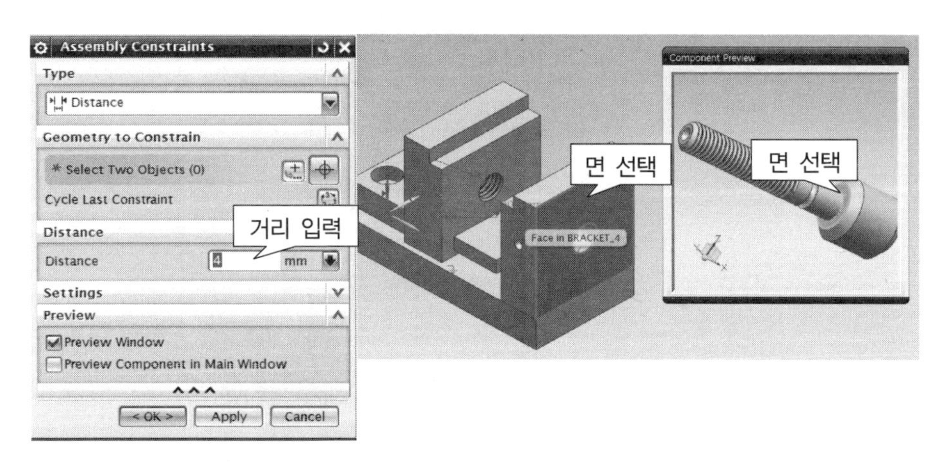

그림 7.81 Assembly Constraints : Distance "4"

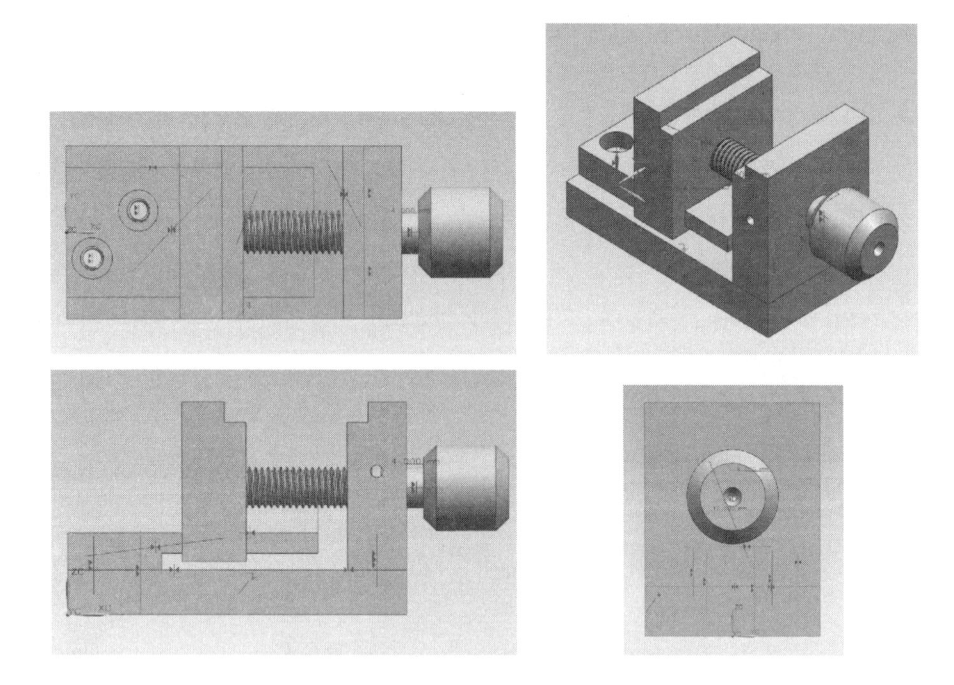

그림 7.82 Assembly Constraints 완료

CHAPTER 08

Drawing (드로잉)

일반적인 2D Drawing은 3차원 형상을 참조하여 투영면에 해당하는 단면 작성, 치수 기입, 기하학적 공차들을 기입하여 생성한다. NX drawing은 3차원 모델링된 형상을 참조하여 배치하면 기본 Drawing이 생성된다. 3차원 모델링과 서로 연결되기 때문에 활8성화되어 있는 모델링과 연관되는 이름으로 생성한다.

8.1 Drawing 생성하기

"File >> Open"을 클릭하여 "body_1.prt"를 불러온다. "body_1.prt"에 대한 Drawing을 작성하여 보자. "New 아이콘( )"을 클릭하면 나타나는 설정 창에서 그림 8.1과 같이 Drawing 탭을 선택하고 "A2-Size"를 선택한 후 생성할 파일의 저장할 폴더와 이름을 지정하고 확인(OK)을 클릭한다.

"A2-Size"를 선택한 것은 기계설계 산업기사 실기 자격시험에서 요구하는 도면 작성의 크기가 "A2"이다. 작성은 "A2"로 하고 도면 출력은 "A3" 흑백으로 출력한다.

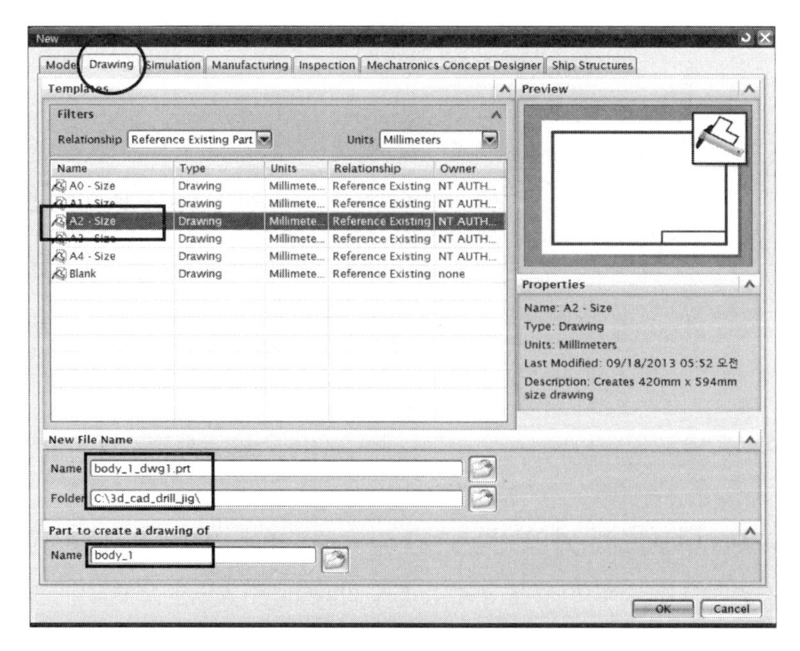

그림 8.1 Drawing 생성 창

"View Creation Wizard"가 자동 실행되면 "Cancel" 버튼을 클릭한다. Part Navigator 탭을 클릭하면 그림 8.2와 같이 "Sheet 1"이 생성되어 있는 것을 확인할 수 있다. Main 화면에는 Siemens에서 제공하는 Template가 작성되어 있다.

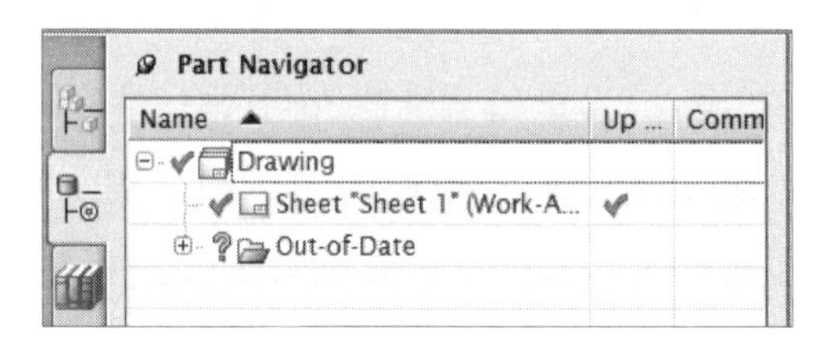

그림 8.2 Sheet 1 생성 확인

우리가 원하는 상태의 새로운 도면을 만들어주기 위해 그림 8.3과 같이 "New Sheet" 아이콘을 클릭한다. Standard Size 항목을 선택하고, Size 항목에서 "A2−420 × 594", Scale 항목 "1:1", Units 항목 "Millimeters", Projection 항목 "3rd Angle Projection"으로 설정한 후 확인(OK)을 클릭한다.

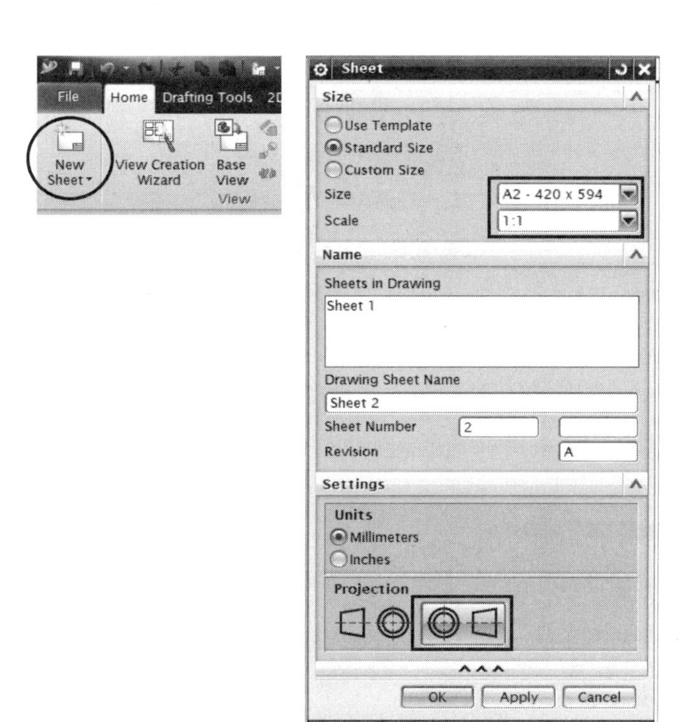

그림 8.3 New Sheet 생성 설정

"View Creation Wizard"가 자동 실행되면 "Cancel" 버튼을 클릭한다. Part Navigator 탭을 클릭하면 그림 8.4와 같이 "Sheet 2"가 생성되어 있는 것을 확인할 수 있다. Main 화면에는 도면 영역만 알 수 있는 점선만 보이고 아무것도 작성되어 있지 않은 상태가 된다.

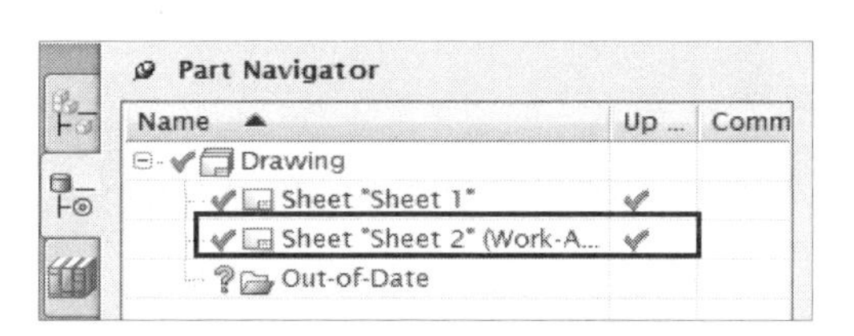

그림 8.4 Sheet 2 생성 확인

(1) 등각도 생성하기

생성된 "Sheet 2"에 3차원 등각도를 만들어보자. 그림 8.5와 같이 "Base View" 아이콘을 클릭하면 "body_1.prt"가 자동으로 로딩 되고 설정 창이 활성화된다.

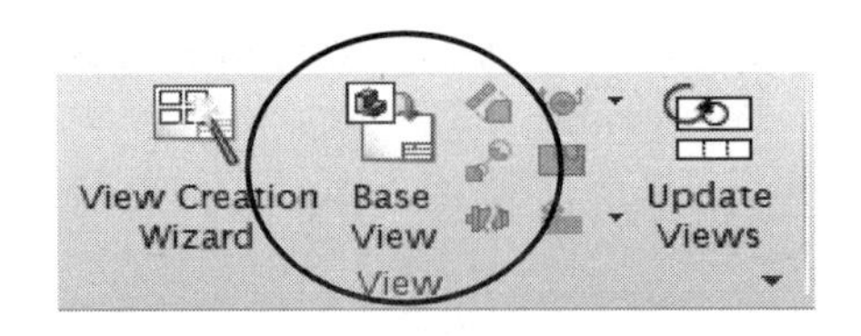

그림 8.5 Base View 생성

"Model View" 항목에서 "Isometric"으로 설정하고 화면에서 적절한 위치에 가져간 후 마우스 왼쪽 버튼을 클릭하면 "Projection View"를 배치할 수 있는 상태가 되는데 여기에서는 "Close" 버튼을 클릭하여 배치를 완료한다.

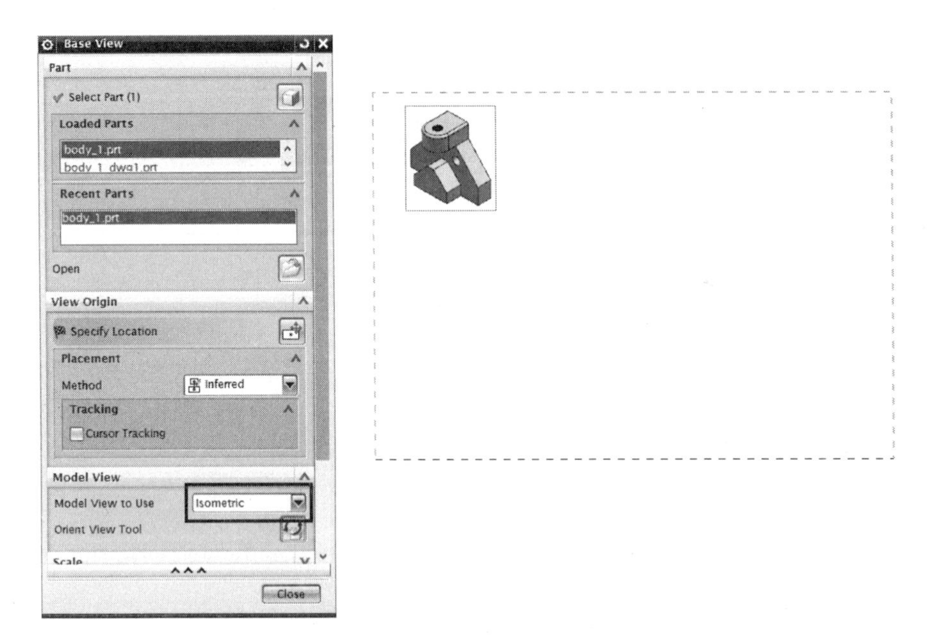

그림 8.6 Base View 설정

"Base View" 아이콘을 클릭하면 한 번 더 클릭하여 "body_1.prt"가 로딩 되면 "Model View" 항목에서 "Isometric"으로 설정하고 "Orient View Tool" 버튼을 클릭하면 그림 8.8과 같이 추가 설정 창이 활성화된다. 화면에서 마우스 왼쪽 버튼으로 Z 축을 선택하면 회전 각도를 입력할 수 있는 창이 뜨고 "180"을 입력한 후 확인(OK)을 클릭하면 원하는 위치에 배치할 수 있는 상태로 넘어간다. 앞에서 먼저 배치한 형상의 오른쪽에 정렬하여 배치한 후 "Close" 버튼을 클릭하면 배치가 완료된다.

그림 8.7 Base View 설정

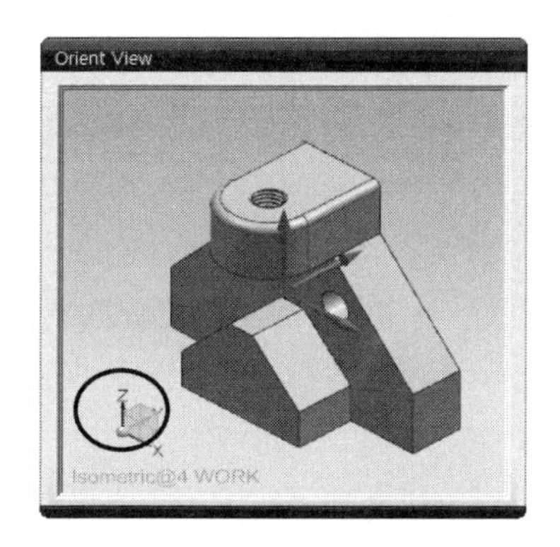

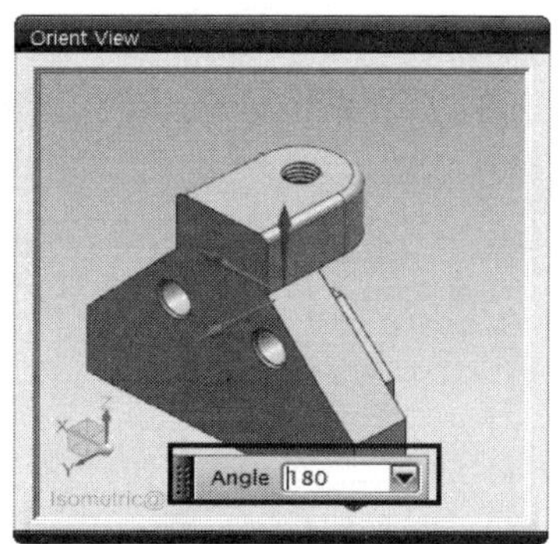

그림 8.8 Orient View 설정

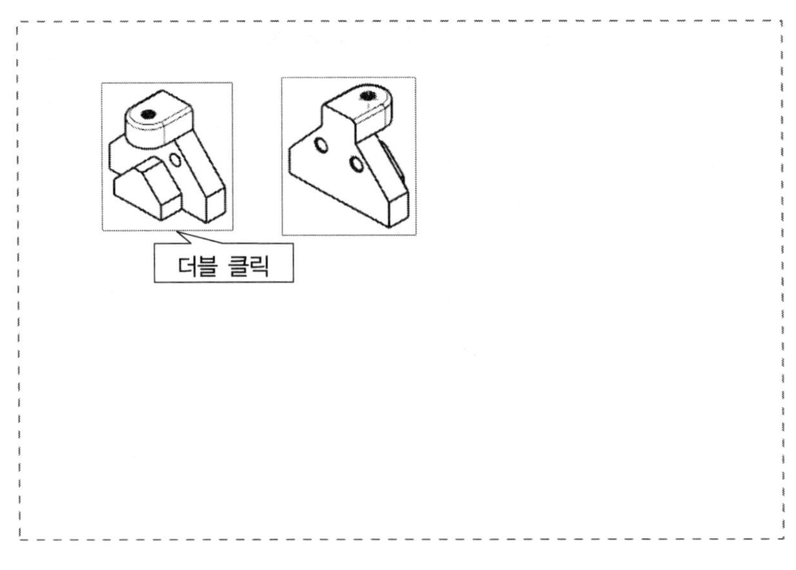

그림 8.9 Orient View 설정

그림 8.9에서 배치된 형상의 테두리선을 더블 클릭하면 그림 8.10과 같이 설정 창이 활성화된다. "Shading" 항목을 선택한 후 "Fully Shaded"로 설정한 후 확인(OK)을 클릭하면 배치된 형상이 Shading View 처리된 것을 확인할 수 있다. 같은 방법으로 두 번째 배치 형상도 Shading View 처리한다.

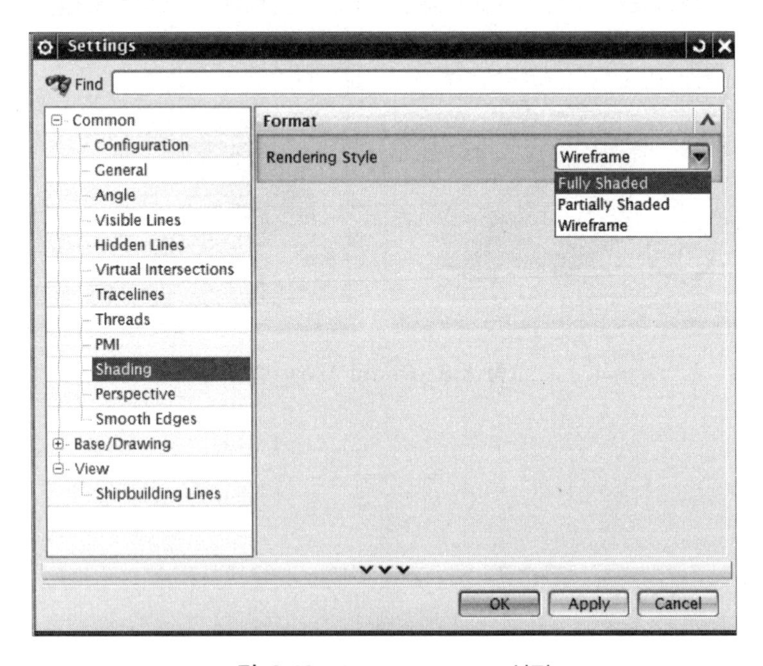

그림 8.10 Shading View 설정

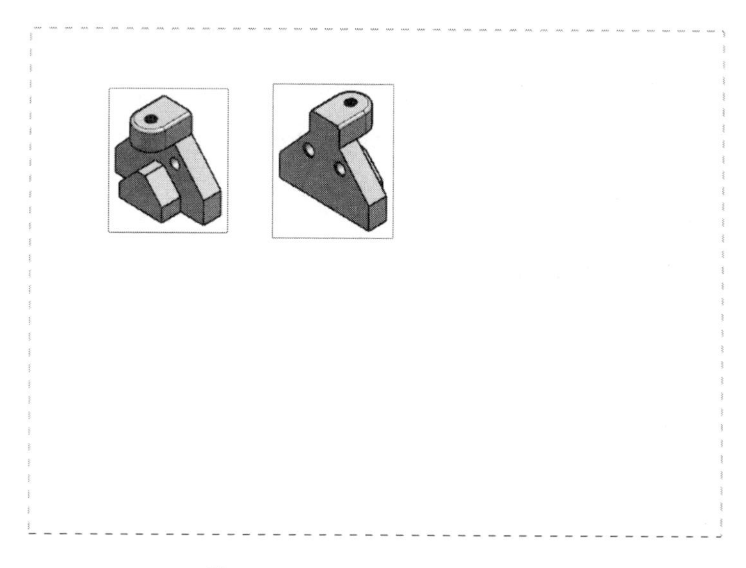

그림 8.11 Shading View 설정 완료

(2) 2D 제작도 생성하기

"New Sheet" 아이콘을 클릭하여 그림 8.12와 같이 Standard Size, A2−420 × 594, Millimeters, 3rd Angle Projection 조건으로 "Sheet 3"를 만든다.

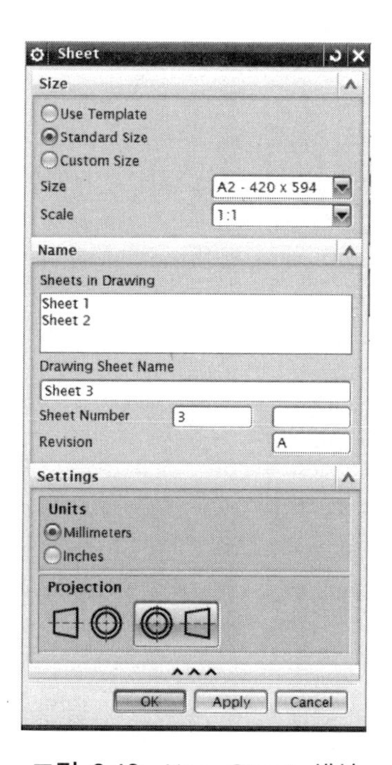

그림 8.12 New Sheet 생성

❶ “Base View” 아이콘을 클릭하면 “body_1.prt”가 자동으로 로딩 되고 설정 창이 활성화된다. “Model View” 항목에서 “Front”로 설정하고 화면에서 적절한 위치에 가져간 후 마우스 왼쪽 버튼을 클릭하면 “Projection View”를 배치할 수 있는 상태가 되는데 그림 8.14와 같이 오른쪽에 “우측면도”, 위쪽에 “평면도”를 추가한다.

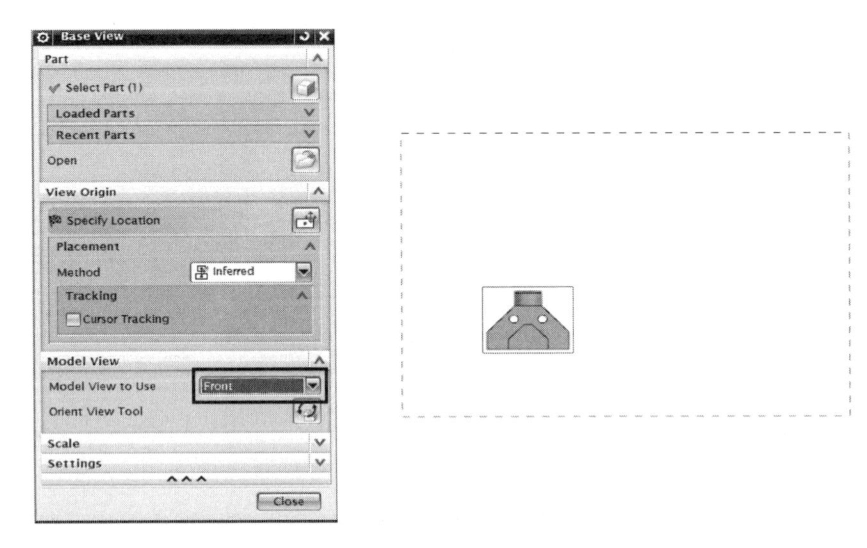

그림 8.13 정면도 배치

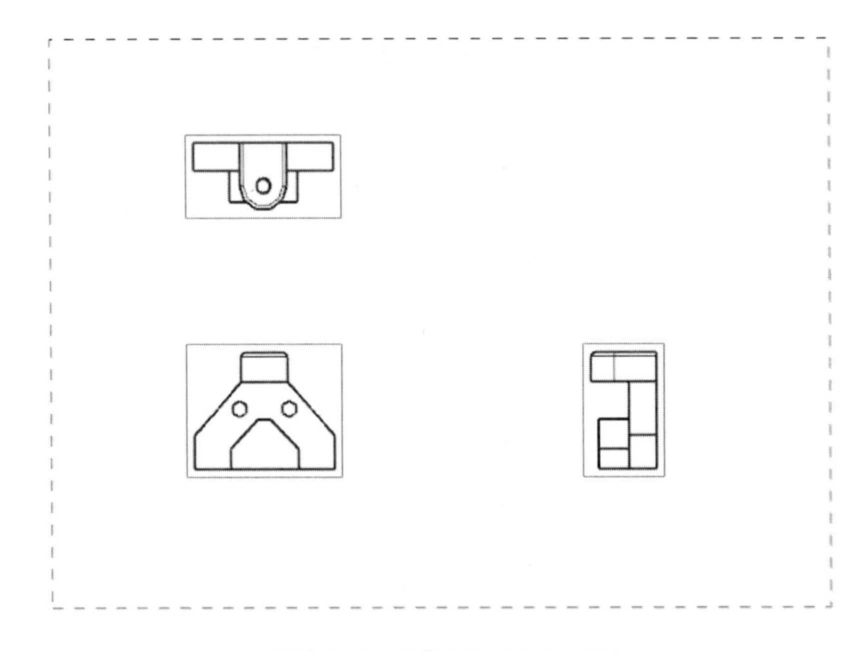

그림 8.14 우측면도, 평면도 배치

❷ "Base View" 아이콘을 한 번 더 클릭하여 "Isometric View"를 추가한다.

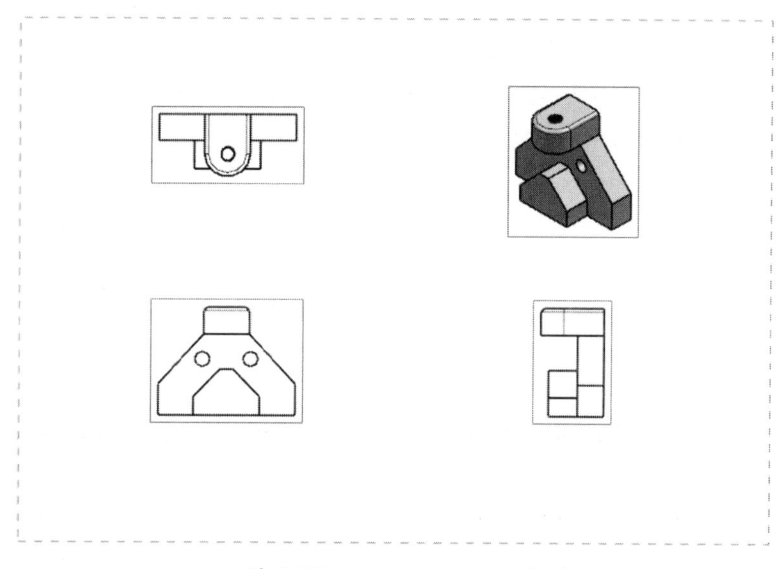

그림 8.15 Isometric View 추가

❸ 설계 치수를 부여해보자. 그림 8.16과 같이 치수 설정 아이콘을 클릭한 후 그림 8.17과 같이 직선 치수, 지름 치수 등을 작성할 수 있다.

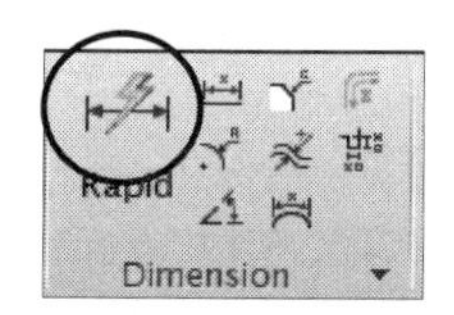

그림 8.16 치수 설정 아이콘

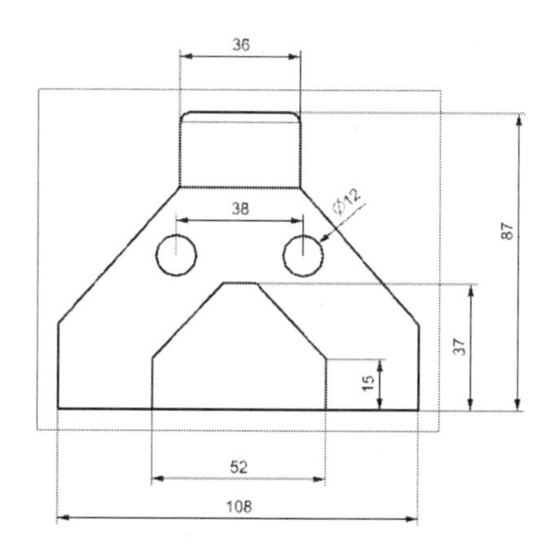

그림 8.17 치수 설정

❹ "Section View"를 추가해보자. 그림 8.18과 같이 "Base View"가 추가되어 있으면, "Section View" 아이콘이 활성화된다. 아이콘을 클릭한 후 그림 8.19와 같이 정면도를 클릭한 후 중앙 부분의 수직선 상의 한 점을 클릭하면 View의 방향을 설정할 수 있다. 이 때 오른쪽에서 바라보는 방향으로 돌려서 설정한 후 오른쪽 배치할 위치에 드래그하여 클릭하면 "Section View"가 추가된다.

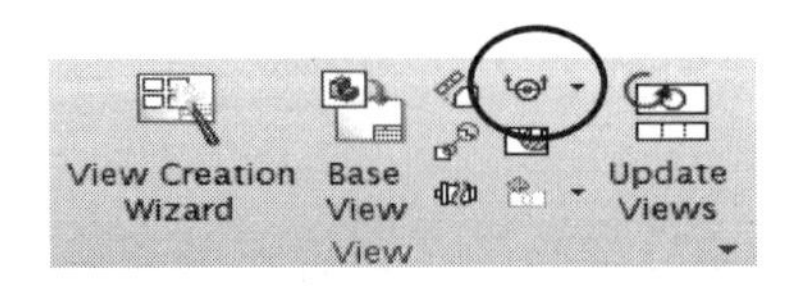

그림 8.18 Section View 아이콘

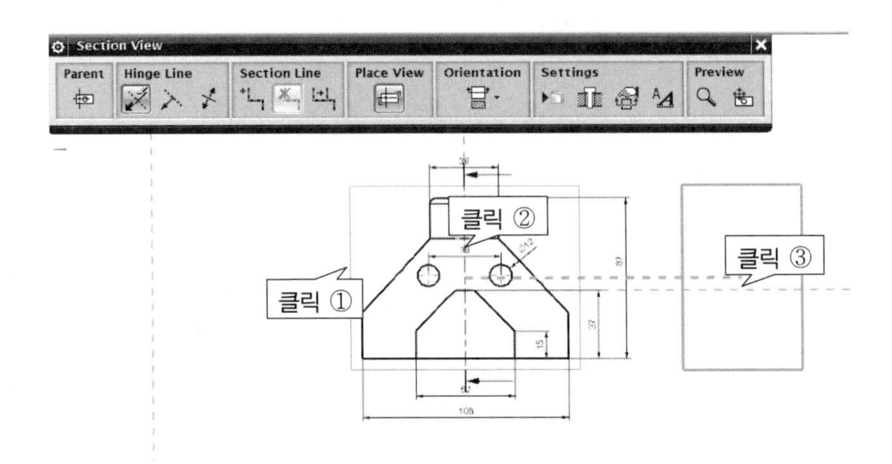

그림 8.19 Section View 추가

그림 8.20과 같이 "Section View"를 추가할 수 있다. 추가하는 방법을 설명한 것이며 "body_1.prt"에서 "Section View"가 반드시 필요하다는 것은 아님을 주의하기 바란다.

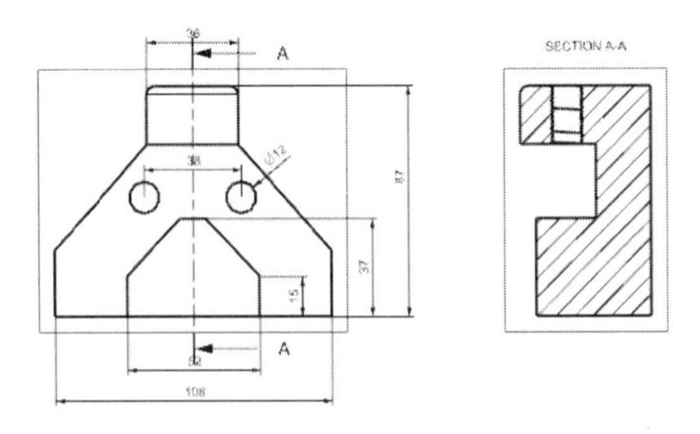

그림 8.20 Section View 추가

8.2 Drawing 내보내기

NX Drawing 작업은 필요한 단면도 배치에 활용하여 작성하고, 편집은 AutoCAD 소프트웨어를 이용하여 추가적인 치수 기입, 기하 공차 등 세부 제작도를 작성한다. NX Drawing 적업 파일을 AutoCAD dwg 파일로 변환하는 방법을 알아보자.

❶ "File >> Export >> AutoCAD DXF/DWG"를 클릭하여 변환을 시작한다.

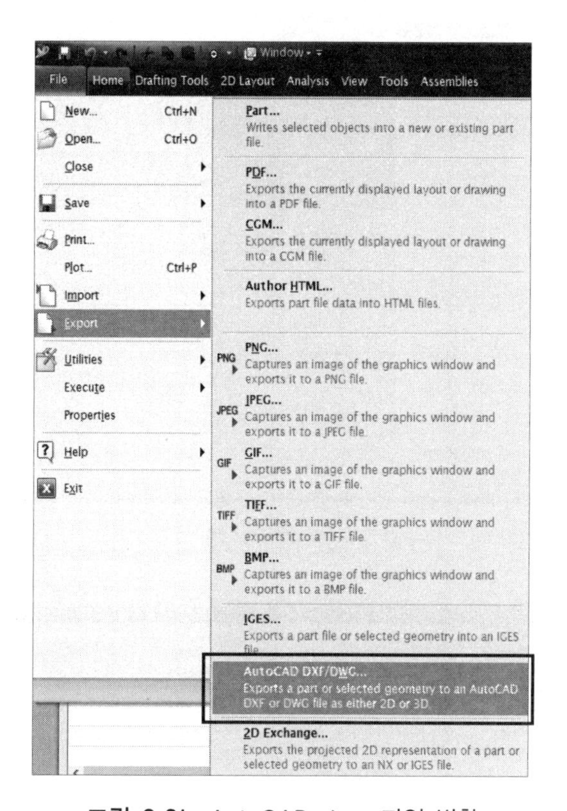

그림 8.21 AutoCAD dwg 파일 변환

❷ 그림 8.22와 같이 AutoCAD DXF/DWG Export Wizard 활성 창에서 Export From 설정 항목은 "Displayed Part", Export To 설정 항목은 "DWG", Export As 설정 항목은 "2D", Output to 설정 항목은 "Modeling", Output DWG File 설정 항목은 파일을 저장할 위치를 선택하는데 Part 파일들과 Assembly 작업을 수행한 파일이 저장되어 있는 폴더를 지정해준 다음 "Next" 버튼을 클릭한다.

그림 8.23과 같이 Data to Export 설정 항목은 "Drawing", "Current Drawing"을

설정한다. 간혹 첫 단계에서 그냥 "Finish"를 해버리면 두 번째 단계의 항목이 "Model Data"로 설정되어 있는 경우 AutoCAD 소프트웨어에서 2D 편집 작업을 할 수 없으니 반드시 두 번째 단계에서 Data to Export 설정 항목이 "Drawing", "Current Drawing"으로 설정되어 있는지 확인해야만 한다. "Next"를 클릭하여 세 번째 단계로 넘어간다.

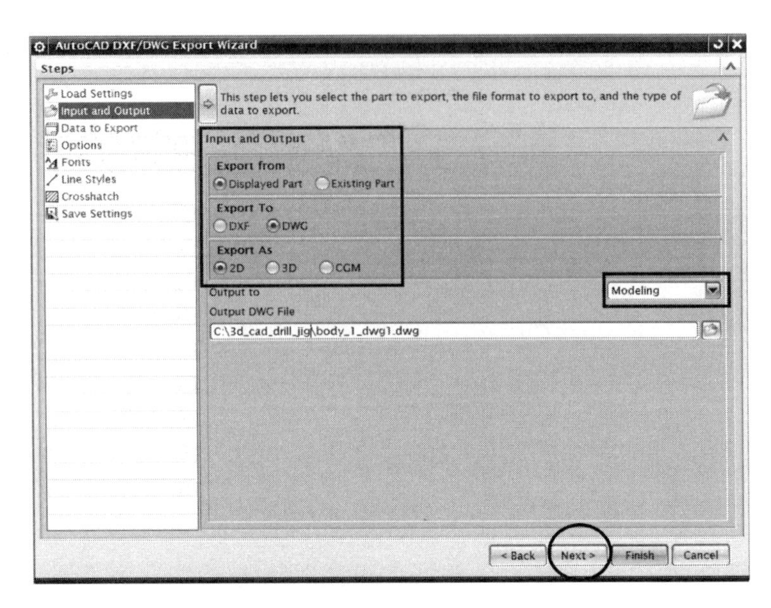

그림 8.22 AutoCAD dwg 파일 변환 설정

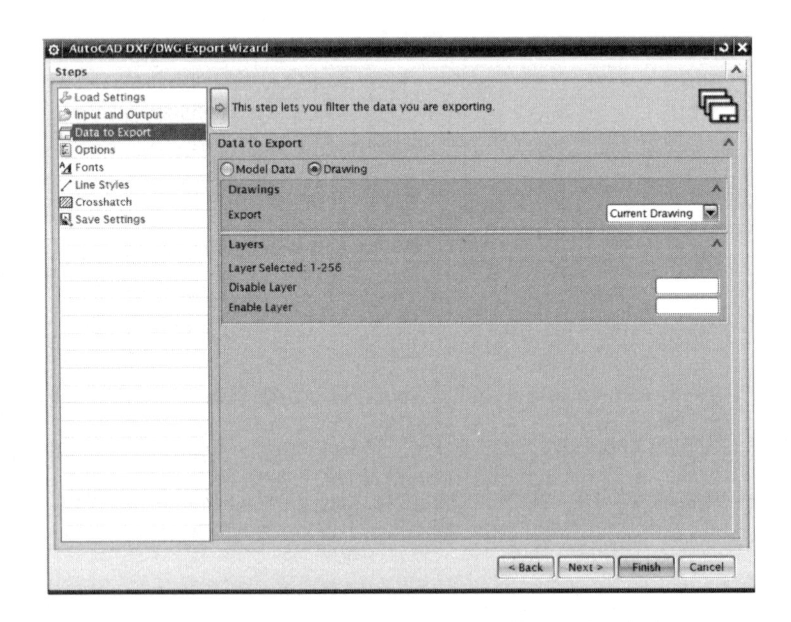

그림 8.23 AutoCAD dwg 파일 변환 설정 2단계

세 번째 단계에서 Options 설정 항목에서는 DXF/DWG Revision 설정 항목으로 “2004”, Export Spline As 설정 항목으로 “3D Polyline” default 값 그대로 두고 “Finish” 버튼을 클릭하여 변환을 완료한다.

파일 변환이 잘 이루어졌는지 여부는 AutoCAD 소프트웨어를 실행한 후 도면 작성 상태에서 “Insert” 명령을 이용하여 dwg 파일을 배치해보면 알 수 있다.

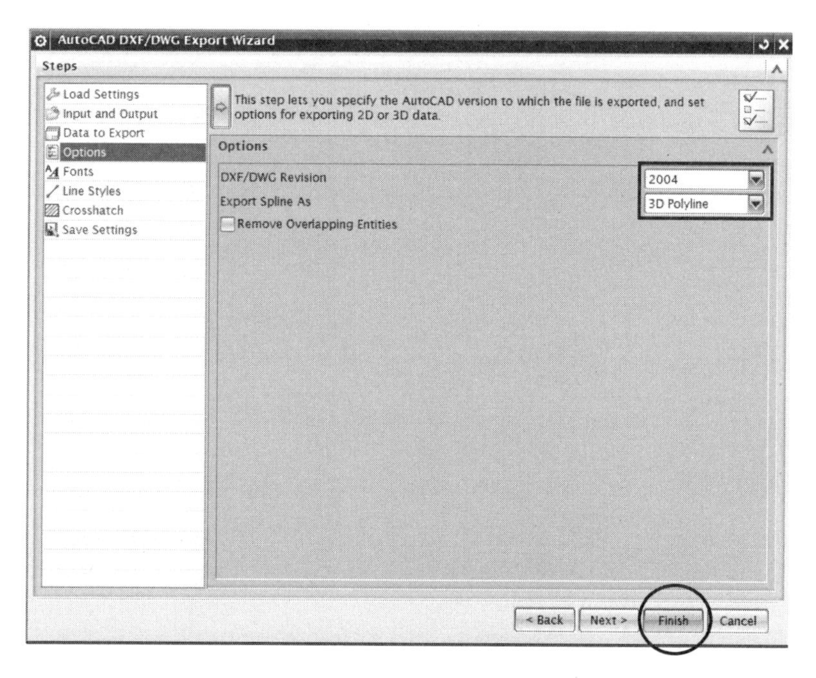

그림 8.24 AutoCAD dwg 파일 변환 설정 3단계 완료

NX를 활용한 3D-CAD

초판 인쇄 | 2020년 8월 20일
초판 발행 | 2020년 8월 25일

지은이 | 김 도 석 · 윤 여 권
펴낸이 | 조 승 식
펴낸곳 | (주)도서출판 북스힐

등 록 | 1998년 7월 28일 제 22-457호
주 소 | 서울시 강북구 한천로 153길 17
전 화 | (02) 994-0071
팩 스 | (02) 994-0073

홈페이지 | www.bookshill.com
이메일 | bookshill@bookshill.com

정가 18,000원

ISBN 979-11-5971-306-4

Published by bookshill, Inc. Printed in Korea.